jamovi 3판

통계프로그램의 이해와 활용

설현수 저

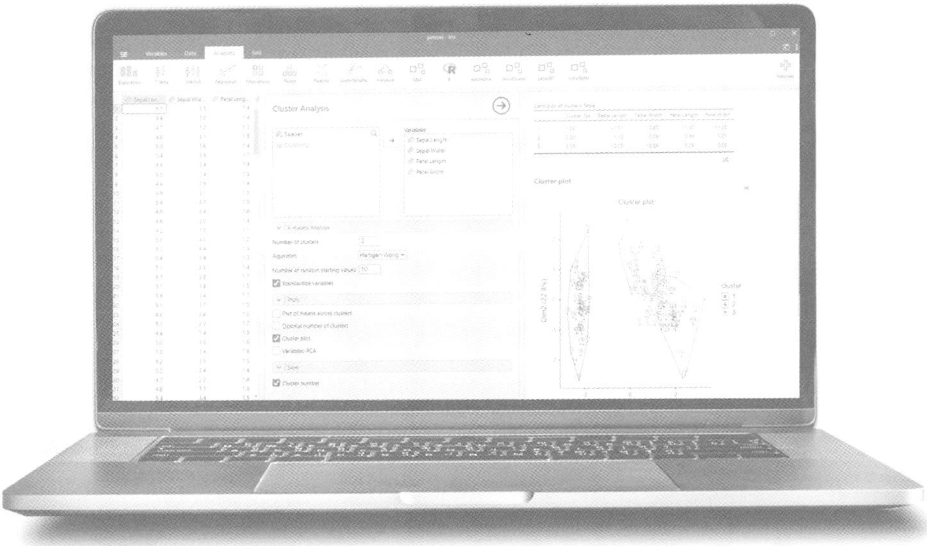

학지사

3판 머리말

2019년에 초판이 출간된 후로 3년의 시간이 흐르면서 그동안 jamovi 통계프로그램은 많은 변화와 업데이트 과정을 거쳐 왔다. 많은 독자의 성원에 힘입어 이번 3판에서는 2판에 비해 100쪽 이상의 증보와 개정이 이루어졌다. 공분산 분석, 잠재계층 분석과 함께 국내에서 처음 개발된 seolmatrix 모듈을 가지고 다양한 통계분석과 해석을 추가하였다. 이 외에도 최근 jamovi 2.3버전까지 업데이트된 통계옵션을 전 영역에 걸쳐서 반영하고자 노력하였다.

사회과학 분야의 논문 분석으로 가장 많이 사용되는 조절 및 경로 모형과 관련하여, jamovi library에서 제공하는 medmod, jamm, pathj 모듈을 가지고 SPSS에서 제공하는 Hayes의 Process macro 분석을 완전하게 수행할 수 있다. 더 나아가 semlj 모듈을 가지고 구조방정식 모형 및 다변량 분석을 수행할 수 있다. semlj 모듈에서는 lavaan R 패키지의 명령어 입력 방식과 변수를 클릭해서 분석하는 방식의 두 가지 옵션을 지원하고 있다. 또한 snowCluster 모듈을 가지고 군집분석, 대응분석, 중다 요인분석, 판별분석 및 다차원 척도 분석을 할 수 있다. seolmatrix 모듈에서 계층화 분석(AHP)을 수행할 수 있으며, snowRMM 모듈을 가지고 Rasch mixture 모형분석과 함께 poLCA R패키지에 기초한 잠재계층 분석(LCA)을 수행할 수 있다. 최근에는 총점에 기초한 선형 동등화 및 동백분위 동등화 분석이 snowRMM 모듈에 추가되었다.

jamovi 통계프로그램은 R을 GUI 방식으로 구현한 혁신적인 오픈소스 통계프로그램이다. 전 세계 누구나 아무런 사용제약 없이 개인 컴퓨터에 설치해서 자유롭게 통계분석을 수행할 수 있다. jamovi 프로그램 내에서 R 명령어를 사용하여 통계분석도 가능하며 클릭 방식으로도 분석이 가능한 혁신적인 환경을 제공하고 있다. 또한 jamovitool을 사용해서 이용자가 원하는 통계 모듈을 자체적으로 개발할 수 있다. 개발된 모듈을 jamovi library에 추가하면 전 세계 사람들이 다운로드 받아서 해당 통계 모듈을 자유롭게 사용할 수 있다. 이러한 혁신적인 환경과 노력은 모든 개발진의 순수한 헌신에서 비롯된 것이다. 따라서 우리가 그분들에게 할 수 있는 최선의 보답은 논문과 학술지에 인용을 정확히 하는 것이다. jamovi 통계 인용 방식은 1장 말미에 기술했으니, 꼭 참고해서 인용하기 바란다.

책 분량의 한계로 인해서 이후 개정판은 이 책에서 담지 못한 최신 통계 모듈의 사용과 해석 방법을 출판사와 협의하여 분석 시리즈 형태로 전자 출판할 예정이다. 교재 내용과 관련한 다양한 의문 사항은 저자의 메일(snow@cau.ac.kr)로 보내주기 바란다. 저자 개인 홈페이지(http://jamovi.kr)에서 교재에 사용된 실습자료를 다운로드할 수 있다. 또한 페이스북에서 jamovi Korea 커뮤니티를 운영하고 있다. jamovi에 관심을 가지고 있는 독자들은 제약 없이 자유롭게 가입할 수 있으며, 다양한 최근 소식 및 업데이트를 제공받을 수 있다.

하루 빨리 코로나가 종식되어서 독자 여러분과 자유롭게 만나기를 기대하며, 아무쪼록 이번 개정판이 여러분의 통계분석에 조금이나마 도움이 되기를 바란다. 마지막으로, 부족한 원고임에도 불구하고 3판의 개정을 독려하고 격려해 주신 학지사 김진환 사장님과 어려운 편집을 맡아 수고해 주신 편집부 백소현 차장님 및 관계자 여러분께도 감사함을 표한다.

2022년 3월

저자 설현수

〈 jamovi project 〉

최근에 jamovi 개발진에 합류하게 되었습니다. 자세한 내용은 jamovi 홈페이지 (https://www.jamovi.org/about.html)를 참고하기 바랍니다.

JONATHON LOVE
Co-founder

DAMIAN DROPMANN
Co-founder

RAVI SELKER
Co-founder

MARCELLO GALLUCCI

SEBASTIAN JENTSCHKE

SERDAR BALCI

HYUNSOO SEOL

1판 머리말

학부와 대학원에서 20년 가까이 통계 관련 과목을 가르치면서 항상 고민이 되었던 것 중에 하나는 통계프로그램 실습에 대한 것이다. 충실한 실습을 위해서는 전산실을 한 학기 강의실로 대여해야 하는데 다른 학과 방법론 과목과도 많이 중첩이 되다 보니 강의실 잡기가 너무 어려워 그냥 일반 강의실에서 이론 수업을 진행하며 필자가 간단한 통계 실습만 시연해 주는 형태의 수업이 되곤 하였다.

게다가 통계 초보자들이 비교적 배우기 쉽다는 SPSS와 같은 고가의 상업용 프로그램 역시 학생들에게 쉽게 권하지 못하는 현실 속에서 실습 없는 이론 중심의 통계 강의를 하다 보면 항상 학생들에게 무언가 빚을 지고 있는 마음이 들었던 것이 사실이다. 아마도 이런 현실은 국내에서 사회과학 방법론을 가르치고 있는 교수님들도 같은 마음이었으리라 생각한다.

학생들에게 쉽고 간편하게 통계프로그램을 실습할 수 있는 무료 공개 프로그램을 찾아보다가 2017년 가을경에 우연히 jamovi라는 프로그램을 접하게 되었다. 몇 번의 사용을 거친 후 내가 찾던 프로그램이 바로 이것이라는 생각에 필자 컴퓨터에 있는 상업용 프로그램을 그 자리에서 지워 버리고 통계 관련 프로그램으로 jamovi 프로그램과 R 프로그램만 설치하였다. 그러면 jamovi 프로그램의 어떤 특징이 그러한 결정을 내릴 정도로 매력적인지 간단히 설명하면 다음과 같다.

jamovi 통계프로그램은 SPSS와 SAS 같은 상업용 통계프로그램의 대안으로, 2017년 초부터 호주에 있는 University of Newcastle 연구진에 의해서 개발되고 있는 무료 공개(free and open-source) 통계프로그램이다(https://www.jamovi.org). jamovi 프로그램이 가지고 있는 특징을 필자의 관점에서 요약하자면, 기존의 상업용 프로그램에 비해서 대략 5가지의 차별화된 특징을 가지고 있다.

첫째, 통계 초보자도 쉽게 사용할 수 있도록 모든 통계분석 과정이 대화상자 화면 창으로 제공되기 때문에 사용자가 한 번의 클릭 방식(Graphic User Interface: GUI)으로 통계분석 결과를 확인할 수 있다. 또한 분석자료, 대화상자 및 분석 결과가 한 화면에 동시 제공되기 때문에 사용자의 편리성을 최대화하는 혁신적인 분석 환경을 제공하고 있다.

둘째, 통계분석 결과표가 사회과학 논문 결과 보고 양식의 기준으로 제시되고 있는 APA 스타일 형태로 제공되기 때문에 사용자가 분석 결과를 쉽게 이해할 수 있으며, 복잡한 편집과정 없이 학술논문에 분석 결과표를 제시할 수 있는 환경을 제공하고 있다.

셋째, jamovi 프로그램은 요즘 전 세계적으로 유행하고 있는 무료 공개 프로그램인 R 프로그램의 알고리즘에 기초해서 개발된 프로그램이다. 대화상자 클릭 방식으로 구현된 모든 분석과정은 R 프로그램 언어로 표현되기 때문에 R 환경에서 추가 분석이 가능하다는 장점이 있다. 또한 jamovi 프로그램은 R 프로그램과 호환이 가능하도록 설계되었기 때문에 R 프로그램이 가지고 있는 뛰어난 시각화에 기초한 다양한 분석 그래프를 제공하고 있다는 장점이 있다.

넷째, jamovi 프로그램은 자료 분석에 필요한 다양한 분석 패키지가 모듈(module) 형태로 제공되기 때문에 연구자가 분석에 필요한 모듈을 선택적으로 본인의 컴퓨터에 설치할 수 있는 환경을 지원하고 있다. 이러한 특징은 기존의 상업용 프로그램의 경우 연구자가 거의 사용하지 않는 모든 분석 도구까지 일괄적으로 설치되기 때문에 이로 인해서 발생하는 설치시간, 복잡성, 사용자 컴퓨터 용량 및 메모리 제한과 같은 문제점들이 jamovi 프로그램에서는 발생하지 않는다.

다섯째, jamovi 프로그램은 오픈 소스 프로그램이기 때문에 프로그램 사용자에 의해서 제기되는 버그 및 제안 사항을 github 공간을 통해서 jamovi 프로그램 개발팀과 실시간으로 공유하는 통합 환경을 구축하고 있다. 따라서 최신의 통계 기법과 각종 버그 수정 및 업데이트 내용이 R 프로그램과 연동되어 사용자 컴퓨터에 설치된 jamovi 프로그램에 즉각적으로 반영되고 있는 환경을 지원하고 있다.

필자가 생각하는 이러한 특징들을 학생들도 실제로 느낄 수 있는지 1년 동안 대학원 및 외부 기관에 jamovi 프로그램을 소개하고 강의를 했다. 반응은 가히 폭발적이라 할 수 있을 정도의 긍정적 평가가 주류를 이루었다. 다만, jamovi 프로그램이 매뉴얼이 필요 없을 정도의 쉬운 분석 환경을 제공하고 있지만, 초보자를 위한 기초 서적 정도는 필요하다는 요구를 많이 받았다. 필자도 jamovi와 같은 좋은 프로그램을 확산하기 위해서는 기초 서적이 필요하다는 생각에 깊이 공감하며, 이번 겨울방학 동안 이 책을 집필하게 되었다.

이 책에서는 통계학과 관련한 자세한 이론과 설명은 하지 않았다. 대신에 실제 자료를 가지고 jamovi 프로그램으로 분석하는 절차 및 해석에 강조를 두었다. 각 장에서 설명하고 있는 예시 자료는 학지사 홈페이지 내에서 해당 책을 검색 후 도서자료에서 내려받을 수 있다. 이 자료를 활용하여 책에서 설명하는 절차를 따라 하다 보면, 어느 순간 자신이 jamovi 프로그램 전문가로 성장하고 있음을 체감할

수 있을 것이다.

이 책에 포함되지 않은 분석 모듈도 있다. 대표적으로 메타분석, 생존분석 등이 그렇다. 필자의 시간과 능력 부족이라 생각하며 다음 개정판에는 보강해 드릴 것을 약속한다. 또한 이 책을 쓰는 순간에도 jamovi 프로그램은 계속 업데이트되고 있다. 간혹 책 중간에 버전이 틀릴 수 있지만, 전체적으로 jamovi 통계프로그램을 이해하고 활용하는 데는 전혀 문제가 없다는 점을 말씀드린다.

아무쪼록 이 책이 자료를 분석하고 싶어 하는 모든 사람에게 보탬이 되기를 바란다. 더불어 이 책을 짧은 시간 안에 집필하는 과정에서 프로그램 실행, 결과 캡처 및 해석을 오롯이 필자 혼자 하다 보니 본의 아니게 오류가 발생할 수 있음을 고백하며, 향후 이 책에 대한 독자의 날카로운 비판과 제언을 기대한다.

이 책이 세상에 나올 수 있도록 지속적인 관심을 보여 주신 모든 분께 감사드린다. 특히, 지금은 돌아가셨지만 항상 마음속에 계신 아버님과 언제나 아무 조건 없이 큰 사랑으로 못난 자식의 삶을 지켜 주신 어머님께 깊은 감사를 드린다. 또한 원고에 집중할 수 있도록 늘 격려하고 따뜻한 지지를 보내 준 아내와 준석, 유경에게 진심으로 감사하고 싶다. 마지막으로, 부족한 원고임에도 불구하고 책의 출간을 독려하고 격려해 주신 학지사 김진환 사장님과 어려운 편집을 맡아 수고해 주신 편집부 최주영 과장님 및 관계자 분들께도 감사함을 표한다.

2019년 3월

흑석동 연구실에서

차례

Statistical Analysis with jamovi

03 추리통계의 기초 81

04 t 검증 93

05 분산분석 115

Statistical Analysis with jamovi

Statistical Analysis with jamovi

12 반복측정 분석 417

13 잠재계층 분석 441

01

jamovi 프로그램 소개

1. jamovi 프로그램 다운로드 및 실행
2. jamovi 프로그램 환경
3. 분석자료 입력 및 편집

1
jamovi 프로그램 소개

jamovi 프로그램은 기존의 상업용 프로그램인 SPSS(Statistical Package for Social Science)와 SAS(Statistical Analysis System) 프로그램의 대안으로, R 프로그램의 알고리즘에 기초해서 탄생한 무료 공개 프로그램(free and open software)이다.

jamovi 프로그램은 SPSS 프로그램과 유사하게 통계분석을 대화상자(Dialog Box)로 제공하며, 대화상자 옵션을 클릭함으로써 모든 통계분석 결과가 제공되기 때문에 통계분석 초보자도 쉽게 배울 수 있다.

jamovi 프로그램에서 대화상자 클릭 방식으로 수행된 모든 분석과정은 R 프로그램 언어로 표현되기 때문에 R 프로그램 환경하에서 분석 결과에 대한 검증 및 추가 분석이 가능하다는 장점이 있다.

또한 jamovi 프로그램 안에 있는 Rj 모듈을 설치함에 의해서 jamovi 프로그램 안에서 R 분석을 수행할 수 있다. 이 장에서는 jamovi 프로그램의 실행 절차 및 대화창의 종류를 소개한다.

1 jamovi 프로그램 다운로드 및 실행

1) jamovi 다운로드 사이트

jamovi 프로그램은 무료 공개 프로그램이기 때문에 누구나 인터넷에 접속해서 프로그램을 제한 없이 다운로드할 수 있다. jamovi 프로그램을 다운로드하기 위해서 https://www.jamovi.org/ 사이트에 접속하면 다음과 같은 화면이 나타난다.

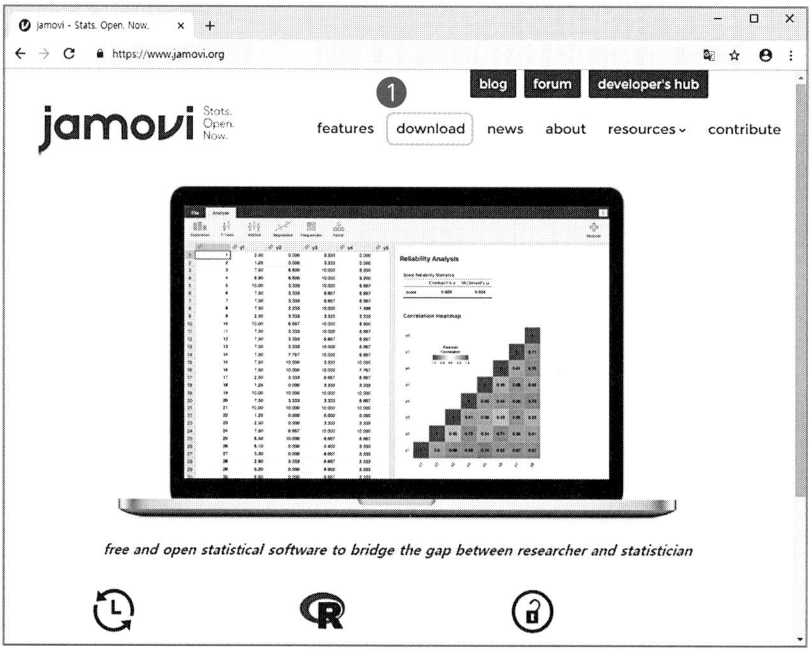

1단계: jamovi download 메뉴에서 ①번 항목으로 표시된 download를 클릭한다. 유의할 점은 jamovi 프로그램은 64비트 컴퓨터 환경에서만 설치가 가능하다. 프로그램을 설치한 후에 'Unable to Open'과 같은 에러 메시지가 나타나면서 프로그램 실행이 안 되는 경우가 아주 드물게 발생할 수 있다. 이런 경우는 개인 컴퓨터 OS에 문제가 있는 경우에 해당하기 때문에 컴퓨터를 포맷한 다음에 jamovi 프로그램을 설치하면 된다.

2) jamovi 다운로드

MS Windows 사용자의 경우 ❶번 항목을 클릭하고 Mac 사용자의 경우 ❷번 항목을 클릭해서 다운로드한다. 이 책에서는 MS Windows에서 제공하는 결과 화면을 중심으로 설명한다. 또한 jamovi 프로그램은 사용자의 요청사항 및 프로그램 오류 사항을 github이라는 프로그램 버전 관리 시스템을 통해서 실시간으로 반영하고 즉각적으로 프로그램을 업데이트한다. 따라서 지금 책에서 제공하는 결과 화면과 실제 독자가 책을 구입하고 다운로드한 버전과는 차이가 날 수 있다는 점을 미리 밝혀 둔다.

'solid' 버전은 jamovi 프로그램 사용자들의 프로그램 오류 사항을 반영해서 오류가 거의 없는 버전을 의미하며, 'current' 버전의 경우 jamovi 프로그램 개발진에 의해서 개발된 최신 버전을 의미한다.

jamovi 프로그램의 경우 'github' 공간을 통해서 전 세계 사용자들의 오류 지적 사항을 지속적으로 반영하여 즉각적으로 프로그램을 수정 및 업데이트하기 때문에 'current' 버전을 다운로드 받아도 별 문제가 없다. ❸번 'release notes'를 클릭하면 jamovi 프로그램 업데이트 내용을 볼 수 있다.

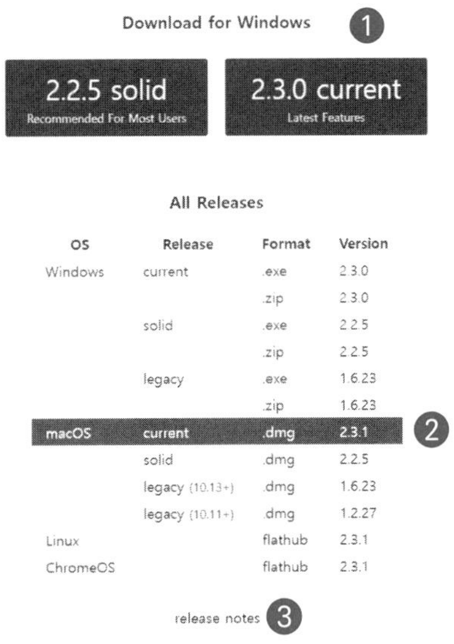

3) jamovi 프로그램의 실행

| ≡ | ▷ Open ▷ Data Library

Windows 작업표시줄(또는 바탕화면)에서 jamovi 아이콘( )을 더블 클릭하면 jamovi가 실행되면서 다음과 같은 창이 열린다.

❶번 항목을 클릭해서 예시 파일(예를 들면, Big 5 예시자료)을 선택해 스프레드시트 창에 에러 메시지 없이 자료들이 나타나면 프로그램이 정상으로 작동된 것을 의미한다.

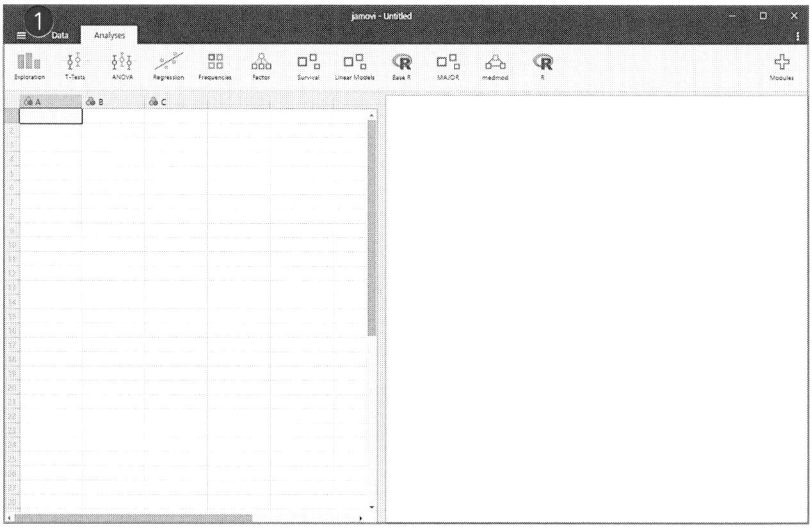

2 jamovi 프로그램 환경

jamovi 프로그램을 실행하면 크게 2개 창으로 분할이 되어 있는 것을 볼 수 있다. 왼쪽 창은 자료를 입력하는 스프레드시트(spreadsheet)이며, 오른쪽 창은 통계 분석 결과가 제시될 창이다. 또한 가운데 분할 선을 마우스를 사용하여 왼쪽 또는 오른쪽으로 끌어 움직임으로써 창의 크기를 조절할 수 있다.

다음 창을 보면 크게 5가지 구성요소('≡', 'Data', 'Analyses', '⋮', 'Edit')로 이루어져 있음을 볼 수 있다.

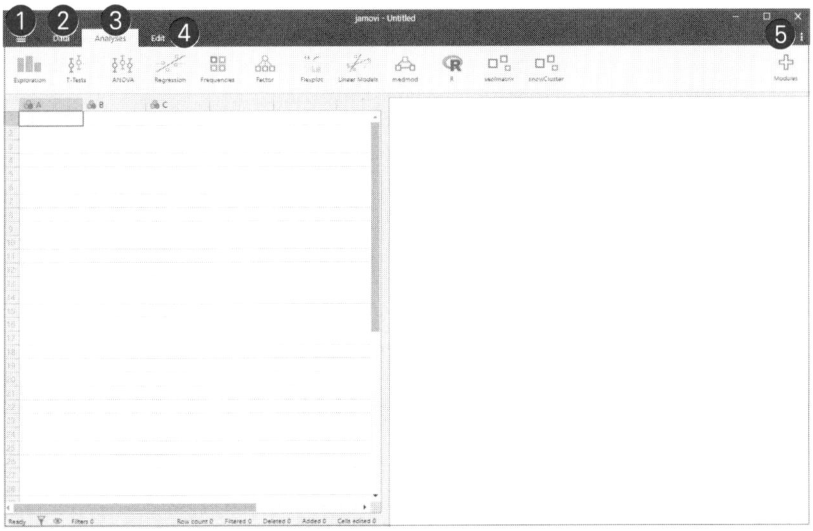

≡ 외부에 있는 자료 파일을 불러오거나 저장 또는 결과를 외부로 출력할 수 있다.

Data 행 또는 열을 붙이거나 지울 경우, 연산을 통해서 새로운 자료를 계산하는 경우, 변수를 리코딩하는 경우, 특정조건을 만족시키는 자료를 추출할 수 있다.

Analyses jamovi에서 제공하는 다양한 통계 패키지가 아이콘 형태로 나열되어 있으며, 특정 분석 아이콘을 클릭하면 아래에 세부 분석 아이콘이 나타나면서 분석을 실행할 수 있다.

Edit jamovi 분석결과표에 주석을 붙일 수 있는 기능을 제공한다.

⋮ jamovi 창을 조절하고, 분석 결과의 소수점 수 지정, 결과물에 대한 R 코드 제공, 분석 그래프의 배경 및 색깔조정과 무응답(missing value) 값을 사전에 지정할 수 있다.

3 분석자료 입력 및 편집

jamovi 프로그램에서 자료를 통계처리하기 위해서는 자료 파일이 필요하다. 자료 파일은 jamovi 프로그램의 스프레드시트에 직접 입력하는 방법과 외부 프로그램으로 작성된 파일을 jamovi 프로그램으로 읽어오는 방법이 있다. 이 장에서는 두 가지 입력 방법을 설명하고, 파일의 형식 및 자료변환 방법 등을 설명한다.

1) jamovi를 사용한 자료입력

jamovi 프로그램을 실행하면 왼쪽 창이 직접 자료를 입력할 수 있는 스프레드시트 창이다. 스프레드시트에서 각 행은 하나의 케이스(예를 들면, 설문지에 응답한 개별 응답자)를 나타내고, 각 열은 단일변수에 해당하며, 각 셀에 변수값을 입력한다.

입력방법은 엑셀에서 자료를 입력하는 방법과 동일하다. 가상의 자료를 직접 입력한 jamovi 실행환경을 보여 주면 다음과 같다.

❶번에서 jamovi는 별도로 변수이름을 지정하지 않으면 자동으로 변수이름(예: A, B, C. . .)이 생성된다. 변수이름을 더블 클릭하면 ❷번과 같은 'DATA VARIABLE' 편집기가 나타난다.

❷번 대화상자는 Data ▷ Setup 아이콘을 클릭해도 동일한 대화상자를 보여 준다. 'DATA VARIABLE' 편집기에서 '〉'를 클릭하면, 연속적으로 변수들의 속성을 지정할 수 있다.

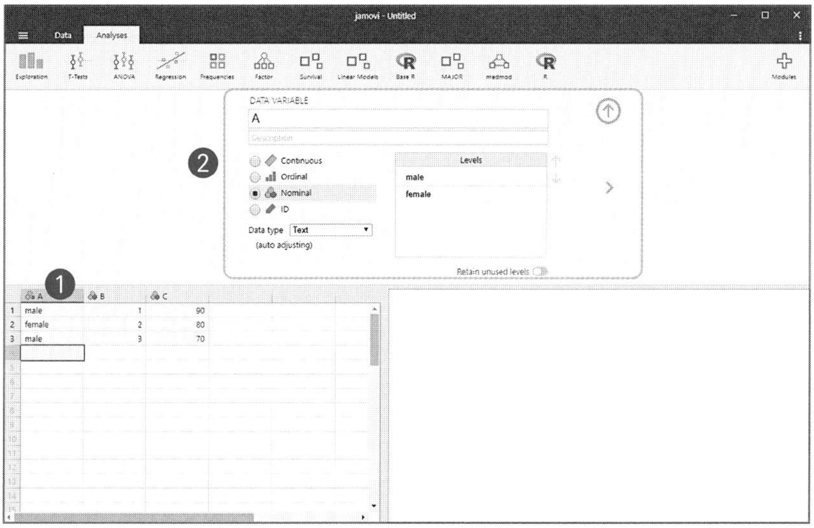

❶번에 'Setup' 아이콘을 클릭해도 동일하게 'DATA VARIABLE' 편집기를 보여준다.

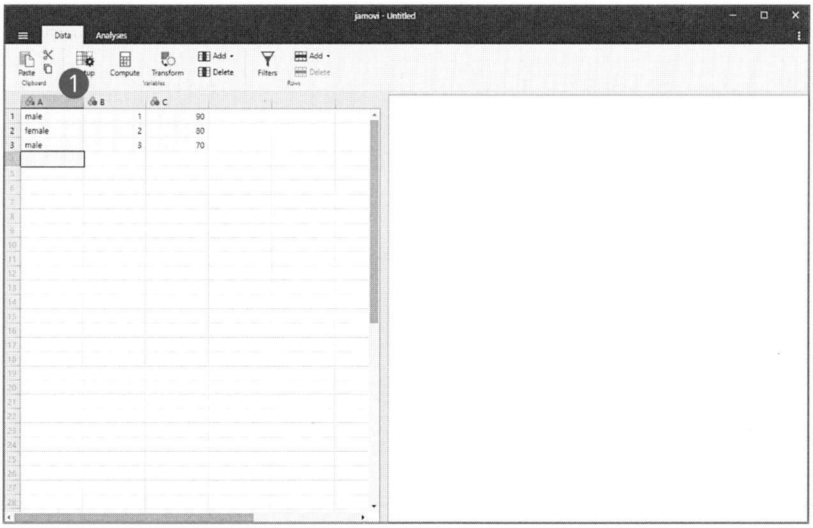

변수 정의

❶ 'DATA VARIABLE' 편집기에서 첫 번째 칸에 변수이름을 입력한다. 자판에 있는 한/영 키를 이용해서 한글 이름으로 변수이름을 입력할 수 있지만, 가끔 분석과정에서 한글 변수를 인식하지 못해 오류가 발생하기도 한다. 따라서 가능하면 변수이름은 영어로 작성하는 것이 좋다. 최근 버전에서는 설치한 분석 모듈에 따라서 한글을 인식하는 모듈이 있기 때문에 일부 샘플 결과표를 살펴본 다음에 한글이 깨져 보이거나 한글 데이터를 인식하지 못하면 영어로 바꾸어 준다.

❷ 변수의 수치에 대한 설명을 'Description'란에 자유롭게 기술한다. 이 설명은 분석에 어떠한 영향도 주지 않기 때문에 자유롭게 자판에 있는 한/영 키를 사용해서 한글을 입력해도 되며, 입력하지 않더라도 분석에 영향을 주지 않는다.

❸ jamovi 변수의 측정수준은 크게 명명(Nominal), 서열(Ordinal) 그리고 연속(Continuous) 척도로 구성되어 있다. 그리고 각 변수의 측정수준을 심볼로 표시함으로써 심볼만 보고도 각 변수의 측정수준을 나타낼 수 있게 했다.

Nominal 측정값이 명칭이나 이름의 역할밖에 하지 못하는 것을 말한다. 예를 들어, 우편번호는 숫자로 되어 있지만, 우편번호가 큰 지역이 작은 지역보다 양적으로 더 크다는 것을 의미하는 것이 아니라, 다만 지역적인 구분을 해주기 위한 것이다. 즉, 변인이 숫자로 되어 있어도 명칭의 역할밖에 하지 못하는 경우는 명명척도의 자료로 볼 수 있다. 따라서 명명척도는 '구별'의 기능만 할 뿐, 어떠한 수학적 연산도 할 수 없다. 예) 성별(1=남자, 2=여자), 거주 지역(1=서울, 2=경기도, 3=충청남도).

Ordinal 측정값이 크기의 순서까지 갖게 되는 경우를 말한다. 예를 들어, 마라톤에서 결승선에 들어오는 순서인 경우에 1등, 2등, 3등은 순서의 차이가 명백하다. 그러나 1등과 2등의 차이가 2등과 3등의 차이와 동일하다고 볼 수는 없다. 따라서 서열척도는 '구별'과 '순서'의 기능을 하며, 수학적 연산은 역시 불가능하다. 예) 군대계급(소위, 중위, 대위), 학업성적등급(수, 우, 미, 양, 가).

| Continuous | 측정값이 크기의 순서와 함께 측정값 사이의 간격이 연속적인 경우를 의미한다. '동간척도', '비율척도' 등이 포함된다. 예) 학업점수, 키, 몸무게 등.

| ID | 'ID' 변수는 분석에 포함되기를 원하지 않는 변수를 위해서 설정해 놓았다. 예) 응답자 이름 또는 일련 번호 등.

❹ jamovi에서는 비연속변수(명명, 서열)를 'Factors' 용어라는 이름으로 분석하며, 연속변수는 'Covariates' 용어로 분석한다. 자료 유형(Data type)에서 자료가 문자(Text), 정수(Integer) 또는 소수점(Decimal)으로 이루어져 있는지를 체크한다.

❺ 오른쪽 상단의 'Hide' 화살표를 클릭하여 'DATA VARIABLE' 편집기를 닫는다.

데이터에 입력되어 있는 결측값(Missing values)을 입력하면 jamovi는 해당 값을 무응답으로 처리하고 분석을 수행한다. 다음 그림에서 A변수의 5번 응답자의 무응답을 99로 코딩하였다고 가정하자. Levels 칸에도 입력된 99가 나타남을 볼 수 있다.

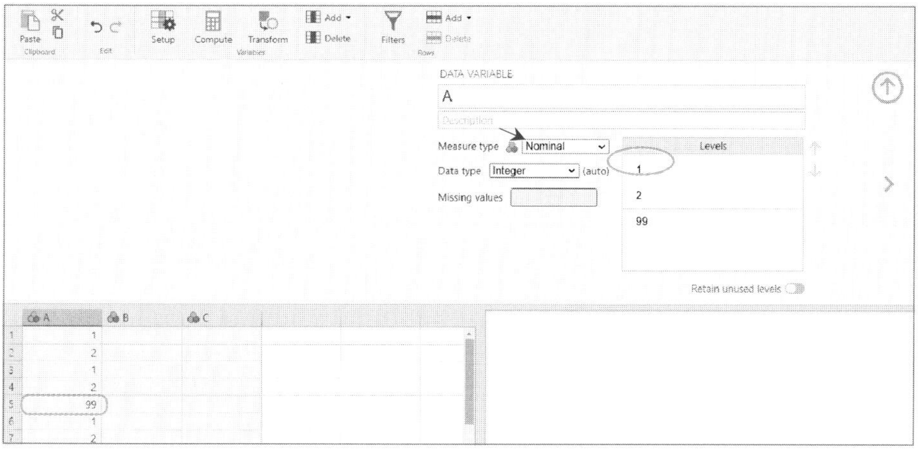

Missing values 칸에 커서를 위치한 다음에 클릭하면 다음과 같은 창을 보여 준다. ① Add Missing Value를 클릭한 다음에 ② 99를 입력하고 ③ 돌아가기 아이콘을 클릭하면 된다.

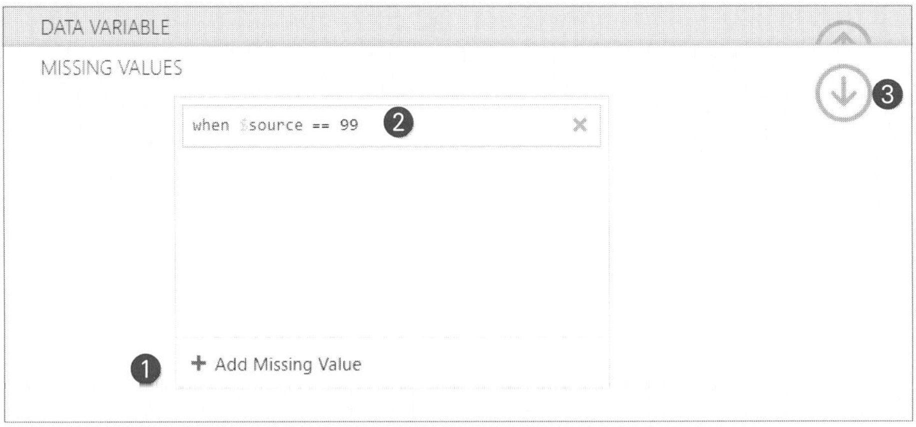

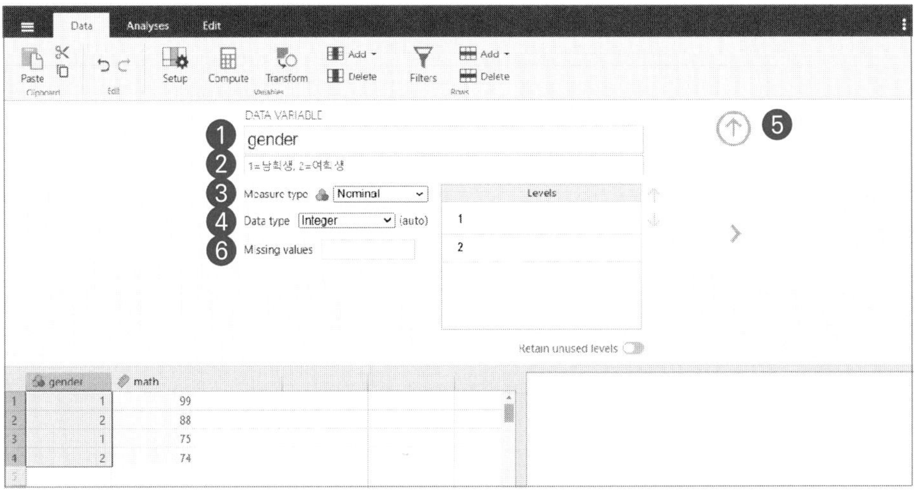

jamovi에서 분석자료를 읽어올 때 jamovi는 자동적으로 각 변수의 측정수준을 명명(Nominal)변수로 인식한다. 따라서 자료 분석을 하기 전에 반드시 각 변수의 측정수준과 자료유형이 정확한지를 확인해야 한다. 만약 변수의 측정수준이 정확하지 않은 경우 반드시 'DATA VARIABLE' 편집기를 통해서 수정해야 한다.

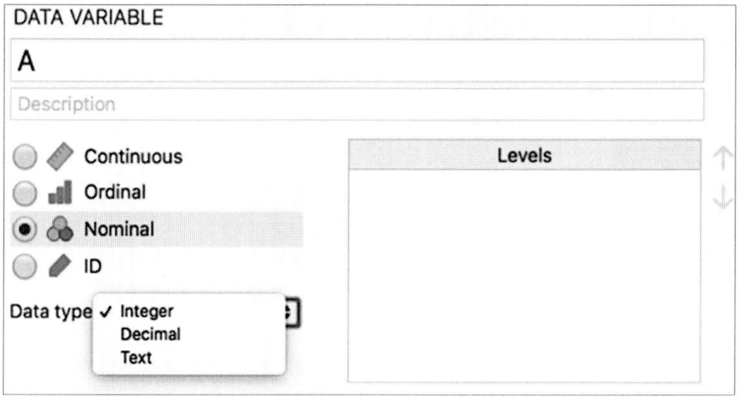

2) 엑셀 분석자료 파일 읽기

≡ ▷ Open ▷ Browse

jamovi 최근 버전에서는 엑셀 형태로 저장한 파일도 아무런 제약 없이 불러올 수 있다. 그럼에도 불구하고 R 프로그램과의 호환성 및 편리성을 고려해 보면, 엑셀 자료를 저장할 때 *.CSV 파일 형태로 저장할 것을 권한다. jamovi는 엑셀 파일 이외에 SPSS, SAS, Stata, JASP 프로그램을 사용하여 작성한 자료 파일도 jamovi 프로그램에서 읽을 수 있도록 지원하고 있다.

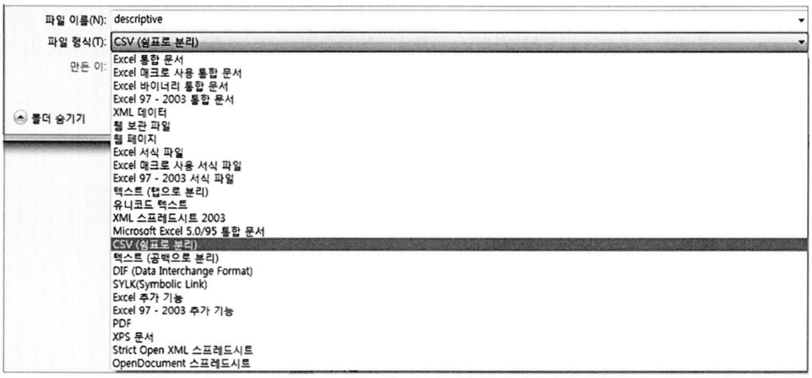

다음으로 jamovi 프로그램에서 ❶ 'This PC' → ❷ 'Browse' → ❸번 순으로 클릭하여 분석자료 파일을 불러온다.

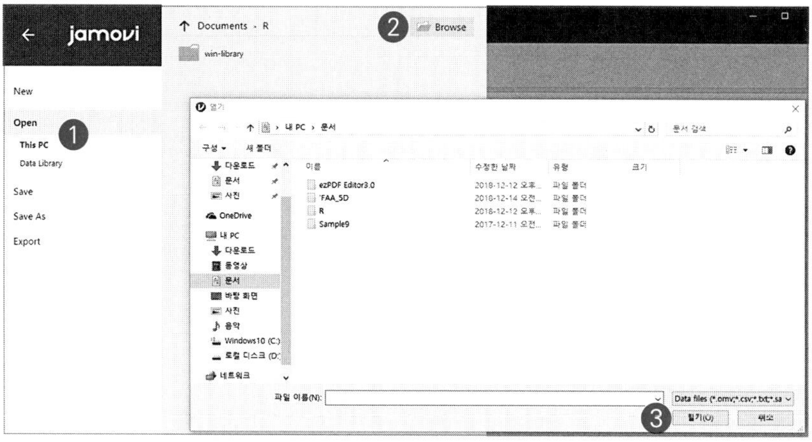

3) 분석자료 저장 및 출력

| ≡ | ▷ **Save** 또는 **Save As** ▷ **Browse**

jamovi 프로그램에서 입력한 데이터 파일을 저장하면 확장자는 '*.omv' 파일로 저장된다. 추후 분석에서는 '*.omv' 아이콘만 클릭하면 자동적으로 jamovi가 실행된다.

만약 실행되지 않는다면 설치된 버전과의 차이 때문에 파일을 열지 못하는 것이기 때문에 Open > This pc에서 불러오면 된다.

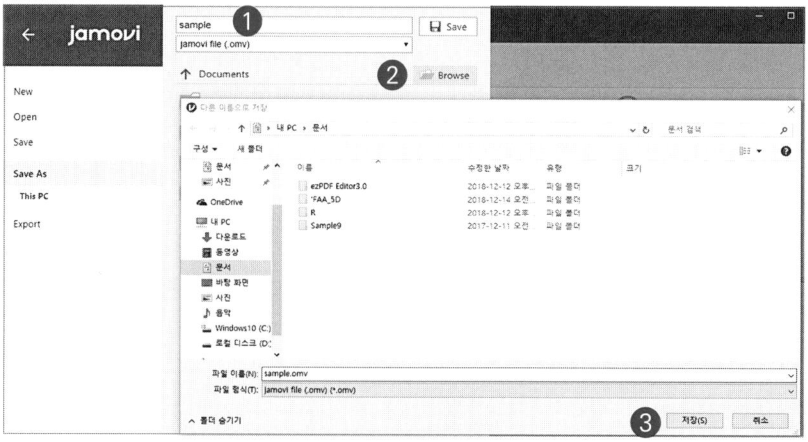

만약 분석자료를 엑셀 자료로 저장하기를 원할 경우에는 다음과 같은 순서로 진행하여 저장할 수 있다.

≡ ▷ Export ▷ Data

분석 결과를 pdf 파일 또는 html 형식으로 저장해서 출력하기를 원할 경우에는 아래와 같은 순서로 진행한다.

≡ ▷ Export ▷ Result

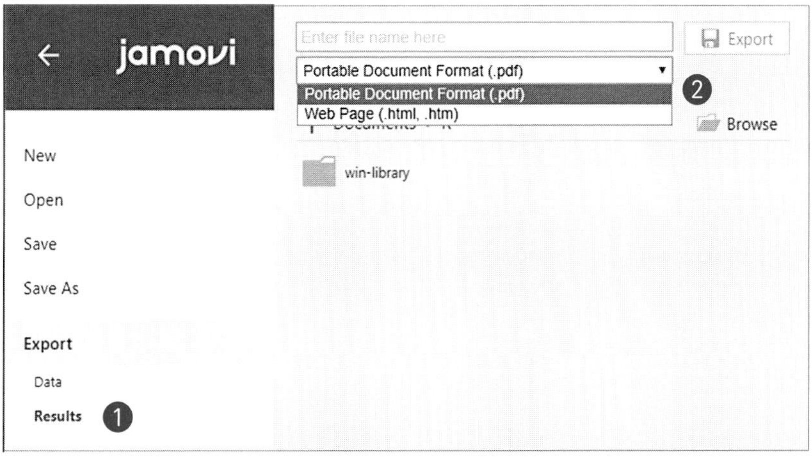

4) 자료 편집 및 변환

편집하고자 하는 변수, 또는 특정 사례수에 커서를 위치시켜 놓고 마우스 오른쪽 버튼을 누른다.

Cut 편집하고자 하는 변수에 커서를 위치시켜 놓고 'Cut'을 선택하면 해당변수의 사례수가 삭제된다.

Copy 편집하고자 하는 변수에 커서를 위치시켜 놓고 'Copy'를 선택해서 마우스 왼쪽버튼을 누르면 해당변수의 사례수가 복사된다.

Paste 'Cut'이나 'Copy'를 통해서 수행한 결과값을 특정 셀이나 변수에 붙여 준다.

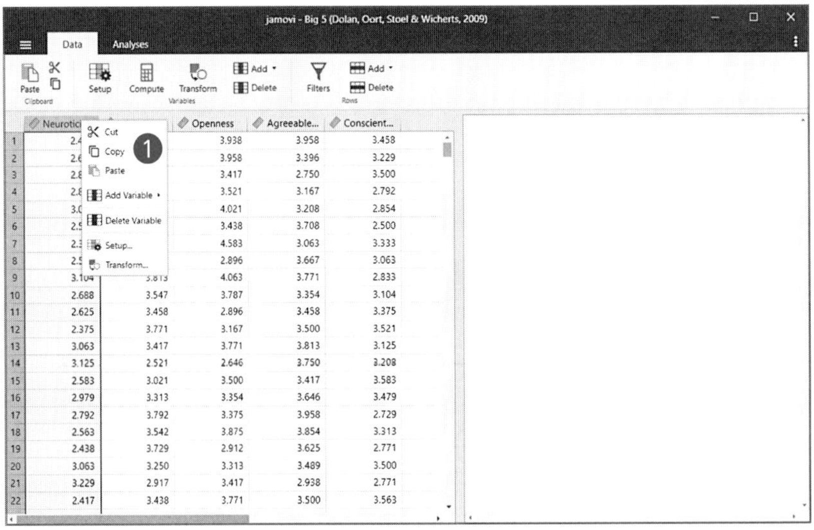

변수 계산

Data ▷ Compute

❶ 변수계산 대화상자가 나타난다.

❷ 새로운 변수이름을 입력하고 변수 코딩에 대한 정보를 다음 칸에 자유롭게 입력한다. 변수이름은 가급적 영문으로 작성할 것을 권하지만, 변수 코딩 정보는 자유롭게 컴퓨터 자판에 있는 한/영 키를 사용해서 한글로 입력해도 된다.

❸ 계산 편집기 f_x를 클릭하면 각종 유용한 함수 및 자료 변수이름이 나타나고, 함수 이름 다음 괄호 안에 들어갈 함수 문법이 예제 형태로 제시되어 있다.

❹ 생성된 칼럼 칸에 계산된 새로운 변수값이 할당된다. 예를 들면, 국어점수와 영어점수를 합산해서 언어점수라는 새로운 변수를 만들 수 있다.

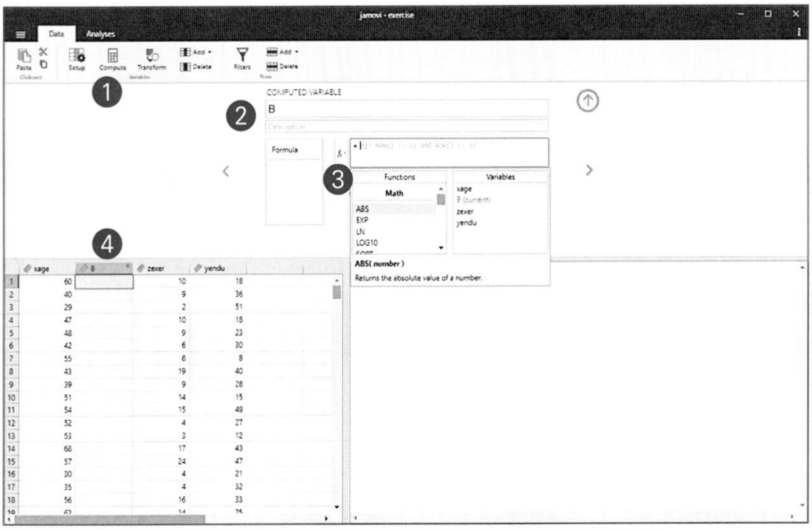

새로운 변수를 만드는 방법을 학습하기에 앞서 jamovi에서 자주 사용되는 기본 연산자와 사용 예시를 제시하면 다음과 같다. 예시를 직접 분석 창에 입력하고 실행하여 예시 결과를 확인하기 바란다.

변수 계산에 사용되는 기본 연산자

연산자	설명	예시
<	미만	2<3
< =	이하	2< =2
>	초과	2<3
> =	이상	2> =2
= =	같음	4= =4
!=	같지 않음	4!=5
or	또는	'Age' >20 or 'Gender' = =1
and	그리고 (동시에)	'Age' >0 and 'Age' < =20

특정 변수 바로 오른쪽 칸에 새로운 변수를 만든다고 가정하자. 특정변수에 커서를 위치시켜 놓고 'Compute' 버튼을 클릭하면 오른쪽에 새로운 변수값을 할당할 칸이 생성되면서 바로 위에 'COMPUTED VARIABLE' 편집기가 나타난다. 새로운 변수이름을 입력하고 (예를 들면 'Total') 다음 칸에 필요하면 변수에 대한 설명을 입력한다.

다음으로 계산 편집기 f_x를 클릭하면 왼쪽에 수학, 통계, 기타, 모의실험 계산을 할 때 사용할 수 있는 함수가 나타나고 오른쪽에는 분석자료의 변수이름이 나타난다. 또한 바로 아래에는 선택된 함수의 문법 형식을 보여 준다.

계산 편집기에서 원하는 함수를 선택한 다음에 계산 편집기 맨 아래에 제시된 문법 형식에 맞게 변수이름을 입력하고 엔터키를 친다. 그러면 변수값이 계산되어 새로운 변수이름 칸에 자동으로 할당된다.

'COMPUTED VARIABLE'에 제시된 함수 중에서 자주 사용되는 함수를 요약해서 제시하면 다음과 같다. 아래 예시 항목을 타이핑해서 결과를 비교해보기 바란다.

수학 함수

함수	설명	예시	결과
ABS(X)	절대값	ABS(−10)	10
EXP(X)	지수함수	EXP(6.908)	1000.245
LN(X)	자연로그	LN(1000)	6.908
LOG10(X)	상용로그	LOG10(1000)	3
SQRT(X)	루트	SQRT(2)	1.414

통계 함수

함수	설명	예시 설명
BOXCOX	boxcox	boxcox(x, lamda)
MEAN	평균값	MEAN(변수이름, 변수이름)
SCALE	표준점수(Z) 값	SCALE(변수이름)
SUM	합계	SUM(변수이름)
VMEAN	변수 전체 평균값	VMEAN(변수이름)
VMED	변수 전체 중앙값	VMED(변수이름)
VMODE	변수 전체 최빈값	VMODE(변수이름)
VN	변수 전체 사례수	VN(변수이름)
VSE	변수 전체 표준오차	VSE(변수이름)
VSTDEV	변수 전체 표준편차	VSTDEV(변수이름)
VSUM	변수 전체 합계값	VSUM(변수이름)
VVAR	변수 전체 분산값	VVAR(변수이름)
Z	표준점수 값	Z(변수이름)

논리 함수

함수	함수 형식	예시 설명
IF	IF(표현식, 숫자, 다른 숫자)	IF('Age' > = 40, 1, 2)
IFMISS	IFMISS(변수, 숫자, 다른 숫자)	변수에 결측값이 포함되어 있으면, 결측값을 다른 값으로 변환해 줌

다음 그림에 제시된 예를 들면, 합산을 의미하는 'SUM'이라는 함수를 선택하면 맨 아래 'SUM' 함수에 대한 문법 형식을 보여 준다.

다음으로 'SUM' 함수를 더블 클릭하면 함수 편집기에 'SUM( )'이 나타난다. 괄호 안에 오른쪽에 제시된 변수 목록에서 합산하게 될 변수이름을 각각 더블 클릭하면 'SUM( )'에 입력되며 마지막으로 엔터키를 치면 합산점수가 새로운 변수이름으로 할당된다. 아니면 SUM( )에 변수이름을 직접 타이핑해도 된다. 이때 주의할 점은 변수이름 사이의 구분을 반드시 콤마(,)로 구분해 주어야 한다는 점이다[예를 들면, SUM(english, math)].

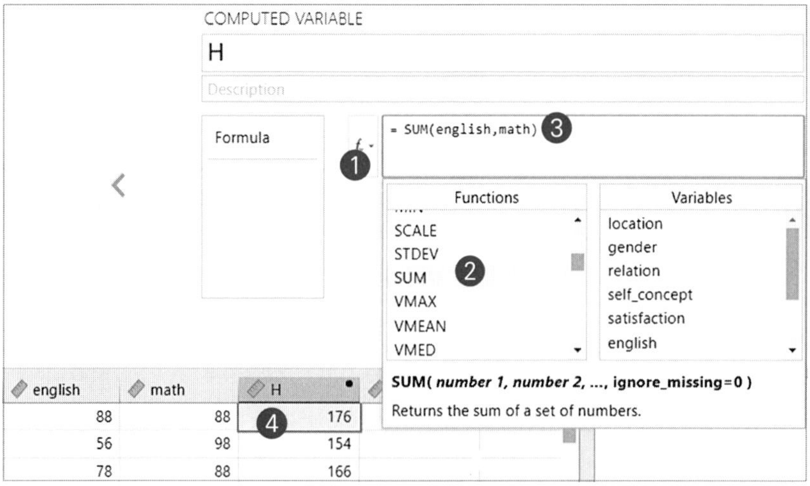

함수 편집기를 보면 'MEAN'과 'VMEAN'과 같이 익숙한 함수명 앞에 'V'자를 붙

인 함수를 보게 된다. 평균을 계산하는 'MEAN' 함수를 예로 들면, 'MEAN' 함수의 형식은 'MEAN(숫자, 숫자, …)' 형식으로 괄호 안에 숫자를 입력하면 그 숫자들 합의 평균값이 B 변수 열에 나타난다. 'VMEAN(변수)' 형식으로 괄호 안에 변수명을 입력해도 동일한 결과를 보여 준다.

'Statistical' 함수에서 'Z(변수이름)'을 입력하면 해당 변수에 대한 표준점수 값이 계산된다. 만약 'VMEAN(변수이름)'과 'VSTDEV(변수이름)'을 사용해서 표준점수 공식을 만들어 실행해도 'Z(변수이름)' 함수를 실행한 결과와 동일한 값을 산출한다.

예를 들면, (math−VMEAN(math))/VSTDEV(math) 이런 형태로 수학점수에 대한 변수이름을 입력해서 실행하면 새로운 변수에 수학점수('math')에 대한 표준점수 값이 입력되며, 그 값들은 이전에 실행한 'Z(변수이름)'과 동일한 값들임을 확인할 수 있다. 주의할 점은 표준점수 계산공식 분자에 더블 괄호로 표시되어야만 올바른 표준점수를 산출할 수 있다.

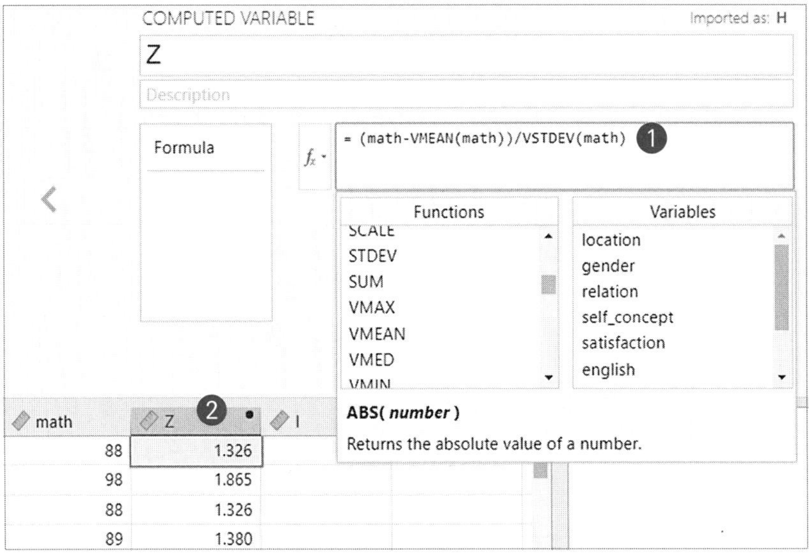

특정 문자열을 포함하는 변수를 숫자로 리코딩하기를 원할 경우에 다음과 같이 타이핑하면 된다.

예를 들면, 특정 변수에 'Dog'글자가 포함되면 1, 'Cat'이 포함되면 2라는 숫자를 부여하기를 원한다면,

IF(CONTAINS('Dog', 변수이름), 1, IF(CONTAINS('CAT', 변수이름), 2))

코딩 변경

Data ▷ **Transform**

코딩 변경(Transform)은 특정변수의 변수값을 변경하기 위해 사용된다. 예를 들면, 남학생에게 1, 여학생에게 2라는 숫자로 코딩을 변경하거나 또는 60점 미만은 'F', 60~80점은 'B', 90점 이상은 'A'로 코딩을 변경하고자 할 때 사용된다.

❶ 변경하고자 하는 변수에 커서를 위치시켜 놓고 'Transform'을 클릭하면 'TRANSFORMED VARIABLE' 편집기가 열린다.

❷ 변경될 새로운 변수이름을 입력하고 엔터키를 친다.

❸ 새로운 변수이름으로 변경된 것을 확인할 수 있다.

❹ 'Source variable'은 코딩을 변경하고자 하는 변수이름을 의미한다. 만약 다른 변수이름의 코딩을 변경할 경우 바로 옆에 화살표를 클릭하면 분석자료의 변수이름이 나타나고 변경하고자 하는 변수이름을 선택하면 된다.

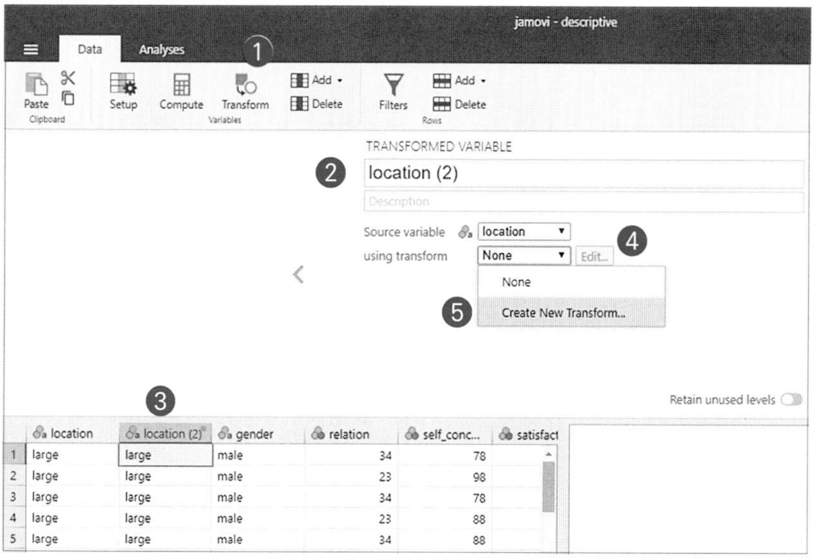

❺ using transform ▷ Create New Transform 을 선택하면 다음과 같은 대화상자가 나타난다.

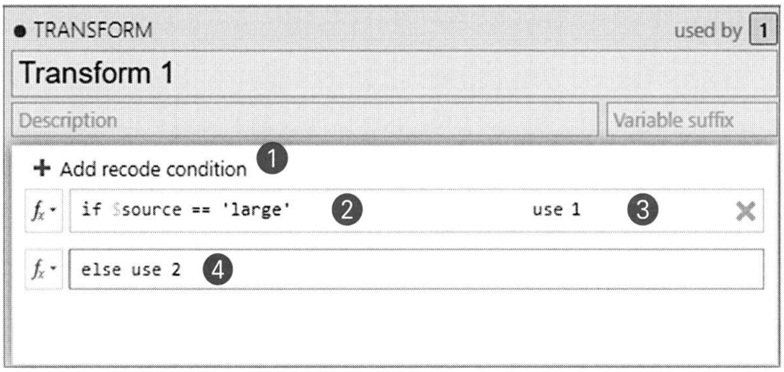

❶ 'Add recode condition' 항목을 클릭한다.

❷ '$ source'(여기에서는 'location' 변수를 의미함) 옆에 '=='(이 기호는 '같음'을 의미함) 'large'라고 입력한다. 따옴표를 사용할 경우 jamovi는 따옴표 안에 있는 글자(또는 숫자)를 문자로 인식한다.

❸ 1이라고 표시한다. 이것은 'large'라는 문자변수를 숫자 1로 리코딩하는 것을 의미한다.

❹번 항목 'else use'는 그 밖에 다른 문자들은 모두 2로 리코딩하라는 것을 의미한다.

다음은 수학 점수들을 3개의 범주형 코드('F' 'B' 'A')로 리코딩하는 것을 보여 준다. ❶ → ❷ → ❸ → ❹번 순서로 클릭하고 입력하면 된다.

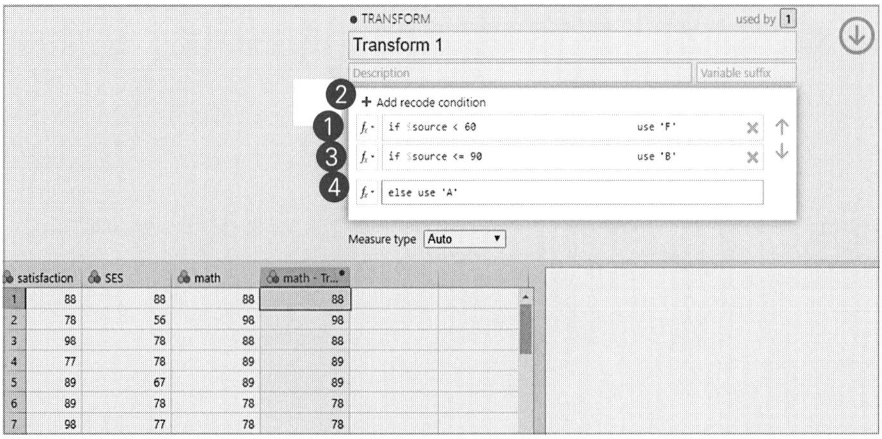

■ 케이스 필터링

Data ▷ Filters

케이스 필터링은 특정변수의 조건을 만족하는 케이스를 선택해서 분석을 수행하고자 할 때 사용한다. 예를 들면, '성별' 변수에서 남학생 집단만을 선택해서 분석을 수행하고자 할 때 케이스 필터링을 통해서 남학생 케이스만 선별해서 곧바로 분석을 할 수 있다. 또는 2개 변수 이상의 조건을 동시에 만족하는 케이스를 선별할 경우에도 사용할 수 있다. 예를 들면, 케이스 필터링에서 '지역' 변수에서 '대도시'에 거주하는 케이스를 선택한 다음에, 그 중에서 '남학생' 케이스만 필터링하여 분석할 수 있다.

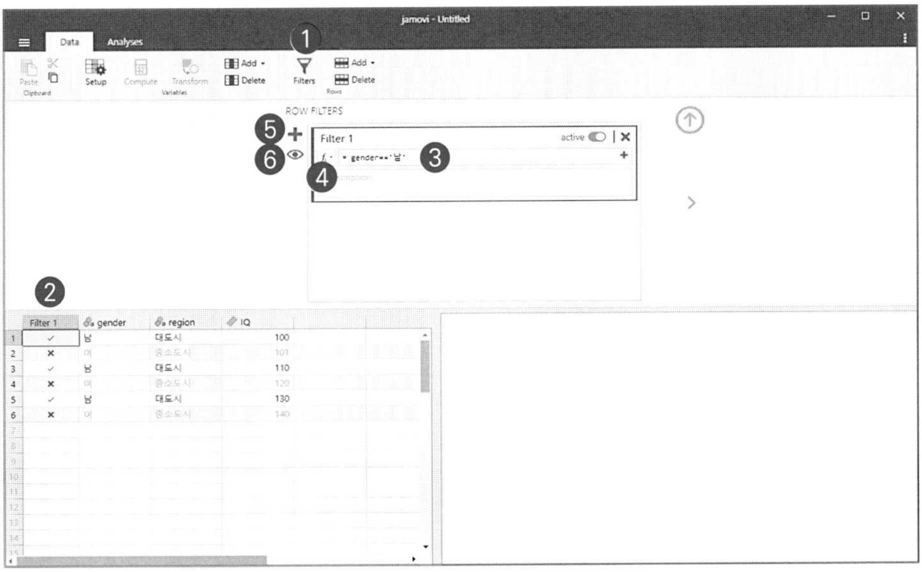

❶번 항목을 클릭하면 스프레드시트가 왼쪽으로 밀리면서 ❷번 항목(Filter 1)의 컬럼이 나타난다. ❸번 항목에 선택할 케이스 조건을 입력한다. 예를 들면, gender 변수에서 남학생을 선택해서 분석하기를 원하면 gender=='남'이라고 입력하고 엔터키를 누르면 ❷번 항목에서 선택된 남학생은 '✓' 표시로 나타난다.

다음으로 분석 대화상자를 열고 통계분석 옵션을 클릭하면 남학생을 대상으로 한 통계값이 분석 결과 창에 제시된다.

만약 함수를 사용해서 조건을 입력하고자 하는 경우에는 ❹번 항목을 클릭한다. 만약 스프레드시트에 ❷번 항목을 숨기기를 원할 경우에는 ❻번 항목을 클릭한다. 또는 'Filter 1' 컬럼에 마우스를 위치시키고 오른쪽 버튼을 클릭해서 'Delete Filter' 항목을 선택할 수 있다.

추가조건을 입력하기를 원할 경우에는 ❺번 항목을 클릭하면 'Filter 2' 항목 입력식과 스프레드시트에 'Filter 2' 항목이 나타난다. 예를 들면, 'Filter 2' 항목 입력식에 region=='대도시'라고 입력하면 'Filter 2' 항목에 대도시만 선택된다.

다음 화면은 '남' 학생이면서 동시에 '대도시' 조건을 만족하는 케이스가 선택된 화면이다. 선택조건을 만족하는 케이스를 가지고 통계분석을 수행할 수 있다.

변수의 'Transform'과 'recoding' 처리방법과 관련한 자세한 내용은 jamovi 홈페이지 우측 상단 blog를 클릭하여 나와 있는 동영상을 참고하기 바란다. 사용예시를 직접 분석 창에 입력하고 실행하여 예시 결과를 확인하기 바란다.

1. 'Transform'과 'recoding'

   https://blog.jamovi.org/2018/10/23/transforming-variables.html

2. 'Filter'

   https://blog.jamovi.org/2018/04/25/jamovi-filters.html

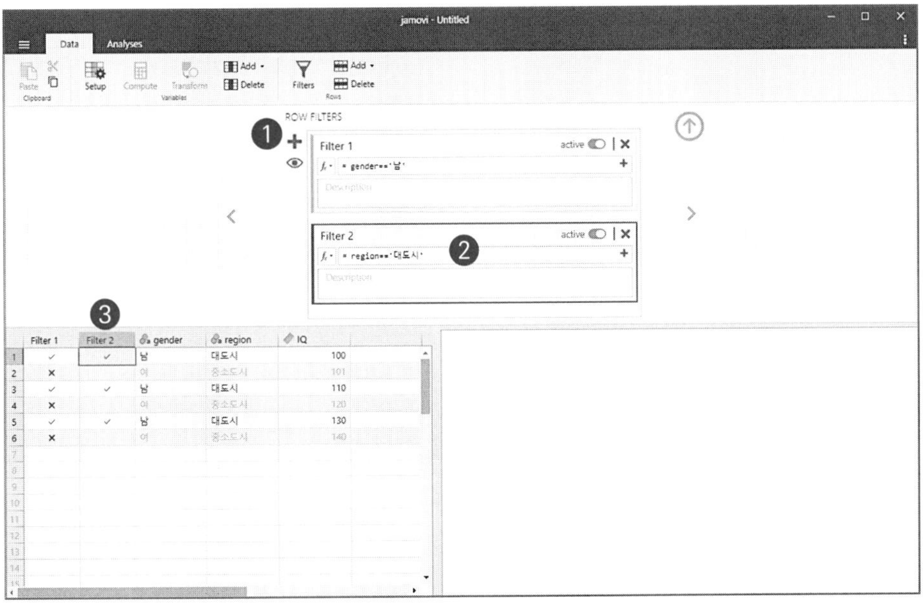

Descriptives

Descriptives

	gender	region	IQ
N	남	대도시	3
Missing			0
Mean			113.33
Median			110
Minimum			100
Maximum			130

jamovi 오른쪽 상단에 위치한 ❙ ⋮ ❙ 옵션을 살펴보기로 한다.

❶ Zoom: ±를 선택함에 의해서 jamovi 화면 크기를 조정할 수 있다.

❷ Number format: 분석 결과표의 소수점 자리수 결과보고 양식을 지정할 수 있다.

③ p-value format: 분석 결과표에서 확률값 소수점 자리수 결과보고 양식을 지정할 수 있다.

④ References: jamovi는 R을 GUI 방식으로 구현한 프로그램이며, 동시에 외부 연구자가 jamovi tool을 사용함에 의해서 jamovi 모듈을 개발하고 jamovi library에 설치할 수 있는 기능을 제공하고 있다. 따라서 jamovi 모듈을 사용해서 분석을 할 경우에는 3개의 참고문헌(R, jamovi, module)을 인용해야 한다.

jamovi는 해당 참고문헌을 'Visible' 옵션을 표준옵션으로 제공함에 의해서 분석 결과표 밑에 APA 스타일로 제공하고 있다. 예를 들면, 연구자가 jamovi에서 'GAMLj' 모듈로 회귀분석을 수행했다고 가정하면 참고문헌에 다음과 같은 3개의 참고문헌이 인용되어야 한다. 인용방법은 마우스 오른쪽 버튼을 이용해서 복사한 다음에 워드 문서창에 붙이기만 하면 된다.

References

[1] The jamovi project (2020). *jamovi.* (Version 1.2) [Computer Software]. Retrieved from https://www.jamovi.org.

[2] R Core Team (2019). *R: A Language and envionment for statistical computing.* (Version 3.6) [Computer software]. Retrieved from https://cran.r-project.org/.

[3] Gallucci, M. (2019). *GAMLj: General analyses for linear models.* [jamovi module]. Retrieved from https://gamlj.github.io/.

⑤ Syntax mode: 네모박스를 클릭하면 분석 대화상자에서 클릭한 옵션을 R 코드로 분석 결과 창에 제공해 준다. 해당 코드를 마우스 오른쪽 버튼의 'Syntax 〉 Copy' 기능을 이용해서 복사한다. 다음으로 R 모듈에서 'Rj Editor'를 클릭한다.

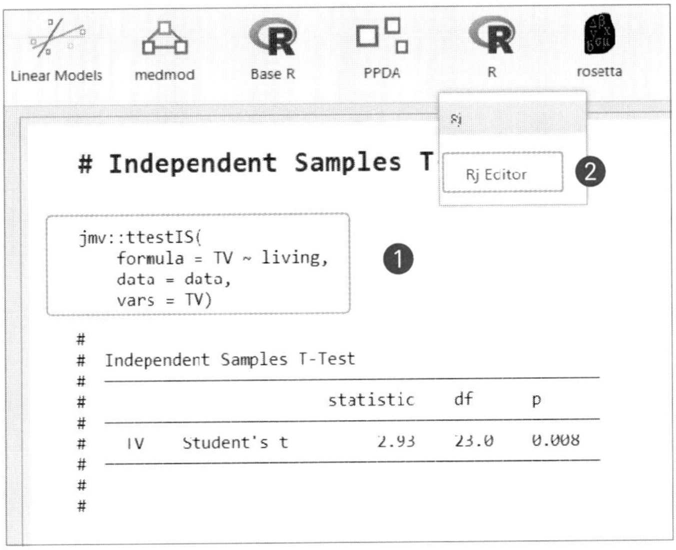

'Rj Editor' 창에서 복사한 내용을 붙이기 한 다음에 실행하면, R 분석 형태의 결과물이 오른쪽 결과 창에 나타난다. 분석을 실행하기 위해서는 jamovi library에서 Rj 모듈을 본인 컴퓨터에 사전에 설치해야 한다.

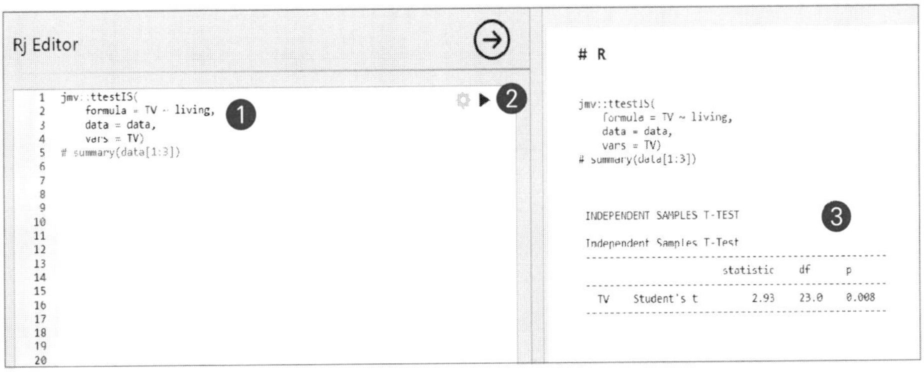

❻ Plot theme: 분석 결과에서 제공되는 각 옵션을 클릭하여 그래프의 배경을 지정할 수 있다.

❼ Color palette: 분석 결과에서 제공되는 각 옵션을 클릭하여 그래프의 색깔을 지정할 수 있다. Plot과 Color 옵션을 각각 클릭해봄에 의해서 최상의 그림을 선택하면 된다.

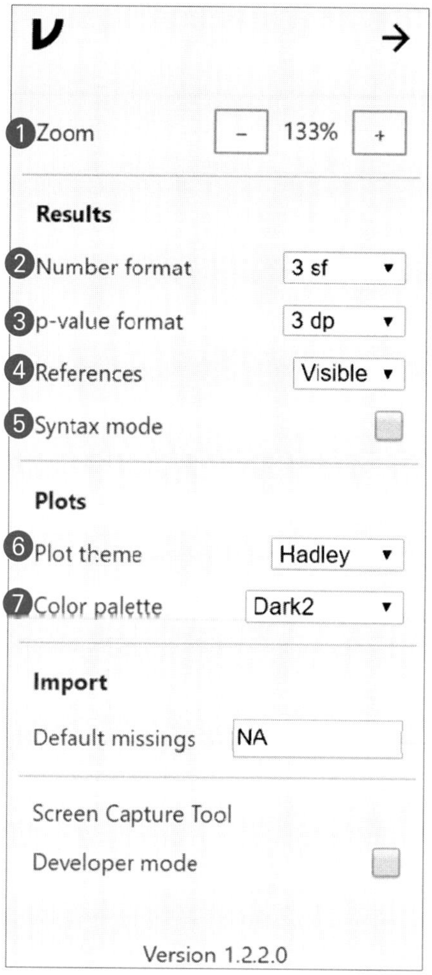

■ 무응답 값(missing value)

엑셀에서 무응답 값(예를 들면, 9로 입력)이 포함된 분석자료를 jamovi 프로그램으로 읽어오기 전에 jamovi 오른쪽 상단 ❙ ⋮ ❙를 클릭한다. ❶번 'Import'의 'Default missing' 칸에 'NA' 대신에 '9'라고 입력한다.

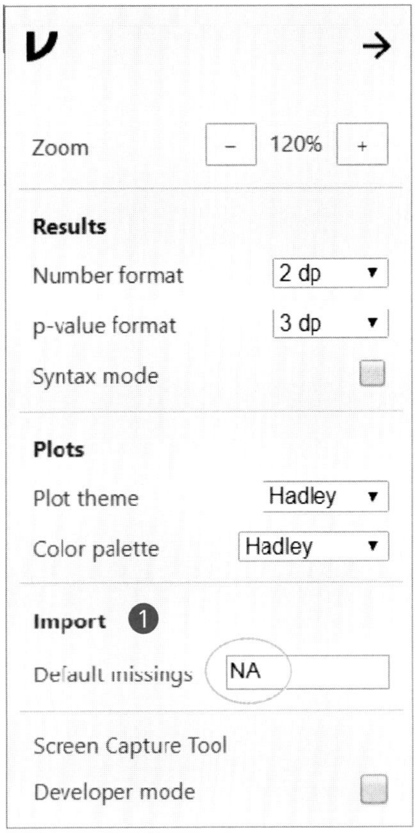

다음으로 무응답 값 9가 포함된 분석자료를 읽어 온다. 9가 포함된 칸이 jamovi 자료 창에 빈칸으로 나타나게 되며, jamovi는 빈칸을 무응답으로 인식해서 통계분석에 반영한다. 9 이외에 다른 숫자 또는 'NA' 같은 문자도 똑같은 방식으로 적용하면 된다.

	A	B	C
1	a	b	c
2	1	2	9
3	9	2	3
4	3	9	9

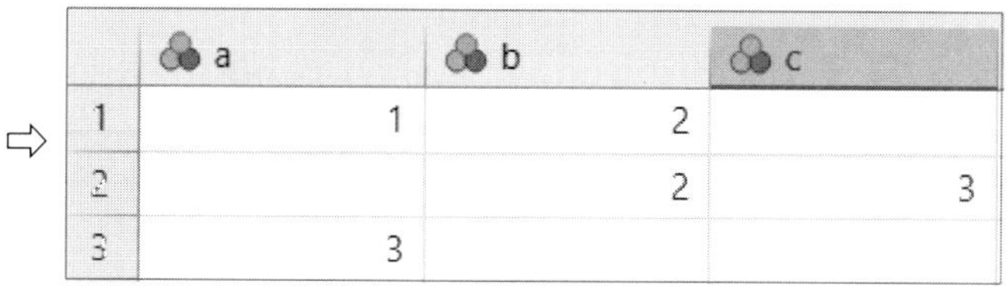

	a	b	c
1	1	2	
2		2	3
3	3		

jamovi에서 무응답이 존재하는 분석자료를 가지고 변수들 간의 평균(Mean)값을 계산하고자 할 때는 MEAN ( )에 ignore_missing=1 옵션을 추가한다. 합계(SUM)값을 구하는 경우에도 같은 방식을 적용한다.

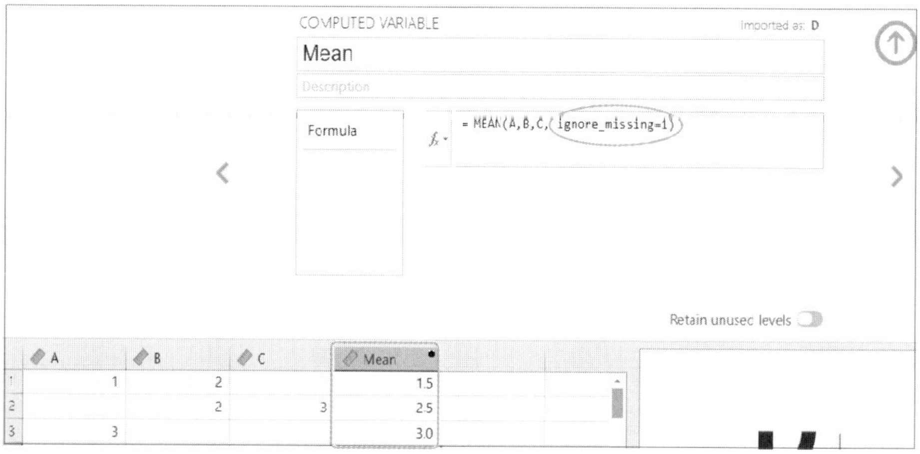

■ jamovi 참고문헌 인용

최근에 jamovi 통계프로그램으로 학위논문 또는 학술지에 사용하는 빈도가 늘어나고 있다.

참고로 jamovi 통계모듈을 가지고 분석하는 경우에는 통계모듈 개발자의 참고문헌을 정확히 인용해야 한다. 왜냐하면 jamovi library에 올라와 있는 통계 모듈은 jamovi 개발진에 의해 자체적으로 개발된 것이 아니라 jamovi 자체에서 제공하는 jamovitools를 활용해서 외부 연구자들이 독립적으로 개발한 것이기 때문에 jamovi 개발진과는 아무런 관련이 없다.

예를 들면, "~ jamovi(2021) 통계프로그램을 가지고 군집분석을 수행하였다." 이렇게 참고문헌을 인용하면 안 된다. jamovi 기본 분석에는 군집분석이 없기 때문에 jamovi library에 올라와 있는 통계 모듈인 snowCluster 모듈을 사용한다면 해당 모듈의 개발자 이름을 참고문헌에 같이 기술해야 한다는 것이다. jamovi 개발진은 군집분석 통계모듈과는 상관이 없고 외부연구자가 개발한 통계모듈을 컴파일 작업을 통해서 jamovi library에 올려주는 역할만 수행하기 때문이다. 따라서 만약에 snowCluster 모듈을 가지고 kmeans 분석을 한다면 다음 3개의 참고문헌을 모두 인용해야 한다.

[기술 예시]

"~ 관계를 검증하기 위하여 jamovi(jamovi, 2021; R, 2021) 통계프로그램에 있는 snowCluster(Seol, 2020) 분석 모듈을 가지고 군집분석을 수행하였다."

참고문헌 인용은 jamovi 결과분석창 제일 하단 Reference에 마우스 오른쪽 버튼만 눌러서 복사(Copy)한 다음에 hwp 파일에 마우스 오른쪽 버튼을 눌러서 붙이기(Paste)만 하면 자동으로 완성된다.

- The jamovi project (2021). jamovi. (Version 1.8) [Computer Software]. Retrieved from https://www.jamovi.org.
- R Core Team (2021). R: A Language and environment for statistical computing. (Version 4.0) [Computer software]. Retrieved from https://cran.r-project.org. (R packages retrieved from MRAN snapshot 2021-04-01).
- Seol, H. (2020). snowCluster: Cluster Analysis. [jamovi module]. Retrieved from https://github.com/hyunsooseol/snowCluster.

jamovi library

jamovi 프로그램 우측에 보면 십자 모양의 Modules가 있다. ① Modules를 클릭한 다음에 ② jamovi library를 클릭하면 외부 연구자들이 jamovitools를 활용해서 개발한 통계모듈 리스트를 보여 준다. ③ Manage installed는 개인 컴퓨터에 설치된 통계모듈 리스트와 함께 설치/삭제 기능을 수행할 수 있다.

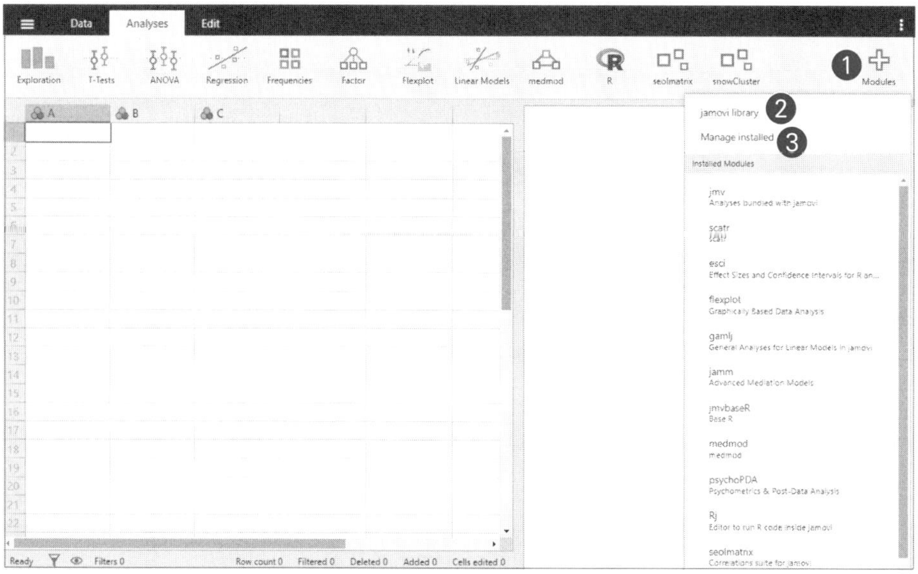

❶ jamovi library에서 Available 항목은 외부 연구자에 의해서 개발된 통계모듈 리스트와 함께 통계모듈 이름, 버전넘버, 저자, 모듈에 대한 간단한 설명과 함께 개인 컴퓨터에 설치를 원하면 INSTALL을 클릭하면 자동으로 개인 컴퓨터에 해당 모듈이 설치된다.

❷ Installed 항목은 개인 컴퓨터에 설치된 통계모듈과 함께 관리기능을 보여 준 다. 모듈을 Analysis 항목에 보이게 하려면 SHOW를 클릭하면 되고, 숨기기를 원할 경우 HIDE, 개인 컴퓨터에서 해당 통계 모듈을 제거하기를 원할 경우 REMOVE를 클릭하면 된다.

❸ Sideload 항목은 jamovi 통계모듈 개발자들을 위해 만든 항목으로 개발하고 있는 통계모듈을 컴파일 한 파일을 jamovi 환경에 불러올 수 있는 기능을 제공하고 있다. jamovi 모듈 개발자 이외에는 별 의미 없는 기능으로 볼 수 있다.

저자가 판단하기에 유용한 모듈을 추천하면 다음과 같다.

모듈 이름	설명
Rj	따로 R 프로그램을 설치하지 않고도 jamovi프로그램 내에서 R 분석이 가능함
gamlj	다양한 종류의 회귀분석, 다층 및 혼합모형
jamm	중다 매개 및 조절모형
medmod	단순 매개모형 및 조절모형 분석
surveymv	조사연구에서 응답범주에 대한 다양한 시각화 분석
MAJOR	메타분석
deathwatch	생존분석
flexplot	종속변수와 독립변수간의 관계에 대한 다양한 시각화 분석 제공, scatr 모듈도 함께 설치할 것을 권장
seolmatrix	편상관, 테트라코릭, 폴리코릭, 스피어만, 다층 및 일치도 상관계수, AHP 분석, 평정자 분석과 함께 Gaussian 그래프 모형 제공
snowCluster	K-means 및 위계적 군집분석, 대응분석, 중다 대응분석, 중다 요인분석, 판별분석, 다차원 척도분석 및 다양한 시각화 분석
snowIRT	이분 및 다분 문항반응이론 모형, 차별기능문항 분석
snowRMM	Rasch 모형 및 Rasch Mixture 모형 분석과 함께 잠재계층 분석 및 검사 동등화 제공
moretests	jamovi프로그램에 부가적인 통계 제공
r-datasets	R프로그램에 있는 예시 데이터 제공
psychoPDA	차별기능문항분석
semlj	lavaan 모형에 기초한 구조 방정식 모형 분석
pathj	다양한 종류의 매개 및 조절모형 분석

02

기술통계

1. jamovi를 사용한 기술통계
2. jamovi를 사용한 그래프 그리기
3. jamovi 분석 결과 출력하기
4. jamovi 업데이트 분석 옵션
5. R_j 모듈을 이용한 R 통계 분석
6. Edit 사용법

2 기술통계

기술통계(descriptive statistics)는 주어진 자료를 요약 정리해주는 통계값을 계산하기 위하여 사용된다. 기술통계는 크게 분석자료의 몰려 있는 정도를 대표하는 집중경향(central tendency) 통계값과 자료의 퍼져 있는 정도를 대표하는 분산도(Dispersion)로 나누어 볼 수 있다.

집중경향 값은 수집된 많은 자료들이 어떠한 값에 집중되어 있는지를 알아봄으로써 그 자료의 대표값을 알아보려는 것이다. 이는 자료의 특성을 파악하기 위한 가장 기본적이면서도 중요한 방법이라고 할 수 있다. 이와 같이 자료의 집중경향을 알아보기 위한 통계적 방법으로는 중앙값(Median), 최빈값(Mode), 평균(Mean)이 있다. 이 세 가지 방법들은 모두 자료의 집중경향을 나타내기 위해 사용된다는 점에서는 일치하지만, 다른 특성을 가지고 있다.

분산도는 분석자료가 집중경향 값을 중심으로 어느 정도 퍼져 있는지를 파악하기 위한 통계적 방법으로 범위(range), 사분편차(quartile deviation), 분산(variance)과 표준편차(standard deviation) 등이 있다.

1 jamovi를 사용한 기술통계

☰ ▷ Open ▷ Data Library ▷ Big 5

기술통계의 집중경향 값과 분산도 통계값을 산출하기 위해서 jamovi 프로그램에 내장되어 있는 'Big 5' 데이터 자료를 사용한다.

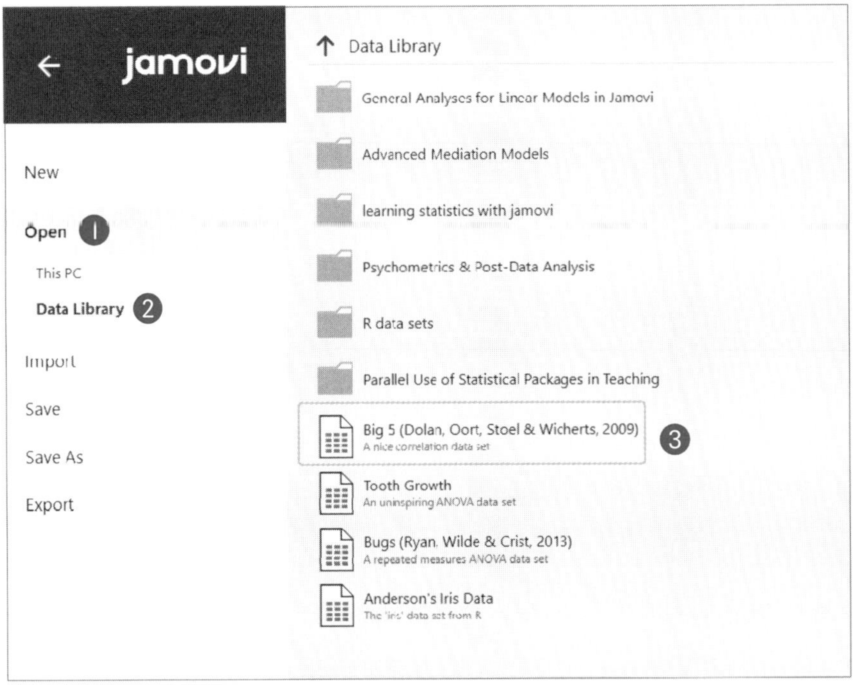

1) 대화상자 열기

Analyses ▷ Exploration ▷ Descriptives

①번 항목을 클릭하고 ②번과 ③번 항목을 순차적으로 클릭하면, 왼쪽에 기술통계 분석상자가 열리면서 화면 오른쪽에 분석 결과 창이 보이게 된다.

⑤번 항목은 'scatr' 모듈(module)이며 '산점도(scatterplot)'와 '파레토 차트(pareto chart)'를 지원해 주는 모듈이다. 참고로 모듈(module)은 통계분석 패키지(package)와 동일한 개념으로 볼 수 있다. 만약에 'scatr' 모듈을 사용자 컴퓨터에 설치하기를 원할 경우에는 ⑥번 항목의 ✚아이콘을 클릭한 다음에 'jamovi library'를 클릭한다.

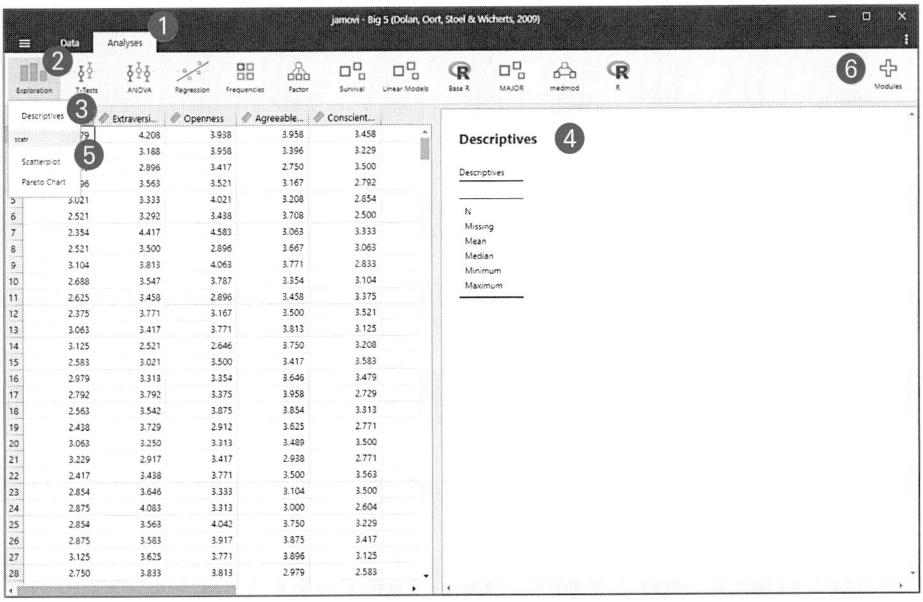

❶ 'jamovi library'를 클릭하면 아래와 같은 jamovi 환경에서 개발된 통계 모듈(module) 목록이 나타난다.

❷ 모듈 목록에서 'scatr'을 선택해서 'INSTALL'을 클릭하면 'scatr' 모듈이 연구자 컴퓨터에 자동으로 설치가 된다.

❸ 만약에 설치된 모듈을 제거하기를 원할 경우에는 'Installed'를 클릭한 후에 지우기를 원하는 모듈을 선택해서 'REMOVE'를 선택하면 해당 모듈이 제거된다.

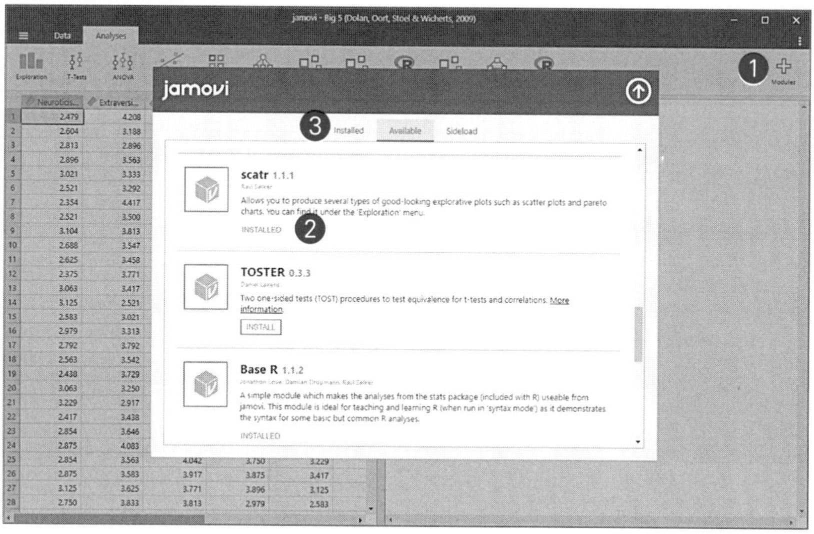

기술통계(Descriptives) 대화상자에서 왼쪽에 분석 변수이름이 나열된다. ❶번에서 분석하고자 하는 변수이름을 선택해서 ❷번 화살표를 클릭하면 오른쪽으로 분석하고자 하는 변수가 이동된다.

또는 분석변수를 마우스로 클릭한 상태로 드래그해서 오른쪽 'Variables' 창에 위치시킬 수 있다. 참고로 'Split by' 칸에는 집단 변수 또는 범주형 속성을 가진 변수만 이동할 수 있다(연속형 변수를 위치시키면 분석이 수행되지 않음). '' 아이콘만 보고서도 해당 대화상자에 명명(Nominal)변수만 위치시켜야 한다는 것을 알 수 있다.

그러면 ❸번 'Statistics' 항목에서 jamovi 프로그램에서 미리 설정된(✓) 항목의 통계값이 ❹번 오른쪽 결과 창에 제시된다. 이후에는 사용자가 원하는 통계값을 선택해서 클릭하면 해당 통계값이 오른쪽 결과 창에 제시되고, '✓'을 삭제하면 해당 통계값이 분석 결과 창에서 삭제됨을 알 수 있다.

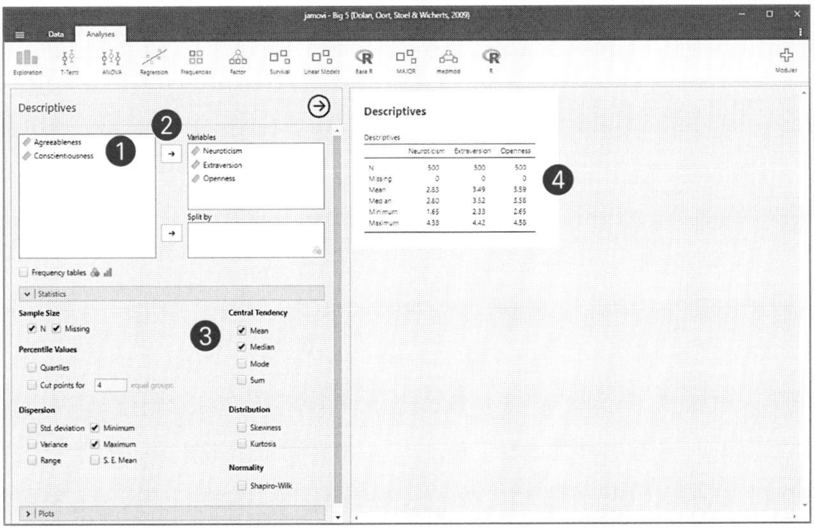

2) 기술통계 분석상자

분석상자에 제시된 통계값을 설명하면 다음과 같다.

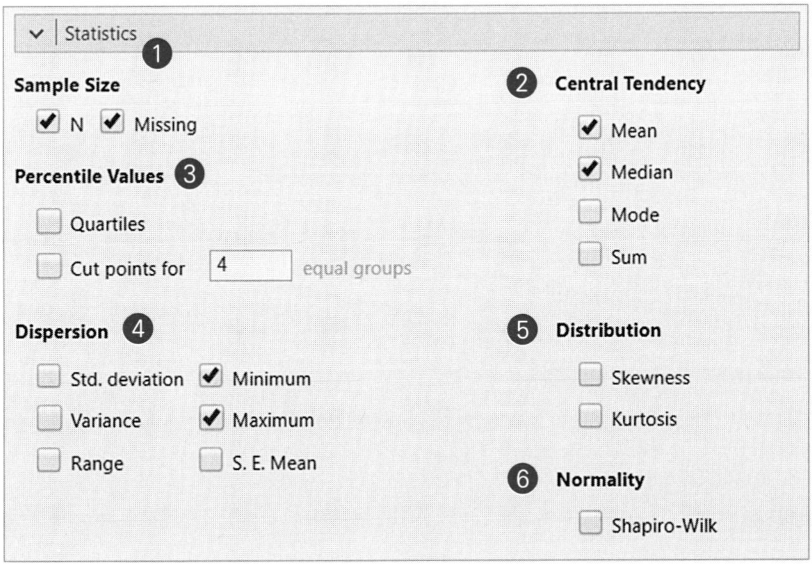

❶ 표본크기(Sample Size)

N 분석 사례수를 의미한다.

Missing 결측 사례수를 의미한다.

❷ 집중경향 값(Central Tendency)

Mean

평균(Mean)은 전체 사례의 값들을 더하고, 그 값을 총 사례수로 나누어 구한 값을 말한다. 평균은 자료들의 크기를 모두 고려하기 때문에 자료 분포에서 중심점이라는 의미를 지니게 된다. 그러나 자료에 있는 극단적인 값에 의해 영향을 받게 되는 단점이 있다. 그럼에도 불구하고 평균은 자료 모두의 크기를 고려하기 때문에 집중경향을 나타내는 방법 중에서 가장 정확하며, 분포의 중심이 되는 값을 나타낸다는 점에서 가장 중요한 방법이라고 할 수 있다.

〈예시〉
2, 4, 5, 5, 5, 6, 7
평균 = (2+4+5+5+5+6+7) / 7 = 4.86

Median

중앙값(Median)은 자료를 크기 순서대로 작은 값부터 큰 값으로 정렬시켜 놓았을 때, 중앙 위치에 있는 자료의 값을 말한다. 중앙값은 자료상에서 중앙에 위치하는 자료가 되므로 극단적인 값에 의해 영향을 받지 않는다는 것이 장점이다.

〈예시〉
- 자료의 수가 홀수인 경우
  2, 4, 5, 5, 5, 6, 7 => 중앙값 5
- 자료의 수가 짝수인 경우
  2, 4, 5, 5, 6, 6, 7, 8 => 중앙값 5.5 = (5+6)/2

Mode

최빈값(Mode)은 자료 중에 가장 많은 빈도로 나타나는 값을 말한다.

〈예시〉
2, 4, 5, 5, 5, 6, 7 => 최빈값 5

| Sum |

변수의 합계 점수를 의미한다.

❸ 사분편차(Percentile Values)

| Quartiles |

자료를 크기순으로 정렬하고 그 자료 분포의 1/4에 해당하는 자료값과 3/4에 해당하는 자료값의 차이를 반으로 나누어 준 값을 의미한다. jamovi 프로그램에서 'Quartiles'를 선택하면 결과 화면에 25, 50, 75 백분위에 해당하는 값을 보여 준다.

| Cut Points |

절단점(Cut Points)은 자료를 크기순서로 정렬한 변수값을 가지고 원하는 백분위수(percentile value)에 맞는 값을 계산하고자 할 때 사용할 수 있다. ❶번을 선택하고 ❷번 항목에 나누기를 원하는 집단수를 입력하면 ❸번 결과 창에 해당 백분위에 해당하는 값을 계산해서 보여 준다.

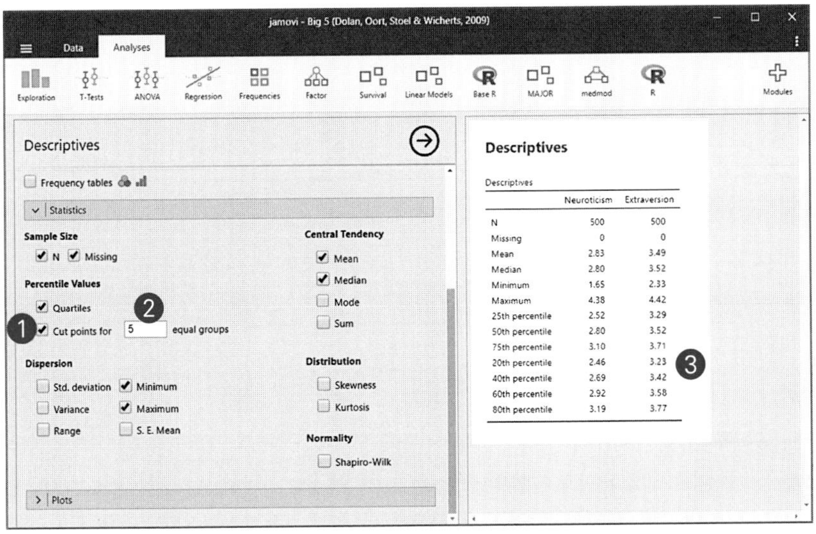

❹ 분산도(Dispersion)

Variance

분산(variance)은 개별 사례수(X_i)와 평균치(M)와의 차이를 각각 제곱해서 합한 것을 총 사례수(n)로 나눈 값을 말한다. 분산(S^2)을 계산하는 공식을 기호로 나타내면 다음과 같다.

$$S^2 = \frac{\sum (X_i - M)^2}{n}$$

Std. deviation

표준편차(standard deviation)는 분산의 제곱근에 해당하는 값이다. 분산이 점수가 흩어진 정도를 넓이의 개념으로 나타낸 값인 반면에, 표준편차는 점수가 흩어진 정도를 길이의 개념으로 나타낸 값으로서, 두 개념은 근본적으로 같은 성질의 통계값으로 볼 수 있다.

$$S = \sqrt{\sum (X_i - M)^2 / n}$$

Minimum

제일 작은 값을 의미한다.

Maximum

제일 큰 값을 의미한다.

Range

범위(Range)는 자료 중에 최대값과 최소값 사이의 거리를 구하는 통계값이다.

범위 = 최대값 − 최소값

〈예시〉

2, 4, 5, 5, 5, 6, 7

범위 = 7 − 2 = 5

S. E. Mean

평균의 표준오차(S. E. Mean: Standard Error of the Mean)는 표집분포(sampling distribution)의 표준편차를 의미한다. 표본에서 얻은 표준편차(S)를 제곱근 사례수(n)로 나눈 값으로 계산한다.

$$S_{\bar{x}} = \frac{S}{\sqrt{n}}$$

⑤ 분포도(Distribution)

Skewness

왜도(Skewness)는 정규분포를 기준으로 왼쪽 또는 오른쪽으로 편포되어 있는 정도를 알아보는 통계값이다. 정규분포(왜도 값=0)를 기준으로 왜도 값이 음수의 값을 보이면 부적으로 편포된 분포(negatively skewed distribution)를 의미하며, 왜도 값이 양수의 값을 보이면 정적으로 편포된 분포(positively skewed distribution)를 의미한다. jamovi 프로그램에서는 왜도 값과 함께 왜도의 표준오차(Std. error skewness)도 함께 제시해 주고 있다.

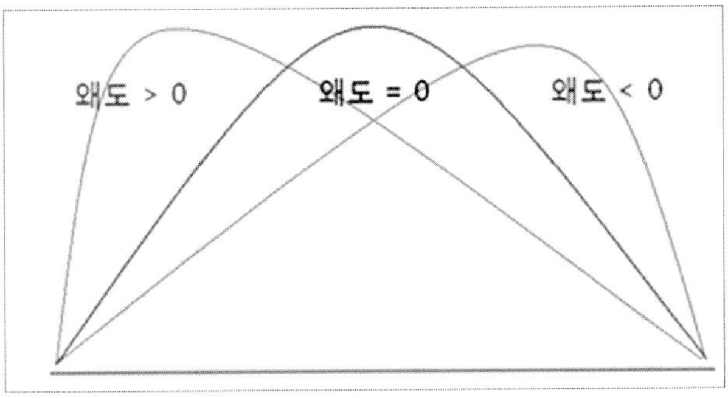

Kurtosis

첨도(Kurtosis)는 정규분포를 기준으로 분석자료가 얼마나 뾰족한지 또는 편평한지를 알아보는 통계값이다. 정규분포(첨도 값=0)를 기준으로 첨도 값이 양수의 값을 보일수록 정규분포보다 뾰족한 정도가 심한 정도를 나타내며, 반대로 첨도 값이 음수의 값을 보일수록 정규분포보다 편평한 정도가 심한 정도를 나타내준다. jamovi 프로그램에서는 첨도 값과 함께 첨도의 표준오차(Std. error kurtosis)도 함께 제시해 주고 있다.

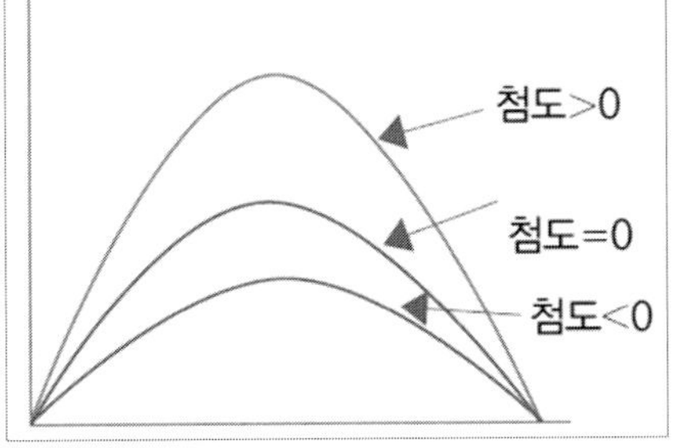

❻ 정규분포성 검증(Normality)

| Shapiro-Wilk |

Shapiro-Wilk 검증은 연속형 자료로 이루어진 변수가 정규분포를 따르고 있는지를 검증한다. jamovi에서는 Shapiro-Wilk 통계값인 W값과 그에 해당하는 유의확률 p 값을 제공한다. 이때 영가설은 '분석 변수는 정규분포를 따른다.'이다. 만약 결과 창에서 p 값이 0.05보다 작은 경우 해당 변수의 자료는 정규분포를 따르지 않는다고 결론 내린다.

정규분포 검증과 관련해서 t 검증, 분산분석, 회귀분석에서 'Kolmogorov-Smirnov' 또는 'Anderson-Darling' 검증을 수행하기를 원할 경우, 'jamovi library'에서 'mortests' 모듈을 설치한다.

최근 jamovi 프로그램에서 다음과 같은 옵션이 추가되었다.

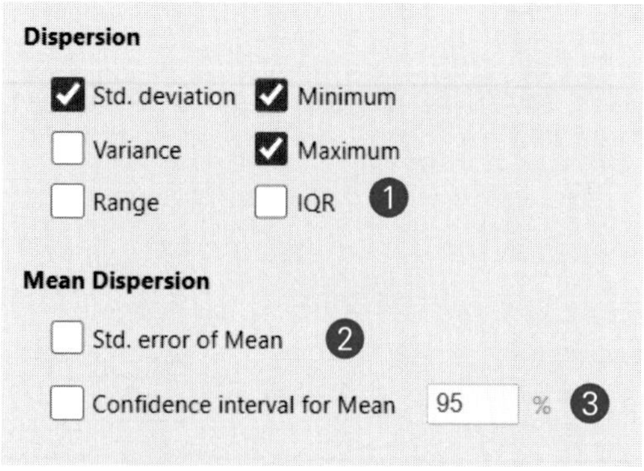

❶ 사분편차 범위(Inter-Quartile Range: IQR)를 의미한다. 백분위수 75에 해당하는 값에서 백분위수 25에 해당하는 값을 빼서 산출한다.

❷ 평균의 표준 오차 값을 의미한다.

❸ 평균에 대한 95% 신뢰구간 값을 보여 준다. 박스 안에 99 라고 타이핑하면 99% 신뢰구간 값을 보여 준다.

2 jamovi를 사용한 그래프 그리기

1) 기술통계 그래프 분석상자(Plots)

그래프(Plots)를 클릭하면 다음과 같은 분석상자가 나타난다.

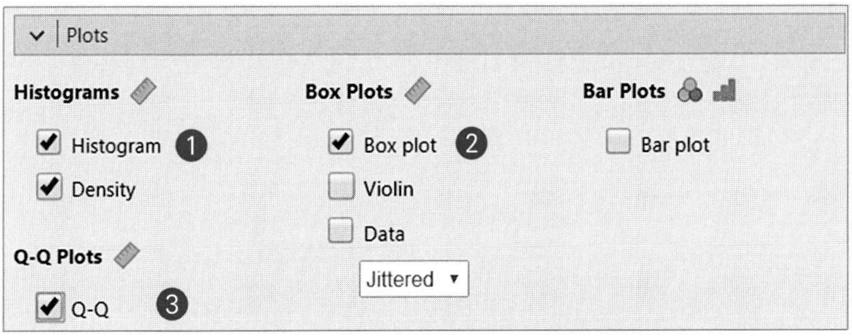

❶ 히스토그램(Histograms)

Plots 옵션에서 'Histogram'을 클릭하면 연속변수에 대한 각각의 히스토그램을 그려 준다. 만약에 막대형 히스토그램을 생략하고 연속선으로 자료 형태를 보기 원할 경우 'Density' 항목을 클릭하면 된다.

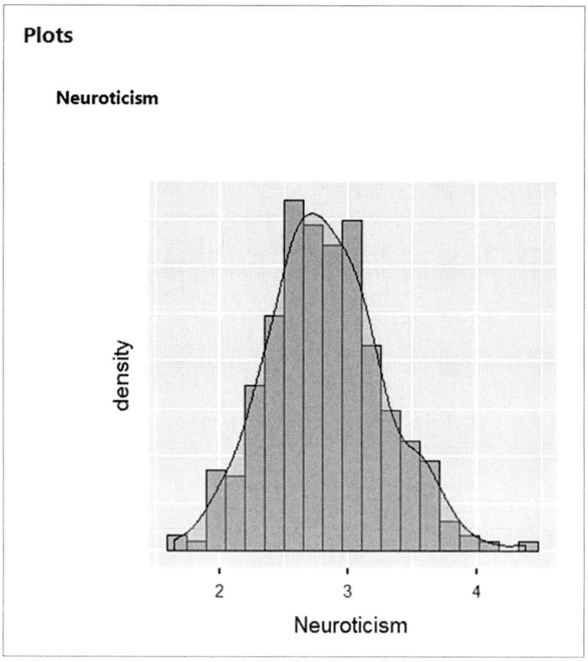

❷ 박스상자 그래프(box plots)

박스상자 그래프(box plot)를 클릭하면 분석 변수를 대상으로 다음과 같은 그래프를 보여 준다.

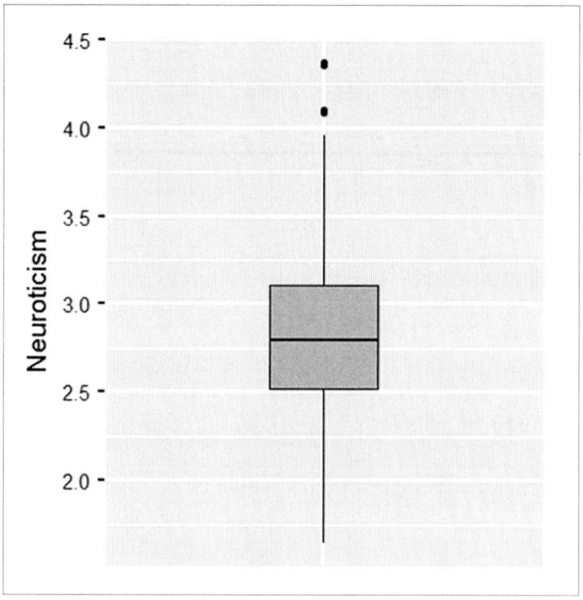

박스상자 그래프는 자료의 분포 정도를 요약해 주는 대표적인 그래프로 자주 사용한다. 네모 박스 안에 있는 굵은 선은 중앙값(median)을 의미한다.

박스상자 그래프를 자세히 제시하면 다음과 같다. 아래 그림에서 'M'은 중앙값, 'Q3'는 백분위수 75, 'Q1'은 백분위수 25에 해당하는 값을 의미한다. Q3에 해당하는 값에서 Q1에 해당하는 값을 뺀 값이 사분편차 범위(Inter-Quartile Range: IQR) 값이다. 네모 박스를 기준으로 양쪽 선의 길이는 1.5×IQR 값에 의해서 결정된다. 이 범위를 벗어난 값은 극단값(outliers)인 '.'으로 표시되어 나타난다.

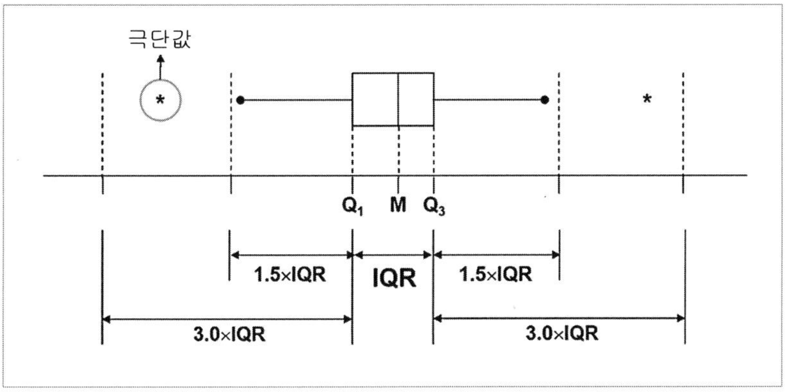

분포의 왜도(skewness)와 박스상자(box plot) 그래프 간의 관계를 그림으로 제시하면 다음과 같다.

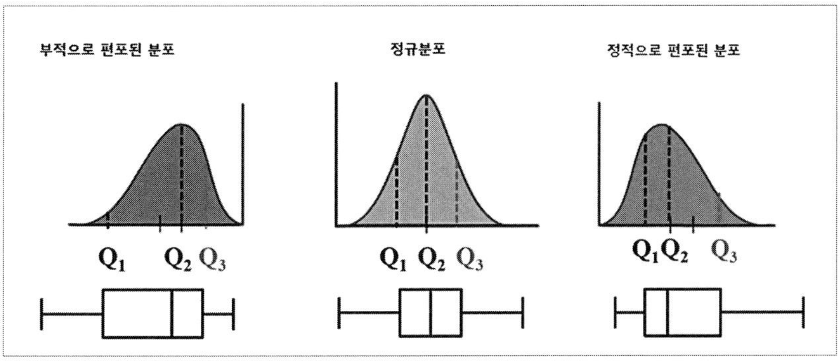

❸ Q-Q Plots

Q-Q Plot은 정규분포 가정이 만족되는지를 시각적으로 보여 주는 그래프이다. Q-Q plot은 아래와 같이 대각선을 따라서 값들이 분포하게 되면 자료의 정규분포성을 만족한다고 할 수 있다. 만약 값들이 대각선에서 많이 벗어나는 모습이라면 정규분포 가정에 위배될 가능성이 크다고 판단할 수 있다.

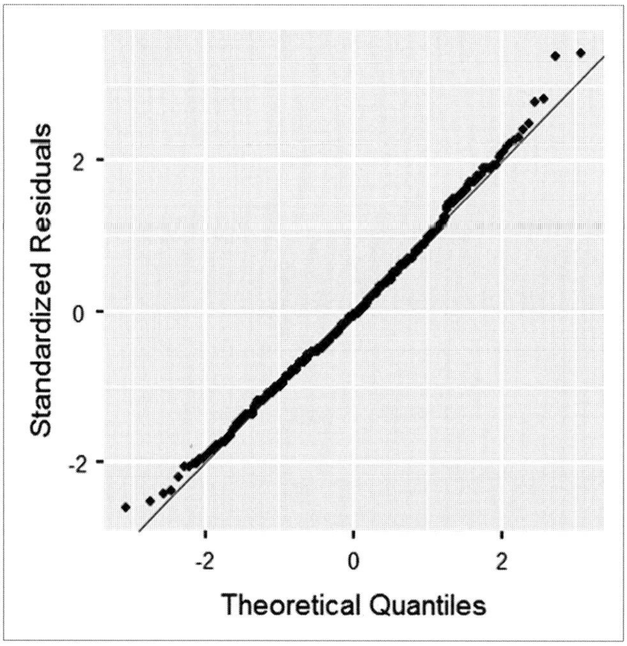

마지막으로 분석변수의 측정 수준이 명명 또는 서열 척도인 경우, Bar plot을 클릭하면 막대그래프가 결과 창에 제시된다.

2) scatr 모듈을 이용한 산점도 그래프 작성

'scatr' 모듈을 설치하지 않은 독자는 2장 '기술통계 > jamovi를 사용한 기술통계' 부분을 참고하기 바란다.

❶ 'Scatterplot'을 클릭하면 아래와 같은 대화상자가 나타난다.

❷ 항목 변수들에서 산점도 그래프를 작성하기 위해서 X축 변수와 Y축 변수를 화살표를 이용해서 해당변수를 이동시키면 오른쪽 결과 창에 두 변수 간의 산점도 그래프가 출력된다.

❸ 'Regression Line'에서 'Linear'를 선택하면 산점도 그래프에 대한 선형 그래프를 그려 준다.

❹ 'Marginals'은 X축과 Y축 자료 변수들의 분포를 산점도 그래프 외곽에 나타내 주는 옵션이다. 'Density'를 클릭하면 그래프 외곽에 변수 분포를 그려 준다.

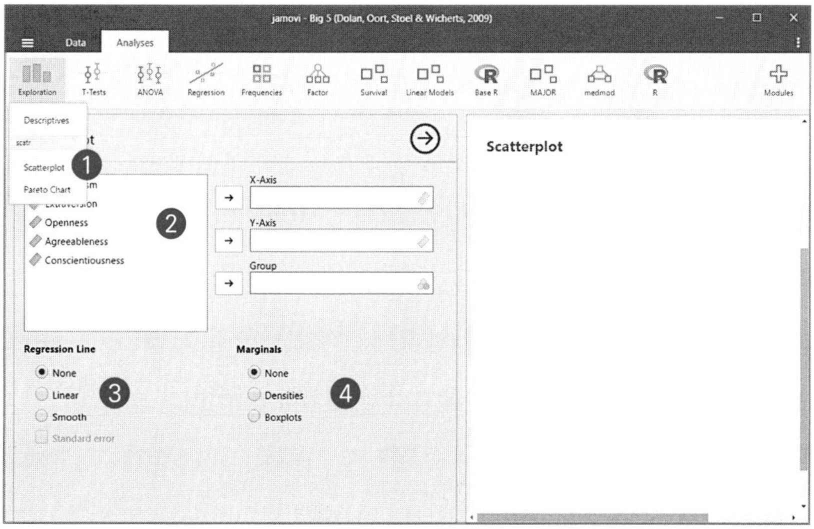

jamovi에 내장되어 있는 'Big 5' 자료를 가지고 X축과 Y축의 변수이름을 지정하고 아래와 같은 옵션을 클릭하면 결과 창에 ❻번과 같은 그래프를 보여 준다. 'Standard error' 옵션을 클릭하면 회귀선에 대한 95% 신뢰구간을 표시해 준다.

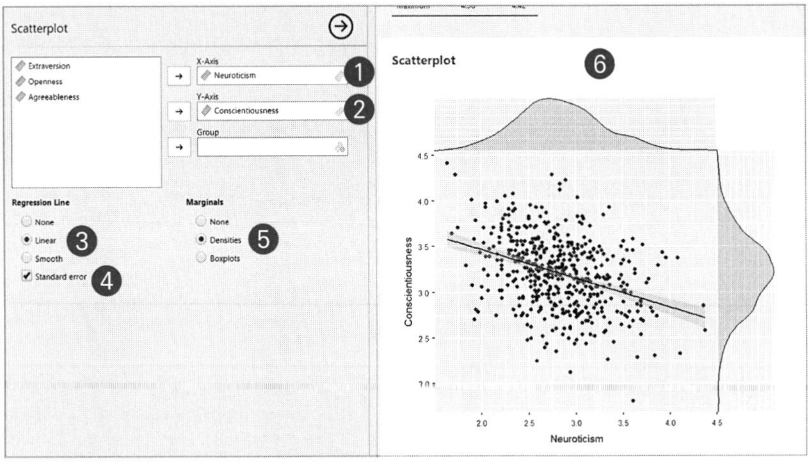

3 jamovi 분석 결과 출력하기

jamovi 결과 창에 나타난 분석 결과를 한글 또는 워드파일에 출력하기 위해서는 출력하고자 하는 결과 테이블 또는 그래프에 커서를 위치시킨 다음에 마우스 오른쪽 버튼을 누르고 'Copy'를 클릭한다.

다음으로 마이크로 소프트 워드 파일에서 결과표를 붙일 곳에 커서를 위치한 다음에 마우스 오른쪽 버튼을 눌러서 붙이기를 선택하면 된다.

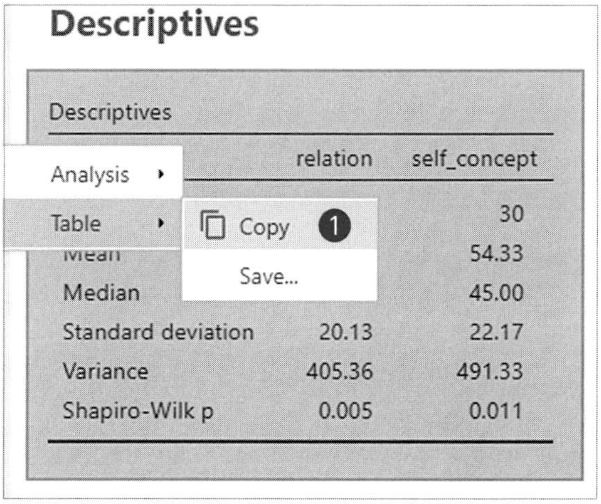

다음으로 분석상자와 관련된 옵션을 살펴보기로 한다.

❶번 화살표를 클릭하면 분석 대화상자가 사라진다. 만약에 사용자가 수행한 분석상자를 다시 불러오기를 원할 경우에는 ❷번 결과창 아무 곳이나 커서를 대고 클릭하면 된다. 이와 같은 방식은 jamovi 모든 통계분석에 적용된다.

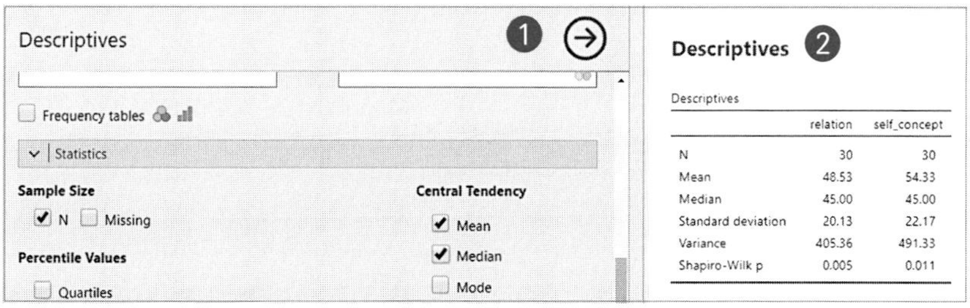

만약 분석 결과 전체를 pdf 파일 또는 html 형식으로 저장해서 출력하기를 원할 경우에는 아래와 같은 순서로 클릭한 다음에 파일이름과 결과파일 저장형태(pdf 또는 html) 및 저장위치를 선택한 다음에 'Export'를 선택하면 된다.

≡ ▷ Export ▷ Result

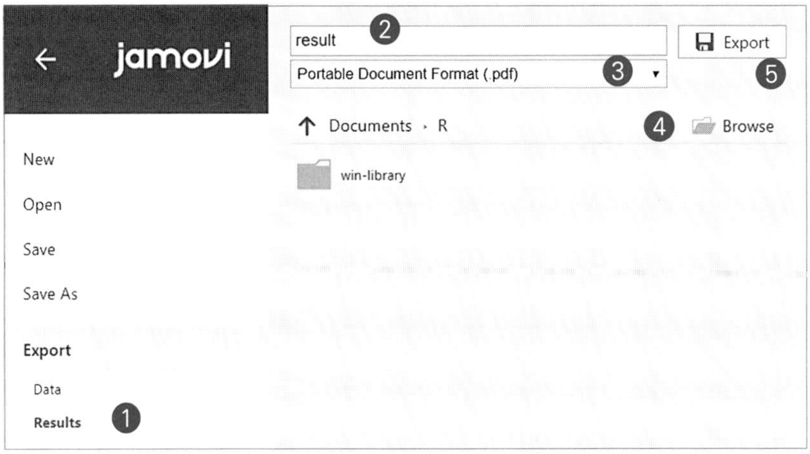

4 jamovi 업데이트 분석 옵션

jamovi 기술통계에서는 다음과 같은 분석 옵션을 추가 했다. 기술통계 창에서 Descriptives를 클릭해서 'Variables across rows'를 선택하면 오른쪽 분석 결과표의 분석변수가 가로 형태로 제시된다.

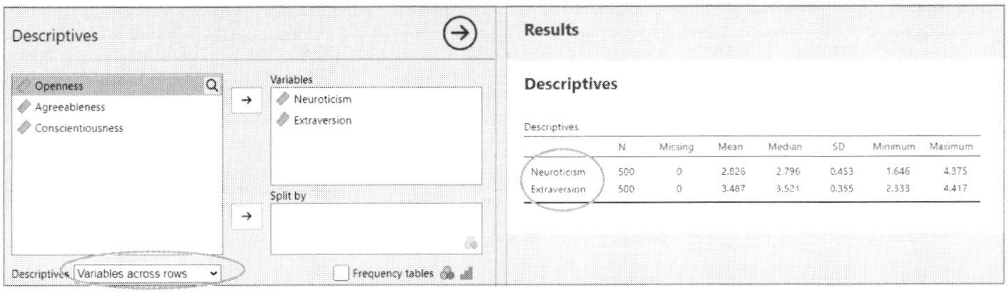

통계 분석 옵션에서는 IQR값과 함께 평균에 대한 표준오차 및 평균에 대한 95% 신뢰구간 옵션을 제공하고 있다.

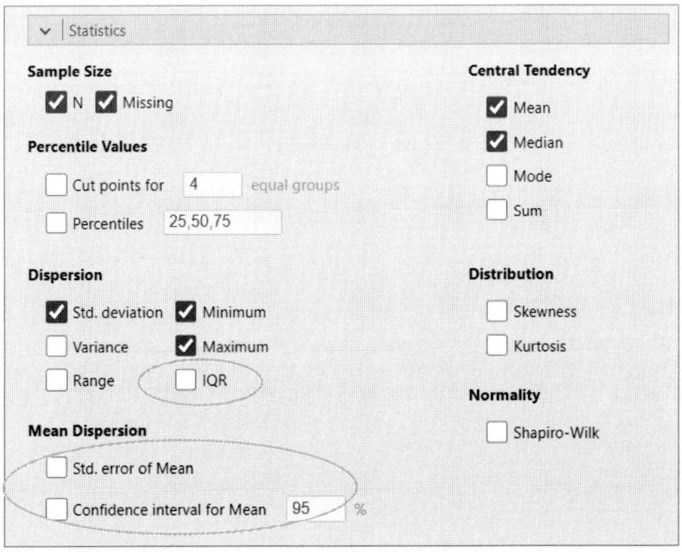

Plots 분석 옵션에서는 Box plot과 Violin Plot에 자료들의 흩어진 정도와 평균값을 보여 주는 옵션을 추가했다. Data를 클릭하면 원자료의 흩어진 분포를 보여주며, Mean을 클릭하면 사분편차 박스 안에 네모 점으로 평균의 위치를 보여 준다. 평균 위치를 보여 줌에 의해서 원 자료의 중앙값과 평균값 간의 차이 정도를 시각적으로 파악할 수 있다.

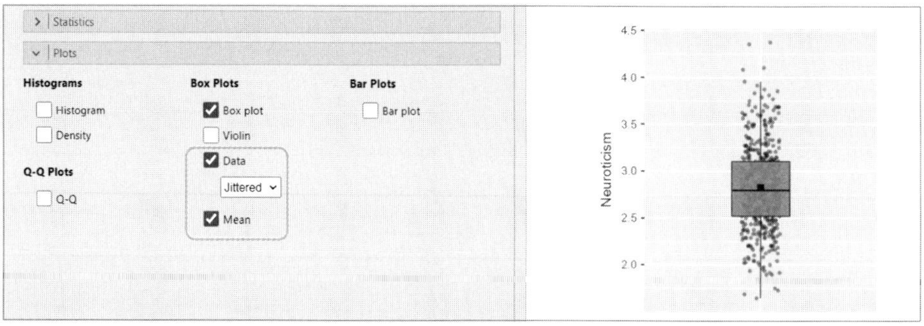

5 R_j 모듈을 이용한 R 통계 분석

R 통계프로그램을 사용해서 jamovi 프로그램에 있는 자료를 분석하고자 할 때, 따로 R 프로그램을 설치하지 않아도 jamovi 프로그램 안에서 R 분석을 할 수 있는 환경을 제공하고 있다. 이러한 환경은 여러 가지 장점을 가지고 있다. 첫째, R을 가르치기 위해서 따로 R 프로그램을 설치할 필요가 없다. 즉, jamovi 프로그램 안에서 R_j 모듈만 설치해서 가르치면 된다. 둘째, 루프(loop)나 if문과 같은 조건문을 사용해서 추가분석을 할 수 있으며, 모의 실험연구도 가능하다는 장점이 있다.

1) 설치 방법

jamovi library에서 R_j 모듈을 설치한다.

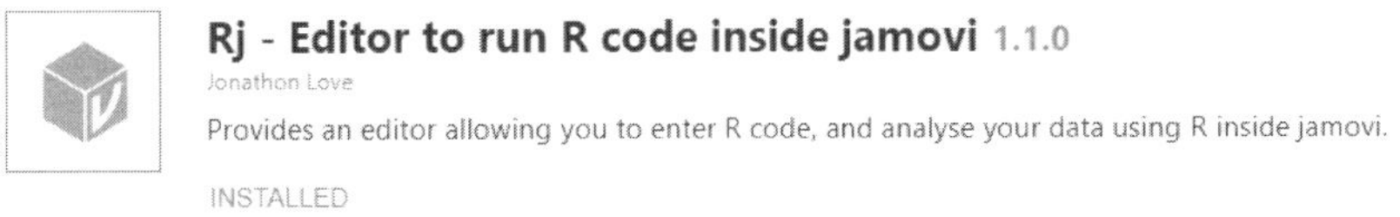

다음과 같이 분석메뉴에 아이콘이 생성된다. 다음으로 R_j Editor를 클릭하면 다음과 같은 화면이 나타난다.

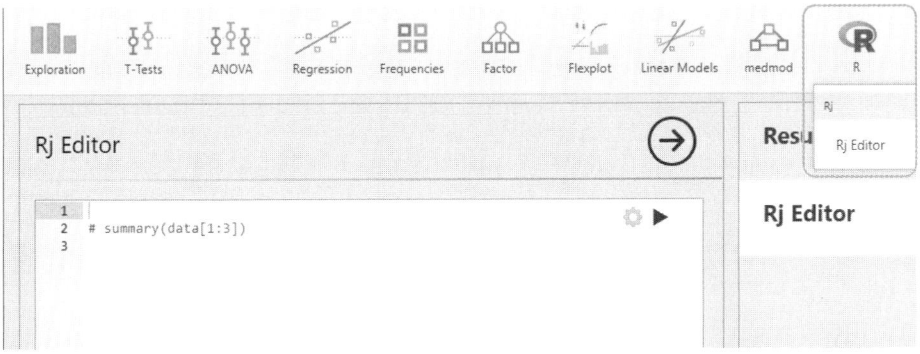

2) 코드 입력 및 실행방법

사용 예시를 설명하기 위해서 Open〉Data Library〉Big5 데이터를 불러온다. 다음으로 R_j Editor를 클릭하면 다음과 같은 화면이 자동으로 나타나게 된다.

❶ '#'은 주석을 의미한다. 따라서 '#'이 설정된 행은 명령어가 실행되지 않는다. 만약 명령어를 수행하기를 원할 경우 '#'을 지우면 된다.

❷ R_j Editor에서 데이터 이름은 'data'라는 이름으로 설정되어 있다. 화면에 나타난 'summary(data[1:3])' R 명령어는 jamovi에 열려 있는 데이터의 첫 번째 칼럼에서 세 번째 칼럼까지 변수의 기술 통계 값을 산출하는 명령어이다. 이 명령어를 실행하려면, 앞에 '#'을 지우고 오른쪽 녹색 ▶를 클릭하면 된다.

❸ 'show output only'를 선택하면 오른쪽 결과 창에 실행결과만 보여 준다. 'show code and output'을 선택하면 명령어와 함께 실행결과도 함께 보여 준다.

❹ 'jamovi R'은 jamovi 프로그램에 기본적으로 내장되어 있는 R 함수를 사용해서 연산결과를 출력해 준다. 만약에 jamovi에 내장되지 않은 R 패키지를 사용해서 분석하기를 원할 경우에는 'system R'을 선택하면 된다. 'system R'은 사용자 개인 컴퓨터에 설치된 R 패키지를 사용하며, 이때 R_j Editor는 자동으로 사용자 개인 컴퓨터에 설치되어 있는 패키지에 접근하게 된다. 이를 가능하게 하기 위해서 사용자는 R studio에서 'jmvconnect' 패키지를 설치하면 된다. 다만 유의할 점은, system R로 분석된 결과를 다른 사람과 공유하기를 원할 때, 상대방 역시 똑같은 R 패키지가 설치되어 있을 때만이 분석결과를 공유할 수 있다는 것이다.

[Tip]
만약에 '**dplyr**' 패키지의 파이프 연산자를 사용해서 명령어를 수행하기를 원할 경우 다음과 같이 하면 된다.

```
library(jmv)
library(dplyr)
library(magrittr)

select(data, 1:3) %>%
    descriptives()
```

❺ 명령어를 실행하려면 오른쪽에 있는 ▶를 클릭하거나 또는 'Ctrl+Shift+Enter'키를 동시에 누르면 명령어가 실행된다.

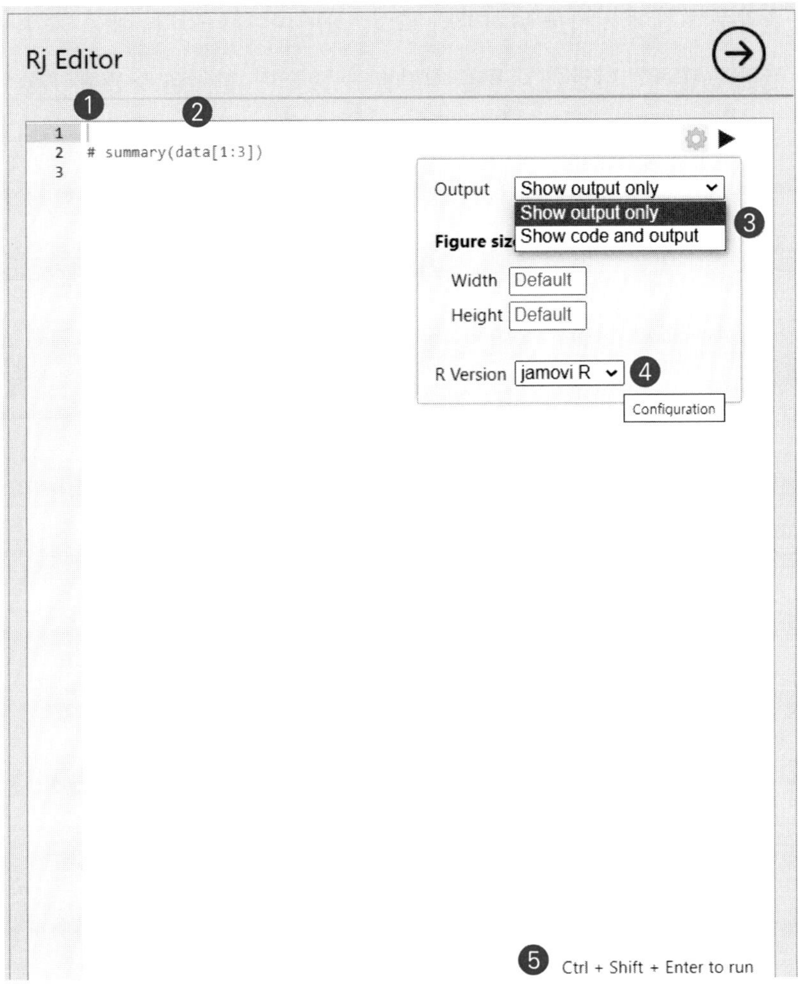

6 Edit 사용법

jamovi에서는 분석결과를 편집할 수 있는 Edit 기능을 제공하고 있다.

❶ 통계분석을 수행한 다음에 Edit를 클릭한다. Edit창에는 글씨크기, 수식, 문단위치, 링크삽입 등과 같은 다양한 문서 편집기능을 제공하고 있다.

❷ 결과분석 창에 커서를 위치하면 흐릿한 음영이 나타난다. 해당 영역에 분석결과와 관련된 다양한 내용을 첨가할 수 있으며, 한글을 사용해서 문서편집을 할 수 있다. 다음으로 파일을 저장한 다음에 해당 파일을 불러오면 결과편집까지 함께 자동으로 나타난다. 따라서 파일을 다른 사용자에게 전송함에 의해서 분석결과를 공유할 수 있다.

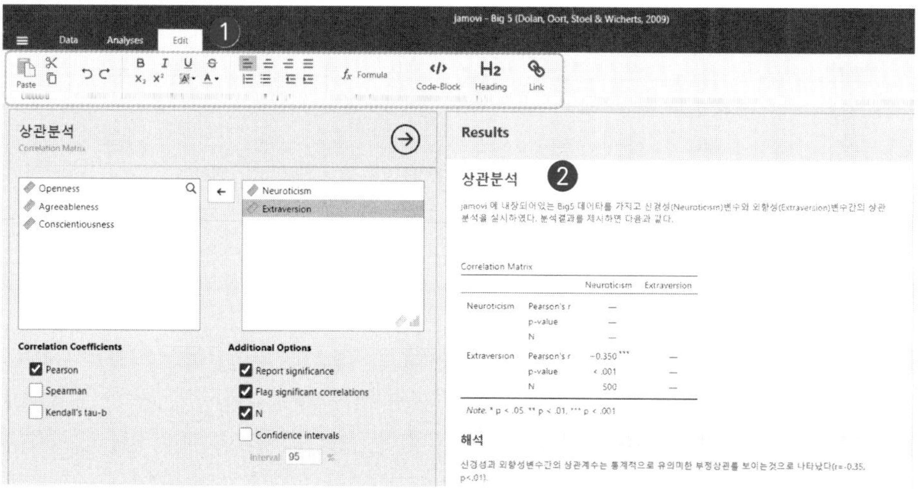

구체적인 문서편집 기능법과 관련해서 구글 창에 다음과 같이 입력하면 관련 동영상을 시청할 수 있다.

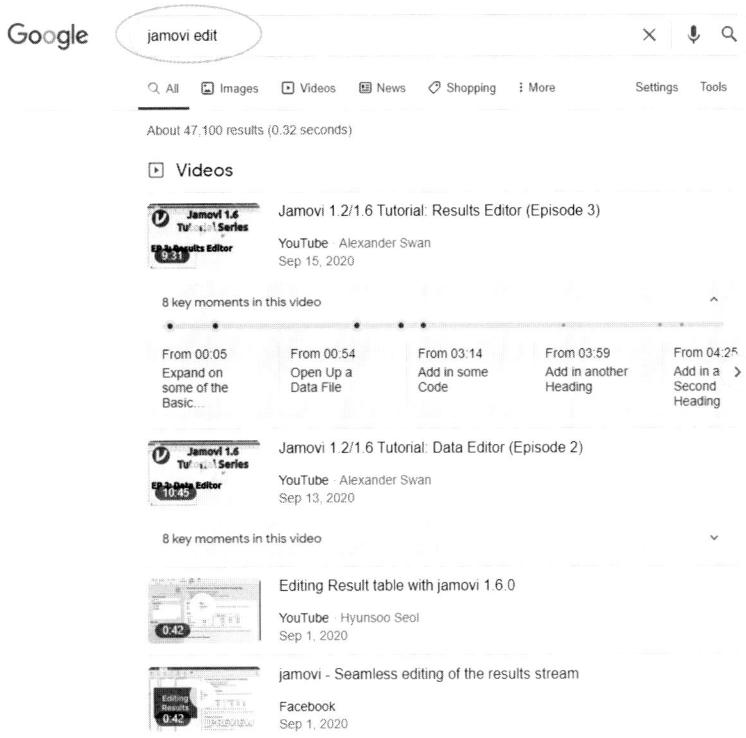
Google
jamovi edit
All
Images
Videos
News
Shopping
More
Settings
Tools
About 47,100 results (0.32 seconds)
Videos
Jamovi 1.2/1.6 Tutorial: Results Editor (Episode 3)
YouTube · Alexander Swan
Sep 15, 2020
8 key moments in this video
From 00:05 Expand on some of the Basic...
From 00:54 Open Up a Data File
From 03:14 Add in some Code
From 03:59 Add in another Heading
From 04:25 Add in a Second Heading
Jamovi 1.2/1.6 Tutorial: Data Editor (Episode 2)
YouTube · Alexander Swan
Sep 13, 2020
8 key moments in this video
Editing Result table with jamovi 1.6.0
YouTube · Hyunsoo Seol
Sep 1, 2020
jamovi - Seamless editing of the results stream
Facebook
Sep 1, 2020

03

추리통계의 기초

1. 표집분포와 중심극한정리
2. 가설검증
3. 단일표본 Z 검증

Statistical Analysis with jamovi

3
추리통계의 기초

1 표집분포와 중심극한정리

모집단으로부터 단순무선 표집 방법에 의해서 표본을 추출하여 계산된 표본 평균값을 가지고 모집단의 평균값을 추리하는 상황에서 표본으로부터 계산한 평균($\overline{X}$)이 모집단 평균(μ)과 일치하는 것이 바람직할 것이다. 그러나 표본 평균($\overline{X}$)이 모집단 평균(μ)과 정확하게 일치한다는 것은 거의 불가능하다. 모집단을 잘 대표하는 표본이 추출되었을 때 표본 평균($\overline{X}$)은 모집단 평균(μ)과 매우 유사한 값이 나올 수도 있지만, 그렇지 않은 경우에는 모집단 평균(μ)과 아주 다른 값도 나올 수 있는 것이 현실이다.

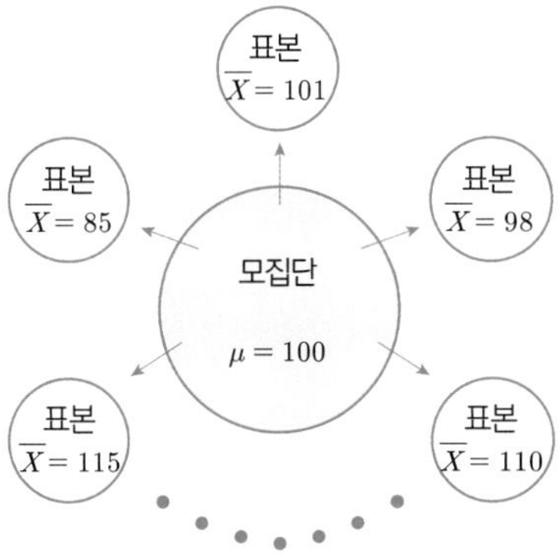

모집단 평균과 표본 평균

우리가 모집단으로부터 한 표본을 추출하여 평균을 구해보고, 다시 원래의 모집단에서 새로운 표본을 추출하여 평균을 구해보고, 이러한 작업을 계속하면서 매번 표본을 추출할 때마다 계산한 평균값($\overline{X}$)을 기록하여 만들어지는 분포를 '표집분포(Sampling Distribution)'라고 한다.

표집분포에서 특정한 표본 평균이 나타날 확률을 계산하여 모집단과 관련한 가설을 수용할지 또는 기각할지에 대한 추리를 한다. 이러한 흐름을 도표로 제시하면 다음과 같다.

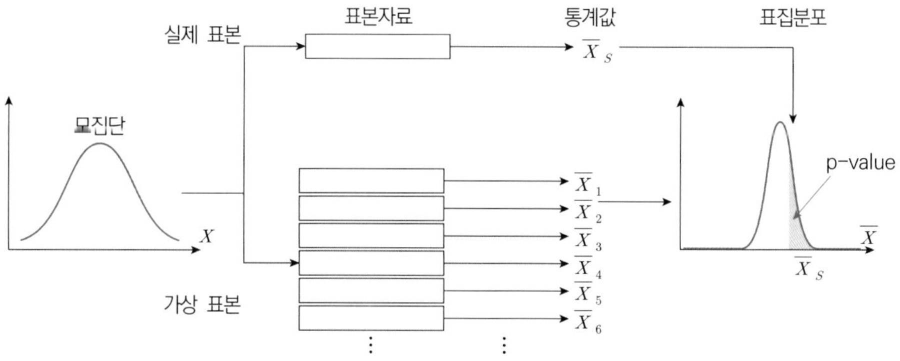

모집단 분포와 표집분포

표집분포는 무한개의 표본 평균의 값들이 이루고 있는 분포이기 때문에 이론분포(theoretical distribution)라고도 불리며 추리통계의 근거가 되는 분포이다. 표집분포의 특징은 '중심극한정리(Central Limit Theorem)'로 요약될 수 있다.

중심극한정리(Central Limit Theorem)

1. 표집분포의 평균($\overline{X}_{\overline{X}}$) = μ
2. 표집분포의 표준편차($\sigma_{\overline{X}}$) = $\dfrac{\sigma}{\sqrt{n}}$
3. 일반적으로 표본 사례수가 클수록 표집분포의 모양은 정규분포에 가까워지기 때문에 정규분포와 관련한 이론이나 공식을 활용해서 추리할 수 있다.

표집분포의 평균은 모집단 평균과 일치하며, 표집분포의 표준편차는 모집단의 표준편차를 표본 사례수에 루트를 씌운 값으로 나누어 줌으로써 계산한다. 표집분포의 표준편차를 표준오차(Standard Error of the Mean: SE)라고 한다. 즉, 표본 평균들로 이루어진 표집분포는 모집단 평균을 중심값으로 가지며, 표준오차(SE)의 분산도를 갖는 정규분포 형태의 모양을 가진다.

2 가설검증(Hypothesis Testing)

가설검증은 가설 설정부터 결론 도출에 이르기까지 몇 가지 절차를 거치게 된다. 예시를 통해서 가설검증의 절차를 살펴보기로 한다.

> 우리나라 중학교 3학년 학생들의 평균 IQ를 100이라고 가정하고 있는데, 연구자가 100명의 학생들을 대상으로 IQ검사를 실시한 결과 IQ평균이 105라고 나왔다고 할 때, 이 연구자의 결과가 맞는지 가설을 설정하고 검증한다.

1단계: 영가설(Null hypothesis)을 설정한다.

기존에 받아들여지던 가설을 영가설로 세운다. 이 경우에는 "중학교 3학년 학생들의 평균 IQ는 100이다"라는 것이 기존부터 받아들여지던 가설이므로 영가설이 된다.

$$\text{영가설}(H_0):\ \mu = 100$$

2단계: 대립가설(Alternative hypothesis)을 설정한다.

영가설과 다르며 연구자가 주장하고 싶은 내용을 대립가설로 설정한다. 대립가설은 크게 일방검증(one-tailed testing)과 양방검증(two-tailed testing)으로 나누어볼 수 있다. 일방검증의 경우 대립가설은 "우리나라 중학교 3학년 학생들의 평균 IQ는 100보다 크다" 또는 "우리나라 중학교 3학년 학생들의 평균 IQ는 100보다 작다"와 같이 방향성을 가지고 있는 형태로 진술한다. 양방검증의 경우 방향성과는 상관없이 대립가설을 설정한다. 이 예시의 경우 "우리나라 중학교 3학년 학생들의 평균 IQ는 100이 아니다" 형태로 진술한다.

대립가설(H_A): $\mu \geq 100$

또는

대립가설(H_A): $\mu \leq 100$

또는

대립가설(H_A): $\mu \neq 100$

일반적으로 일방검증으로 가설을 검증할 경우에 일종오류(Type I error)가 커지는 경향이 있기 때문에 방향성과 관련한 가설검증의 목적을 가지고 있지 않다면 대부분 양방검증으로 가설을 검증한다.

3단계: p값을 구한다.

영가설이 '참'이라고 가정할 때 현재의 표본값을 관찰할 확률인 'p값'을 구한다. 즉, 영가설(중학교 3학년 학생들의 평균 IQ가 100)이 '참'이라고 가정할 때, 내가 100명의 표본으로부터 수집한 자료의 분포에서 IQ 105의 평균을 갖게 될 확률을 구해본다. 즉, 영가설이 참이라고 가정한 분포에서 IQ 105가 나타날 확률을 구하는 것이다.

4단계: p값을 유의도 수준과 비교하여 영가설을 기각하거나 수용하는 결정을 내린다.

p값을 유의도 수준($\alpha = .05$ 또는 $\alpha = .01$)과 비교하여, p값이 유의도 수준보다 작다면 영가설을 기각(reject)하고 대립가설을 수용(accept)한다. 표본의 값은 우리가 직접 관찰한 값인 반면에, 영가설은 실제 관찰한 값이 아니기 때문에 영가설이 '참'이라는 가정에서 현재의 표본값을 갖게 되는 확률이 지극히 작다면(즉, 유의도 수준보다 작다면), 영가설에 대한 가정이 잘못되었다고 결론을 내리게 된다. 따라서 연구자는 영가설을 기각하고 대립가설을 수용하게 된다.

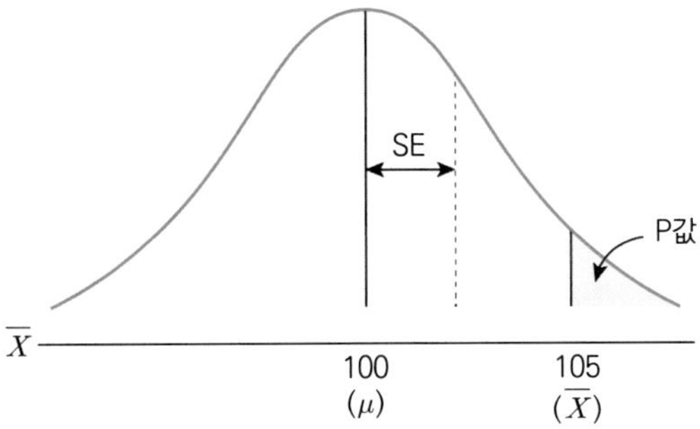

표집분포와 p값

영가설(null hypothesis: H_0)

- '참'이라고 가정되는 가설
- '기각'이나 '수용'되어야 할 가설

대립가설(alternative hypothesis: H_a)

- 영가설을 기각하면서 주장되는 가설
- 전형적으로 연구자의 주장을 반영하는 가설

p값(p-value: p)

- 영가설이 참이라면, 표본값이 관찰될 확률

유의도 수준(significance level: α)

- 영가설 기각을 위해 표본값이 나올 확률이 얼마나 작아야 하는지를 나타내는 정도
- 영가설이 참일 때 영가설을 기각하는 잘못된 판단을 허용하는 수준

3 단일표본 Z 검증

우리나라 초등학교 1학년생들의 평균 신장이 $\mu = 100$, 표준편차 $\sigma = 20$이라고 가정해 보기로 한다. 한 연구자가 100명을 표집하여 평균을 구해봤더니 $\overline{X} = 105$로 나타났다. 그렇다면 초등학교 1학년생들의 신장은 예상했던 것보다 더 커진 것으로 생각될 수 있지만, 아직은 확신할 수 없다. 그 이유는 우연히 평균보다 신장이 큰 학생들을 주로 표집하는 오류(error)가 나타날 수 있기 때문이다. 따라서 우리는 표본으로부터 얻은 평균을 가지고 모집단 평균에 대한 가설을 검정해 볼 필요가 있다.

표본 평균이 영가설보다 큰 값이 나오긴 했지만, 영가설이 주장하는 값보다 큰 방향으로만 검정하지 않고, 표본 평균과 영가설에서 주장하는 평균의 차이만큼이 발생할 확률을 알아봄으로써 영가설에 대한 확실성 정도를 추리해 볼 수 있다. 즉, 표본 평균이 영가설보다 5cm만큼 더 클 경우와 5cm만큼 더 작은 경우가 모두 발생할 확률을 계산하여 검증하는 것으로, 이를 양방검증이라고 한다.

1단계: 영가설을 설정한다.

여기서 영가설은 기존에 받아들여지던 가설로서 "우리나라 초등학교 1학년생의 평균 신장은 100cm이다"라는 것이다.

영가설(H_0): $\mu = 100$

2단계: 대립가설을 설정한다.

연구자가 표본에서 새롭게 얻은 결과를 가지고 대립가설을 세운다. 여기서는 "우리나라 초등학교 1학년생의 평균 신장은 100cm가 아니다"라고 세울 수 있다.

대립가설(H_A): $\mu \neq 100$

3단계: p값을 구한다.

영가설이 '참'이라고 가정할 때, 표본 평균과 영가설에서 주장하는 평균값의 차이만큼이 발생할 확률이 어느 정도인지를 알아본다. 즉, 영가설이 '참'이라고 가정할 때, 표본 평균이 105cm보다 큰 경우와 95cm보다 작은 경우의 확률이 어느 정도인지를 알아봐야 한다. 만약 영가설이 '참'이라면 중심극한정리에 의하여 표집
분포는 다음과 같은 형태를 가질 것이다. 표집분포는 모집단 평균($\mu=100$)이 중심이 되고, 표준오차($SE=\frac{\sigma}{\sqrt{n}}=\frac{20}{\sqrt{100}}=2$)가 된다. 여기서 표본 평균의 분포와 관찰된 표본 평균 $\overline{X}=105$와 $\overline{X}=95$를 표준화시켜 Z점수로 변환하면 다음과 같다.

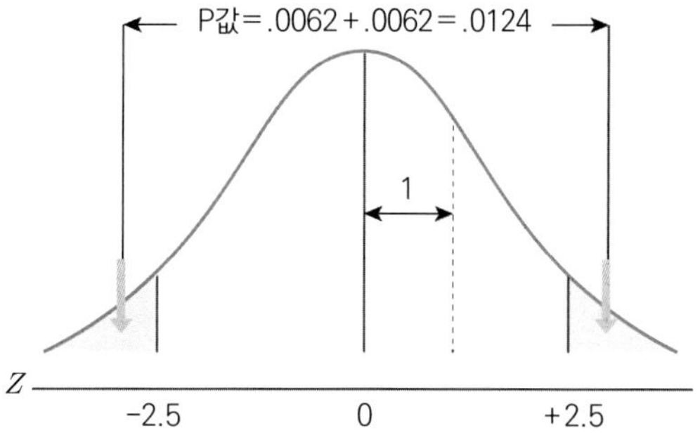

초등학교 1학년생 신장을 위한 표준정규분포: 양방검증

즉, $\Pr(\overline{X}\geq 105)+\Pr(\overline{X}\leq 95)=\Pr(Z\geq 2.5)+\Pr(Z\leq 2.5)$이며, p값은 .0124(.0062+0.0062)가 된다. 이는 만약 영가설이 '참'이라면 표본 평균이 영가설과 5cm 이상의 차이가 날 확률(105cm보다 크거나 95cm보다 작을 확률)이 .0124라는 것을 의미하며, 이 확률을 p값이라고 부른다.

4단계: p값을 유의도 수준과 비교하여 영가설을 기각하거나 수용하는 결정을 내린다.

앞의 자료에서는 p값이 .0124로서 유의도 수준 $\alpha=.05$보다 작기 때문에 영가설을 기각할 수 있다. 그러나 유의도 수준 .01에서는 영가설을 기각할 수 없다. 따라서 이 경우에는 유의도 수준 .05에서 "우리나라 초등학교 1학년생의 평균 신장은 100cm"라는 영가설을 기각한다.

$p=.0124<\alpha=.05$이므로 영가설을 기각한다.

결론: 모집단 평균은 100cm가 아니다.

왜도와 첨도의 기술 통계값을 가지고 각각의 값이 표준 정규분포로부터 통계적으로 유의미하게 벗어나고 있는지를 단일표본 Z 검증 공식을 사용해서 추리할 수 있다.

* 예시 자료 파일에서 'descriptive.omv'을 클릭한다.
* 'Exploration > Descriptives' 순으로 클릭한다.

❶ 오른쪽 'Variables' 창으로 'math'변수를 이동한다.

❷ 'Statistics > Distribution' 분석 옵션에서 'Skewness'와 'Kurtosis' 옵션을 체크하면 오른쪽 결과 창에 왜도와 첨도의 통계값 및 표준오차가 제시된다 (기술통계에서 왜도와 첨도에 대한 설명을 참조하기 바람).

❸ 수학 변수의 왜도 값은 0.35, 왜도의 표준오차는 0.43인 것으로 나타났다. 수학변수의 왜도 값이 표준 정규분포로부터 통계적으로 유의미하게 벗어나고 있는지 ❸번에 제시된 정보를 가지고 직접 단일표본 Z 검증을 해보기로 한다.

$$\text{단일표본 Z 검증} = \frac{\text{통계값} - 0}{\text{표준오차}} = \frac{0.35 - 0}{0.43} = 0.81$$

$\alpha = .05$ 수준($Z = \pm 1.96$)에서 표준정규분포로부터 통계적으로 유의미하게 벗어나지 않은 것으로 결론 내릴 수 있다.

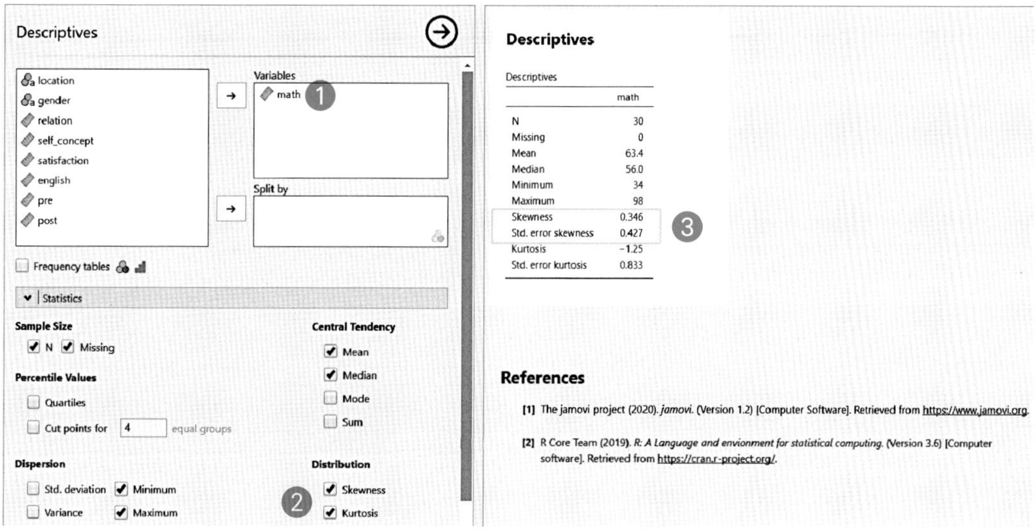
Descriptives
location
gender
relation
self_concept
satisfaction
english
pre
post
Variables
math
Split by
Frequency tables
Statistics
Sample Size
N
Missing
Percentile Values
Quartiles
Cut points for 4 equal groups
Dispersion
Std. deviation
Minimum
Variance
Maximum
Central Tendency
Mean
Median
Mode
Sum
Distribution
Skewness
Kurtosis
1
2
3
Descriptives
Descriptives
math
N 30
Missing 0
Mean 63.4
Median 56.0
Minimum 34
Maximum 98
Skewness 0.346
Std. error skewness 0.427
Kurtosis -1.25
Std. error kurtosis 0.833
References
[1] The jamovi project (2020). jamovi. (Version 1.2) [Computer Software]. Retrieved from https://www.jamovi.org.
[2] R Core Team (2019). R: A Language and envionment for statistical computing. (Version 3.6) [Computer software]. Retrieved from https://cran.r-project.org/.

04

t 검증

1. 단일표본 t 검증
2. 두 독립표본 t 검증
3. 두 종속표본 t 검증

Statistical Analysis with jamovi

4
t 검증

t 검증은 집단 간의 평균을 비교하는 분석 방법으로 모집단의 분산을 알지 못할 때 주로 사용하는 통계분석이다. 모집단의 분산을 알지 못하기 때문에 표본에서 계산한 표준편차를 사용하게 되면 표집분포는 z 분포의 형태에서 벗어나게 된다.

표본의 크기가 큰 경우에는 표준편차도 모집단의 표준편차와 비슷해지기 때문에 표집분포도 z 분포의 형태와 유사하지만, 표본의 크기가 작을수록 z 분포 형태를 벗어나서 z 분포를 사용할 수 없게 되는 것이다. 이러한 분포의 특성을 연구하여 표본을 사용할 때 이루어지는 분포 형태를 제시한 통계학자가 William Sealy Gosset이며, 이 분포는 그의 익명을 사용하여 Student의 t 분포(Student's t distribution)라고 부른다.

t 분포는 표본의 크기에 따라 형태가 달라지기 때문에 t 분포에서 일정한 영역의 비율을 구하기 위해서는 표본의 크기를 나타내는 자유도(degrees of freedom: df)까지 고려해야 한다.

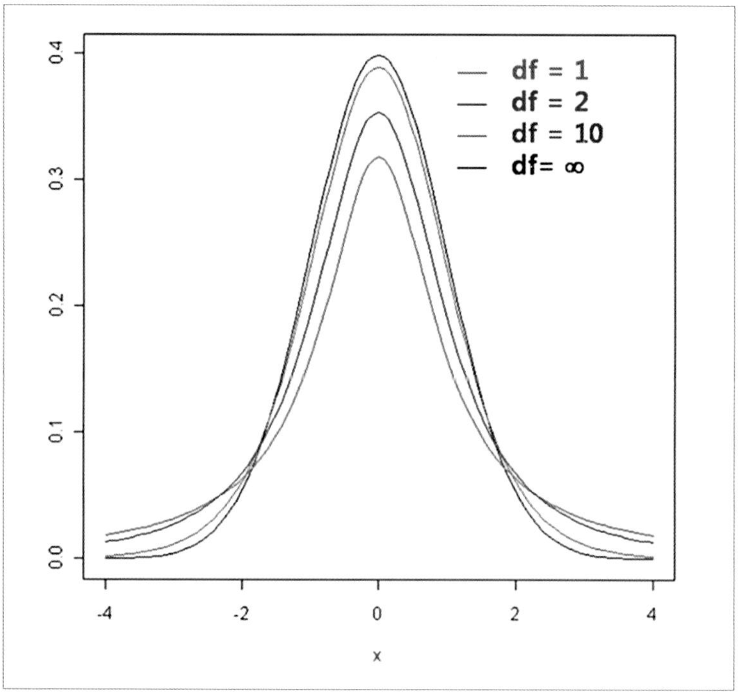

자유도에 따른 t 분포

1 단일표본 t 검증(One sample t-test)

단일표본 t 검증은 모집단의 분산 또는 표준편차를 알지 못하는 상황에서 모집단을 대표하는 표본의 평균과 연구자가 이론적 또는 경험적 지식에 근거하여 설정된 특정한 평균값을 비교하는 검증 방법이다.

예를 들면, 우리나라 중학교 3학년 학생들의 평균지능이 100인지를 검증하기 위해서 중학교 3학년 학생들 200명을 대상으로 지능검사를 실시해서 얻은 평균값이 103이라고 가정했을 때, 과연 3점 간의 차이가 통계적으로 유의미한 차이인지를 검증하고자 할 때 사용하는 방법이다. t 검증 공식을 제시하면 다음과 같다.

$$t = \frac{\overline{X} - \mu}{\frac{s}{\sqrt{n}}}$$

$\overline{X}$=표본 평균
μ=영가설하에서 모집단 평균
s=표본의 표준편차
n=표본의 크기

예제 〈자료 파일: descriptive.omv〉

중학교 3학년 학생들의 국제 수학 학업성취도 평균이 65점이라고 가정할 때, 우리나라 학생들의 수학 성취수준이 국제 학업 성취수준과 같은지 알아보자.

■ 단일표본 대화상자 열기

T-Tests ▷ One-Sample T-Test

❶ 단일표본 t 검증(One-Sample T-test)을 클릭하면 분석 대화상자가 나타난다.

❷ 왼쪽 분석변수들 중에서 'math'를 선택한다.

❸ → 화살표를 선택하면 'math' 변수가 종속변수(Dependent variables) 칸으로 이동한다.

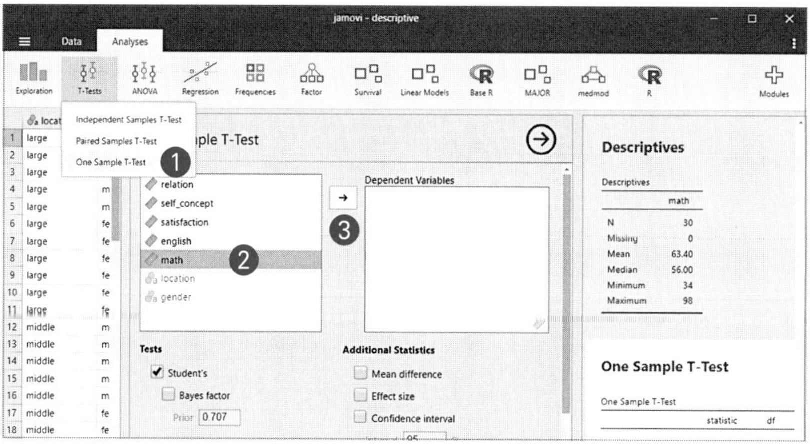

■ 단일표본 가설검증

'Hypothesis'의 'Test value' 칸에 가설검증 값(이 예시에서는 국제 학업성취도 평균 65점)을 입력하면 결과 창에 분석 결과가 제시된다. 만약에 가설검증 값보다 큰지 또는 작은지에 대한 일방검증을 수행하고자 한다면 바로 아래에 있는 등호(> Test value 또는 < Test value)를 선택한다.

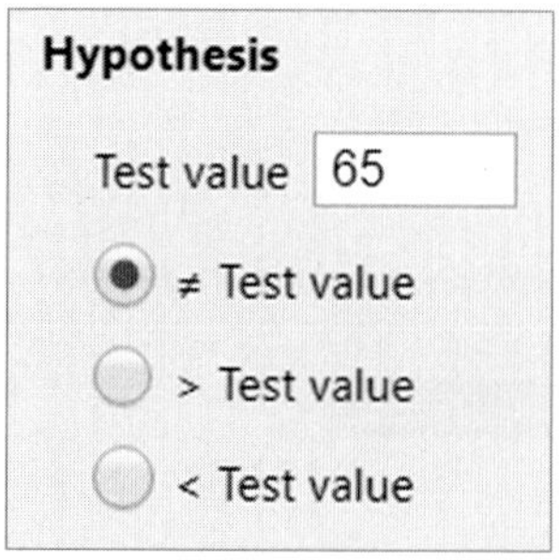

단일표본 가설검증 해석

우리나라 중학교 3학년 학생들의 수학성취도가 국제 학업성취도 평균인 65점과 같은지를 알아보기 위해서 단일표본 t 검증을 수행하였다. 분석 결과, t 통계값은 −0.47이고 유의수준 .05에서 통계적으로 유의미하지 않은 것으로 나타났다 ($t(29)=-0.47$, $p=0.64$).

One Sample T-Test

One Sample T-Test

		statistic	df	p
math	Student's t	−0.47	29.00	0.640

Note. H_a population mean ≠ 65

t 분포에서 양방검증에 대한 p값을 설명하기 위해서 'jamovi library'에서 'distrACTION' 모듈을 컴퓨터에 설치한다. 이 모듈은 연속형 또는 범주형 분포의 확률값과 분포 모양을 보여 주는 모듈이다.

distrACTION - Quantiles and Probabilities of Continuous and Discrete Distributions 1.0.0

Michael Rihs, Boris Mayer

A tool for calculating and plotting the cumulative distribution function (CDF) and the quantile function (Inverse CDF) for a number of discrete and continuous distributions.

INSTALLED

'distrACTION' > T−Distribution'을 클릭하면 다음과 같은 대화상자가 나타난다.

❶ 자유도를 입력한다. 이 예시에서는 $df=29$로 입력한다.

❷ $df = 29$인 t 분포에서 t값이 $+0.47$보다 크거나 -0.47보다 작을 확률을 구하기 위해서(양방검증), 일단 x1과 x2 칸에 -0.47과 $+0.47$값을 입력하고 그 사이에 위치할 확률값을 다음 화면처럼 선택한다.

❸ 오른쪽 결과 창에 확률값($p = 0.358$)을 보여 준다.

❹ 확률값에 해당하는 면적을 보여 준다.

역으로 t값이 $+0.47$보다 크거나 -0.47보다 작을 확률은 $1-0.358=0.642$이며, 이 값이 위에 jamovi 결과표에서 제시된 p값을 의미한다.

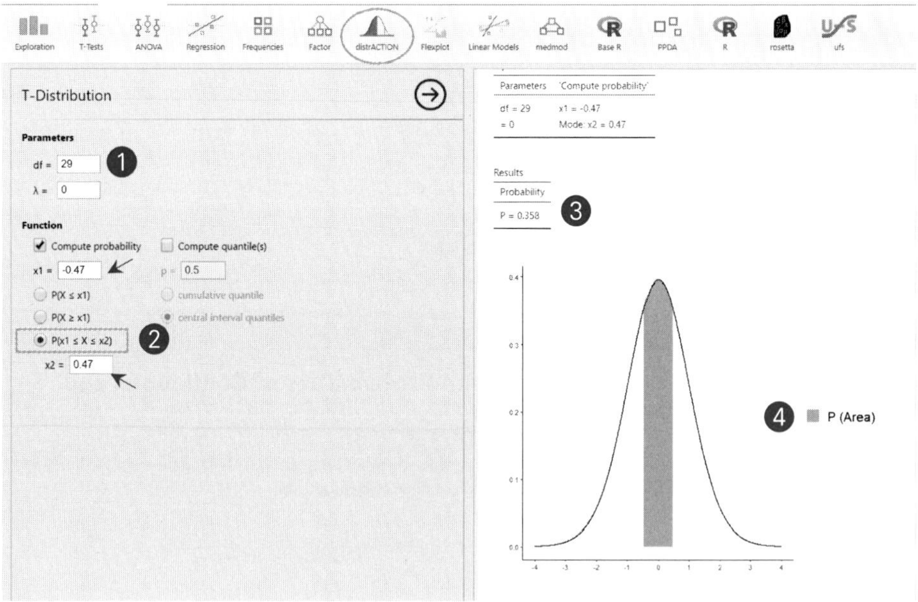

■ 부가적인 통계 옵션(Additional Statistics)

부가적인 통계 옵션에서 '평균차이(Mean difference)' 항목을 클릭하면 가설 평균값과 표본 평균값 간의 차이 값을 계산해 준다. 이외에 '95% 신뢰구간(Confidence interval)' '기술통계(Descriptives)'와 '기술통계 그래프(Descriptives plots)'를 클릭하면 해당 통계값과 평균값을 포함하는 95% 신뢰구간 그래프를 보여 준다.

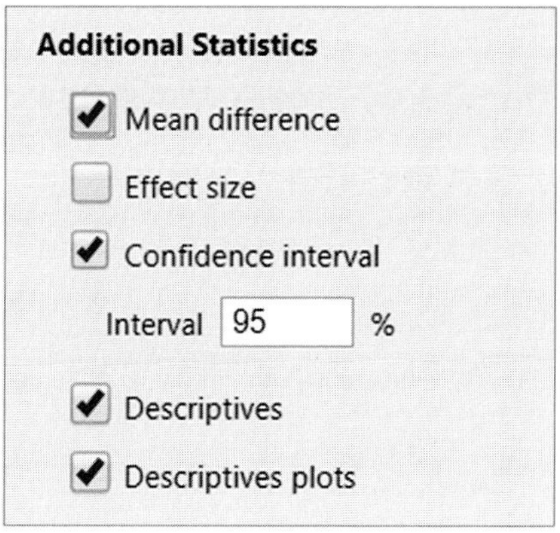

분석 결과를 해석하면 다음과 같다.

❶ N: 표본수를 의미한다.

❷ Mean: 평균값을 의미한다.

❸ Median: 중앙값을 의미한다.

❹ SD: 표준편차(Standard Deviation; SD)를 의미한다.

❺ SE: 표준오차(Standard Error: SE)를 의미한다. 중심극한정리에 의해서 표준오차는 다음과 같이 계산한다.

$$\frac{SD}{\sqrt{N}} = \frac{18.55}{\sqrt{30}} = 3.39$$

❻ statistic: t 통계값을 의미한다.

❼ df: 자유도를 의미한다.

$$t = \frac{63.40 - 65}{SE} = \frac{-1.6}{3.39} = -0.4719$$
$$df = n - 1 = 30 - 1 = 29$$

❽ p: t 통계값 −0.47이 자유도가 29인 t 분포에서 나타날 확률을 의미한다.

❾ Mean difference: 표본 평균 값과 가설검증 값 간의 차이를 의미한다.

$$Mean_{dif} = 63.40 - 65 = -1.60$$

❿ 95% Confidence Interval: 95% 신뢰구간을 의미한다.

자유도가 29인 t 분포에서 $\alpha = .05$수준에 해당하는 기각역 값을 t 분포 수표에서 찾아보면 2.045이다. 따라서 95% 신뢰구간은 다음과 같이 계산한다.

$$\begin{aligned}&(Mean_{dif}) \pm t_{df=29,\alpha=.05}(SE)\\ &= -1.60 \pm 2.045(3.39)\\ &= -8.53 \sim 5.33\end{aligned}$$

95% 신뢰구간에 0의 값을 포함하면 영가설을 수용하고, 만약에 0을 포함하지 않으면 영가설을 기각한다. 예시에서는 0의 값을 포함하고 있으므로 영가설을 수용하는 의사 결정을 내린다.

⓫ Cohen's d: t 검증에서 효과크기(Effect size)는 평균들 간의 표준화된 차이로 계산한다. jamovi에서는 Cohen의 d값을 효과크기 값으로 제공한다. 단일표본 t 검증에서 Cohen의 d값을 계산하면 다음과 같다.

$$d=\frac{\overline{X}-\mu}{SD}=\frac{63.40-65}{18.55}=-0.09$$

Cohen의 d값은 주로 t 검증이나 ANOVA분석에서 효과크기 값으로 최근에 논문 분석 결과표에 종종 보고되고 있다. d값의 해석은 0.2 미만이면 작은 효과(small effect), 0.5면 중간수준의 효과(Medium effect), 0.8 이상이면 큰 효과(large effect)로 해석한다.

두 집단 간의 평균 간의 차이가 통계적으로 유의미 하더라도 만약에 d값이 0.2 미만의 값을 보이면, 그 평균들 간의 차이는 무시해도 좋을만한 차이라고 해석할 수 있다.

예시에서 Cohen의 d값은 −0.09로 나타났다. 이것은 표본 평균과 가설로 설정된 평균값 간의 차이는 미미한(trivial) 차이인 것으로 해석할 수 있다.

One Sample T-Test

		❻ statistic	❼ df	❽ p	❾ Mean difference	❿ 95% Confidence Interval Lower	Upper	⓫ Cohen's d
math	Student's t	−0.47	29.00	0.640	−1.60	−8.53	5.33	−0.09

Note. H_a population mean ≠ 65

Descriptives

	❶ N	❷ Mean	❸ Median	❹ SD	❺ SE
math	30	63.40	56.00	18.55	3.39

2 두 독립표본 t 검증

두 독립표본 t 검증(Independent samples t-test)은 서로 다른 두 모집단의 평균을 비교하기 위해서 두 모집단을 대표하는 표본을 독립적으로 추출하여 2개의 표본 평균 간의 차이가 통계적으로 유의미한 차이가 있는지를 검증하는 방법이다. 두 독립표본 t 검증 공식을 제시하면 다음과 같다.

$$t = \frac{\overline{X}_1 - \overline{X}_2}{\sqrt{S_P^2(\frac{1}{n_1} + \frac{1}{n_2})}}$$

$\overline{X}_1$ =첫 번째 집단 표본 평균

$\overline{X}_2$ =두 번째 집단 표본 평균

S_P^2 =두 표본의 통합분산

$$S_p^2 = \frac{(n_1 - 1)S_1^2 + (n_2 - 1)S_2^2}{(n_1 - 1) + (n_2 - 1)}$$

S_1^2, S_2^2=첫 번째 집단과 두 번째 집단의 분산

$n_{1,} n_2$ =첫 번째 집단과 두 번째 집단의 표본의 크기

예제 〈자료 파일: descriptive.omv〉

성별에 따라 수학성적에 통계적으로 의미 있는 차이가 존재하는가?

두 독립표본 대화상자 열기

T-Tests ▷ Independent Samples T-Test

❶ 두 독립표본 t 검증(Independent Samples T-Test)을 클릭하면 분석 대화상자

가 나타난다.

❷ 종속변수(Dependent Variables) 칸에 'math' 변수를 선택한다.

❸ 집단변수(Grouping Variable) 칸에 'gender' 변수를 선택한다.

❹ 오른쪽 결과 분석 창에 종속변수 'math'에 대한 유의도 검증 값이 나타난다.

❺ 두 독립표본 t 검증은 두 모집단의 동분산(Equal Variance)을 가정하고 있다. 이러한 가정에 관계없는 검증을 원하면 Welch's t 검증을 수행하면 된다. 동분산 가정이 요구되는 student t 검증보다 동분산 가정에서 자유로운 Welch t 검증으로 분석할 것을 권한다. 참고로 'Bayes factor' 옵션은 베이지안 통계방법을 적용할 때만 사용되는 옵션이기 때문에 현 단계에서는 필요 없는 옵션이다.

❻ Welch's t 검증 값이 분석 결과표에 추가된다.

❼ 수학(math) 점수에 대한 기술통계를 원하면 'Descriptives'를 선택한다.

❽ 결과 창에 사례수(N), 평균값(Mean), 중앙값(Median), 표준편차(SD), 표준오차(SE) 값을 보여 준다.

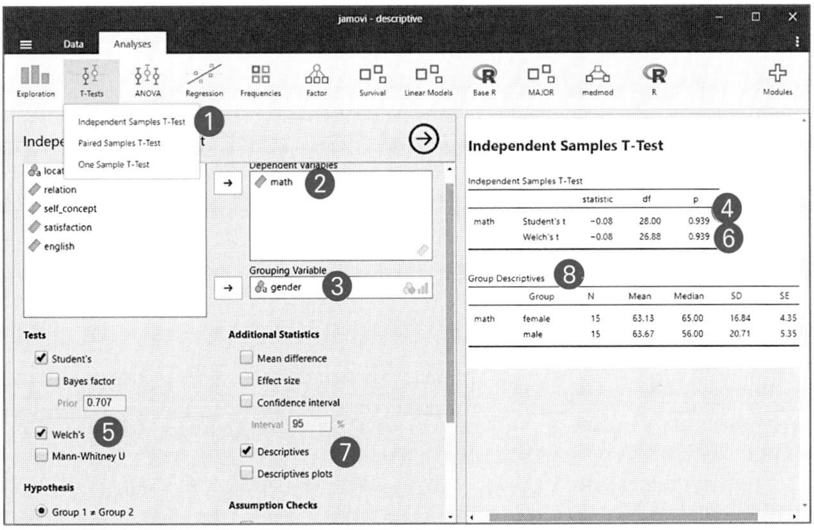

■ 가정검증(Assumption Checks)

가정검증 분석상자에서는 두 독립표본 t 검증에서 요구되는 정규분포성 검증(Shapiro-Wilk)과 결과를 시각적으로 보여주는 Q-Q 그래프, Levene의 동분산 가정 검증(Equality of variances) 값이 결과 창에 제시된다.

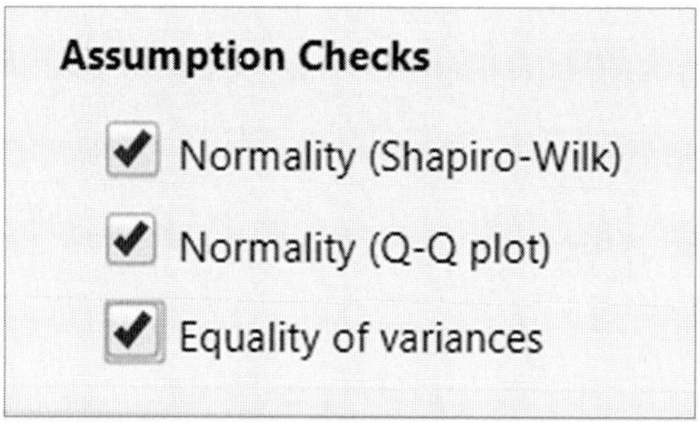

검증 결과를 해석하면, 첫째, 수학(math) 변수에 대한 Shapiro-Wilk 값이 0.90으로 나타났으며, 유의수준 .05에서 통계적으로 유의미한 것으로 나타났다($p = 0.009$). 이것은 수학점수들이 정규분포에서 통계적으로 유의미하게 벗어난 모양을 가지고 있다고 해석할 수 있다.

Levene의 동분산 가정을 검증한 결과, 유의수준 .05에서 통계적으로 유의미하지 않은 것으로 나타났다($p = 0.180$). 이것은 수학점수에 대한 남녀집단의 모집단 분산이 같은 것으로 해석할 수 있다.

t 검증을 수행하기 위해서는 정규분포성(Normality)과 동분산(Equal variance) 가정을 만족해야 한다. 만약에 정규분포성 가정을 만족하지 못하면 정규분포를 가정하지 않는 비모수 통계인 Mann-Whitney 검증 옵션을 선택해서 분석 결과를 보고해야 한다.

> 분석 대화창 'Tests'에서 ☑ Mann-Whitney U 를 클릭한다.

동분산 가정을 만족하지 못하면 자유도를 보정하여 분석하는 Welch t 검증을 해야 한다. Welch t 검증 분석 결과에서 자유도 값이 정수가 아니라 실수값을 나타낼 수 있다.

> 분석 대화창 'Tests'에서 ☑ Welch's 를 클릭한다.

Assumptions

Test of Normality (Shapiro-Wilk)

	W	p
math	0.90	0.009

Note. A low p-value suggests a violation of the assumption of normality

Test of Equality of Variances (Levene's)

	F	df	p
math	1.89	1	0.180

Note. A low p-value suggests a violation of the assumption of equal variances

두 독립표본 t 검증의 가정검증은 양방검증으로 수행되었다. 만약 수학점수에 대해서 남학생 집단이 여학생 집단보다 크거나 또는 작은지를 검증하고자 할 때는 일방검증을 수행하면 된다. 'Hypothesis' 옵션에서 'Group 1 > Group 2' 또는

'Group 1 < Group 2'를 선택하면 일방검증 결과가 결과 창에 제시된다.

예시 자료에 대한 분석 결과 값을 살펴보기로 한다.

❶ t 통계값은 다음과 같이 계산한다.

$$t = \frac{\overline{X}_1 - \overline{X}_2}{\sqrt{\frac{s_1^2}{n_1} + \frac{s_2^2}{n_2}}} = \frac{63.13 - 63.67}{\sqrt{\frac{283.585}{15} + \frac{428.904}{15}}} = -0.076$$

❷ df는 남학생 자유도($df = 15-1$)와 여학생 자유도($df = 15-1$)의 합으로 계산한다.

❸ SE difference: 두 집단 표준오차간의 차이 값을 의미한다. 두 집단의 표본수가 같을 경우 다음과 같이 계산한다. 각 집단의 표준오차 값은 기술통계 결과표의 각 집단 'SE' 값을 의미한다.

$$SE_{dif} = \sqrt{SE_1^2 + SE_2^2} = \sqrt{(4.35)^2 + (5.35)^2} = 6.89$$

Independent Samples T-Test

	❶	statistic	df ❷	p	Mean difference	SE difference ❸	95% Confidence Interval Lower	95% Confidence Interval Upper	Cohen's d ❹
math	Student's t	−0.08	28.00	0.939	−0.53	6.89	−14.65	13.58	−0.03

❹ Cohen's d: 두 독립표본 t 검증에서 Cohen의 d값은 다음과 같은 공식으로 계산한다.

$$d = \frac{\overline{X_1} - \overline{X_2}}{\sqrt{\frac{(SD_1^2)(df_1) + (SD_2^2)(df_2)}{df_1 + df_2}}}$$

$$= \frac{63.13 - 63.67}{\sqrt{\frac{(16.84)^2(14) + (20.71)^2(14)}{14 + 14}}}$$

$$= \frac{-0.53}{14.928} = -0.035$$

jamovi에서 결측값이 발생할 경우 두 가지 방식으로 처리하고 있다. 'Exclude cases analysis by analysis' 옵션은 각 변수의 결측값을 제외한 나머지 응답 사례수를 가지고 분석한다.

'Exclude cases listwise' 옵션은 모든 변수 쌍들에 대해서 응답한 사례수만을 가지고 분석한다. 따라서 각 검증에서 사례수는 동일할 것이다. 두 독립표본 t 검증에서는 어떠한 옵션을 선택해도 분석 결과는 동일하게 산출되지만, 대부분의 추리통계분석에서는 'Exclude cases analysis by analysis' 옵션을 결측값에 대한 표준 옵션으로 채택하고 있다.

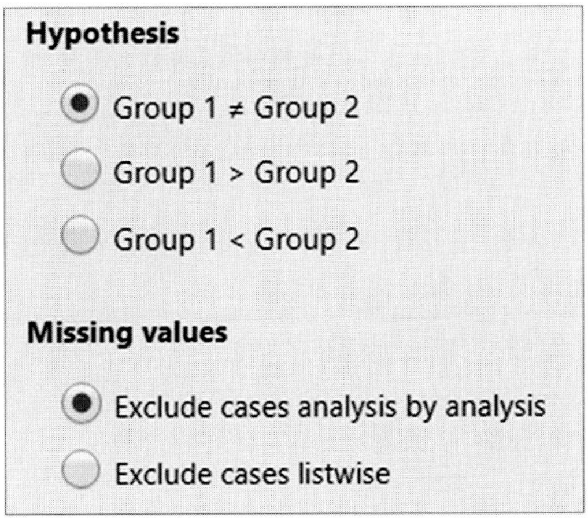

3 두 종속표본 t 검증

두 종속표본 t 검증(Paired samples t-test)은 종속변수가 양적변수이고 두 모집단이 종속적(관계가 있는)일 경우 두 집단의 종속변수에 대한 차이를 검증할 때 사용되는 통계 방법이다.

대표적인 예로 사전-사후 검사를 들 수 있다. 만약에 연구자가 독서증진 프로그램이 효과가 있는지를 알아보기 위해서 사전검사를 실시하고 독서증진 프로그램을 투입해서 일정 기간이 지난 후에 동일한 연구대상에게 사후검사를 실시했다. 사전-사후 검사 간의 점수 차이가 통계적으로 의미 있는 차이를 나타내는지 볼 때 동일한 연구대상에게 검사를 두 번 실시하여 얻은 자료는 서로 독립적이지 않고 관계가 있는 종속적인 자료이다. 이런 경우에 두 종속표본 t 검증을 수행한다. 두 종속표본 t 검증 공식을 제시하면 다음과 같다.

$$t = \frac{\bar{d}}{\frac{S_d}{\sqrt{n}}}$$

$\bar{d}$: 두 표본 차이의 평균
S_d: 두 표본 차이의 표준편차
n: 표본의 크기

예제 〈자료 파일: descriptive.omv〉

사전검사(pre)와 사후검사(post) 점수 간에 통계적으로 유의한 차이가 있는가?

■ 두 종속표본 대화상자 열기

T-Tests ▷ **Paired Samples T-Test**

❶ 왼쪽에 사전(pre) 변수와 사후(post) 변수를 오른쪽 'Paired Variables'로 이동하면 결과 창에 분석 결과가 제시된다.

❷ 분석 결과를 해석하면, 사전검사 평균점수보다 사후검사 평균점수가 1.6점 높은 것으로 나타났으며, 유의수준 .05 수준에서 통계적으로 유의미한 차이가 있다($t(4) = -4.0$, $p = 0.016$).

❸ 왼쪽 분석 대화상자에서 'Additional Statistics' 옵션에 'Descriptives' 박스를 체크하면 오른쪽 결과 창에 사전검사와 사후검사 점수의 사례수, 평균값, 중앙값, 표준편차, 표준오차 값이 제시된다.

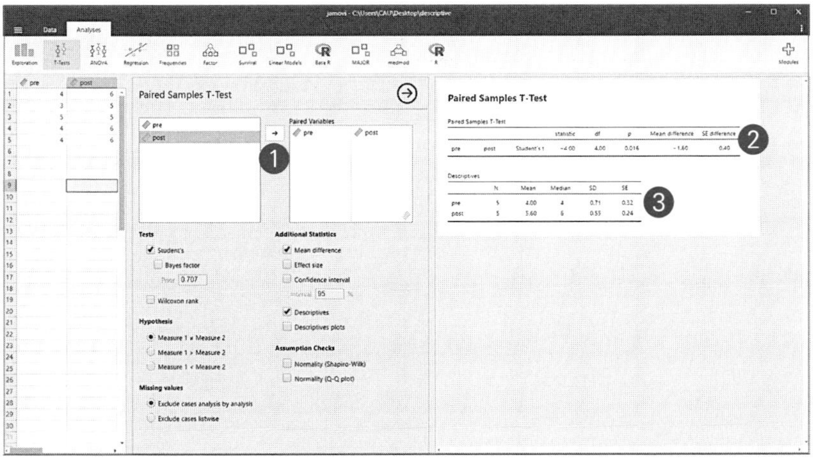

두 종속표본 t 검증 분석 결과표를 살펴보기로 한다.

❶ statistic: 종속표본 t 값을 의미한다.

만약에 정규 분포성 가정 검증에서 영가설이 기각되면, 분석 대화상자 'Tests'에서 'Wilcoxon rank' 통계를 선택해서 분석 결과를 보고해야 한다.

종속표본 t 검증 공식에서 분모는 분석 결과 창에 제시된 분석 결과표의 ④번(SE difference) 값을 의미한다. 여기서 차이의 표준오차(SE difference) 값은 '원자료'에서 구한 값이다.

번호	사후검사	사전검사	차이점수
1	6	4	2
2	5	3	2
3	5	5	0
4	6	4	2
5	6	4	2
평균			1.60
표준편차			0.89

원자료에서 $SE_{dif} = \frac{S_d}{\sqrt{n}} = \frac{0.89}{\sqrt{5}} = 0.398$이며, 이 값이 분석 결과표 ④번의 'SE difference' 값을 의미한다.

$$t = \frac{\bar{d}}{\frac{S_d}{\sqrt{n}}} = \frac{-1.6}{0.398} = -4.02$$

② df: '표본수−1'로 계산한다.

③ Mean difference: 두 집단 평균값 간의 차이를 의미한다.

④ SE difference: 차이의 표준오차 값을 의미하며, 종속표본 t 검증에서 분모의 값으로 사용된다.

⑤ Cohen's d: 두 종속표본 t 검증에서 Cohen의 d값은 위의 원자료표에서 차이 점수에 대한 평균과 표준편차 값을 사용해서 계산하는 것을 알 수 있다. d값은 −1.79로 효과크기가 큰 것(large effect)으로 해석한다.

$$d = \frac{\text{차이점수에 대한 평균}}{\text{차이점수에 대한 표준편차}} = \frac{-1.60}{0.89} = -1.79$$

Paired Samples T-Test

Paired Samples T-Test

			① statistic	② df	p	③ Mean difference	④ SE difference	⑤ Cohen's d
pre	post	Student's t	-4.00	4.00	0.016	-1.60	0.40	-1.79

Descriptives

	N	Mean	Median	SD	SE
pre	5	4.00	4	0.71	0.32
post	5	5.60	6	0.55	0.24

05

분산분석

1. 일원분산분석
2. 이원분산분석
3. 공분산 분석

5
분산분석

분산분석(analysis of variance: ANOVA)은 주로 3집단 이상의 평균 간의 차이가 통계적으로 유의미한지를 검증하기 위해서 독립변수를 몇 개의 수준으로 나누어 각 수준에 따라 평균을 사용하지 않고 분산을 분석 · 비교함으로써 집단 간의 평균 차이의 유의성을 통계적으로 분석하기 위한 방법이다.

분산분석을 수행하기 위해서는 종속변수가 양적변수이어야 하며 각 집단에 해당하는 모집단의 분포가 정규분포이고 모집단들의 분산이 같아야 하는 가정이 충족되어야 한다.

분산분석은 F 분포라고 불리는 이론적인 확률분포에 의존한다. 분산이 같고, 정규분포를 가정하고 있는 K개 모집단에서 n명씩 무선 표집한 다음에 집단간(between group) 분산과 집단내(within group) 분산을 추정해서 F 통계값을 계산한다.

이와 같은 표집을 무한히 반복해서 매번 F 통계값을 산출하면 F 통계값들은 다음 그림과 같이 특정한 수학적 함수로 표현되는 분포를 따르게 되는데 이 분포를 F 분포라고 부른다.

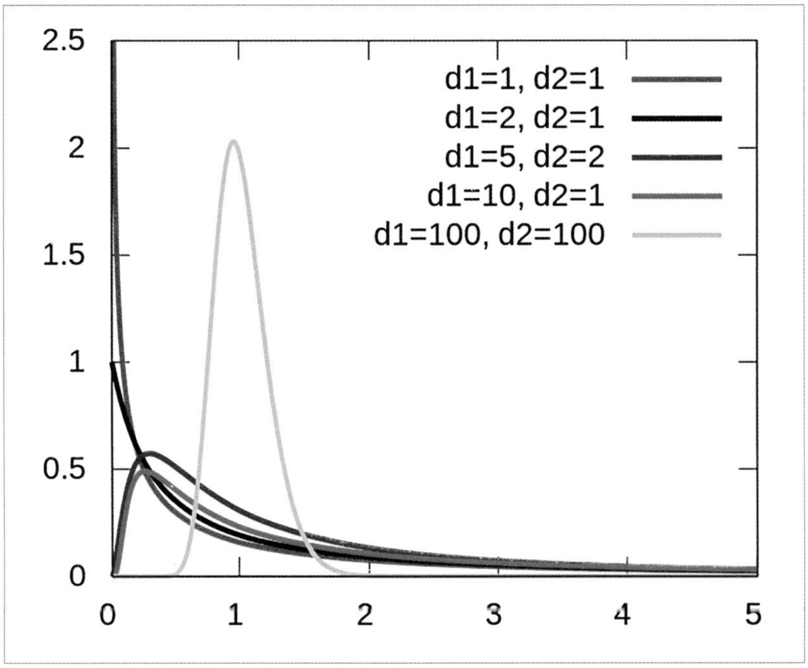

자유도에 따른 F 분포

F 분포의 특징을 요약하면 다음과 같다.

첫째, F 분포의 모양은 분자와 분모의 자유도(df_1과 df_2)에 따라 변화한다. 즉, F 분포는 실험집단의 수와 실험집단내 피험자 수에 따라서 무수히 많은 F 분포가 존재하며 1개의 최빈값을 중심으로 정적편포 형태를 보인다.

둘째, 분산의 값이 음수가 나올 수 없기 때문에 분산의 비율형태로 표시된 F 통계값이 이루고 있는 F 분포 역시 이론적으로 0에서부터 $+\infty$의 범위를 가진다.

1 일원분산분석

일원분산분석(One-Way ANOVA)은 독립변수가 하나일 때 독립변수의 수준의 평균 간의 차이가 집단내 차이보다는 집단 간의 차이에 기인한 것인지를 분석하는 통계 방법이다.

예를 들면, 교수법이 학생들의 수학점수에 영향을 미치는지를 연구하기 위해서 교수법을 세 가지 수준(전통적 교수법, 시청각 교수법, 개별화 교수법)으로 나누어 학생들을 무선배치하고 처치를 가한 다음에 얻은 각 집단의 수학점수가 통계적으로 의미 있는 차이를 보이고 있는지를 분석하는 경우를 들 수 있다.

이때 독립변수는 교수법 하나이고, 종속변수는 수학점수가 된다. 즉, 하나의 독립변수에 의한 종속변수의 집단 간의 차이를 비교하기 때문에 이것을 일원분산분석이라 한다.

일원분산분석의 선형모형을 제시하면 다음과 같다.

$$X_{ij} = \mu + \alpha_j + e_{ij}$$

여기서 X_{ij}는 j집단의 i번째 학생의 점수, μ는 전체 평균, α_j는 j집단의 처치효과, e_{ij}는 처치효과로 설명할 수 없는 개인오차를 나타낸다.

위의 모형은 각 개인의 관찰 점수(X_{ij})는 전체평균 점수(μ)와 각 개인이 처치가 다른 집단에 속하면서 발생한 효과점수(α_j)와 함께 개인오차 점수(e_{ij})로 구성되어 있다는 것이다.

선형모형에 의한 총 제곱합(Sum of Squares: SS)의 구성은 다음과 같다.

$$총\ 제곱합(SS_T) = 집단간\ 제곱합(SS_B) + 집단내\ 제곱합(SS_W)$$

집단간 제곱합이 집단내 제곱합보다 크면 처치효과가 있다고 해석한다. 이 두 제곱합을 각각의 자유도(df)로 나눈 값이 평균 제곱합(Mean Squares: MS)이며, 두 평균 제곱합의 비를 F 통계값이라 한다. F 통계값이 크면 집단 간의 차이가 있음을 의미한다.

$$F = \frac{집단간\ 평균제곱합}{집단내\ 평균제곱합}$$

jamovi 일원분산분석 실행

교수법(전통적 교수법, 시청각 교수법, 개별화 교수법)이 수학점수에 미치는 효과를 알아보기 위해서 집단별로 6명의 학생들을 3개 집단에 무선배치하고 실험처치를 가한 다음에 얻은 수학점수는 다음과 같다.

교수법 유형에 따른 수학점수

	교수법 유형	
전통적 교수법	시청각 교수법	개별화 교수법
34	35	28
26	30	22
33	37	24
35	28	29
34	31	27
33	30	22

예시 자료에서 'oneway.omv' 파일을 열고 'Analyses'에서 'ANOVA'를 클릭한 다음에 'One-Way ANOVA'를 클릭한다.

Analyses ▷ ANOVA ▷ One-Way ANOVA

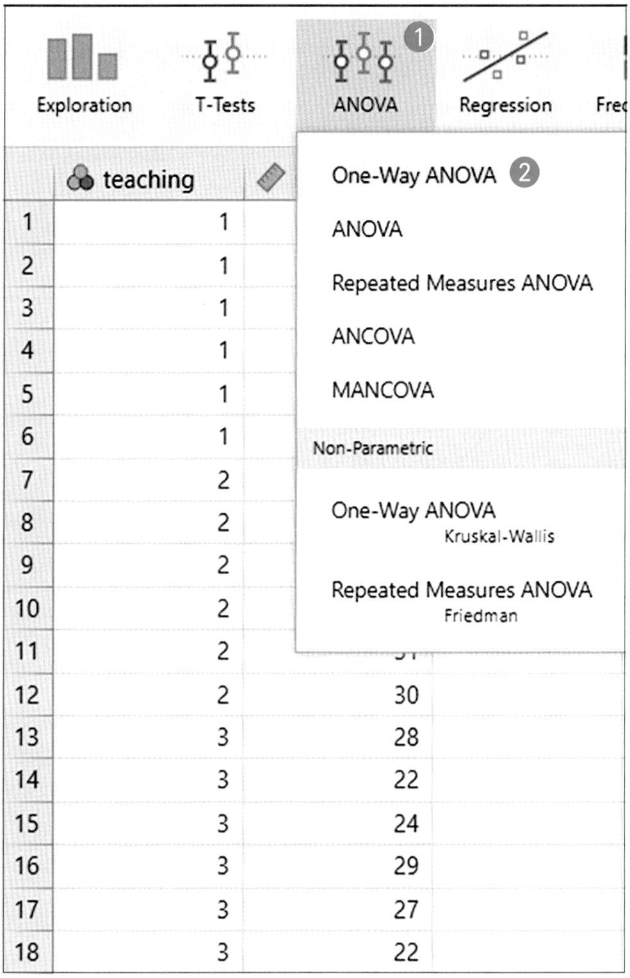

분석대화 창에서 'teaching' 변수를 ① 번 'Grouping Variable' 항목에 이동시키고 'math' 변수를 ② 번 'Dependent Variables' 항목으로 이동시키면 일원분산분석 결과가 오른쪽 결과 창에 제시된다.

부가적으로 각 집단별 기술통계를 알기 원할 경우 ❸번 항목을 클릭하면 된다. 일원분산분석의 정규분포성 가정결과는 ❹번 항목을 클릭하고, Levene의 동분산 가정은 ❺번 항목을 클릭하면 분석 결과가 오른쪽 결과 창에 제시된다.

참고로 jamovi에서는 모집단의 동분산성을 가정하지 않아도 되는 'Welch's 통계값'도 제시되며, jamovi에서는 이 통계값을 표준옵션으로 설정하고 있다.

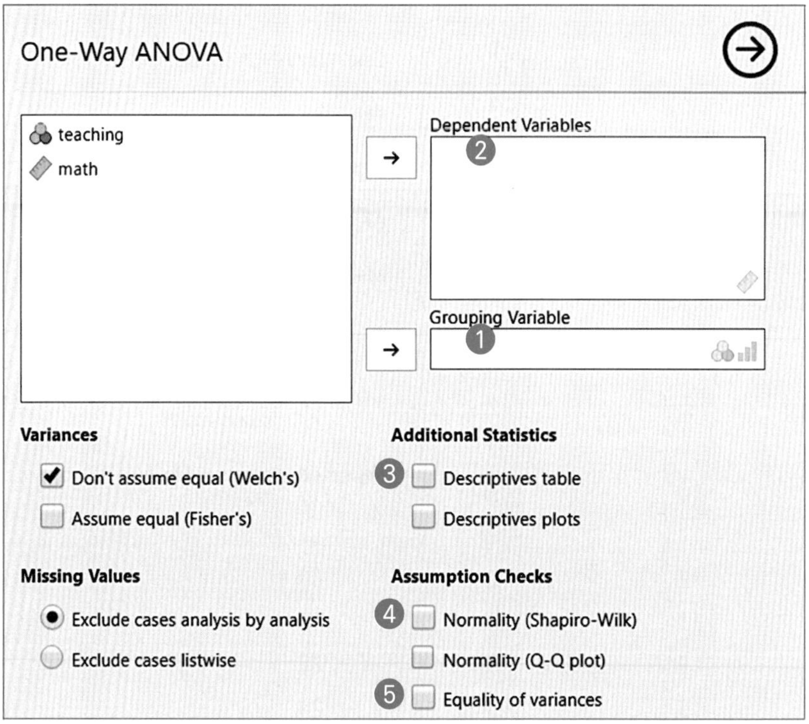

오른쪽 결과 창에 제시된 분석 결과를 해석해 보기로 한다.

❶ 집단간 자유도가 2이고, 집단내 자유도가 9.98인 F 분포에서 F 통계값 8.81이 나타날 확률은 0.006으로 유의수준 0.05에서 통계적으로 유의미한 차이가 있다.

여기서 집단내 자유도가 15가 아닌 9.98 값을 보고하고 있는 이유는 Welch's의 통계 공식에서 구한 자유도이기 때문이다. 만약에 분석상자에서 모집단의 동분산성을 가정하는 Fisher의 통계값을 선택하면 집단내 자유도가 15로 계산된다.

❷ 3개 집단의 사례수, 평균, 표준편차, 표준오차를 제시해 주고 있다.

❸ Shapiro-Wilk의 정규분포성 가정검증 결과이며 이때 영가설은 정규분포성을 의미한다. 만약에 확률값이 유의수준 0.05보다 낮게 나타나면 정규분포성 가정이 기각됨을 의미한다. 예시 자료에서 확률값은 0.878로 유의수준 .05보다 높게 나타났다. 따라서 영가설이 기각되지 않았기 때문에 정규분포성 가정이 유지된다고 해석할 수 있다.

❹ 종속변수 'math' 변수의 모집단에서의 동분산 가정을 검증한 결과이다. 이때 영가설은 '모집단하에서 분산은 동일하다.'이다. 만약 확률값이 사전에 설정한 유의수준 0.05보다 작게 나타나면, 영가설은 기각된다. 예시 자료에서 확률값은 0.802로 유의수준 0.05보다 크게 나타났기 때문에, '모집단하에서 분산은 동일하다.'고 해석한다.

동분산(Equal variance) 검증의 가설은 다음과 같다.

- 영가설(H_0): 모든 집단의 분산은 차이가 없다.
- 대립가설(H_1): 적어도 하나 이상의 집단의 분산에 차이가 있다.

동분산 검증 방법으로는 크게 2가지 방법이 있으며, Bartlett 검증과 Levene 검증이 있다.

Bartlett 검증과 Levene 검증의 차이로는 Bartlett 검증은 정규성(Normality) 가정이 만족한 집단들에 대한 동분산 검증으로, 이 방법을 시행하기 전에는 반드시 정규성 검증을 실시하여, 만족한 경우에만 가능하다. 이에 반해 Levene 검증은 정규성 가정과 무관한 방법으로 표본 집단의 분포가 정규분포이든 아니든 분석이 가능한 방법이다.

Levene의 동분산 가정 검증은 제곱합(Sum of squares) 대신에 절대 편차공식을 사용해서 분산분석을 수행한 다음에 구한 확률값이 $\alpha = .05$보다 크게 나타나면 영가설을 수용한다.

동분산 가정이 만족되는 경우에만 ANOVA를 수행하는 것이 좋고, 만약 그렇지 않다면 Welch's ANOVA를 수행해야 한다.

One-Way ANOVA

One-Way ANOVA (Welch's)

	F	df1	df2	p
math	8.81	2	9.98	0.006

❶

Group Descriptives

	teaching	N	Mean	SD	SE
math	1	6	32.50	3.27	1.34
	2	6	31.83	3.43	1.40
	3	6	25.33	3.08	1.26

❷

Assumption Checks

Test of Normality (Shapiro-Wilk)

	W	p
math	0.97	0.878

❸

Note. A low p-value suggests a violation of the assumption of normality

Test for Equality of Variances (Levene's)

	F	df1	df2	p
math	0.22	2	15	0.802

❹

일원분산분석에서 영가설이 기각되었다면 전체적으로 처치집단들의 모집단 평균이 차이가 있다는 것을 말해 주지만, 구체적으로 어느 집단 간에 평균 차이가 통계적으로 유의한지에 대한 정보는 제공하지 않는다.

즉, F 검증은 최소한 두 집단 간에만 차이가 있어도 전체 집단을 대상으로 하는 F 검증 결과는 유의하게 나타나기 때문에 그 차이가 어떤 집단의 평균에서 왔는지에 대한 정보는 얻을 수 없다. 따라서 구체적으로 어느 집단 간에 통계적으로 유의한 차이가 있는지 알기 위해서 사후검증(Post-Hoc Tests)을 수행하게 된다.

jamovi에서는 동분산 가성을 요구하는 'Tukey' 검증과 동분산 가정을 요구하지 않는 'Games-Howell' 검증을 제시하고 있다.

예시 자료에서는 동분산 가정이 유지되기 때문에 ❶번 항목 'Tukey' 검증을 선택한 다음에 ❷번 항목에서 각 집단 간의 평균 차이(Mean difference)와 유의확률(Report significance) 옵션을 분석옵션으로 선택하였다.

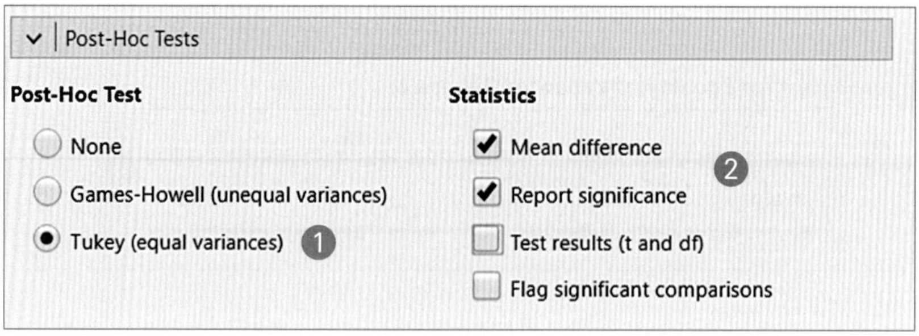

사후검증 결과 유의수준 0.05에서 1-2집단의 평균 간의 차이(0.67)는 유의수준 0.05에서 통계적으로 유의하지 않은 것으로 나타났지만($p=0.934$), 1-3과 2-3 집단의 평균 간의 차이는 통계적으로 유의미한 것으로 나타났다.

Post Hoc Tests

Tukey Post-Hoc Test – math

		1	2	3
1	Mean difference	—	0.67	7.17
	p-value	—	0.934	0.005 ①
2	Mean difference		—	6.50
	p-value		—	0.009 ②
3	Mean difference			—
	p-value			—

만약에 사후검증에서 'Scheffe' 'Bonferroni' 또는 'Holm' 검증을 수행하기를 원할 경우 'Analyses'에서 다음 아래를 선택해서 분석 창을 연다.

Analyses ▷ ANOVA ▷ ANOVA

다음으로 동일한 방식으로 'Dependent Variable' 칸에 'math', 'Fixed Factors' 칸에 'teaching' 변수를 이동한다. 그리고 'Post Hoc Tests' 창을 클릭한 다음에 'teaching' 변수를 화살표 클릭해서 오른쪽으로 옮긴 다음 아래 'Correction' 옵션에서 사후검증 종류를 선택하면 해당 사후검증이 수행된다. 오른쪽 결과 창에 각 사후검증 통계가 확률값으로만 제시된다. 확률값이 유의수준 .05보다 작게 나타나면 통계적으로 유의한 것으로 해석한다.

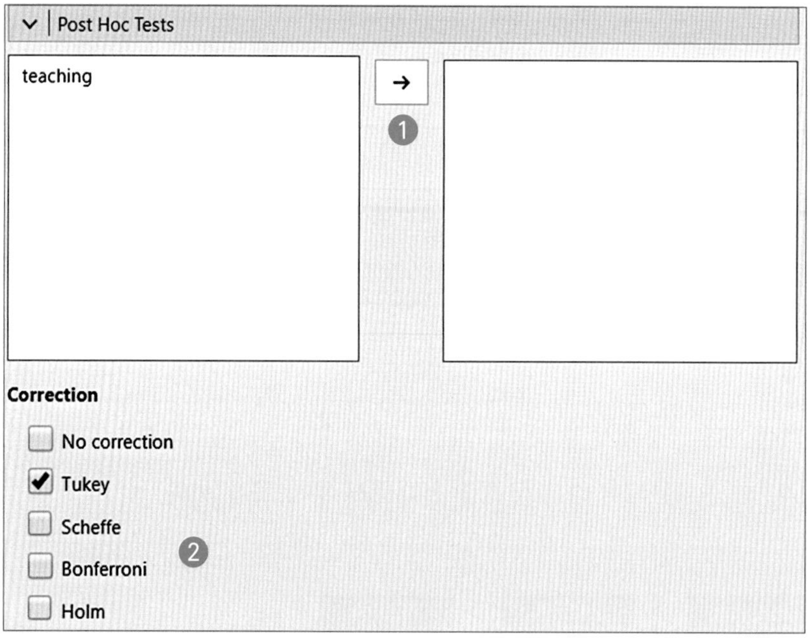

Tukey의 HSD 검증의 공식을 제시하면 다음과 같다. 다음 공식을 가지고 jamovi에 제시된 분석 결과표를 기초로 직접 손으로 계산해 보기 바란다.

$$HSD = \frac{M_1 - M_2}{SE_{dif}}$$

$$SE_{dif} = \sqrt{\frac{MS_{1within}}{n_{1group}} + \frac{MS_{2within}}{n_2 group}}$$

2 이원분산분석

이원분산분석(two-way analysis of variance)은 독립변수가 2개일 경우 그 독립변수를 몇 개의 수준 혹은 범주로 나누었을 때, 각 수준 혹은 범주에 따라 나누어진 집단 간의 평균차이를 검증하는 것이다.

예를 들면, 교수법과 성별에 따라 초등학생의 국어성적이 달라지는지를 분석하고자 하는 경우에 독립변수는 교수법과 성별 두 가지가 된다. 만약 독립변수가 3개이면 삼원분산분석, 4개이면 사원분산분석이라 한다.

1) 주 효과와 상호작용 효과

이원분산분석의 기본 개념에 대한 이해를 돕기 위해서 독립변수가 2개(교수법, 성별)이고, 각 수준이 2개(전통적 vs. 개별화, 남학생 vs. 여학생)로 나누어진 2×2 실험집단 모형을 제시하면 다음과 같다.

		교수법		
		전통적	개별화	
성별	남	$\overline{Y}_{11}$	$\overline{Y}_{21}$	$\overline{Y}_{.1}$
	여	$\overline{Y}_{12}$	$\overline{Y}_{22}$	$\overline{Y}_{.2}$
		$\overline{Y}_{1.}$	$\overline{Y}_{2.}$	$\overline{Y}_{...}$

주 효과(main effect)란 개념적으로 각 행 또는 각 열 평균의 차이를 의미한다. 위의 실험 모형에서 종속변인에 대한 교수법의 주 효과는 $\overline{Y}_{1.}$와 $\overline{Y}_{2.}$의 차이를 의미하고, 성별의 주 효과는 $\overline{Y}_{.1}$와 $\overline{Y}_{.2}$의 차이를 말한다.

반면에 상호작용 효과(interaction effect)란 "한 독립변인의 효과가 다른 독립변인의 각 수준에서 동일하지 않은 것"을 의미한다.

이원분산분석은 두 독립변수의 주 효과뿐만 아니라 상호작용 효과도 동시에 검증할 수 있다는 장점이 있다.

2) 제곱합의 분할

이원분산분석에서도 일원분산분석과 유사한 형태로 제곱합이 분할되며 다른 점은 집단간 분산이 독립변수 A의 효과, B의 효과, A × B의 상호작용 효과로 세분화된다는 점이다. 즉, 전체 편차 제곱합(SS_T)은 집단내 편차 제곱합(SS_W)과 집단간 편차 제곱합($SS_B = SS_{BA} + SS_{BB} + SS_{BAB}$)으로 분할된다.

$$SS_T = SS_W + SS_B(SS_{BA} + SS_{BB} + SS_{BAB})$$

SS_{BA}가 크면 A의 처치효과, SS_{BB}가 크면 B의 처치효과, SS_{BAB}가 크면 AB의 상호작용 효과가 크다고 해석한다.

■ jamovi 이원분산분석 실행

교수법과 성별에 따른 영어성적에 차이가 있는지를 검증하기 위해서 18명의 학생을 각 집단에 무선배치하여 교수법을 실시한 후 20점 만점에 다음과 같은 학업성적 자료를 얻었다고 가정하고 jamovi 프로그램에서 이원분산분석을 실행한다.

		교수법		
		전통적	컴퓨터	개별화
성별	남	7 7 8	7 8 8	8 8 9
	여	8 8 10	8 9 10	12 15 16

예시 자료에서 'twoway.omv' 파일을 불러들인 다음에 변수이름을 더블클릭하면 다음과 같이 변수이름 정보와 관련한 대화상자가 나타난다.

❶번 항목에 변수이름을 입력한다. 앞에서도 언급했지만, 변수이름은 가급적 영문명으로 입력하는 것이 좋다.

❷번 항목에 변수이름에 대한 정보를 입력한다. 분석에는 영향을 주지 않기 때문에 한글로 입력해도 된다. 혹은 입력하지 않더라도 분석에 영향을 주지 않는다.

③번 항목은 제일 중요한 항목으로 정확하게 변수의 측정수준을 선택한다. 만약 변수의 측정수준을 잘못 입력하면 잘못된 분석 결과를 제공하기 때문에 반드시 정확하게 해당변수의 측정수준을 선택해서 클릭한다.

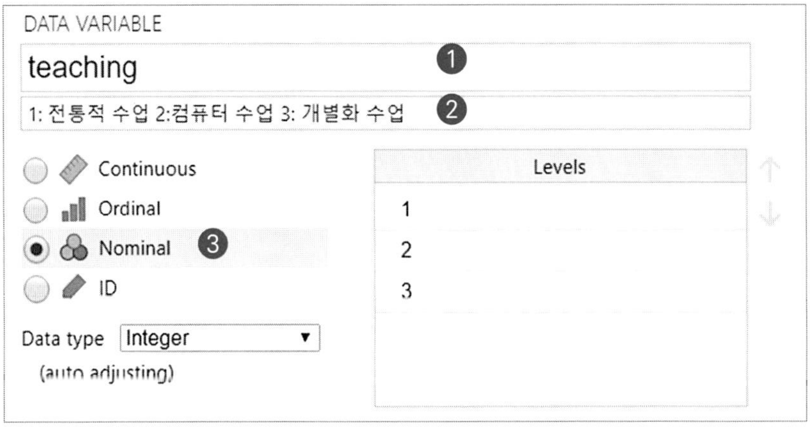

변수이름에 대한 정확한 정보가 입력되어 있는지 확인을 했으면 ANOVA 대화상자를 연다.

Analyses ▷ ANOVA ▷ ANOVA

■ 분석변수 상자

분석변수 상자에서 'teaching'과 'gender' 변수를 ❶번 집단 변수(Fixed Factors) 창으로 이동시키고, 'English' 변수를 ❷번 종속변수(Dependent Variable)로 이동시키면 이원분산분석 결과가 오른쪽 결과 창에 제시된다.

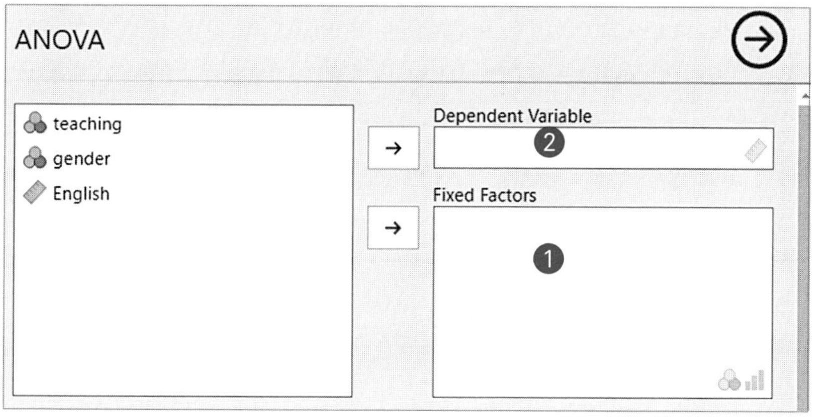

■ 분석 결과 해석

이원분산분석 결과에 대한 이해를 돕기 위해서 주 효과, 상호작용 효과, 집단내 제곱합(오차) 및 전체 제곱합을 직접 손으로 계산하면 다음과 같다.

❶ 각 집단의 평균을 계산하면 다음과 같다. 전체평균은 9.2인 것으로 나타났다.

	전통적	컴퓨터	개별화	
남	7.3	7.6	8.3	7.7
여	8.6	9.0	14.3	10.6
	8.0	8.3	11.3	9.2

❷ 제곱합(Sum of Squares)을 계산한다.

교수법	성별	국어 성적	교수법 제곱합	성별 제곱합	상호작용 제곱합	집단내 제곱합	전체 제곱합
1	1	7	$(8-9.2)^2$	$(7.7-9.2)^2$	$(7.3-8.0-7.7+9.2)^2$	$(7-7.3)^2$	$(7-9.2)^2$
1	1	7	$(8-9.2)^2$	$(7.7-9.2)^2$	$(7.3-8.0-7.7+9.2)^2$	$(7-7.3)^2$	$(7-9.2)^2$
1	1	8	$(8-9.2)^2$	$(7.7-9.2)^2$	$(7.3-8.0-7.7+9.2)^2$	$(8-7.3)^2$	$(8-9.2)^2$
1	2	8	$(8-9.2)^2$	$(10.6-9.2)^2$	$(8.6-8.0-10.6+9.2)^2$	$(8-8.6)^2$	$(8-9.2)^2$
1	2	8	$(8-9.2)^2$	$(10.6-9.2)^2$	$(8.6-8.0-10.6+9.2)^2$	$(8-8.6)^2$	$(8-9.2)^2$
1	2	10	$(8-9.2)^2$	$(10.6-9.2)^2$	$(8.6-8.0-10.6+9.2)^2$	$(10-8.6)^2$	$(10-9.2)^2$
2	1	7	$(8.3-9.2)^2$	$(7.7-9.2)^2$	$(7.6-8.3-7.7+9.2)^2$	$(7-7.6)^2$	$(7-9.2)^2$
2	1	8	$(8.3-9.2)^2$	$(7.7-9.2)^2$	$(7.6-8.3-7.7+9.2)^2$	$(8-7.6)^2$	$(8-9.2)^2$
2	1	8	$(8.3-9.2)^2$	$(7.7-9.2)^2$	$(7.6-8.3-7.7+9.2)^2$	$(8-7.6)^2$	$(8-9.2)^2$
2	2	8	$(8.3-9.2)^2$	$(10.6-9.2)^2$	$(9.0-8.3-10.6+9.2)^2$	$(8-9)^2$	$(8-9.2)^2$
2	2	9	$(8.3-9.2)^2$	$(10.6-9.2)^2$	$(9.0-8.3-10.6+9.2)^2$	$(9-9)^2$	$(9-9.2)^2$
2	2	10	$(8.3-9.2)^2$	$(10.6-9.2)^2$	$(9.0-8.3-10.6+9.2)^2$	$(10-9)^2$	$(10-9.2)^2$
3	1	8	$(11.3-9.2)^2$	$(7.7-9.2)^2$	$(8.3-11.3-7.7+9.2)^2$	$(8-8.3)^2$	$(8-9.2)^2$
3	1	8	$(11.3-9.2)^2$	$(7.7-9.2)^2$	$(8.3-11.3-7.7+9.2)^2$	$(8-8.3)^2$	$(8-9.2)^2$
3	1	9	$(11.3-9.2)^2$	$(7.7-9.2)^2$	$(8.3-11.3-7.7+9.2)^2$	$(9-8.3)^2$	$(9-9.2)^2$
3	2	12	$(11.3-9.2)^2$	$(10.6-9.2)^2$	$(14.3-11.3-10.6+9.2)^2$	$(12-14.3)^2$	$(12-9.2)^2$
3	2	15	$(11.3-9.2)^2$	$(10.6-9.2)^2$	$(14.3-11.3-10.6+9.2)^2$	$(15-14.3)^2$	$(15-9.2)^2$
3	2	16	$(11.3-9.2)^2$	$(10.6-9.2)^2$	$(14.3-11.3-10.6+9.2)^2$	$(16-14.3)^2$	$(16-9.2)^2$
총합			40.44	37.55	21.77	15.33	115.09

❸ 각 제곱합에 대한 평균 제곱합을 계산한다. 여기서 c는 열의 수, r은 행의 수, N은 전체 사례수 그리고 J는 집단수(이 예시에서는 6개)를 의미한다.

교수법: $MSB_A = \dfrac{SSB_A}{c-1} = \dfrac{40.44}{2} = 20.22$

성별: $MSB_B = \dfrac{SSB_B}{r-1} = \dfrac{37.55}{1} = 37.55$

교수법×성별 상호작용: $MSB_{AB} = \dfrac{SSB_{AB}}{(c-1)(r-1)} = \dfrac{21.77}{2} = 10.89$

오차: $MSW = \dfrac{SSW}{N-J} = \dfrac{15.33}{12} = 1.28$

❹ 각 집단 제곱합을 오차(MSW)항 값 1.28로 나누어 주면 F값을 얻을 수 있다.

분산분석표에 의하면 교수법 효과에 대한 F 통계값 15.83은 $\alpha = .05$수준에서 집단간 자유도 2, 집단내 자유도 12인 F 임계치 3.89보다 크므로 영가설을 기각한다. 그러므로 "$\alpha = .05$수준에서 교수법에 따라 영어성적은 다르다."라고 결론 내린다.

성별에 대한 F 통계값 29.39 역시 F 임계치(Critical Value) 4.75보다 크기 때문에 역시 영가설을 기각한다. 즉, "$\alpha = .05$수준에서 성별에 따라 영어성적은 다르다."라고 결론 내린다.

교수법과 성별의 상호작용에 대한 F 통계값은 8.52이며 F 임계치 3.89보다 크므로 역시 영가설을 기각한다. 그러므로 "$\alpha = .05$수준에서 영어성적에 대한 교수법과 성별 간에 상호작용이 있다."라고 결론 내린다.

참고로 효과크기(Effect Size)에서 에타제곱(η^2)은 전체 제곱합에서 집단간 제곱합이 차지하는 비율이다. 예를 들면, 'teaching' 변수의 η^2 값은 40.44/115.09= 0.35로 계산된다. 즉, 영어점수 분산의 35%는 교수법 차이에 기인하고 있다고 해석한다. 분석 창 'Effect Size'에서 η^2를 클릭하면 효과크기가 결과 창에 제시된다.

ANOVA

	Sum of Squares	df	Mean Square	F	p
teaching	40.44	2	20.22	15.83	< .001
gender	37.56	1	37.56	29.39	< .001
teaching ※ gender	21.78	2	10.89	8.52	0.005
Residuals	15.33	12	1.28		

❶ partial η^2: 다른 독립변수와 상호작용 효과를 제거한(또는 통제한) 상황에서 특정 독립변수의 전체 제곱합(SS_T)에서 집단간 제곱합(SS_B)이 차지하는 비율을 의미한다. 0~1의 범위를 가진다.

❷ ω^2: η^2와 유사하게 전체 종속변수의 분산에서 독립변수가 설명하는 비율을 의미한다. η^2와 비교할 때 상대적으로 덜 편파된 지수로 알려져 있으며, 특히 표본수가 작은 상황에서 사용할 수 있는 효과 크기 지수라고 볼 수 있다. ω^2는 ±1의 범위를 가지고 0의 값을 가지면 효과 크기가 없다고 해석한다. 참고로 F값이 1보다 작으면, ω^2값은 음수의 값을 나타낸다.

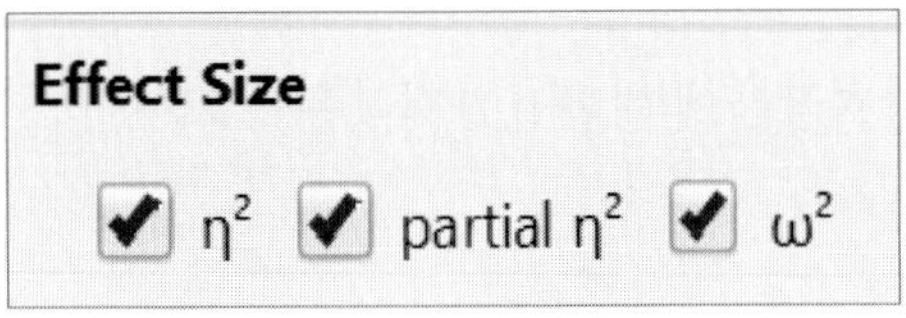

ANOVA

ANOVA

	Sum of Squares	df	Mean Square	F	p	η^2	❶ η^2p	❷ ω^2
teaching	40.44	2	20.22	15.83	< .001	0.35	0.73	0.33
gender	37.56	1	37.56	29.39	< .001	0.33	0.71	0.31
teaching ✻ gender	21.78	2	10.89	8.52	0.005	0.19	0.59	0.17
Residuals	15.33	12	1.28					

모형 설정(Model)

모형 설정 분석상자(Model)를 클릭하면, 왼쪽(Components) 상자에 2개의 독립변수가 나타나고 오른쪽 모형 상자(Model Terms)에 방금 전 분산분석을 수행한 변수들이 제시된다.

jamovi의 이원분산분석에서는 자동적으로 독립변수만 투입해도 독립변수 간의 상호작용 효과까지 분석한 분산분석 결과를 결과 창에 제시한다.

만약에 상호작용 효과를 제거하고 싶다면, 모형설정(Model) 분석상자를 클릭한 다음에 ❶번 항목의 상호작용 항목을 클릭하고 ❷번 화살표를 클릭하면 상호작용 항이 제거된다.

동시에 분산분석 결과에서 상호작용 효과를 제거한 새로운 분산분석 결과표가 결과 창에 제시된다.

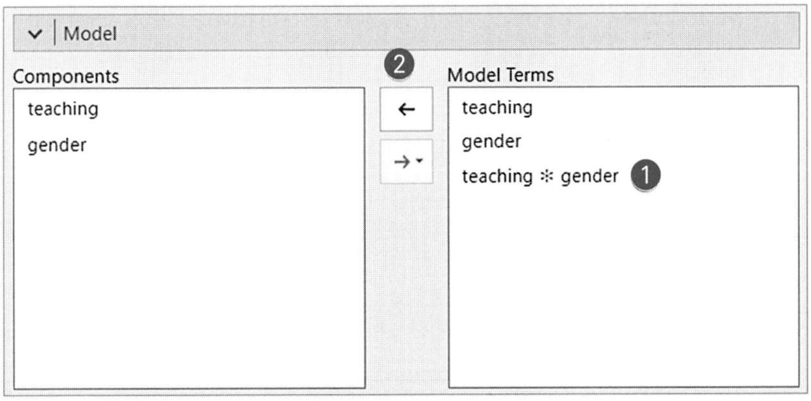

만약에 상호작용 효과 항목을 추가하기를 원할 경우 ❶번에서 주 효과 변수 하나를 선택한 다음에 컴퓨터 자판에서 Ctrl 키를 누른 상태에서 두 번째 변수를 클릭한다.

다음으로 ❷번 '→ ▾' 화살표를 선택해서 'interaction' 항목을 선택하면 ❸번과 같이 상호작용 항목이 만들어지고 오른쪽 결과 창에 상호작용 항목을 포함하는 분산분석 결과표가 나타난다.

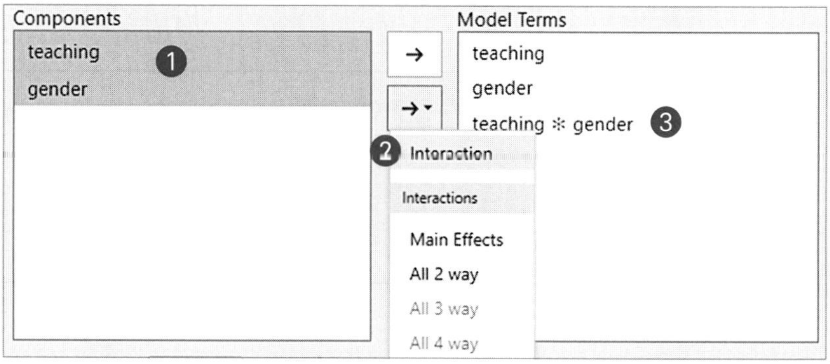

모형 설정(Model)에서 jamovi는 제곱합(Sum of Squares)을 추정하는 데 있어서 'Type 3'방식을 표준옵션으로 설정하고 있다.

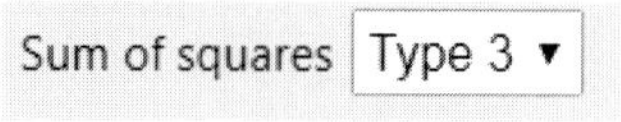

분산분석(ANOVA) 또는 회귀분석에서 제곱합(Sum of Squares: SS) 값을 계산하는 데 있어서 어떠한 방식으로 독립변수를 추가하는가에 따라서 서로 다른 제곱합 값을 산출한다. 만약에 독립변수 A, B가 있다고 가정할 때 각 독립변수를 어떻게 투입하는가에 따른 제곱합의 차이를 살펴보기로 한다.

① Type 1

Type 1 SS는 각 독립변수가 단계적으로 추가됨에 따른 잔차 제곱합(SSE; residual sum of squares)이 줄어드는 관점에서 제곱합을 계산한다. Type 1 SS로 제곱합을 계산할 경우, 각 독립변수의 제곱합 더하기 잔차 제곱합은 전체 제곱합으로 정의될 수 있다.

그러나 Type 1 SS로 제곱합을 산출할 경우에 어떠한 독립변수를 먼저 회귀식에 투입하는가에 따라서 투입변수의 제곱합이 다르게 산출된다. 예를 들면, 독립변수 A, B 순서로 투입되었을 때의 각 독립변수 제곱합 값과 B, A 순서로 투입되었을 때의 각 독립변수 제곱합 값이 다르게 산출되며, 그 결과 통계적 유의성도 달라질 수 있는 단점이 있다. 참고적으로 R 프로그램에서는 Type 1 SS를 표준옵션으로 설정하고 있기 때문에 주의를 요한다.

② Type 2

Type 2 SS는 어떠한 독립변수를 먼저 투입하는가에 상관없이 제곱합이 똑같이 계산되기 때문에 Type 1 SS의 문제점을 해결할 수 있다. 즉, A, B로 투입했을 경우 또는 B, A로 투입했을 경우에 각 독립변수의 제곱합은 똑같이 계산된다.

Type 2 SS의 단점은 각 독립변수의 제곱합 더하기 잔차 제곱합은 전체 제곱합으로 정의되지 않는다는 것이며, 또한 Type 2 SS에서는 상호작용항을 고려하지 않고 있다는 것이다. 그럼에도 불구하고 각 변수의 설명량을 계산할 때 그것이 '고유하게' 설명하는 부분만을 고려하고 싶다면 Type 2 SS방법을 사용하면 된다.

③ Type 3

Type 3 SS는 각 독립변수의 주효과와 함께 상호작용 효과까지 고려해서 계산하기를 원한다면 Type 3 SS방법을 선택하면 된다. Type 3 SS 역시 Type 2 SS처럼 각 독립변수 제곱합 더하기 잔차 제곱합이 전체 제곱합으로 정의되지 않는 단점이 있다. jamovi에서는 Type 3 SS를 표준옵션으로 제공하고 있다.

결론적으로 Type 1 SS는 독립변수 투입순서에 따라서 변수들이 설명하는 제곱합이 틀리다는 단점이 있지만 각 변수 제곱합 더하기 잔차 제곱합은 전체 제곱합으로 설명이 가능하다는 장점이 있다.

Type 2 SS는 변수 투입순서에 상관없이 동일한 제곱합을 계산하지만, 상호작용항을 고려하지 않고 있다는 단점이 있으며, 각 변수의 주효과와 함께 상호작용 효과까지 검증하기를 원한다면 Type 3 SS를 선택하면 된다.

R 프로그램에서 Type 3 SS를 계산하려면 'type=3'라는 옵션을 추가하면 된다.

■ 가정 검증(Assumption Checks)

가정 검증(Assumption Checks) 대화상자를 열면, 이원분산분석에서 요구되는 동분산 검증(Homogeneity tests)과 정규분포성 가정(Q-Q plot of residuals) 그래프를 그릴 수 있다.

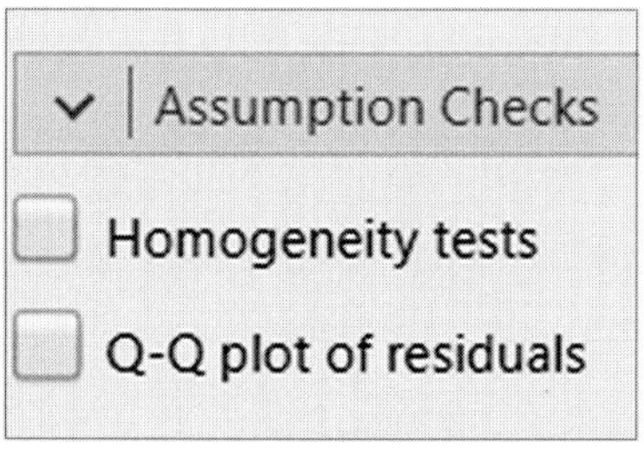

■ 대비 비교(Contrasts)

대비 비교(Contrasts)는 독립변수의 수준에 대한 평균 간의 대비 비교와 그에 따른 통계적 검증 결과를 제시해 준다. jamovi에서는 6가지 형태의 대비 비교 검증 결과를 제시해 주고 있다.

간단한 형태의 대비 비교를 예로 들어 보자.

'teaching' 변수에 ❶번 'deviation' 대비 비교를 선택한다. 다음에 추정값을 해석하기 위해서 ❷번 변수 수준에 대한 평균값을 제공하는 'Estimated Marginal Means' 창을 연다. ❸번 'teaching' 변수를 선택해서 ❹번 화살표를 클릭하면 ❺번처럼 변수가 이동한다.

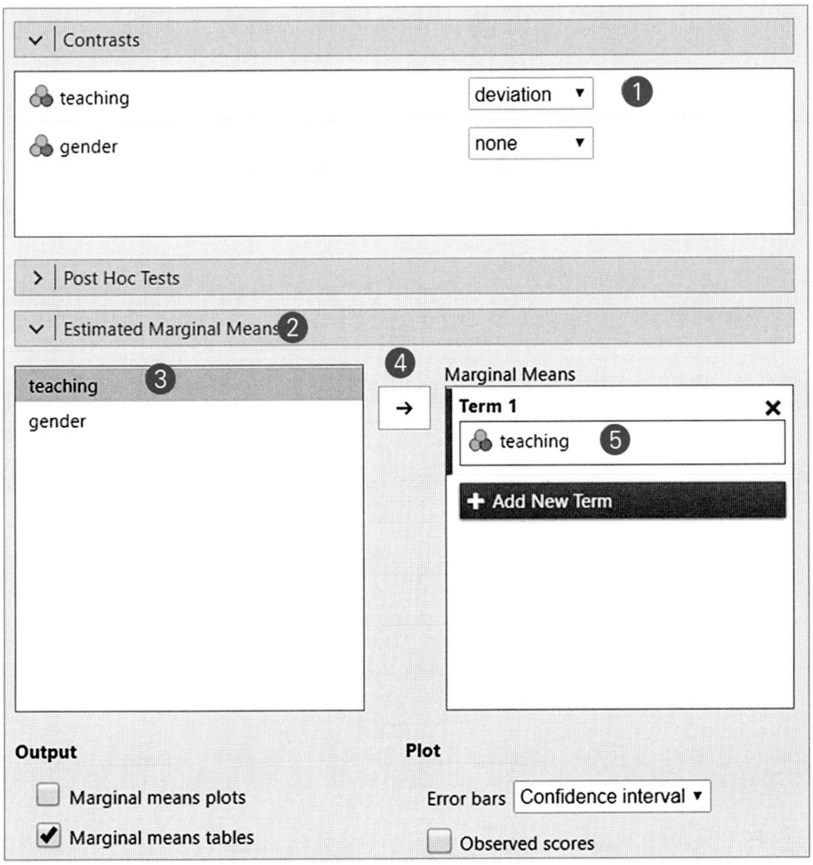

그러면 다음과 같은 분석 결과가 제시된다. 'teaching' 변수의 ❶번의 추정값(Estimate) −0.89는 'teaching' 변수의 '컴퓨터수업' 집단 평균값과 전체 세 집단 평균값 간의 차이 값을 의미한다.

즉, ❷번에서 세 집단 평균(8.00+8.33+11.33/3)값을 구하면 9.22가 된다. 따라서 '컴퓨터' 집단 평균값 8.33−9.22=−0.89가 되고, 이 차이는 유의수준 .05에서 통계적으로 유의한 차이가 있다고 해석한다(p=0.036).

Contrasts

Contrasts - teaching

	Estimate	SE	t	p
2 - 1, 2, 3	−0.89 ❶	0.38	−2.36	0.036
3 - 1, 2, 3	2.11	0.38	5.60	< .001

Estimated Marginal Means

teaching

Estimated Marginal Means - teaching

			95% Confidence Interval	
teaching	Mean	SE	Lower	Upper
1	8.00	0.46	6.99	9.01
2	❷ 8.33	0.46	7.33	9.34
3	11.33	0.46	10.33	12.34

추정평균(Estimated Marginal Means)과 관련한 자세한 내용은 [부록 1]을 참조하기 바란다.

■ 사후검증(Post Hoc Tests)

사후검증(Post Hoc Tests)은 세 집단 이상으로 이루어진 독립변수가 통계적으로 의미 있는 차이를 나타내었을 때 구체적으로 어느 집단 간에 통계적으로 의미 있는 차이를 짝 비교 형태로 검증하는 방법이다.

예를 들면, 'teaching' 변수는 분산분석에서 통계적으로 의미 있는 차이를 보였다($F=15.83$, $p<.01$). 따라서 구체적으로 어느 집단 간에 차이가 있는지 알아보기 위해서 사후검증 대화상자를 열고 ❶번 'teaching' 변수를 선택해서 ❷번 화살표를 클릭해 이동시킨다. 다음으로 ❸번 'Scheffe' 사후검증을 선택해서 클릭하면, 분석 결과가 오른쪽 결과 창에 제시된다.

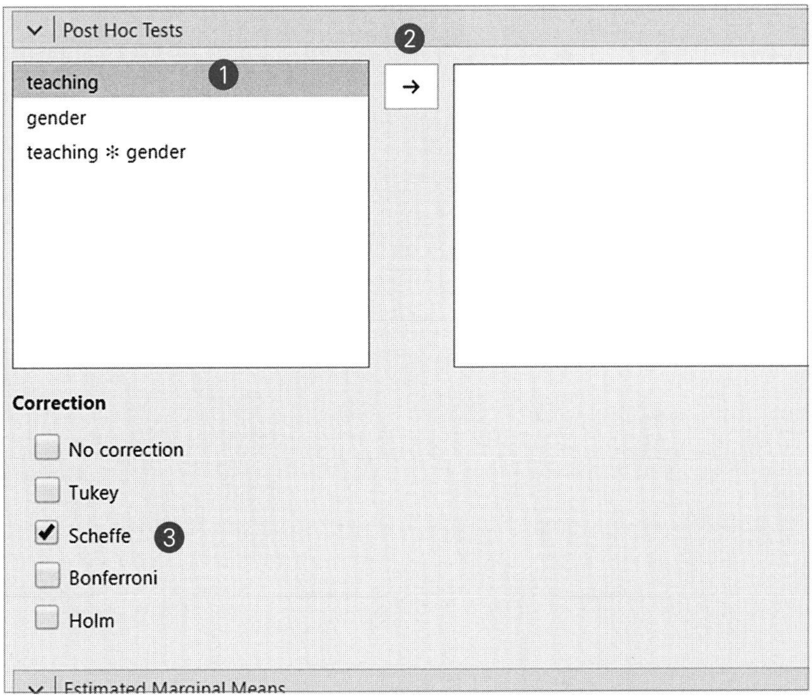

jamovi에서는 사후검증에 대한 확률값만 제시해 준다. 'teaching' 변수에 대한 Scheffe 검증 결과, '전통적 수업' 집단과 '컴퓨터 수업' 집단 간의 평균 차이가 유의수준 0.05보다 높은 확률값을 보인 반면에($p=0.879$) 나머지 집단들 간의 평균간 차이는 통계적으로 유의한 차이를 보이고 있는 것으로 나타났다.

Post Hoc Comparisons - teaching ❶

Comparison							
teaching		teaching	Mean Difference	SE	df	t	$p_{scheffe}$
1	-	2	−0.33	0.65	12.00	−0.51	0.879
	-	3	−3.33	0.65	12.00	−5.11	<.001
2	-	3	−3.00	0.65	12.00	−4.60	0.002

이원분산분석에서 두 독립변수 간에 상호작용 효과가 있다는 것은 '종속변수에 대한 하나의 독립변수의 효과가 다른 독립변수의 실험수준에 따라 그 효과의 정도가 달라지는 것'을 의미한다.

따라서 상호작용 효과가 통계적으로 유의미하게 나타나면 평균값을 가지고 그래프를 작성해서 상호작용 효과를 확인해 볼 수 있다. 분산분석표에서 'teaching'과 'gender' 변수 간에 통계적으로 유의미한 상호작용이 있는 것으로 나타났다($F=8.52$, $p=0.005$).

이를 시각적으로 표현하고 해석하기 위해서 'Estimated Marginal Means' 대화상자를 연다. ❶번 'teaching'과 'gender' 변수를 컴퓨터 자판의 Ctrl 키를 이용해서 동시에 선택한다.

❷번 →를 클릭하면 ❸번과 같이 변수들이 이동한다.

❹번에 'Marginal means plots'을 선택하고 ❺번에 신뢰구간(Confidence interval)을 선택하면 해당 그래프가 오른쪽 결과 창에 제시된다. 참고로 신뢰구간 표시는 선택 옵션 사항이다.

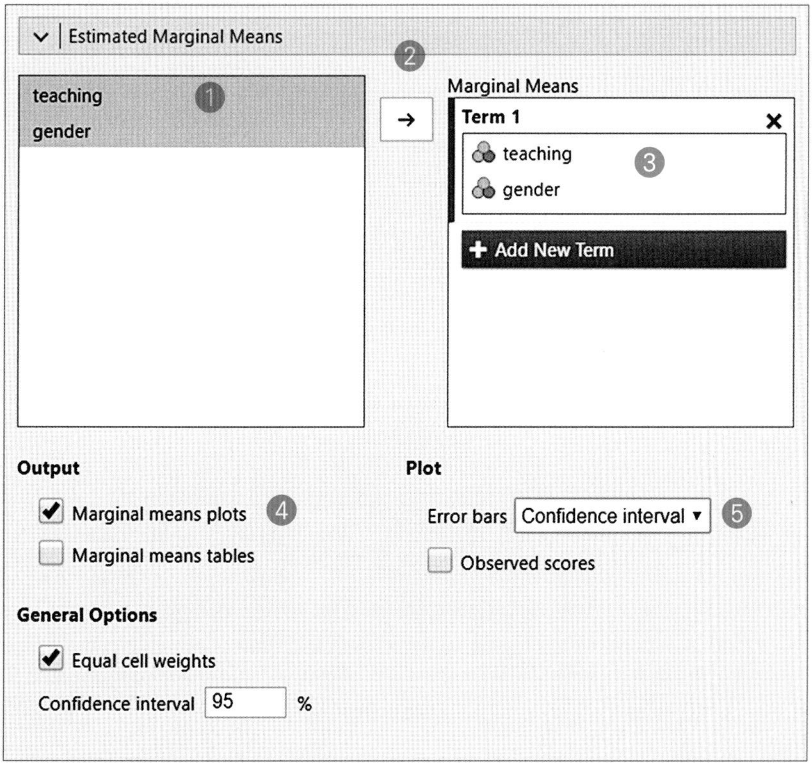

그래프를 해석하면, 전체적으로 교수법의 각 수준(전통적, 컴퓨터, 개별화)에서 여학생의 영어 성적이 남학생에 비해 높게 나타났지만 그 차이가 동일하지 않음을 볼 수 있으며, 이는 상호작용 효과가 존재한다는 것을 의미한다.

즉, 남학생 집단의 경우(1로 코딩) 세 가지 교수법에 따른 영어 성적의 차이가 크지 않은 반면에 여학생 집단의 경우 개별화 교수법(3집단)이 다른 두 가지 교수법에 비해 더 효과적인 교수법임을 나타내고 있다.

그래프의 다양한 미적 감각을 살리려면 jamovi 오른쪽 맨 위에 ⋮ 를 클릭한다. 'Plots'에서 다양한 옵션을 선택할 때마다 그래프의 배경과 색깔이 변경되는 것을 확인할 수 있다.

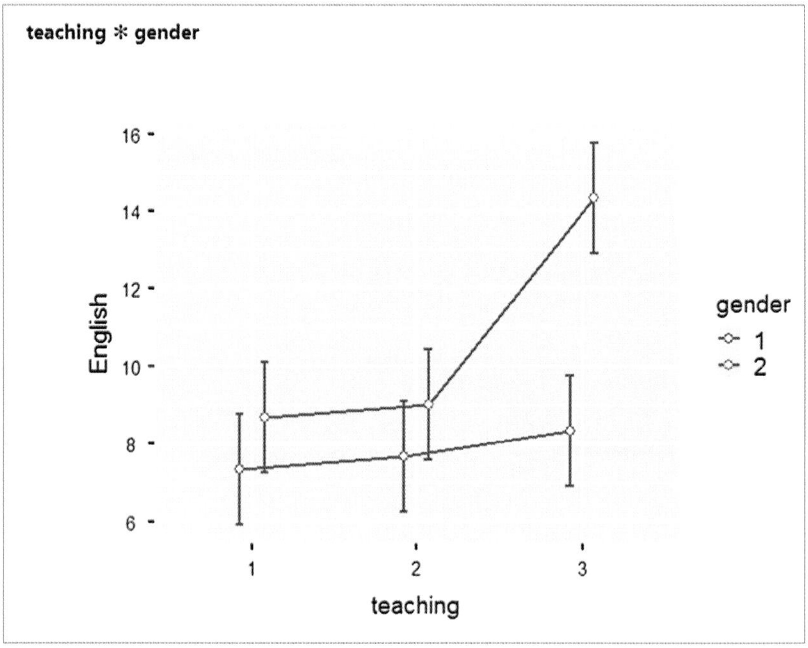

3 공분산 분석

공분산 분석(ANCOVA: Analysis of Covariance)은 독립변수가 종속변수에 미치는 영향을 알아볼 때, 종속변수에 영향을 미칠 수 있는 변수이지만 독립변수로 설정되지 않은 변수(외생변수)를 통제한 상황에서 독립변수에 대한 종속변수의 효과를 알아볼 때 사용하는 통계 기법이다.

예를 들면, 학습동기 수준에 따른 학업성취도의 효과 연구에서 학업성취도에 유의미한 영향을 미치는, 예를 들면 지능지수(IQ), 변수를 통제하지 않고 실험을 진행한다면, 그 실험의 효과 정도가 진정한 학습동기의 수준에 따른 효과인지 아니면 학생들의 지능지수가 혼합되어 발생한 효과인지 불분명한 상황이 발생할 수 있다.

이러한 문제점을 극복하기 위해서 지능지수 변수를 공변수(covariates)로 설정하고 공분산 분석을 수행하면, 학업성취도에 대한 학습동기수준의 효과에서 지능지수의 영향을 통제(또는 제거)할 수 있다. 통계적으로 설명하면, 종속변수의 값들은 공변수로부터 조정(adjusted)되는 과정을 거친 다음에 조정된 평균값을 가지고 집단별 차이검증을 수행하게 된다.

jamovi 실행 및 분석

① 예시자료로 descriptive.omv 파일을 불러온다.

예시자료에서 연구자가 성별(gender)과 거주지역(location)이 수학성적(math)에 미치는 영향을 연구한다고 가정하자. 이때 자아개념(self_concept) 변수가 외생변수로 종속변수에 유의미한 영향을 준다고 가정하면, 자아개념 변수의 효과를 제거하기 위해서 자아개념 변수를 공변수로 설정하고 공분산 분석을 수행해야 한다.

② Analyses 〉 ANOVA 〉 ANCOVA를 선택하면 공분산분석 대화상자가 열린다.

분석대화 상자가 열리면 왼쪽에 나열된 변수들 중에서 수학(math)변수를 오른쪽 종속변수(Dependent Variable) 칸으로 이동한다. 다음으로 범주형 변수인 성별(gender)과 지역(location)변수를 집단변수(Fixed Factors)로 이동한다. 마지막으로 통제변수인 자아개념(self_concept) 변수를 공변수(Covariates)로 이동한다.

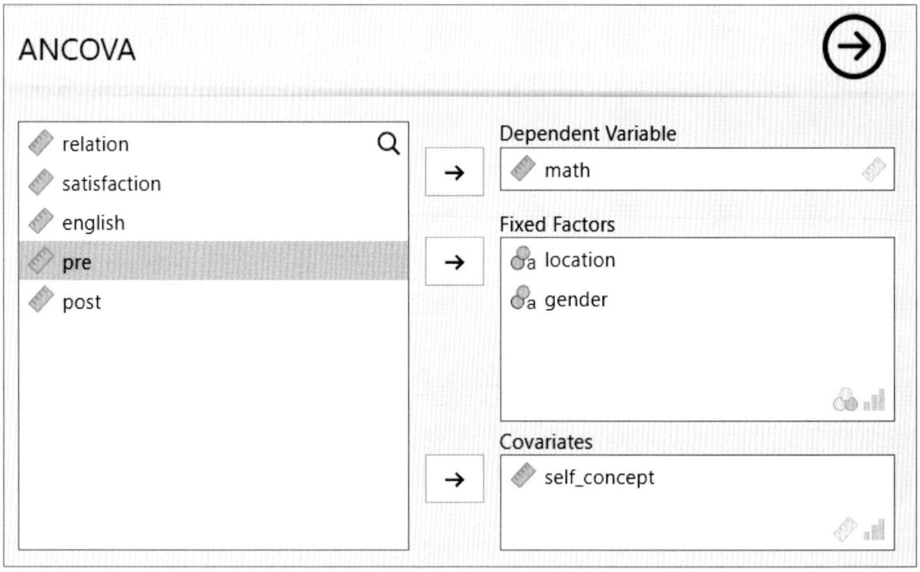

분석 결과가 오른쪽 결과 창에 다음과 같이 제시된다. 해석을 해 보면, 거주 지역(location) 변수가 수학성적에 통계적으로 유의미한 영향을 주고 있는 것으로 나타났다(F(2, 23)=6.83, p=.005). 그러나 성별(F(1, 23)=0.13, p=0.72) 및 통제변수인 자아개념(F(1, 23)=1.32, p=0.26) 변수는 수학성적에 통계적으로 유의미한 영향을 주지 않는 것으로 나타났다. 지역과 성별변수 간의 상호작용 효과 역시 통계적으로 유의미하지 않은 것으로 나타났다(F(2, 23)=1.61, p=0.22).

ANCOVA

ANCOVA - math

	Sum of Squares	df	Mean Square	F	p
location	994.670	2	497.335	6.854	0.005
gender	9.536	1	9.536	0.131	0.720
self_concept	95.688	1	95.688	1.319	0.263
location ※ gender	233.605	2	116.802	1.610	0.222
Residuals	1668.845	23	72.558		

지역과 성별변수 간의 상호작용 효과를 시각적으로 알아보기 위해서 분석대화상자에서 "Estimated Marginal Means"를 클릭한다.

① 왼쪽 변수 상자에서 지역과 성별 변수를 클릭해서 오른쪽 Marginal Means로 이동한다.

② Marginal means tables를 클릭하면 기술통계 결과표가 제시된다.

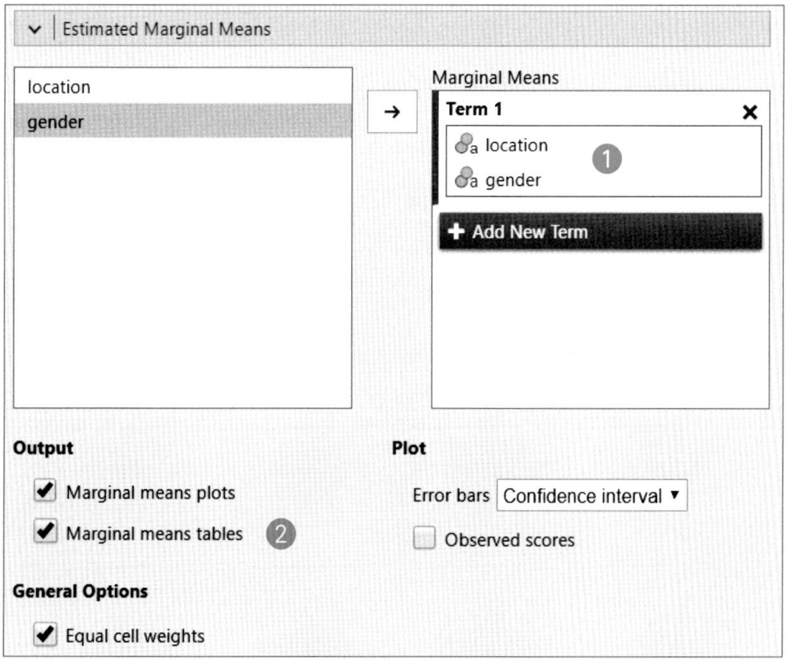

다음 분석 결과표는 공변수인 자아개념 변수를 통제한 상황에서 성별과 지역수준에 따른 수학성적의 평균값이다. 또한 수학성적 평균의 표준오차(SE)와 95% 신뢰구간 값도 같이 제시하고 있다.

Estimated Marginal Means - location ✻ gender

gender	location	Mean	SE	95% Confidence Interval Lower	95% Confidence Interval Upper
female	large	76.050	4.691	66.346	85.755
	middle	58.727	4.877	48.640	68.815
	small	51.930	4.585	42.445	61.414
male	large	84.577	6.342	71.458	97.697
	middle	53.321	4.233	44.563	62.078
	small	52.330	4.585	42.845	61.814

다음은 수학성적에 대한 지역과 성별 간의 상호작용을 그래프로 제시하고 있다. 참고로 Plot에서 Error bars를 None으로 바꾸어 주면 95%신뢰구간을 그래프에서 삭제할 수 있다. 비록 분석 결과표에서 상호작용 효과가 유의미하게 나타나지 않았지만 만약에 통계적으로 유의미하게 나타났다면, 다음 그래프를 가지고 상호작용 효과를 변수 중심으로 의미 있게 설명해야 할 것이다.

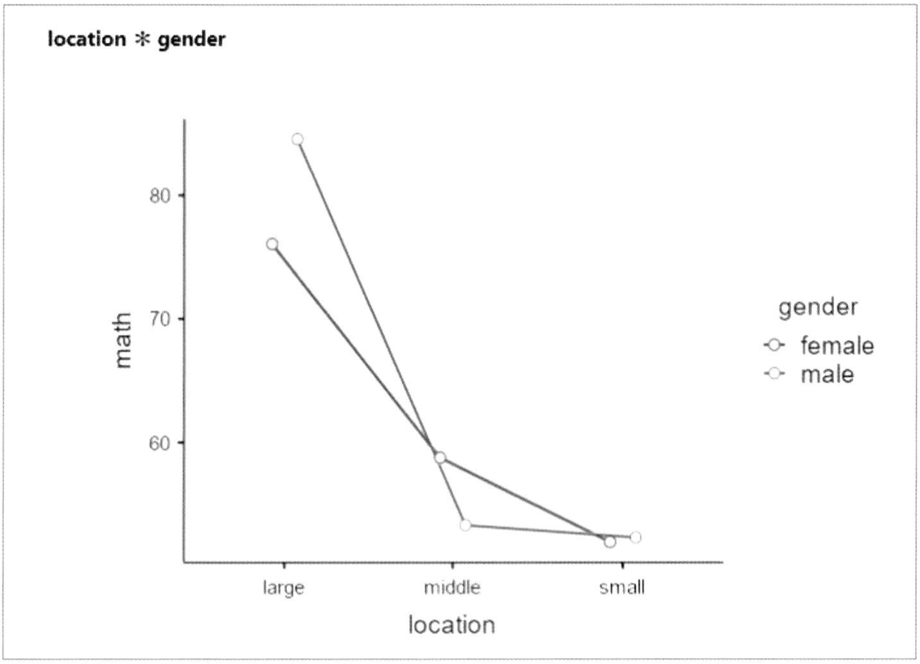
location ∗ gender
math
80
70
60
large
middle
small
location
gender
female
male

06

상관 및 빈도분석

1. 상관분석
2. χ^2 검증
3. 로그선형모형 분석

6
상관 및 빈도분석

1 상관분석

상관(Correlation)이란 두 변인 간의 선형적인 관계를 설명하기 위한 통계적 방법이라 할 수 있다. 예를 들면, 학생의 지능지수(IQ)와 학업성적 간의 관계, 부모의 사회경제적 지위와 대학수학능력시험 간의 관계, 또는 학생의 불안수준과 수학성적 간의 관계 등과 같이 연구자가 관심을 갖고 있는 두 변인들 간의 관련성을 경험적인 자료를 가지고 분석하는 것이다.

상관은 두 변인이 함께 변하는 정도를 의미하기 때문에, 한 변인의 값이 증가 또는 감소할 때 다른 변인의 값이 증가 또는 감소하는 경향을 알아봄으로써 두 변인 간의 관계를 파악해 보고자 하는 것이다.

두 변인이 각각 동시에 얼마만큼 변하는지를 파악하기 위해서는 각 변인의 기준선을 중심으로 변하는 정도를 파악해야 할 것이며 이때의 기준선은 각 변인의 평균값이 된다.

Pearson 적률상관계수

범위를 한정하고 측정단위와 무관한 계수 값을 얻게 하기 위해 Karl Pearson이라는 영국의 통계학자가 적률상관계수(product-moment correlation coefficient: r_{XY})를 제시하였다. Pearson 상관계수 공식은 분자의 공분산(covariance)을 한 변수의 표준편차와 다른 변수의 표준편차를 곱하여 나누어 줌으로써 계산된다.

$$r_{XY} = \frac{S_{XY}}{S_X S_Y}$$

여기서, $S_{XY} = \frac{\sum_{i=1}^{n}(X-\overline{X})(Y-\overline{Y})}{n}$, $S_X = \sqrt{\frac{\sum_{i=1}^{n}(X_i-\overline{X})^2}{n}}$,

$S_Y = \sqrt{\frac{\sum_{i=1}^{n}(Y_i-\overline{Y})^2}{n}}$ 를 의미한다.

Pearson 상관계수는 각 변인의 표준편차(S_X, S_Y)로 나누어 줌으로써 측정단위를 공통으로 만들어 준다. 추리통계의 경우, 공분산과 표준편차 공식 분모 n 대신에 $n-1$로 각각 나누어 준다.

또한 상관계수의 범위는 $-1.0 \leq r_{XY} \leq +1.0$ 범위에 있게 되며 상관계수에 대한 해석을 가능하게 해 준다.

더 나아가서 두 변인에 일정한 값을 규칙적으로 더하거나 빼도(location-free) 혹은 곱하거나 나누어도(scale-free) 상관계수는 변하지 않는다.

Spearman 등위상관계수

Pearson의 적률상관계수는 두 변인 모두 동간척도이상일 때 상관의 정도를 분석하기 위해서 사용된다. 그러나 변인 중에 하나가(또는 두 변인 모두) 명명척도나 서열척도일 경우에는 Pearson의 적률상관계수 대신에 척도의 성질을 반영하는 다른 종류의 상관계수를 사용해야 하는데, 이때 사용할 수 있는 것이 Spearman 등위상관계수(rank order correlation coefficient)이다.

예를 들면, 학생들의 학업성적 등위자료를 가지고 상관을 구한다거나 또는 미술작품에서 평정자에 의해서 매겨진 등위자료를 가지고 평정자 간의 상관을 구할 경우에 사용된다.

상관계수의 해석

상관계수는 $-1.0 \leq r_{XY} \leq +1.0$의 값을 가진다. 계수가 $+1.0$에 가까울수록 두 변인 간에 정적인 상관이 높고 -1.0에 가까울수록 두 변인 간에 부적인 상관이 높음을 의미한다. 또한 상관계수가 0에 가까울수록 두 변인 간에는 상호상관이 없는 것으로 해석한다.

상관계수를 해석하는 데 있어서 연구자가 종종 범하는 오류 중에 하나는 상관분석의 결과를 인과관계(causal relationship) 형태로 해석한다는 데 있다.

예를 들면, 부모의 학력수준과 학생의 학업성적 간의 상관계수가 높게 나타났다고 할 때 학생의 학업성적 증감의 직접적인 원인이 부모의 학력수준이라고 단정적으로 해석할 수 없는 것이다. 왜냐하면 학생의 학업성적 증감에 영향을 주는 변인은 학생의 지능, 학업동기, 학교환경 등의 많은 변인이 학생의 학업성적에 영향을 줄 수 있기 때문이다. 즉, 이러한 가외변인(extraneous variable)의 적절한 통제 없이는 인과관계로 해석할 수 없다.

이러한 상황에서는 인과관계로 해석을 하는 것이 아니라 한 변인이 다른 변인에 영향을 주고 역으로 다른 변인이 한 변인에 영향을 주는 상호관계성(interaction)에 대한 해석을 하는 것이 적절할 것이다.

상관계수 값에 따른 그래프를 제시하면 다음과 같다.

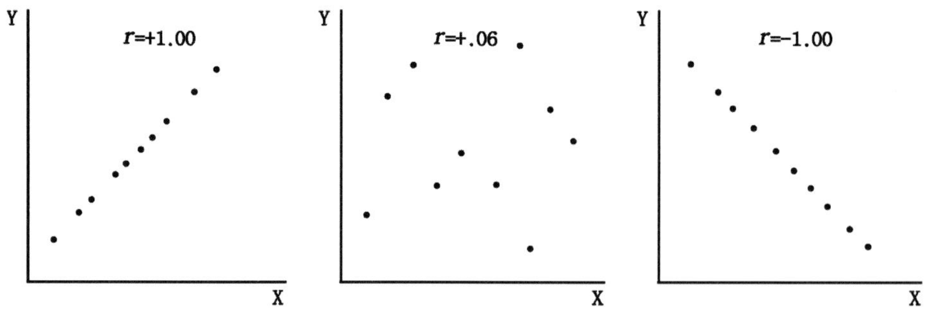

jamovi 상관분석

상관분석을 실행하기 위해서 jamovi 프로그램에 내장되어 있는 'Big 5' 예시 자료를 가지고 상관분석을 시행한다.

≡ ▷ Open ▷ Data Library ▷ Big 5

다음으로 상관분석 아이콘(Correlation Matrix)을 실행하면 다음과 같은 상관분석 대화상자가 나타난다.

Analyses ▷ Regression ▷ Correlation Matrix

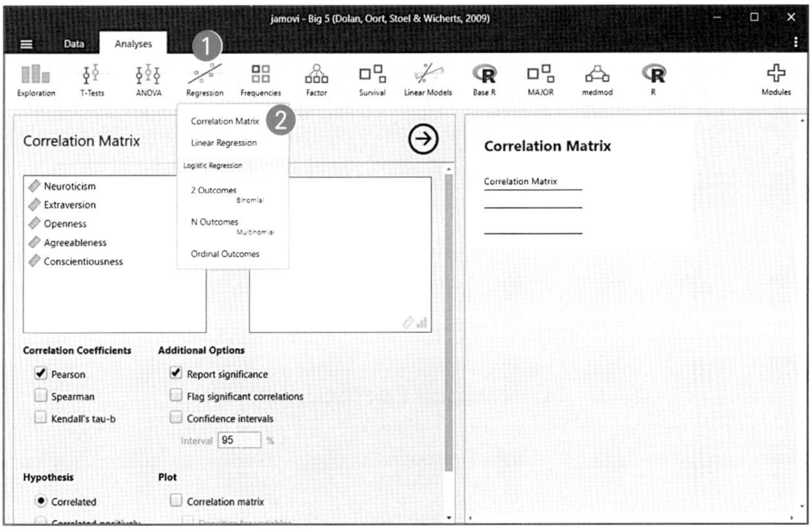

왼쪽 상자 안에 나열되어 있는 변수들 중에서 상관을 알아보고자 하는 변수를 선택해서 ❶번 오른쪽 상자로 옮기면 ❷번 결과 창에 Pearson 상관계수 값과 그에 해당하는 확률값이 나타난다.

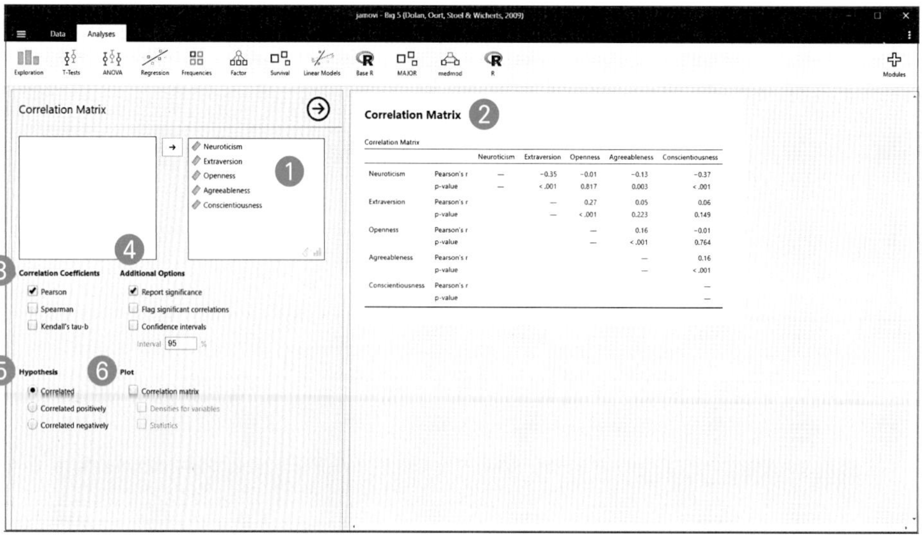

다음으로 분석상자에 제시된 각각의 통계 옵션을 살펴보기로 한다.

❸ 상관계수(Correlation Coefficients)

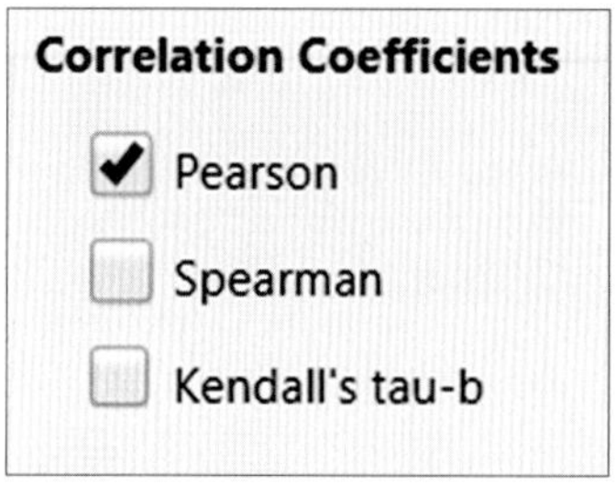

만약 분석자료가 서열자료 형태로 이루어져 있는 상황에서 등위(ranking)에 대한 상관분석을 원하면 'Spearman' 옵션을 선택하면 Spearman 등위 상관계수와 그에 따른 유의도 검증 확률값이 오른쪽 결과 창에 제시된다.

Kendall의 등위 상관계수(Kendall's tau-b) 역시 서열자료의 상관분석 값을 제시해 준다.

Spearman 등위 상관분석과의 차이점은 Kendall의 등위 상관계수는 편상관분석에 이용할 수 있지만, Spearman 등위 상관분석은 편상관분석에 적용할 수 없다는 차이점을 가지고 있다.

다음으로 편상관 개념을 알아보기 위해서 다음 벤다이어그램을 제시하였다.

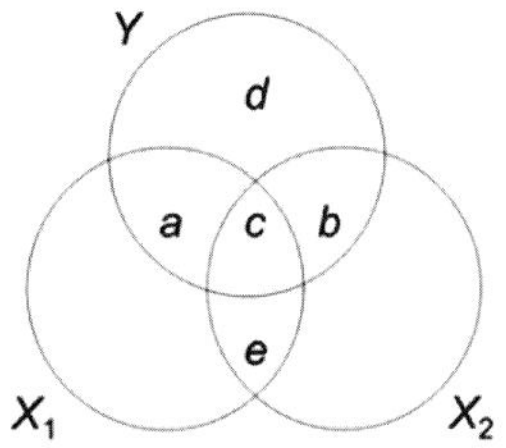

종속변수 Y에 대해서 두 독립변수 X1과 X2가 있다고 가정하자. Y에 해당하는 원은 총 분산(Total variance)을 의미한다. Y부분은 4부분으로 나누어지는데 각각 a, b, c, d로 표기하고 a+b+c+d=1이라고 가정하자.

예를 들어 a=0.2, b=0.1, c=0.1, d=0.6이라고 가정하면, X1이 Y의 총 분산 중 설명하는 비율을 구해보면 (a+c)/(a+b+c+d)=(0.2+0.1)/1=0.3이다. 이 값은 피어슨 상관계수의 제곱값과 같다. 즉, 피어슨 상관계수 값을 제곱하면 그 값은 Y의 총 분산 중 X1에 의해 설명되는 비율을 의미한다. 피어슨 상관계수를 제곱한 값을 결정계수(coefficient of determination)라고 부르기도 한다.

X1이 Y를 설명하는 분산 중에서 X2에 의해서는 설명되지 않는 X1의 고유분산은 a/(a+b+c+d)=0.2로 계산한다. 이것은 중다회귀 분석에서 X2만 투입된 모형에 X1을 추가로 투입하여 얻을 수 있는, 설명된 분산(explained variance)의 증가

분에 해당된다. 이 값을 제곱 부분 편상관 계수(squared semi-partial correlation)라고 부른다.

X2가 설명하는 Y의 분산을 제외하고 남은 분산 중 X1이 설명하는 비율은 a/(a+d)=0.2/(0.2+0.6)=0.25로 계산한다. 이 값을 제곱 편상관 계수(squared partial correlation)라고 부른다.

흔히 편상관 계수의 제곱이나 부분 편상관 계수의 제곱은 '효과 크기(Effect size)'의 단위로 사용되기 때문에 그 차이점을 숙지하기 바란다.

편상관 계수(partial correlation)

연구 상황에 따라서 3개 이상의 변인들을 대상으로 특정 변인(들)을 고정시킨 다음에 두 변인 간의 상관관계를 분석하는 경우가 있다. 예를 들면, 직장에서 교육수준과 소득과의 관계를 연구할 때 제3의 변인인 연령의 영향을 고려해야 할 것이다. 왜냐하면, 교육수준은 높지만 연령이 낮을 경우 교육수준과 소득 간의 관계가 왜곡될 수 있기 때문이다.

이 경우에는 연령(X3)을 통제한 상황에서 교육수준(X2)과 소득(X1) 간의 관계를 파악해야 한다. 이와 같은 분석을 편상관 계수(partial correlation)라 하며 다음 그림의 음영 부분을 의미한다.

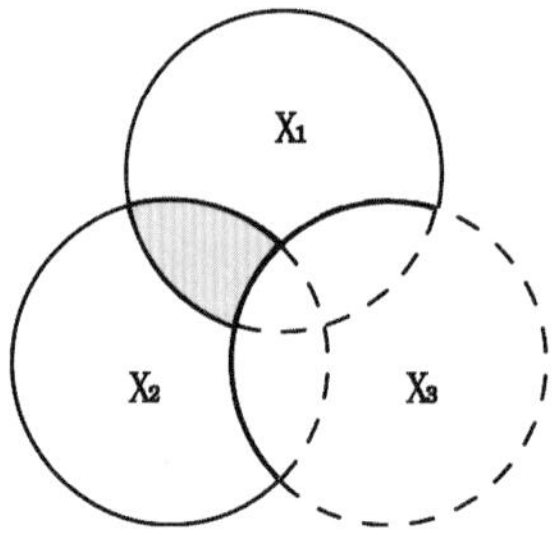

❹ 부가적인 옵션(Additional Options)

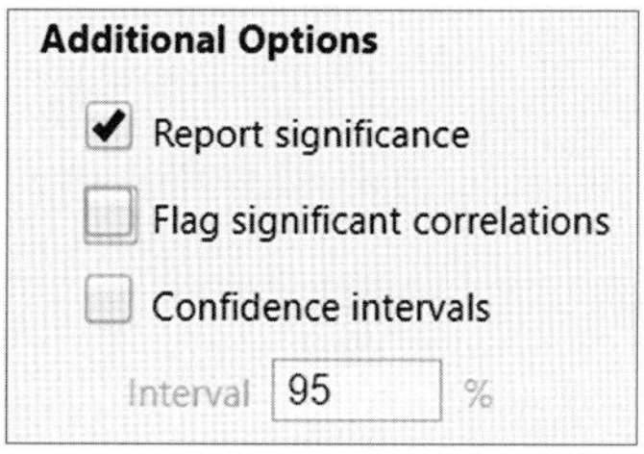

부가적인 옵션(Additional Options)에서 '유의도 검증 확률값(Report significance)'이 표준(default) 옵션으로 제시되어 있다.

만약에 유의 확률별로 '*'로 결과 창에 제시하고 싶으면 'Flag significant correlations' 옵션을 선택하면 된다.

상관계수 값에 대한 95% 신뢰구간을 알고자 한다면 'Confidence intervals'를 선택하면 결과 창에 결과 값들이 제시된다. 참고로 설정 값은 95%로 되어 있으며, 만약에 99% 신뢰구간 값을 원하면 'interval' 칸에 '99'라고 입력하면 상관계수 값에 대한 99% 신뢰구간 값이 결과 창에 제시된다.

❺ 가설검증(Hypothesis)

가설검증(Hypothesis)에서 'Correlated'는 양방 가설검증을 의미하며, 표준옵션으로 되어 있다. 만약에 일방 가설검증을 원할 경우에는 방향과 관련해서 정(+)적인 가설은 'Correlated positively', 부(−)적인 가설은 'Correlated negatively' 옵션을 선택해서 실행하면 된다.

상관계수의 유의도 검증은 표본에서 얻은 상관계수 값을 기초로 모집단하에서 두 변인 간의 상관계수 값이 0인지를 통계적으로 검증하는 것을 의미한다. 상관계수의 유의도 검증은 일반적으로 모집단의 상관계수 $\rho_{XY} = 0$(모집단하에서 두 변인 X, Y 간의 상관계수가 0)이라고 설정한 다음에 사전에 설정된 일종오류(α)에 기초해서 r의 표집분포인 t 분포의 임계치를 찾아내서 만일 통계값이 임계치 안에 위치하면 영가설을 채택하고 임계치 밖에 위치하면 영가설을 기각하는 의사결정을 내리게 된다. 이때 t 공식은 다음과 같다.

$$t_{(n-2)} = \frac{r}{\sqrt{1-r^2/(n-2)}}$$

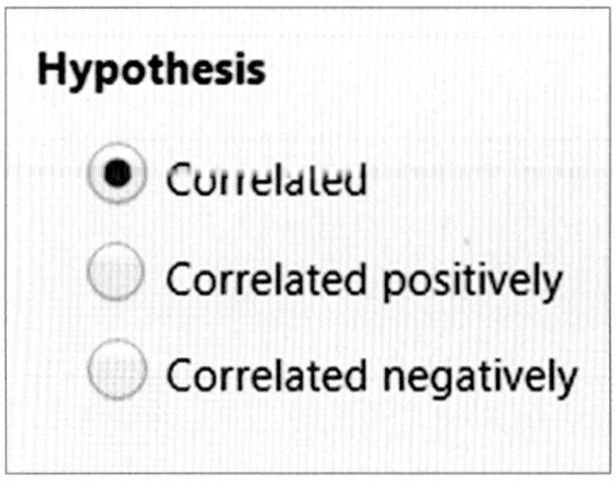

❻ 그래프

그래프(Plot)에서 'Correlation matrix'를 선택하면 변수들 간의 산점도와 그에 따른 회귀선을 보여 준다. 부가적으로 'Densities for variables'를 선택하면 변수들의 분포, 'Statistics'를 선택하면 변수들 간의 상관계수 값을 하나의 그래프 안에 모두 제시해 준다.

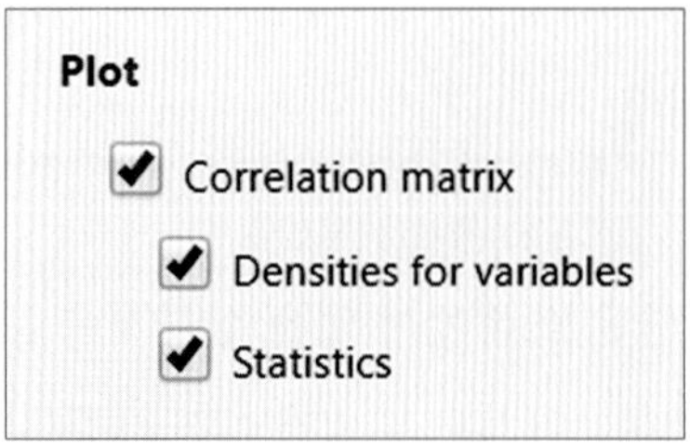

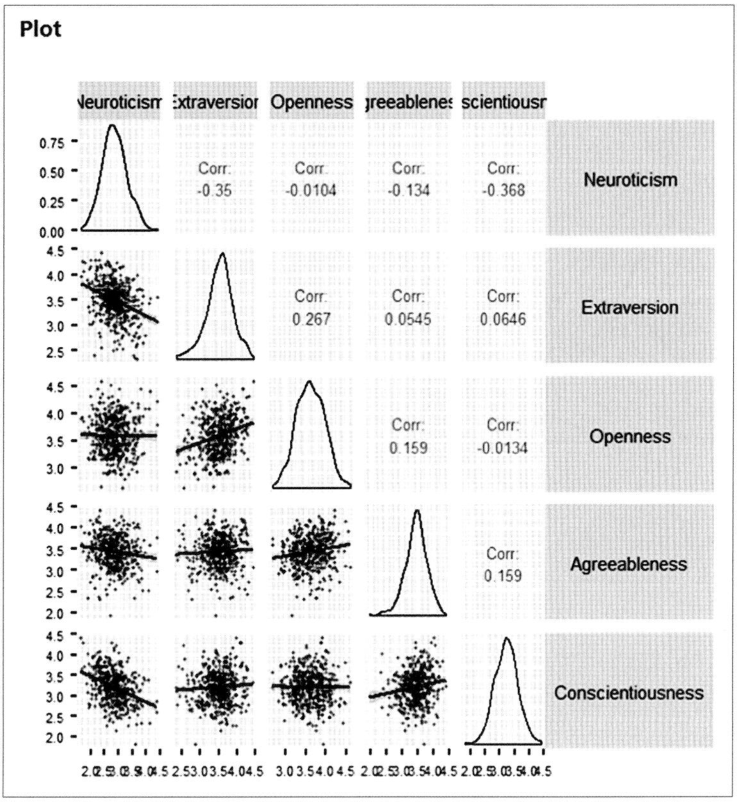

2 χ^2 검증

χ^2 검증은 1900년 Karl Pearson에 의해 개발된 통계방법으로서 모집단의 분포를 가정하지 않을 경우와 분석자료가 명명척도일 경우에 사용되는 대표적인 비모수 통계방법이다. χ^2 검증은 특히 표본자료가 빈도로 주어졌을 때 가장 많이 사용되며 χ^2 분포에 기초해서 통계적 의사결정을 수행한다. χ^2 분포의 모양은 자유도에 따라 달라지는데 그 모양을 제시하면 다음과 같다.

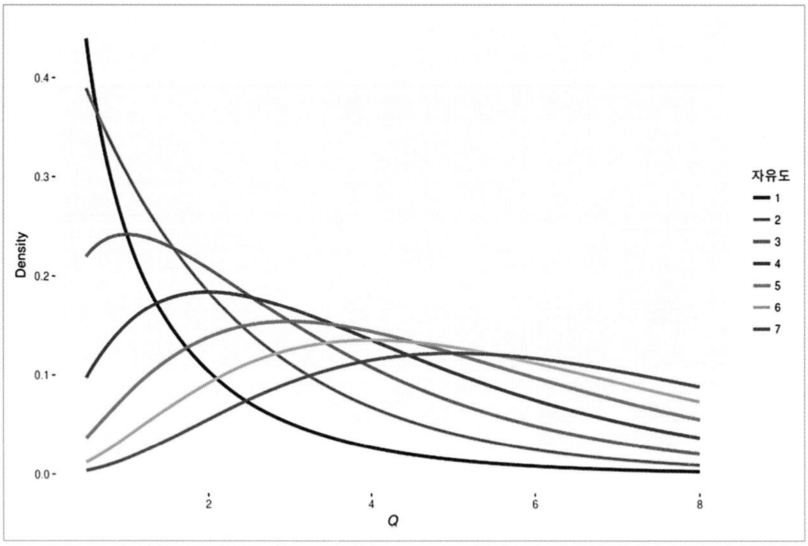

자유도에 따른 χ^2 분포

χ^2검증을 실시하기 위해서는 다음의 기본가정을 충족시켜야 한다.

첫째, χ^2검증에 사용되는 자료는 주로 범주형 자료(categorical data), 즉 명명척도나 서열척도의 자료여야 한다. 예를 들어, 부모의 사회경제적 지위에 따른 집단구분으로 중졸, 고졸, 대졸 또는 성별에 의한 분류, 전공계열에 따른 집단구분으로 인문계, 자연계, 예체능계 등을 들 수 있다.

둘째, 한 칸에 속하는 관찰빈도는 다른 칸에 속하는 관찰빈도와 상관없는 독립적인 관계여야 한다.

셋째, 분석자료의 기대빈도(expected frequency)가 5 이상이어야 한다. 만약 기대빈도가 5보다 작을 경우 사례수를 증가시키거나 인접 유목을 합쳐서 분석을 시도할 수 있다.

1) χ^2 검증의 독립성 검증

χ^2 검증의 독립성 검증은 2개 혹은 그 이상의 유목을 갖는 2개의 변인에 관한 빈도를 집단의 관찰빈도와 그 집단의 기대빈도를 비교하여 검증하는 것이다. 즉, 범주변인을 교차시킨 교차분석표를 작성해서 "두 변인이 서로 독립적인지 또는 연관이 있는지"를 검증하게 된다. 독립성 검증에 사용되는 공식을 제시하면 다음과 같다.

$$\chi^2 = \sum_{i=1}^{r}\sum_{j=1}^{c}\frac{(O_{ij}-E_{ij})^2}{E_{ij}}$$

O_{ij}: i행(row)과 j열(column)이 교차하는 칸에 나타나는 관찰빈도

E_{ij}: $E_{ij} = \dfrac{f_{i.} \times f_{.j}}{N}$

여기서 $f_{i.}$: i번째 행의 합계, $f_{.j}$: j번째 열의 합계를 의미한다.

2) jamovi χ^2 분석

예시 분석자료 'frequency.omv' 파일을 읽는다. 분석자료에는 4가지 머리 색깔('Black' 'Brown' 'Red' 'Blond')과 4가지 눈 색깔('Brown' 'Blue' 'Hazel' 'Green')과 성별('Male' 'Female')에 따른 빈도('Freq')가 제시되어 있다. χ^2 검증을 수행하기 위해서 다음과 같이 분석상자를 연다.

Analyses ▷ Frequencies ▷ Independent Samples χ^2 test for association

왼쪽 상자 안에 나열되어 있는 변수목록 중에서 가로축에 해당하는 변수를 ❶번

오른쪽 'Row'로 이동시킨다(편의상 'Hair' 변수를 가로축에 배치하였음).

세로축 'Columns' 칸에 해당하는 변수를 ② 번 항목('Eye' 변수를 세로축에 배치하였음)으로 이동시킨 다음에 빈도(Freq)에 해당하는 변수를 ③ 번 'Counts (optional)' 항목에 이동시킨다.

그러면 오른쪽 결과 창 ④ 번과 같이 가로축('Hair' 변수)과 세로축('Eye' 변수)이 교차하는 빈도 분석표가 제시되고, ⑤ 번 항목에 χ^2 검증 결과가 제시된다.

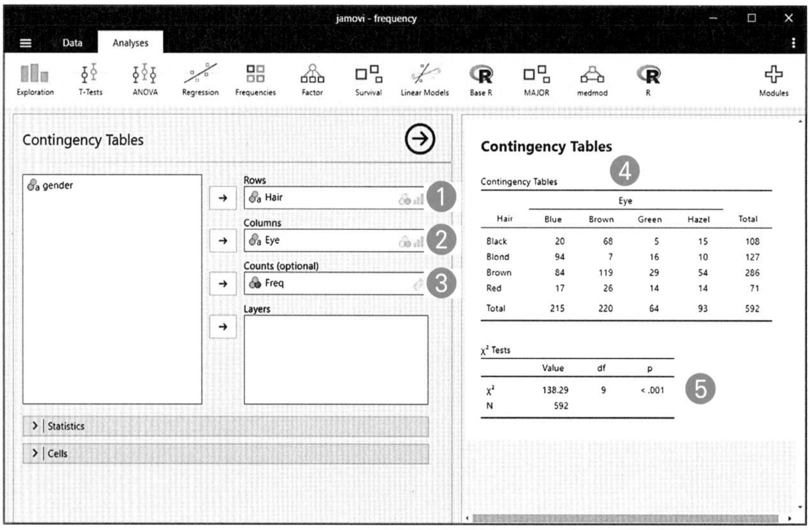

계산으로 구한 검정 통계값($\chi^2 = 138.29$)은 자유도가 9인 χ^2 분포에서 유의수준 0.05보다 낮은 확률값($p < .001$)을 나타내고 있기 때문에 영가설을 기각한다. 즉, 머리 색깔과 눈 색깔 간에는 통계적으로 유의미한 관련이 있다고 해석한다.

Contingency Tables

Hair	Eye: Blue	Brown	Green	Hazel	Total
Black	20	68	5	15	108
Blond	94	7	16	10	127
Brown	84	119	29	54	286
Red	17	26	14	14	71
Total	215	220	64	93	592

χ^2 Tests

	Value	df	p
χ^2	138.29	9	< .001
N	592		

분석상자에 제시된 각각의 통계 옵션을 살펴보기로 한다.

통계(Statistics)

통계(Statistics)를 클릭하면 다음과 같은 대화상자가 나타난다. χ^2 값이 사전에 설정된 옵션임을 보여 주고 있다. 다른 통계값도 클릭하면 해당 통계값이 오른쪽 결과 창에 제시된다.

오른쪽 'Comparative Measures'는 빈도 분석표가 2 × 2일 경우에만 적용할 수 있는 통계값 옵션을 제시하고 있다. 통계값과 관련한 자세한 내용은 10장 로지스틱 회귀분석을 참고하기 바란다.

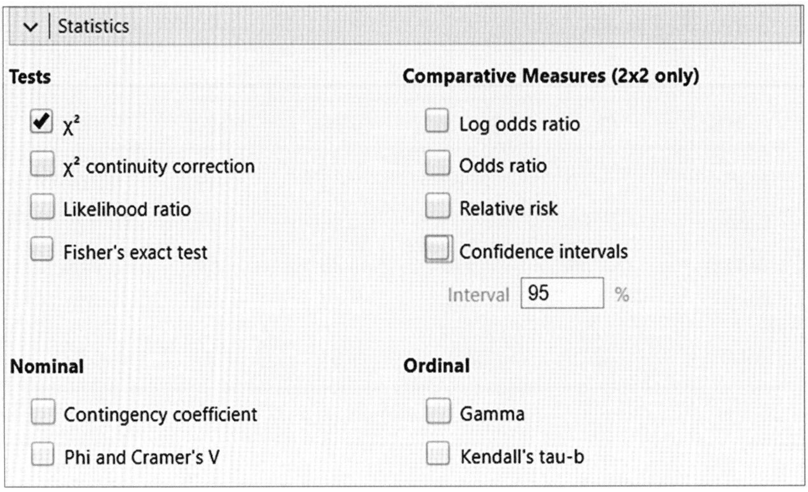

빈도 칸(Cells)

빈도 칸(Cells)을 클릭하면 다음과 같은 대화상자가 열린다. 기대값(Expected)을 클릭하면 오른쪽 결과 창에 관찰값(Observed)에 대응되는 각 셀별 기대값이 계산된다. 오른쪽 비율(Percentage)에서 가로(Row), 세로(Column) 또는 전체(Total)를 클릭하면 각 셀에 해당하는 비율이 계산돼서 결과 창에 제시된다.

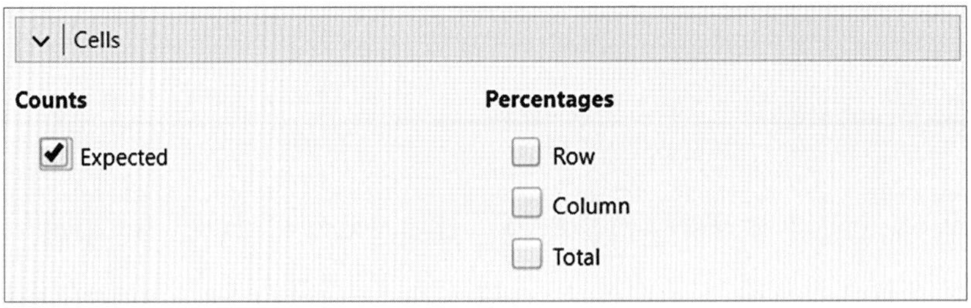

3 로그선형모형 분석

로그선형모형은 χ^2 검증의 확장된 형태의 분석으로, 빈도형태로 된 자료를 가지고 회귀분석과 유사한 형태로 분석하는 모형을 의미한다. 일반적인 회귀분석의 경우 종속변수가 연속형 변수(continuous variable)임을 가정한다. 그러나 로그선형모형의 경우 모든 변수가 범주형 변수(categorical variable)일 때 사용하는 통계분석모형이다. 다시 말해서 로그선형모형 분석은 주로 3개 이상의 범주형 변수들에 의해 구성된 교차 빈도표에 포함된 범주형 변수들 간의 다양한 관계를 파악하는 데 그 목적을 가지고 있다.

로그선형모형 분석에서 주된 관심은 해당 범주의 주효과보다는 범주 변수들 간의 상호작용 효과를 파악하는 데 있다. 교차 빈도표에서 특정변수의 주효과가 의미 있다는 것은 그 변수의 외곽빈도들이 그 변수의 각 범주에서 동일하지 않다는 정보 외에는 특별히 의미하는 바가 없다. 선형로그분석에서 상호작용 효과는 범주 변수들 간의 상관관계를 의미하므로 이러한 상관을 파악하기 위한 목적으로 로그선형모형 분석을 수행한다.

3개의 범주형 변수들로 구성된 교차 빈도표를 가지고 jamovi 프로그램에서 로그선형모형 분석을 수행하기 위해서 미국 플로리다주에서 1976~1977년도에 살인범으로 기소된 326명의 피고인들에 대한 판결 유형을 피고인의 인종과 피해자의 인종에 따라 분류한 자료(Radelet, 1981)를 사용한다. 참고로 이 자료는 미국의 형사재판에서 인종 차별적인 판결이 존재하는지를 파악하기 위한 목적으로 수행된 연구에 사용된 자료이다.

피고인 (defendant)	피해자 (victim)	판결 유형(verdict)	
		사형(execution)	징역(jail)
백인 (white)	백인	19	132
	흑인	0	9
흑인 (black)	백인	11	52
	흑인	6	97

1) 빈도 분포 기술통계

자료에 대한 기술통계값을 얻기 위해서 'verdict.omv' 파일을 열어서 다음과 같이 실행한다.

Analyses ▷ **Frequencies** ▷ **Independent Samples χ^2 test association**

변수 대화상자

왼쪽에 제시되어 있는 변수들을 오른쪽 대화상자로 이동시킨다.

❶ Rows: 피해자(victim) 변수를 이동한다.

❷ Columns: 판결유형(verdict) 변수를 이동한다.

❸ Counts(optional): 빈도 숫자로 이루어진 변수를 이동한다(이 예시에서는 'count' 변수를 이동한다).

❹ Layers: 피고인(defendant) 변수를 이동한다.

마지막으로 'Cells' 대화상자를 클릭한다. 'Percentages' 옵션에서 'Total'을 선택한다.

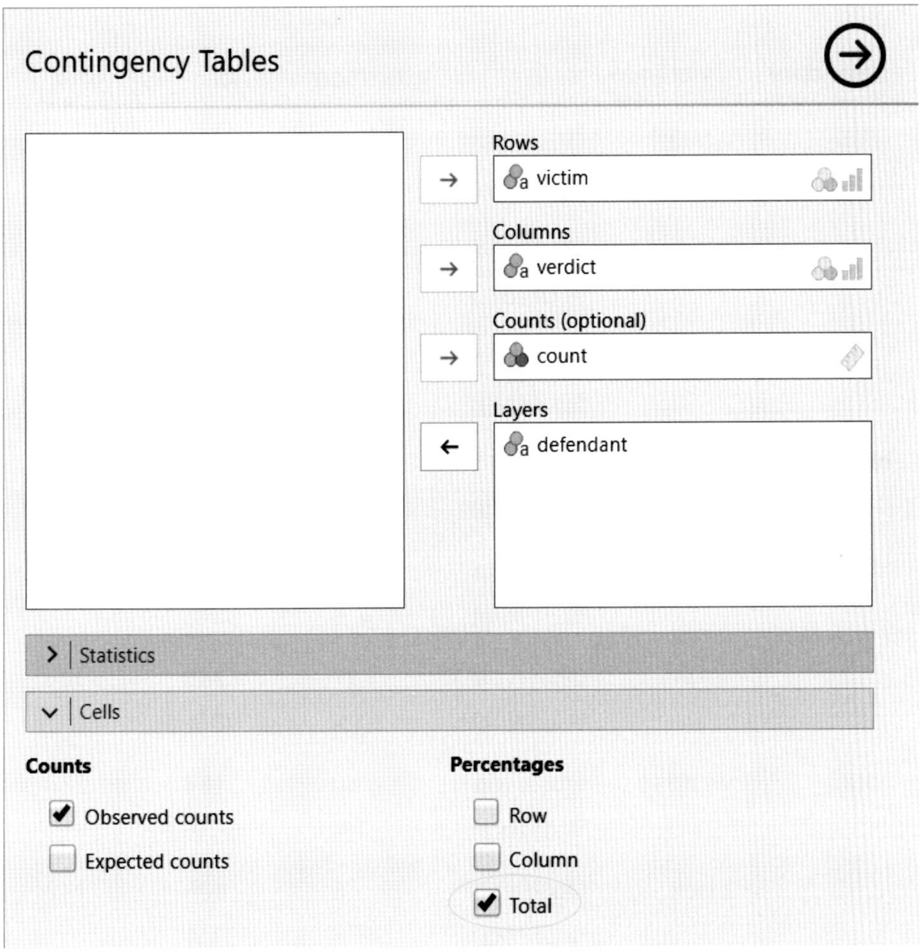

교차빈도 결과표가 오른쪽 창에 제시된다.

Contingency Tables

			verdict		
defendant	victim		execution	jail	Total
white	white	Observed	19	132	151
		% of total	12 %	83 %	
	black	Observed	0	9	9
		% of total	0 %	6 %	
	Total	Observed	19	141	160
		% of total	12 %	88 %	
black	white	Observed	11	52	63
		% of total	7 %	31 %	
	black	Observed	6	97	103
		% of total	4 %	58 %	
	Total	Observed	17	149	166
		% of total	10 %	90 %	
Total	white	Observed	30	184	214
		% of total	9 %	56 %	
	black	Observed	6	106	112
		% of total	2 %	33 %	
	Total	Observed	36	290	326
		% of total	11 %	89 %	

2) 로그선형모형

로그선형모형 분석을 위해서 다음과 같은 분석 옵션을 클릭한다.

Analyses ▷ Frequencies ▷ Log-Linear Regression

변수 대화상자

왼쪽에 제시되어 있는 변수들을 오른쪽 대화상자로 이동시킨다.

① 피고인(defendant), 피해자(victim), 판결유형(verdict) 변수를 오른쪽 'Factors' 칸으로 이동한다.

② 빈도 숫자로 이루어진 변수('count' 변수)를 'Counts(optional)' 창으로 이동한다.

분석 창에 변수를 이동하면 전체 모형에 대한 적합도 및 모형계수가 오른쪽 결과 창에 제시된다.

그러나 위계적 로그선형모형에서 제시되고 있는 개별 모형의 적합도 검증을 위해서는 분석 창의 'Model Builder' 옵션을 사용해야 한다. 'Model Builder' 옵션을 클릭하면 변수 대화상자에서 옮겨진 변수들이 자동으로 다음과 같은 형식으로 제시되어 있음을 볼 수 있다.

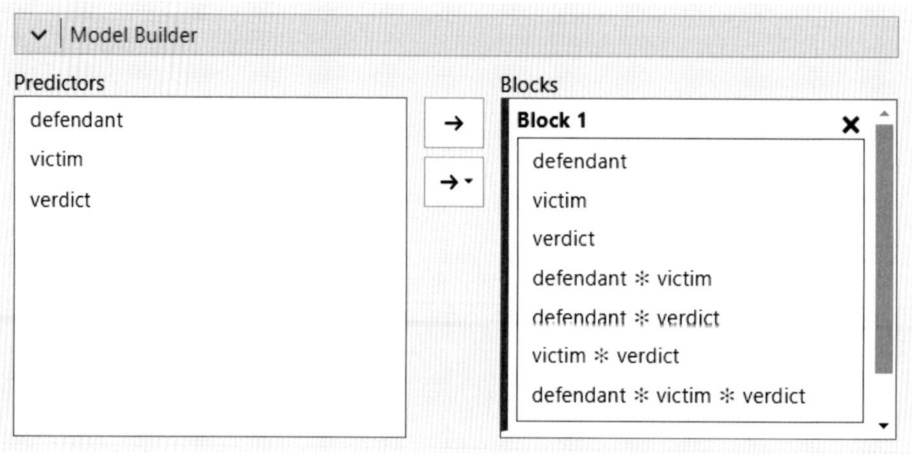

3) 위계적 로그선형모형 분석

다차원 빈도표에 대한 로그선형모형 분석은 위계적인 절차에 따라 수행된다. 여기서 위계적이란 한 모형이 다른 모형에 포함된 모든 모수를 포함한 상태에서 추가적인 모수를 포함할 때 이 2개의 모형은 서로 위계적인 관계를 가지는 모형으로 정의할 수 있다.

위계적인 로그선형모형 분석을 위해서 3차원 빈도표(피고인 × 피해자 × 판결유형)에 대한 적합한 분석 모형을 설정해야 한다. 여기서 말하는 적합한 분석 모형은 관찰빈도 자료를 잘 설명해 주면서 동시에 단순성(parsimony)을 갖춘 모형을 의미한다. 3차원 빈도표에 대한 위계적 선형모형을 제시하면 다음과 같다.

모형	로그선형모형
1	$\ln F_{ijk} = \lambda + \lambda_{A(i)} + \lambda_{B(j)} + \lambda_{C(k)}$
2	$\ln F_{ijk} = \lambda + \lambda_{A(i)} + \lambda_{B(j)} + \lambda_{C(k)} + \lambda_{AB(ij)}$
3	$\ln F_{ijk} = \lambda + \lambda_{A(i)} + \lambda_{B(j)} + \lambda_{C(k)} + \lambda_{AB(ij)} + \lambda_{BC(jk)}$
4	$\ln F_{ijk} = \lambda + \lambda_{A(i)} + \lambda_{B(j)} + \lambda_{C(k)} + \lambda_{AB(ij)} + \lambda_{BC(jk)} + \lambda_{AC(ik)}$
5	$\ln F_{ijk} = \lambda + \lambda_{A(i)} + \lambda_{B(j)} + \lambda_{C(k)} + \lambda_{AB(ij)} + \lambda_{BC(jk)} + \lambda_{AC(ik)} + \lambda_{ABC(ijk)}$

* A: 피고인(defendant), B: 피해자(victim), C: 판결유형(verdict)

(1) 모형 1 검증

$$\ln F_{ijk} = \lambda + \lambda_{A(i)} + \lambda_{B(j)} + \lambda_{C(k)}$$

모형 1은 '상호 독립성' 모형으로 간주할 수 있다. 즉, 피고인 인종과 피해자 인종과 판결 유형이 서로 관련이 없이 독립적이라고 가정을 하는 모형이다. '상호 독립성' 모형을 검증하기 위해서 'Model Builder' 오른쪽 'Block 1'에서 이원 및 삼원 상호작용 항을 제거하면 된다.

컴퓨터 자판에 Ctrl 키를 사용해서 이원 및 삼원 상호작용 항을 선택한다. 다음에 왼쪽 ←를 선택하면 이원 및 삼원 상호작용 항이 사라지고 오른쪽 분석 결과 창에 '상호 독립성' 모형에 대한 결과가 제시된다.

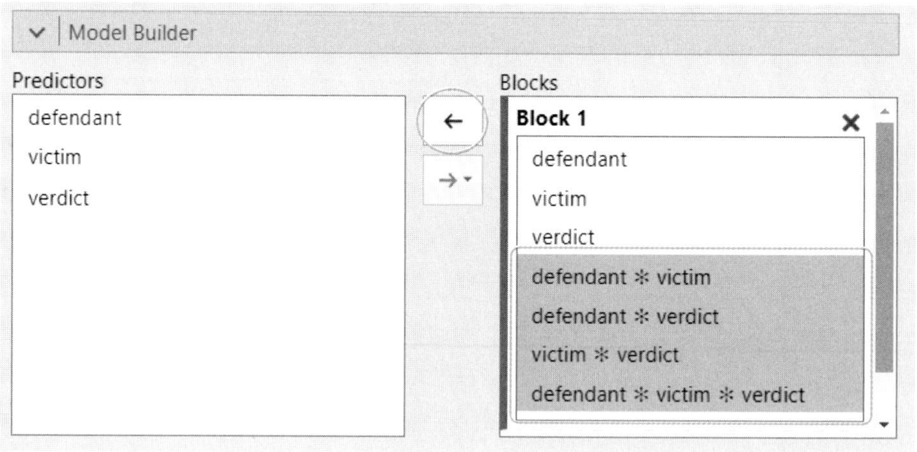

관찰 빈도와 분석모형에 의해서 산출된 기대빈도 간의 차이 정도를 모형과 자료의 적합도(Model Fit)라고 부르고 이 적합도가 모형의 유용성을 판단하는 기준이 된다. jamovi에서 'Model Fit' 옵션을 클릭하면 다양한 모형 적합도 추정값을 제공하고 있다.

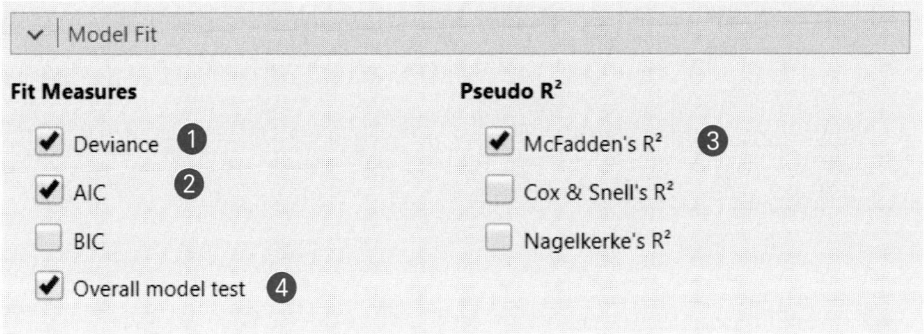

❶ Deviance: 일반 교과서에서 우도비 카이자승 지수(G^2)로 소개되는 적합도 지수이다. 우도비 카이자승 지수는 로그선형모형이 참일 때 최대우도(maximum likelihood)와 관찰된 자료에 의해서만 산출된 최대우도의 비율값을 로그 변환한 값이다.

❷ AIC: AIC(Akaike Information Criterion)는 Akaike(1973)에 의해서 제안된 정보지수이다. 각 모형에서 제시한 AIC 값을 비교해서 AIC 값이 작을수록 적합한 모형으로 간주한다. BIC(Bayesian Information Criterion) 지수도 AIC와 동일하게 해석한다.

❸ McFadden's R^2: R^2는 종속변수의 분산 중 어느 정도 비율(%)이 독립변수에 의해 설명되는가를 나타내는 값으로 0~1 사이의 값을 갖는다. 1.0에 가까운 값이 나올수록 적합한 모형으로 해석할 수 있다. L0를 예측변수를 포함하지 않은 모형에 대한 우도함수의 값이라 가정하고, LM을 추정한 모형에 대한 우도라고 정의하면, McFadden(1974)의 R^2는 다음과 같이 정의된다.

$$\text{McFadden's } R^2 = 1-(\ln(\text{LM}) \ / \ \ln(\text{L0}))$$

이 공식의 원리는 예측변수가 포함된 모형(LM)이 아무것도 포함하지 않은 모형(L0)와 비슷하게 되면 그 비율은 1에 가까워질 것이고, 결과적으로 McFadden의 공식 값은 0으로 수렴될 것이다. 때로는 '유사(pseudo)' R^2라고 불리기도 하며, jamovi에서는 McFadden's R^2이 표준옵션으로 설정되어 있다.

❹ Overall model test: Pearson χ^2 통계값과 자유도에 따른 모형의 유의도 검증을 수행한다. p 값이 연구에서 설정한 유의수준보다 작게 나타나면 해당모형이 적합하다는 영가설을 기각한다.

모형 1의 결과를 해석하면, 모형 1은 '상호 독립성' 모형이다. 모형 1의 $\chi^2 =$ 257.99이며 $\alpha = .05$ 수준에서 통계적으로 유의한 것으로 나타났다. 따라서 모형 1의 '상호 독립성' 가정은 기각되어 3개의 변수들(피고인, 피해자, 판결유형) 간에는 어떤 형태로든 관계가 존재하고 있다고 해석할 수 있다.

Model Fit Measures

	❶	❷	❸	❹ Overall Model Test		
Model	Deviance	AIC	R^2_{McF}	χ^2	df	p
1	137.93	181.61	0.65	257.99	3	< .001

(2) 모형 2 검증

모형 1의 변수들 간의 '상호 독립성' 모형이 기각됨에 따라서 이원 상호작용 [AB] 항을 추가한 모형 2를 검증하기로 한다.

$$\ln F_{ijk} = \lambda + \lambda_{A(i)} + \lambda_{B(j)} + \lambda_{C(k)} + \lambda_{AB(ij)}$$

❶ 'Add New Block'을 클릭한다. 그러면 새로운 변수를 추가할 창이 나타난다.

❶ [AB] 이원 상호작용 변수(defendant, victim)를 컴퓨터 자판에 Ctrl 키를 사용해서 선택한다.

❸ 'interaction'을 선택하면 'defendant*victim' 항목이 오른쪽 'Block 2' 항목에 생성된다.

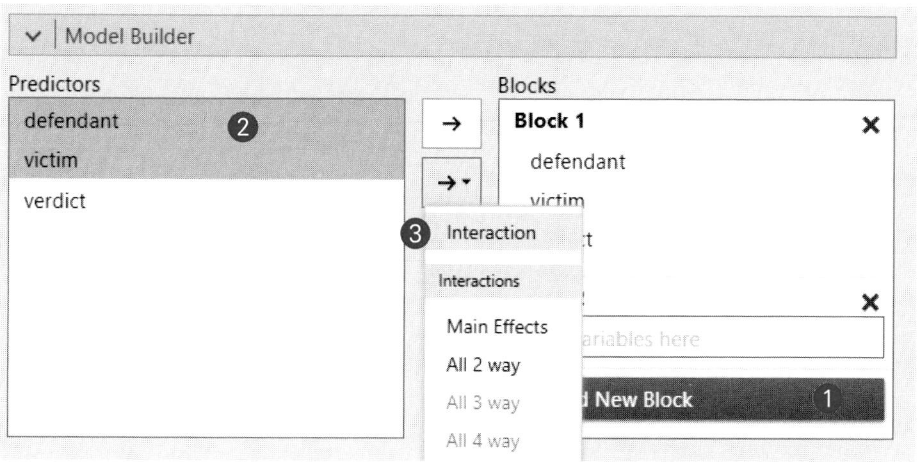

❶ 모형 1과 [AB]항을 첨가한 모형 2와의 χ^2값 차이(387.78−257.99=129.80)가 통계적으로 유의한지 검증한 결과 $\alpha=.05$ 수준에서 통계적으로 유의한 것으로 나타났다. 이러한 결과는 [AB]항을 첨가한 모형 2가 관찰빈도를 보다 잘 설명하는 것을 의미하며, 또 다른 상호작용 항을 추가해서 검증할 것을 암시하는 결과이다.

❷ AIC 지수 역시 [AB]항이 첨가되었을 때 지수값이 181.56에서 53.81로 감소하고 있는 것으로 나타났다. 이것 역시 모형 1보다 모형 2가 관찰빈도를 보다 더 잘 설명하는 적합한 모형임을 암시하는 결과로 해석할 수 있다.

Model Fit Measures

		❷		Overall Model Test		
Model	Deviance	AIC	R^2_{McF}	χ^2	df	p
1	137.93	181.61	0.65	257.99	3	< .001
2	8.13	53.81	0.98	387.78	4	< .001

Model Comparisons

Comparison					
Model		Model	χ^2	df	p
1	-	2	129.80	1	< .001

❶

(3) 모형 3 검증

이원 상호작용 [BC]항을 추가한 모형 3을 검증하기로 한다.

$$\ln F_{ijk} = \lambda + \lambda_{A(i)} + \lambda_{B(j)} + \lambda_{C(k)} + \lambda_{AB(ij)} + \lambda_{BC(jk)}$$

❶ 'Add New Block'을 클릭한다. 그러면 새로운 변수를 추가할 창이 나타난다.

❷ [BC] 이원 상호작용 변수(victim, verdict)를 컴퓨터 자판에 Ctrl 키를 사용해서 선택한다.

❸ 'interaction'을 선택하면 'victim*verdict' 항목이 오른쪽 'Block 3' 항목에 생성된다.

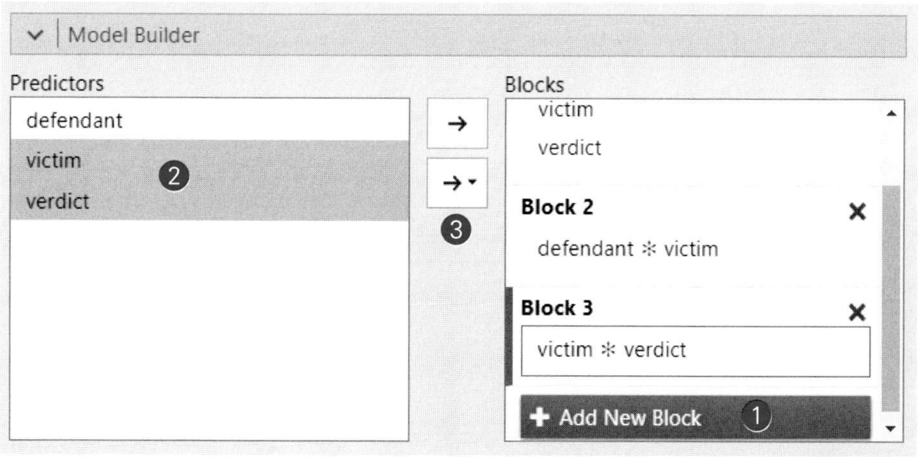

❶ 모형 2에 [BC]항을 첨가한 모형 3과의 χ^2값 차이(394.03−387.78=6.25)가 통계적으로 유의한지 검증한 결과 α=.05 수준에서 통계적으로 유의한 것으로 나타났다. 이것 역시 [BC]항이 모형에 추가되었을 때 관찰빈도를 잘 설명하는 모형임을 암시하며, 또 다른 상호작용 항을 추가해서 검증할 것을 암시하는 결과로 해석할 수 있다.

❷ AIC 지수 역시 모형에 모수가 첨가될 때마다 꾸준히 감소하고 있는 것을 확인할 수 있다.

Model Fit Measures

		❷		Overall Model Test		
Model	Deviance	AIC	R^2_{McF}	χ^2	df	p
1	137.93	181.61	0.65	257.99	3	< .001
2	8.13	53.81	0.98	387.78	4	< .001
3	1.88	49.56	1.00	394.03	5	< .001

Model Comparisons

Comparison						
Model		Model	χ^2	df	p	
1	-	2	129.80	1	< .001	
2	-	3	6.25	1	0.012	❶

(4) 모형 4 검증

이원 상호작용 [AC]항을 추가한 모형 4를 검증하기로 한다.

$$\ln F_{ijk} = \lambda + \lambda_{A(i)} + \lambda_{B(j)} + \lambda_{C(k)} + \lambda_{AB(ij)} + \lambda_{BC(jk)} + \lambda_{AC(ik)}$$

❶ 'Add New Block'을 클릭한다. 그러면 새로운 변수를 추가할 창이 나타난다.

❷ [AC] 이원 상호작용 변수(defendant, verdict)를 컴퓨터 자판에 Ctrl 키를 사용해서 선택한다.

❸ 'interaction'을 선택하면 'defendant*verdict' 항목이 오른쪽 'Block 4' 항목에 생성된다.

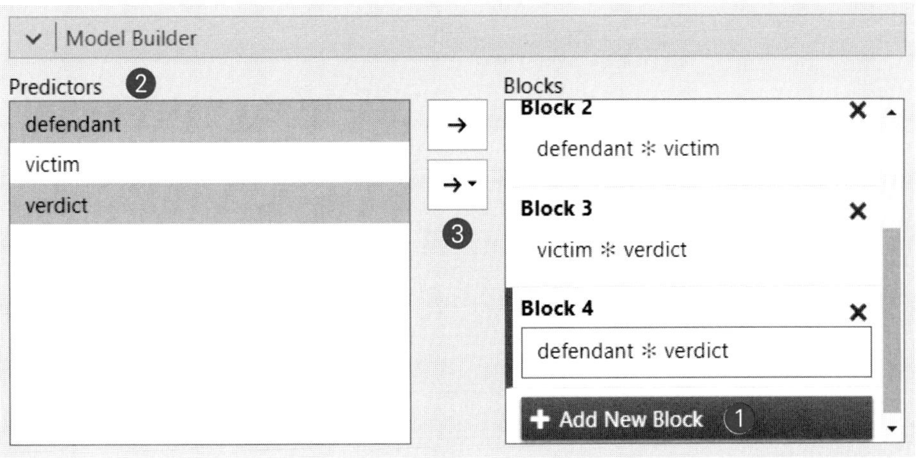

❶ 모형 3에 [AC]항을 첨가한 모형 4와의 χ^2값 차이(395.21−394.03=1.18)가 통계적으로 유의한지 검증한 결과 $\alpha=.05$ 수준에서 통계적으로 유의하지 않은 것으로 나타났다. 이것은 [AC]항을 모형에 첨가해도 관찰빈도를 유의미하게 설명하고 있지 못함을 의미한다. 따라서 현재의 관찰빈도를 잘 설명하는 로그선형모형은 모형 3으로 결론 내릴 수 있다.

❷ AIC 지수 역시 모형에 [AC]항을 첨가했을 때 지수값이 49.56에서 50.38로 오히려 증가하고 있는 것으로 나타났다. 따라서 AIC 값이 가장 낮은 값을 보이고 있는 모형 3을 최종 분석 대상 모형으로 선정한다.

Model Fit Measures ❷

Model	Deviance	AIC	R^2_{McF}	Overall Model Test χ^2	df	p
1	137.93	181.61	0.65	257.99	3	< .001
2	8.13	53.81	0.98	387.78	4	< .001
3	1.88	49.56	1.00	394.03	5	< .001
4	0.70	50.38	1.00	395.21	6	< .001

Model Comparisons

Comparison Model		Model	χ^2	df	p
1	-	2	129.80	1	< .001
2	-	3	6.25	1	0.012
3	-	4	1.18	1	0.277 ❶

(5) 모형 5 검증

$$\ln F_{ijk} = \lambda + \lambda_{A(i)} + \lambda_{B(j)} + \lambda_{C(k)} + \lambda_{AB(ij)} + \lambda_{BC(jk)} + \lambda_{AC(ik)} + \lambda_{ABC(ijk)}$$

모형 5의 경우 [ABC]항목을 추가해서 분석하면 3차원 빈도표에서 나올 수 있는 모든 설명변인을 포함하고 있기 때문에 우도비 카이자승 지수(G^2)의 값이 0으로 나타나게 된다(오른쪽 결과표에서 'Deviance'값을 참조하기 바람).

위계적 로그선형모형에서 적합한 모형의 선정 기준이 가장 단순한 모형을 가지고 관찰 자료를 최대한 잘 설명할 수 있는 모형을 선택하는 것이다. 따라서 모형 5의 경우, 모형 단순성 원칙(the principle of parsimony)에 위배되기 때문에 분석모형에서 제외한다.

Model Fit Measures

				Overall Model Test		
Model	Deviance	AIC	R^2_{McF}	χ^2	df	p
1	137.93	181.61	0.65	257.99	3	< .001
2	8.13	53.81	0.98	387.78	4	< .001
3	1.88	49.56	1.00	394.03	5	< .001
4	0.70	50.38	1.00	395.21	6	< .001
5	4.12e-10	51.68	1.00	395.92	7	< .001

Model Comparisons

Comparison					
Model		Model	χ^2	df	p
1	-	2	129.80	1	< .001
2	-	3	6.25	1	0.012
3	-	4	1.18	1	0.277
4	-	5	0.70	1	0.403

4) 최종분석 모형계수 해석

5개 모형에 대한 모형 적합도 검증 결과, 모형 단순성의 원칙을 견지하면서 AIC 통계값이 가장 낮은 값을 보인 모형은 '모형 3'인 것으로 나타났다. 따라서 '모형 3'을 관찰빈도를 잘 설명하는 최적모형으로 선정하고 모형계수에 대한 분석을 수행하였다.

[모형 3]

$$\ln F_{ijk} = \lambda + \lambda_{A(i)} + \lambda_{B(j)} + \lambda_{C(k)} + \lambda_{AB(ij)} + \lambda_{BC(jk)}$$

[AB]: 피고인(defendant) × 피해자(victim)
[BC]: 피해자(victim) × 판결유형(verdict)

'모형 3'에 대한 계수 분석 결과를 제시하면 다음과 같다.

Model Coefficients

Predictor	Estimate	SE	Z	p
Intercept	3.05	0.19	16.25	< .001
defendant:				
black – white	−0.87	0.15	−5.83	< .001
victim:				
black – white	−3.78	0.55	−6.86	< .001
verdict:				
jail – execution	1.81	0.20	9.21	< .001
defendant ✻ victim:				
(black – white) ✻ (black – white)	3.31	0.38	8.75	< .001
victim ✻ verdict:				
(black – white) ✻ (jail – execution)	1.06	0.46	2.28	0.022

선형로그 분석에서는 일반적으로 주효과에 대해서 특별한 의미를 부여하지 않

는다. 예를 들면 피고인(defendant)의 주효과가 통계적으로 유의미하게 나타났지만, 이것은 단지 표본에서 백인보다 흑인의 숫자가 많다는 것 이상이 아니기 때문이다. 선형로그분석에서 중요시하는 것은 바로 **이원 상호작용 효과**이다.

위의 분석 결과에서 피고인(defendant) × 피해자(victim), 피해자(victim) × 판결유형(verdict) 간의 상호작용 효과가 통계적으로 유의한 것으로 나타났다. 이것은 피고인 인종이 피해자 인종별로 다르며, 판결유형 양상이 피해자 인종별로 다르다는 것을 의미한다.

마지막으로 모형 3의 [AB][BC]항은 피해자 인종(B)의 효과가 통제되었을 때 피고인(A)과 판결유형(C)이 독립적이라고 가정하는 **'조건 독립성**(conditional independence)' 모형을 의미한다(박광배, 2006). 따라서 이 모형이 채택되었다는 것은 조건 독립성을 만족하고 있다는 것을 의미하며, 피해자 인종(B)이 통제되었을 때, 피고인 인종(A)과 판결유형(C)이 관련이 없다고 해석할 수 있다.

■ 모형계수 분석 대화상자

❶ Model Coefficients: 모형계수 분석상자를 클릭한다.

❷ 'Rate Ratio'에 체크를 하면 분석 결과 창에 'Rate ratio' 값을 제공한다.

jamovi에서 Rate ratio 값은 **승산비**(odds ratio) 값을 의미한다. 예를 들면, 독립변수 X의 회귀계수 b를 $\exp(b)$로 변환시킨 값이다.

❸ Estimate(Log Rate Ratio): 모형계수 값을 의미한다. 승산비(여기서는 'Rate Ratio' 값을 의미함)에 자연로그를 취하면 모형계수 값이 된다. 즉, $\ln(odds\,ratio) = b$값이 된다.

예를 들면, 종속변수가 임용시험 합격 여부이고, 독립변수가 교육학 점수일 때, 만약 계수값(b)이 3.31이라면, 교육학 점수가 1점 증가할 때마다 종속변수의 승산에 있어서 exp(3.31)=27.39배 만큼의 증가가 있다고 해석할 수 있다.

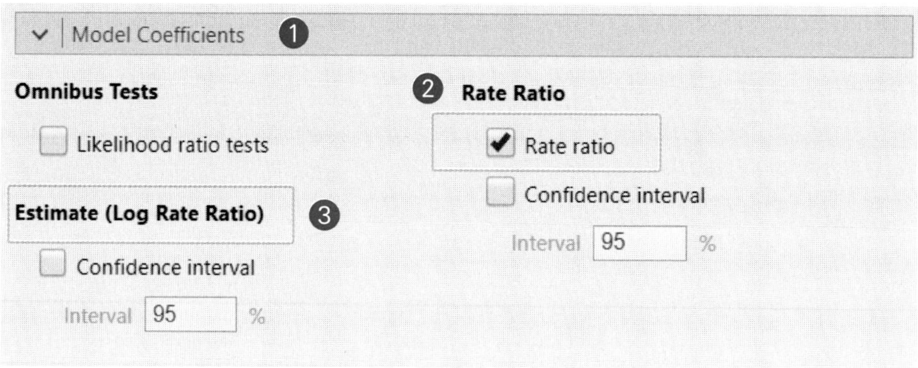

다음 분석 결과표에서 피고인(defendent) × 희생자(victim) 간의 승산비(Rate ration)는 27.43인 것으로 나타났다. 피고인(defendent) × 희생자(victim) 상호작용 항의 승산비를 해석하기 위해서 'Estimated Marginal Means' 옵션을 클릭한다.

Model Coefficients

Predictor	Estimate	SE	Z	p	Rate ratio
Intercept	3.05	0.19	16.25	< .001	21.17
defendant:					
black – white	−0.87	0.15	−5.83	< .001	0.42
victim:					
black – white	−3.78	0.55	−6.86	< .001	0.02
verdict:					
jail – execution	1.81	0.20	9.21	< .001	6.13
defendant ✻ victim:					
(black – white) ✻ (black – white)	3.31	0.38	8.75	< .001	27.43
victim ✻ verdict:					
(black – white) ✻ (jail – execution)	1.06	0.46	2.28	0.022	2.88

❶ Estimated Marginal Means: 추정평균, 기대평균 또는 예언 평균이라는 용어로도 사용되며, 모형에 의해서 추정된다. 자세한 내용은 [부록 1]의 '추정평균'을 참고하기 바란다.

❷ 왼쪽에 희생자(victim)와 피고인(defendent) 변수를 오른쪽 항으로 이동시킨다.

❸ Output: 'Maginal means tables' 항을 체크한다. 그러면 분석 결과 창에 희생자와 피고인의 추정평균 값이 제시된다.

❹ General Options: [부록 1]의 '추정평균'을 참조하기 바란다.

승산비(odds ratio) 계산은 다음과 같다. 백인 피고인에 의해 희생된 백인종 승산은 [52.42/21.87=2.396]이다. 백인 피고인에 의해 희생된 흑인종 승산은 [2.03/23.19=0.088]이다. 승산비(odds ratio)는 승산의 비(ratio), 2.396/0.088=27.227로 계산된다(위의 분석 결과표에 제시된 27.43과의 차이점은 추정에 기인한 소수점 오차임).

승산비에 자연로그 값을 취하면 모형계수 값(Estimate)이 된다. 즉, 계수값은 ln(27.227)=3.304가 된다.

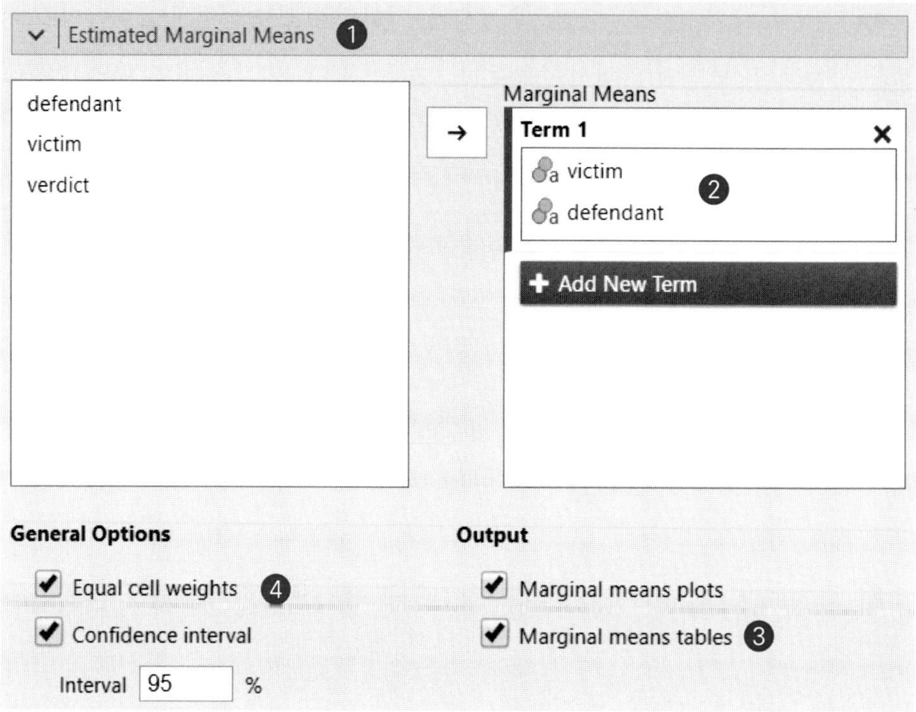

❶ 'Estimated Marginal Means' 분석상자에서 'Marginal means tables' 옵션에 '✔'하면 오른쪽에 분석 결과표가 제시된다.

❷ 'Estimated Marginal Means' 분석상자에서 상호작용 항에 대한 결과를 분석 도표로 제시한다.

Estimated Marginal Means

victim ✻ defendant

Estimated Marginal Means - victim ✻ defendant

				95% Confidence Interval	
defendant	victim	Counts	SE	Lower	Upper
white	white	52.42	5.66	42.43	64.77
	black	2.03	0.77	0.96	4.29
black	white	21.87	3.16	16.48	29.04
	black	23.19	4.91	15.32	35.12

07

회귀분석

Statistical Analysis with Jamovi

7
회귀분석

회귀분석(regression analysis)은 독립변수와 종속변수 간의 관계를 설명하기 위한 목적으로, 종속변수와 독립변수 간의 선형식을 구하여 독립변수 값이 증가 또는 감소함에 따라서 종속변수의 값의 변화 정도를 예측하고 종속변수에 대한 독립변수의 영향 정도를 분석하는 방법이다.

독립변수가 하나이면 단순회귀분석(simple regression analysis)이라 하고 독립변수가 2개 이상 투입되었을 경우에는 중다회귀분석(multiple regression analysis)이라고 한다.

회귀분석을 수행하기 위해서는 다음의 기본 가정을 만족시켜야 한다.

① 선형성(linearity): 독립변수 X가 증가 또는 감소함에 따라 종속변수 Y가 증가하거나 감소하는 경향을 나타내야 한다. 선형관계를 유지하고 있지 않을 때 두 변수 간의 관계는 과소 추정되거나 과대 추정된다.

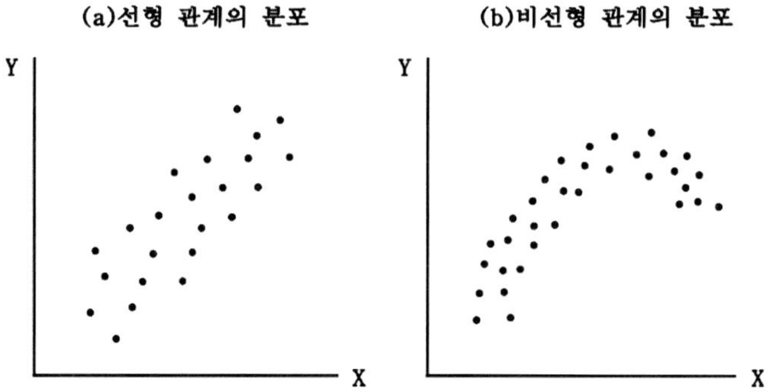

② 동분산성(homogeneity of variance): 동분산성은 두 변인을 대표하는 직선을 그린 다음에 독립변수의 어떤 지점에서도 종속변수의 흩어진 정도가 동일함을 의미한다. 동분산성 가정을 만족하지 못한 경우 상관관계는 매우 낮게 추정되므로 회귀방정식을 산출하는 데 영향을 미치게 된다.

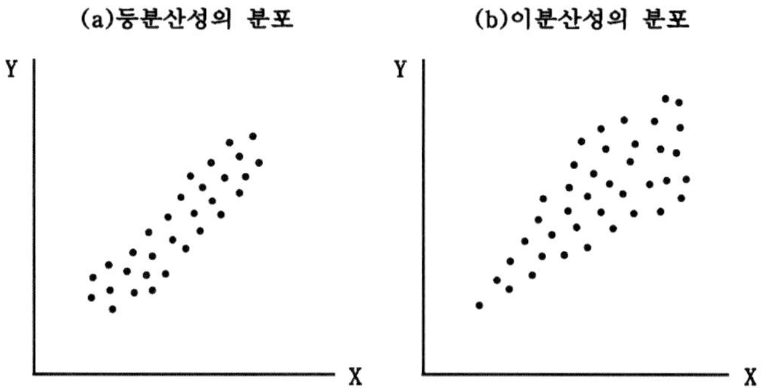

③ 잔차의 정규분포성(normality of residual variance): 잔차(residual)는 종속변수 Y의 실제 값과 추정된 종속변수 Y 값과의 차이를 의미한다. 따라서 잔차가 이루는 분포의 모양은 정규분포를 이루어야 하며 이를 잔차의 정규분포성이라 부른다. 잔차 분포에 대한 가정을 만족하기 위하여 잔차분석(residual analysis)을 시행한다. jamovi에서는 잔차에 대한 Q-Q 그래프(Q-Q plot of residuals)와 잔차 그래프(Residual plot)를 결과 분석에 제공해 준다.

1 단순회귀분석

산포도에 흩어져 있는 점들을 대표하는 회귀선을 구하는 기본원리는 다음과 같다. 회귀선은 산포도에 있는 모든 점이 자료를 대표하는 직선 방향으로 회귀한다는 의미이다. 회귀선을 표현하는 회귀방정식은 일차 함수를 나타내는 절편과 기울기 또는 회귀계수(regression coefficient)를 계산한다. 즉, 변수 X가 0일 때 Y 값을 나타내는 절편 a와 변수 X가 변함에 따라 변수 Y가 어떻게 변하는지 나타내는 회귀계수 b의 조합이다.

$$Y = a + bX$$

이때 X 값에 따른 Y 값과 방정식에 대입하여 계산된 Y의 기대값의 차이가 최소로 나타날 때 그 선이 바로 회귀선이 되는 것이다.

최소제곱법(Least square method)에 의한 회귀계수 산출방법

$$Y = a + bX$$

1단계) X와 Y변수의 평균과 표준편차를 구한다.
2단계) X와 Y변수의 상관계수 값을 구한다.
3단계) 회귀선의 회귀계수를 산출한다.

$$b = r_{xy}\frac{s_y}{s_x}$$

4단계) 회귀선의 절편을 계산한다.

$$a = \overline{Y_\gamma} - b\overline{X}$$

1) jamovi 분석 실행

단순회귀분석을 수행하기 위해서 'mReg.omv' 파일을 읽어 온다. 'mReg.omv' 파일에 있는 변수를 설명하면 다음과 같다.

- TV: TV 시청시간(종속변수, 연속변수)
- living: 거주(명명변수, 1: 부부가 함께 거주함, 0: 주말부부)
- age: 나이(연속변수)
- education: 교육수준(연속변수)
- area: 지역(명명변수, 1: 서울시, 2: 광역시, 3: 중소도시, 4: 읍면지역)

'교육수준(education)'이 'TV 시청시간'에 유의미한 영향을 미치고 있는지 jamovi 프로그램을 가지고 단순회귀분석을 한다.

Analyses ▷ **Regression** ▷ **Linear Regression**

분석 변수 대화상자

❶ 분석 변수 대화상자에서 왼쪽에 나열되어 있는 분석 변수들 중에서 'TV'를 종속변수(Dependent Variable) 칸으로 이동한다.

❷ 교육(education) 변수를 오른쪽 독립변수(Covariates) 칸으로 이동하면 오른쪽 결과 창에 단순회귀분석 결과가 나타난다.

jamovi 프로그램에서는 독립변수를 'Covariates'라는 용어로 표시한다. 또한 jamovi 프로그램에서는 예언변수(Predictor variables)를 독립변수(Covariates)와 범주형 변수(Factors)로 구분하고 있다.

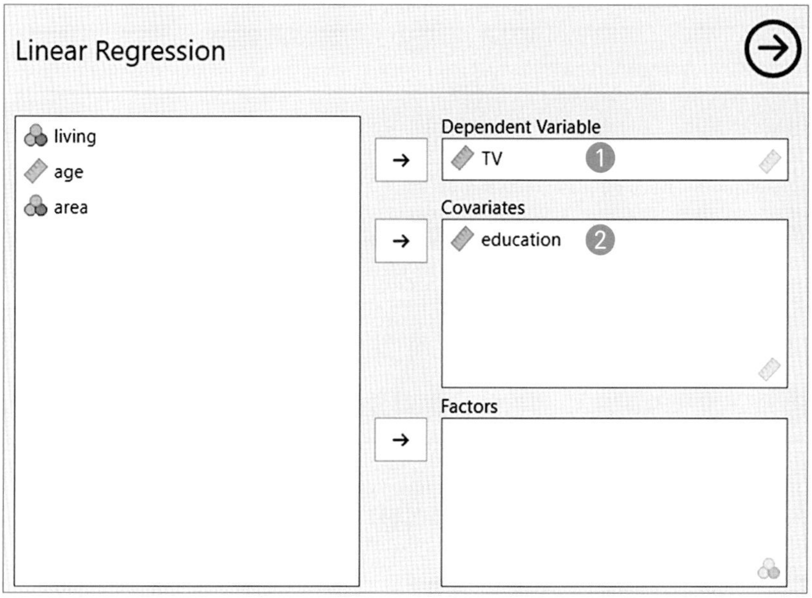

다음으로 오른쪽 결과 창에 제시된 분석 결과표를 살펴보기로 한다.

❶ 결과 창 오른쪽 위에 ⊖ 아이콘을 클릭하면 분석상자가 사라진다.

❷ 오른쪽 결과창을 클릭하면 분석상자가 다시 나타난다. 이러한 방법은 jamovi 모든 분석 프로그램에 적용된다.

❸ 교육수준(education)이 TV시청 시간에 미치는 영향에 대한 단순회귀분석 결과를 해석해 보면, 먼저 모형 설명력에서 $R^2=0.37$로 나타났다. 이것은 교육수준 변수가 TV 시청시간의 37%의 분산을 설명하고 있는 것으로 해석할 수 있다. 즉, TV 시청시간 총 변화량의 37%가 교육수준 점수에 의해서 설명되고 있다는 것을 의미한다.

❹ 단순회귀분석 결과를 기초로 회귀식을 제시하면 다음과 같다.

TV 시청시간 = 4.33 − 0.20(교육수준)

*t*값은 영가설(종속변수와 독립변수는 선형관계가 없다)을 검증하기 위한 검증 통계값으로 비표준화 회귀계수 값(Estimate)을 표준오차(SE)로 나누어줌으로써 계산된다. TV 시청시간에 대한 교육수준의 *t* 통계값은 −3.71(손으로 계산하면, −0.20/0.05=−4.0)로 나타났다(다음 분석 결과표의 *t*값과의 차이는 라운딩 에러임). 이 회귀계수가 통계적으로 유의한가를 검증하는 *t* 통계값의 확률값은 .001로 유의수준 .05에서 영가설을 기각한다. 즉, 교육수준이 증가할수록 TV 시청시간은 통계적으로 유의미하게 감소한다고 해석한다.

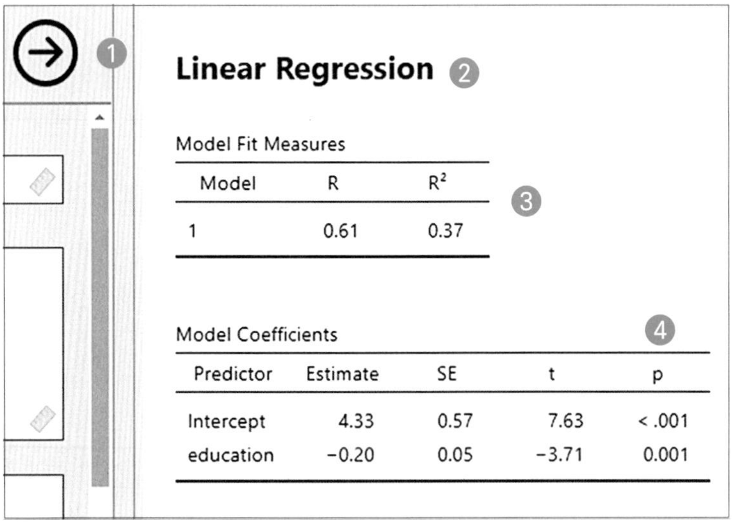

Model Fit Measures

Model	R	R^2
1	0.61	0.37

Model Coefficients

Predictor	Estimate	SE	t	p
Intercept	4.33	0.57	7.63	< .001
education	−0.20	0.05	−3.71	0.001

다음으로 분석상자에 대해서 설명하기로 한다.

모형 설정(Model Builder)

모형 설정 대화상자는 독립변수가 1개인 단순회귀분석에서는 의미가 없다. 그러나 독립변수가 2개 이상인 중다회귀분석 상황에서 독립변수를 순차적으로 투입함에 의한 효과 분석, 또는 상호작용 효과(interaction effect)를 포함한 분석을 원할 경우에는 모형 설정(Model Builder) 분석상자에서 원하는 모형을 설정하고 분석을 수행한다. 자세한 적용방법은 중다회귀분석에서 설명하기로 한다.

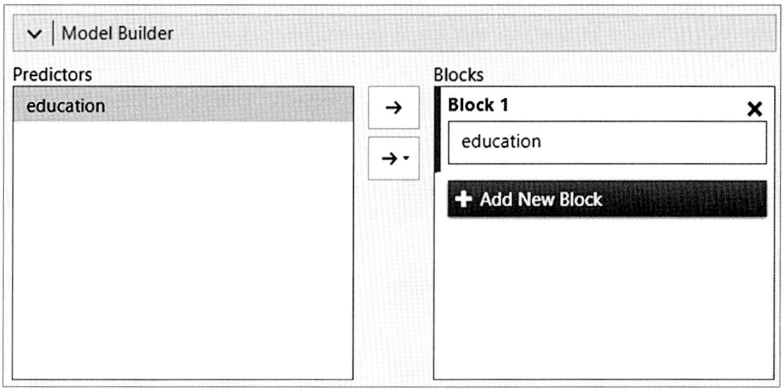

기준 집단 설정(Reference Levels)

이 옵션은 독립변수가 연속형 변수가 아닌 범주형 변수(Factors)일 경우에 적용되는 분석 옵션이다. 범주형 독립변수의 수준이 3개 이상인 경우에는 그 변수를 그대로 사용해서 회귀분석을 할 수 없다. 왜냐하면, 독립변수의 어떤 범주에 어떤 숫자를 할당해서 코딩하는가에 따라서 회귀분석 결과가 달라지기 때문이다.

따라서 범주형 독립변수에 대한 회귀분석을 수행하기 위해서는 먼저 기준 집단(Reference group)을 연구자가 임의로 정하는 것에서부터 출발한다.

예시 자료에서 범주형 변수인 '지역(area)' 변수를 독립변수(Factors) 창으로 옮기면, 오른쪽 결과 창에 지역변수에 대한 TV 시청시간의 단순회귀분석 결과가 제시된다.

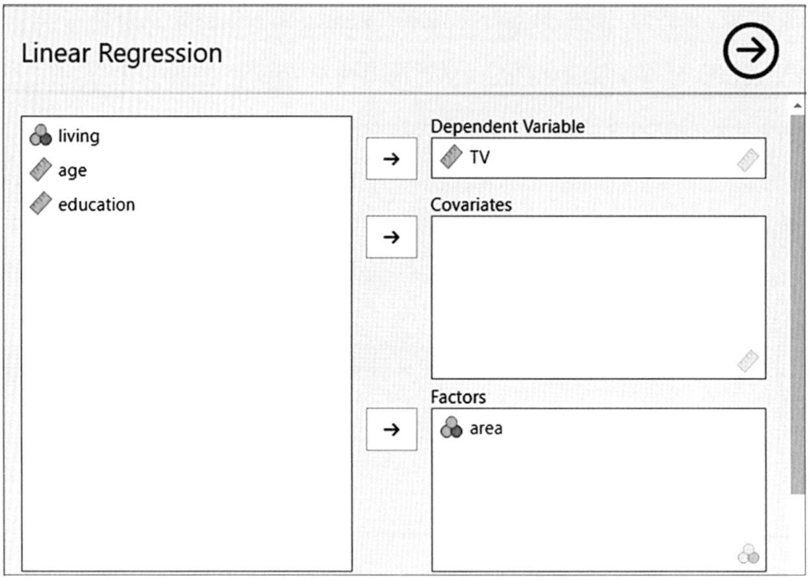

❶번 결과표에서 광역시(2)와 서울시(1)의 추정값(Estimate) 0.03이 어떻게 계산되었는지 알아보기로 한다.

Model Coefficients

Predictor	Estimate	SE	t	p
Intercept	2.33	0.24	9.57	< .001
area:				
❶ 2 – 1	0.03	0.70	0.05	0.962
3 – 1	0.20	0.70	0.29	0.778
4 – 1	0.48	0.68	0.71	0.486

범주형 독립변수를 해석하기 위해서 기준 집단(Reference Levels)을 클릭하면 다음과 같은 대화상자가 나타난다. 현재 사전 설정 값은 서울시(1로 코딩)로 지정되었다. 연구자는 기준 집단을 임의로 선택해서 지정할 수 있으며, 그에 따른 변화된 분석 결과를 오른쪽 결과 창에 보여 준다.

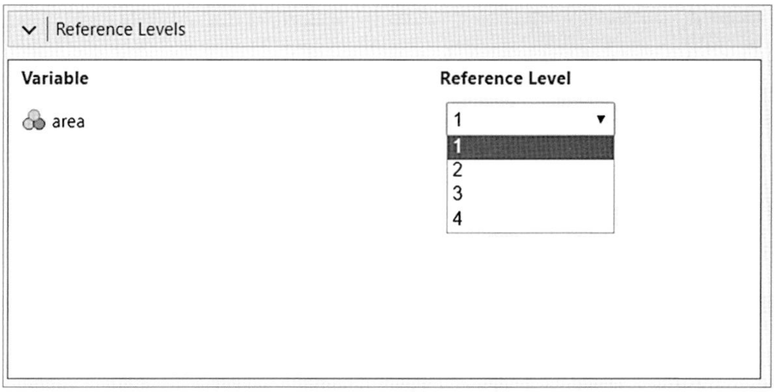

서울시(1로 코딩)에 거주하는 사람의 TV 시청시간의 평균과 광역시(2로 코딩)에 거주하는 사람의 TV 시청시간의 평균값을 알아보기 위해서 'Estimated Marginal Means' 분석상자를 클릭한다.

왼쪽 'area'를 ❶번처럼 오른쪽으로 이동한 다음에 ❷번 항목 'Marginal means tables'을 클릭한다. 그러면 각 지역수준에 대한 평균(Marginal Mean), 표준오차(SE)값과 함께 95% 신뢰구간 값을 보여 준다.

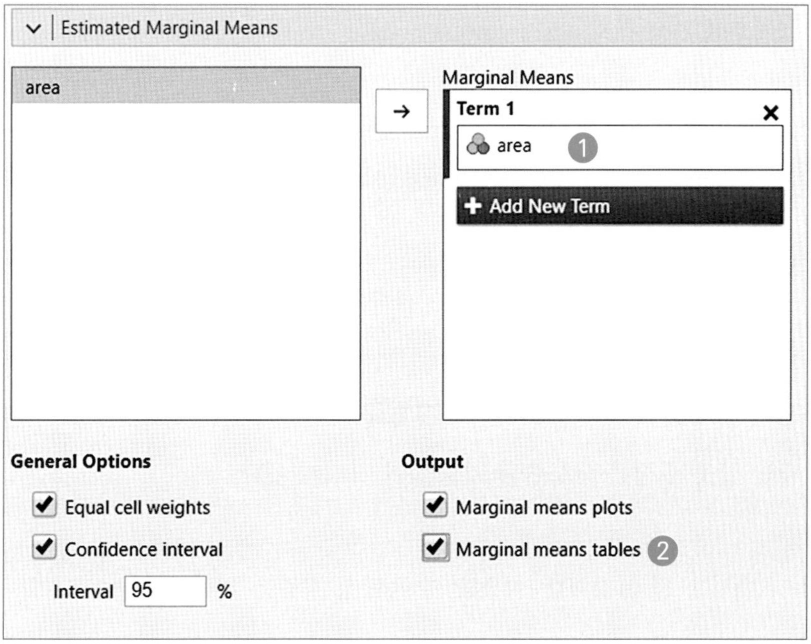

서울시의 TV 시청시간 평균은 2.15이고 광역시의 TV 시청시간의 평균은 2.18로 나타났다.

광역시와 서울시의 평균값의 차이 0.03이 범주형 분석의 '2-1' 항목의 추정값(Estimate)이 되는 것이다. 그리고 두 지역 평균값의 차이는 통계적으로 유의미하지 않은 것으로 나타났다($t=0.05$, $p=0.962$).

Estimated Marginal Means - area

area	Marginal Mean	SE	95% Confidence Interval Lower	95% Confidence Interval Upper
1	2.15	0.50	1.12	3.18
2	2.18	0.50	1.15	3.21
3	2.35	0.50	1.32	3.38
4	2.63	0.46	1.67	3.58

회귀분석 가정 검증(Assumption Checks)

가정 검증(Assumption Checks) 옵션을 클릭하면 다음과 같은 분석상자가 나타난다. 분석상자에 제시된 각 옵션을 설명하면 다음과 같다.

① Autocorrelation test: 서로 다른 관측치들에 대한 오차항이 서로 상관되어 있지 않아야 한다. 만약에 오차가 상관이 되면, 표준오차가 과소 추정되기 때문에 실제로 독립변수가 유의하지 않음에도 불구하고 통계적으로 유의미하다는 잘못된 결론을 도출할 가능성이 커지게 된다.

jamovi에서는 잔차(실제값-예측값)의 독립성 검증을 위해서 Dubin-Watson 검증을 결과값으로 보여 준다. Dubin-Watson 통계값에 대한 확률값이 유의수준 .05 보다 낮게 나오면 영가설(오차항 간에는 아무런 연관성이 없다)을 기각한다.

② Collinearity statistics: 다중공선성 통계값은 독립변수가 2개 이상인 중다 회귀분석 상황에서 독립변수들 간에 상관성 정도를 검증하는 통계값이다.

다중공선성(multicollinearity)

회귀분석에서 다중공선성은 변수들 간에 선형적 관계가 성립하는 것을 의미한다. 즉, 독립변수들 중 일부에 계수들을 곱하고 더해서 새로운 변수를 만들면 다중공선성이 발생한다.

수학에서는 이것을 선형 결합(linear combination)이라고 표현하며, 미지수가 식보다 많아지기 때문에 정확한 회귀계수 추정이 불가능하게 된다. 또한 변수들 간에 중복성이 심할수록 다중공선성이 발생할 개연성이 높아지게 된다.

다중공선성이 심각하게 발생할 때 생기는 가장 큰 문제는 회귀계수들의 분산(표준오차)이 커지게 된다는 것이다. 따라서 회귀계수의 유의성을 판단할 때 검증 통계량 t값의 크기는 작게 되고 따라서 통계적으로 유의하게 나타날 가능성이 작아진다는 문제점을 발생한다.

따라서 회귀분석을 수행할 때 원 독립변수들로부터 새로운 변수를 만들 때 다중공선성 문제에 대해서 심각하게 고려해야 할 것이다. 또한 원 독립변수들의 선형결합으로 새 변수를 만드는 것은 다중공선성이 발생할 우려가 크기 때문에 반드시 피해야 할 것이다.

jamovi에서는 분산팽창 계수(Variance Inflation Factor: VIF) 값과 공차(Tolerance) 통계값을 제시해 준다. 일반적으로 VIF값이 10 이상이거나 또는 Tolerance 값이 0.1 이하일 때 독립변수 간의 다중공선성이 존재한다고 해석한다. 다중공선성을 해결하는 방안으로 중복되는 정보를 가지고 있는 변수를 제거하거나 또는 평균 중심화 변수(mean-centered variable)를 사용하는 방법도 고려할 수 있다. jamovi에서는 연속변수의 경우 평균 중심화 방법을 표준옵션으로 설정하고 있다.

③ Q-Q plot of residuals and Residuals plot: 종속변수의 정규분포성 가정을 시각적으로 파악할 수 있다. jamovi library에서 'moretests' 모듈을 설치한 다음에 'Normality test'를 클릭하면 정규분포성 검증과 동분산 분석 결과가 제시된다. 영가설은 정규분포성과 동분산이며 확률값이 .05보다 낮게 나타나면 영가설을 기각한다.

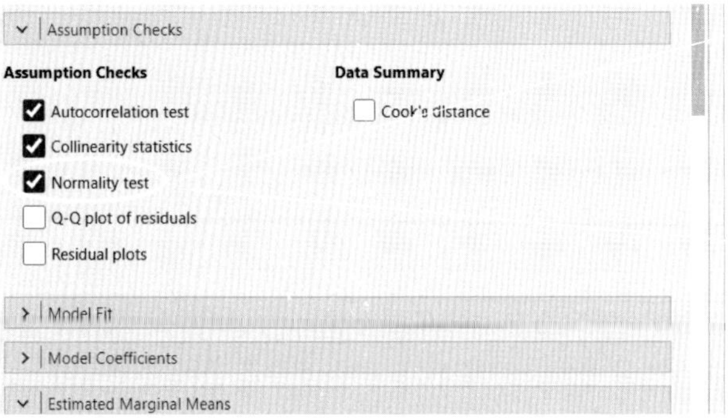

Normality Tests

	Statistic	p
Shapiro-Wilk	0.967	0.574
Kolmogorov-Smirnov	0.102	0.932
Anderson-Darling	0.286	0.596

Note. Additional results provided by *moretests*

Heteroskedasticity Tests

	Statistic	p
Breusch-Pagan	5.157	0.076
Goldfeld-Quandt	0.149	0.997
Harrison-McCabe	0.562	0.718

Note. Additional results provided by

④ Cook's distance: 관찰값들이 회귀분석 모형에 큰 영향을 주지 않으면 Cook의 거리는 작게 나타나고, 많은 영향을 주면 Cook의 거리는 크게 나타난다. 따라서 Cook의 거리는 회귀분석 모형에 영향을 미치는 극단적인 값(outliers)을 찾는 데 사용되는 통계값이다. 일반적으로 Cook의 거리가 1.0 이상이면 매우 큰 것이며, 0.5도 무시할 수 없는 수준으로 해석한다.

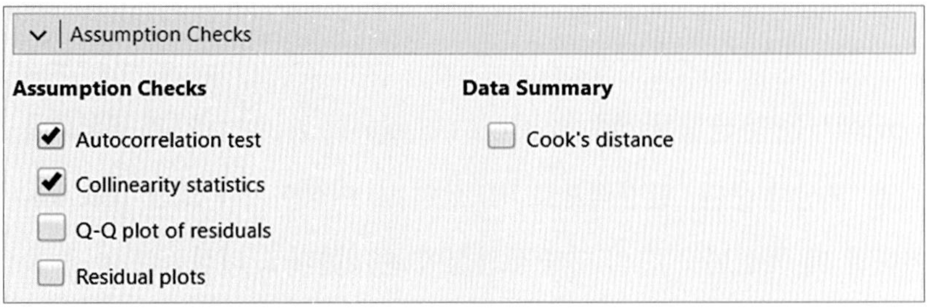

Data Summary

Cook's Distance

Mean	Median	SD	Range	
			Min	Max
0.05	0.03	0.04	9.17e-4	0.12

Assumption Checks

Durbin–Watson Test for Autocorrelation

Autocorrelation	DW Statistic	p
0.91	0.05	< .001

Collinearity Statistics

	VIF	Tolerance
area	1.00	1.00

■ 모형적합도(Model Fit)

모형적합도(Model Fit) 대화상자를 클릭하면 다음과 같은 통계 옵션들이 제시된다. 각 옵션을 선택해서 클릭하면 오른쪽 결과 창에 그에 따른 통계 결과값을 보여 준다.

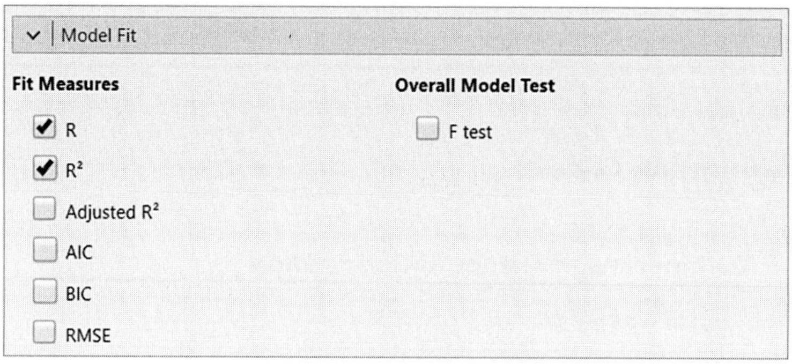

■ 모형계수(Model Coefficients)

모형계수(Model Coefficients) 대화상자를 클릭하면 다음과 같은 통계 옵션들이 제시된다. 각 옵션을 선택해서 클릭하면 오른쪽 결과 창에 결과값을 보여 준다.

❶ ANOVA test: 회귀분석 결과를 분산분석 결과표 형태로 보여 준다.
❷ Standardized Estimate: 표준화 회귀계수 값을 보여 준다.
❸ Estimate: 회귀분석 결과 분석표에 추정값에 대한 95% 신뢰구간 값을 보여 준다.

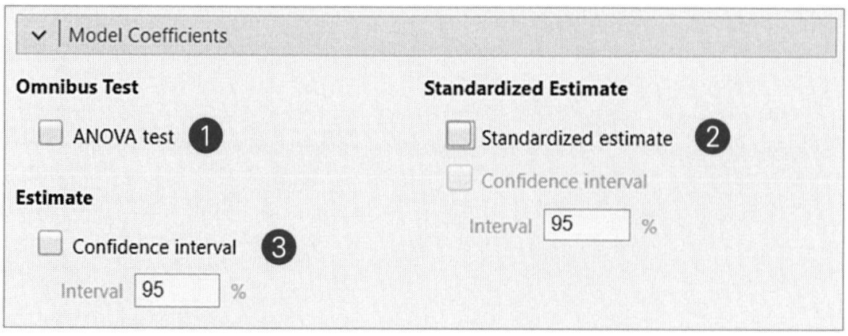

■ 추정평균(Estimated Marginal Means)

추정평균(Estimated Marginal Means) 대화상자를 클릭하면 다음과 같은 통계 옵션들을 보여 준다. 추정평균과 관련한 자세한 내용은 [부록 1]을 참고하기 바란다.

먼저 왼쪽에 제시되어 있는 변수들 목록에서 기술통계를 원하는 변수를 선택해서 오른쪽으로 이동한다. 만약에 여러 개의 변수를 선택하기를 원한다면 아래 ❷번 'Add New Term'을 선택하면 새로운 칸이 생성된다. 여기에 추가적인 변수를 이동하면 된다.

다음으로 분석 변수에 대한 평균 그래프를 원하면 ❸번을 클릭하고, 집단 평균값을 원하면 ❹번을 클릭한다. 만약에 95% 신뢰구간 값을 원할 경우 ❺번 항목을 클릭하면 분석 결과가 오른쪽 결과 창에 제시된다.

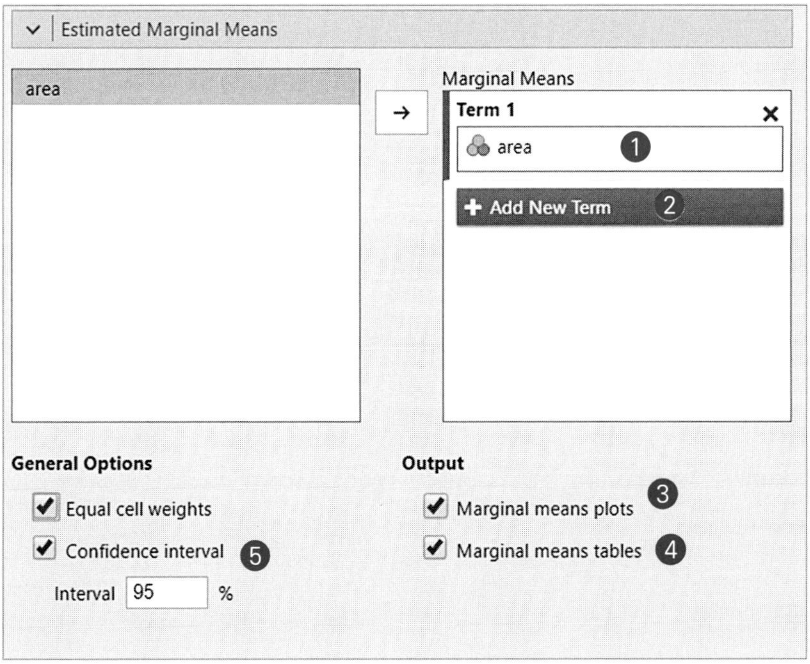

2 중다회귀분석

중다회귀분석(multiple regression analysis)은 종속변수를 보다 설득력 있게 예측하기 위해서 여러 개의 독립변수를 회귀 모형에 포함시켜 분석하는 방법을 의미한다.

1) jamovi 중다회귀분석

중다회귀분석을 수행하기 위해서 'mReg.omv' 자료 파일을 읽어온다.

거주여부(living), 나이(age), 교육수준(education), 지역(area) 변수가 TV 시청시간에 미치는 영향을 분석하기 위해서 중다회귀분석을 수행한다.

jamovi에서 중다회귀분석을 수행하기 위해서 jamovi 프로그램 ❶번 오른쪽 상단의 'Modules'을 선택한 다음에 'jamovi library'에서 'GAMLj: General Analyses for Linear Models' 프로그램을 ❷번 항목을 클릭해서 연구자 컴퓨터에 설치한다. 중다회귀분석은 'GAMLj' 모듈을 사용해서 분석하기로 한다. jamovi에 내장되어 있는 'Regression'을 사용해서 회귀분석을 수행할 수 있다. 그러나 필자는 'GAMLj' 모듈이 다양한 회귀분석 모형을 취급할 수 있기 때문에 'GAMLj' 모듈을 사용할 것을 권한다.

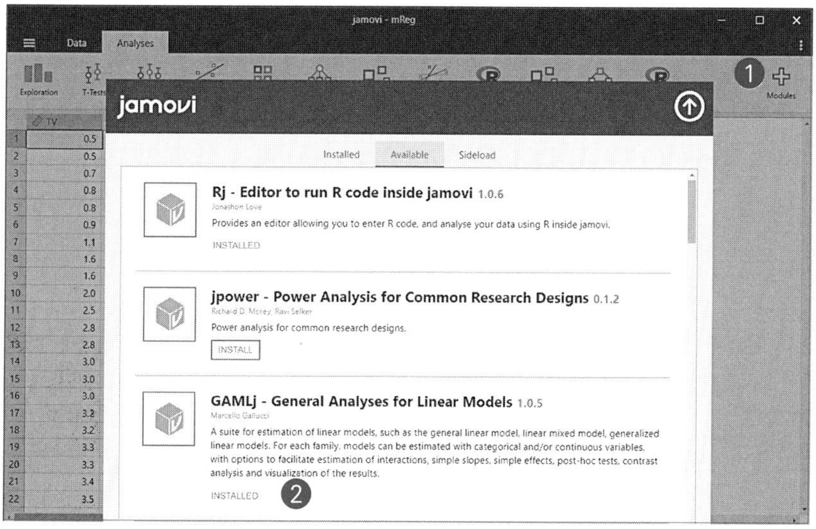

Analyses ▷ **Linear Models** ▷ **General Linear Model**

❶ 분석 대화상자에서 왼쪽에 나열되어 있는 분석 변수들 중에서 'TV'를 종속변수(Dependent Variable) 칸으로 이동한다.

❷ 요인변수(Factors) 창에 범주형 독립변수인 거주여부(living)와 지역(area) 변수를 이동한다.

❸ 연속변수로 이루어진 독립변수(Covariates) 창에 나이(age)와 교육수준(education) 변수를 이동시키면 오른쪽 결과 창에 중다회귀분석 결과가 나타난다.

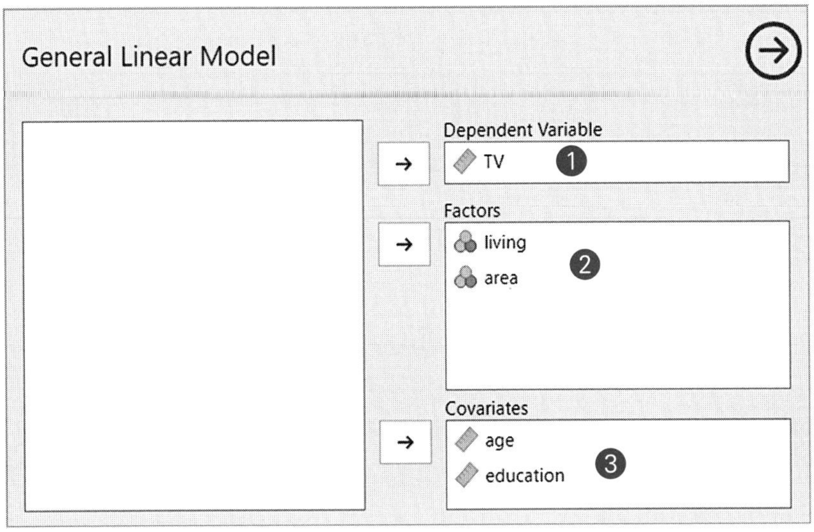

2) 모형 설정(Model)

❶ 중다회귀분석 결과를 의미 있게 해석하기 위해서 모형 설정(Model)을 클릭한다.

❷ 거주여부(living)와 지역(area)의 범주형 독립변수를 ➔ 화살표로 이동한다.

❸ 나이(age) 변수와 '교육수준(education)' 변수 간의 상호작용 항을 만들기 위해서 컴퓨터 자판에 있는 Ctrl 키를 사용해서 두 변수를 선택한 다음에 '➔ ▾' 아이콘을 클릭해서 ❹번 '상호작용(Interaction)'을 선택한다. 그러면 오른쪽에 'age*education' 상호작용 항이 생성되고, 분석 결과 창에 상호작용 검증값이 제시된다.

모형 설정(Model)에서 연구자는 연구모형에 포함될 변수를 자유롭게 선택해서 분석 결과를 비교할 수 있다. 예를 들면, 모든 변수를 동시에 오른쪽으로 이동시켜 분석할 수 있고(enter method), 독립변수를 하나씩 추가하거나(forward selection method) 또는 모든 변수를 투입한 후에 하나씩 제거할 수 있다(backward elimination method).

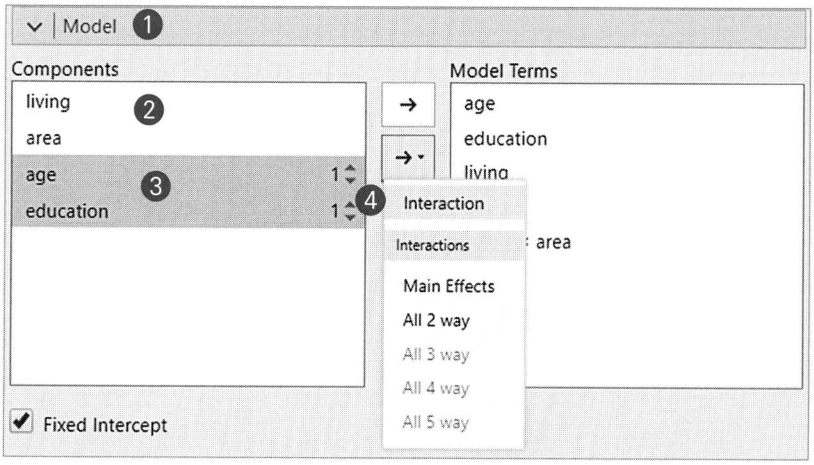

3) 중다회귀분석 결과 해석

'TV 시청시간'을 종속변수로 각 독립변수들의 영향 정도를 해석해 보면, '나이(age)'의 비표준화 추정값은 0.03이며, 통계적으로 유의하지 않은 것으로 나타났다($t=0.74$, $p=0.470$).

'교육수준(education)'이 1단위 증가할수록 'TV 시청시간'은 −0.15단위만큼 통계적으로 유의하게 감소하고 있는 것으로 나타났다($t=-2.63$, $p=0.018$).

'주거여부(living)' 변수의 경우 부부가 같이 사는 경우에 'TV 시청시간' 평균(1.57)과 전체 'TV 시청시간' 평균(2.20) 간의 차이가 −0.63단위만큼 나타났으며, 이러한 'TV시청 시간' 평균 간의 차이는 통계적으로 유의한 것으로 나타났다($t=-3.48$, $p=0.003$).

'지역변수(area)'를 해석하면, 2번 지역(광역시)에 거주하고 있는 사람의 TV 시청시간과 전체 지역 평균 TV 시청시간 간의 차이는 −0.31로 나타났으며, 이러한 차이는 통계적으로 유의하지 않은 것으로 나타났다($t=-1.09$, $p=0.290$). 3번 지역(중소도시)과 4번 지역(읍면지역)도 전체 평균 TV 시청시간과 비교할 때 통계적으로 유의미하지 않은 것으로 나타났다.

수준이 3개 이상으로 나열된 범주형 독립변수의 해석은 범주형 코딩('Factors Coding')에서 추가로 설명하기로 한다. 마지막으로 '나이(age)'와 '교육수준(education)'의 상호작용은 통계적으로 유의하지 않은 것으로 나타났다($t=0.59$, $p=0.562$).

Fixed Effects Parameter Estimates

Names	Effect	Estimate	SE	95% Confidence Interval Lower	Upper	β	df	t	p
(Intercept)	(Intercept)	2.27	0.19	1.87	2.67	0.00	17	12.01	< .001
age	age	0.03	0.04	−0.06	0.12	0.16	17	0.74	0.470
education	education	−0.15	0.06	−0.27	−0.03	−0.48	17	−2.63	0.018
living1	1 - (0, 1)	−0.63	0.18	−1.01	−0.25	−0.54	17	−3.48	0.003
area1	2 - (1, 2, 3, 4)	−0.31	0.29	−0.92	0.29	−0.27	17	−1.09	0.290
area2	3 - (1, 2, 3, 4)	0.05	0.32	−0.62	0.73	0.04	17	0.16	0.873
area3	4 - (1, 2, 3, 4)	0.19	0.29	−0.43	0.81	0.16	17	0.64	0.530
age ✻ education	age ✻ education	0.01	0.01	−0.02	0.03	0.11	17	0.59	0.562

▒ 효과 크기(Effect Size)

'GAMLj' 모듈에서는 중다회귀분석에서 다음 4가지 효과 크기 값을 제공하고 있다.

❶ β: 표준화 회귀계수 추정값을 의미한다.

❷ η^2: 전체 제곱합(SS_T)에서 집단간 제곱합(SS_B)이 차지하는 비율을 의미하며, 0~1의 범위를 가진다.

❸ partial η^2: 다른 독립변수와 상호작용 효과를 제거한(또는 통제한) 상황에서 특정 독립변수의 전체 제곱합(SS_T)에서 집단간 제곱합(SS_B)이 차지하는 비율을 의미한다. 0~1의 범위를 가진다.

❹ ω^2: η^2와 유사하게 전체 종속변수의 분산에서 독립변수가 설명하는 비율을

의미한다. η^2와 비교할 때 상대적으로 덜 편파된 지수로 알려져 있으며, 특히 표본수가 작은 상황에서 사용할 수 있는 효과 크기 지수라고 볼 수 있다. ω^2는 ±1의 범위를 가지고 0의 값을 가지면 효과 크기가 없다고 해석한다. 참고로 F값이 1보다 작으면, ω^2값은 음수의 값을 나타낸다.

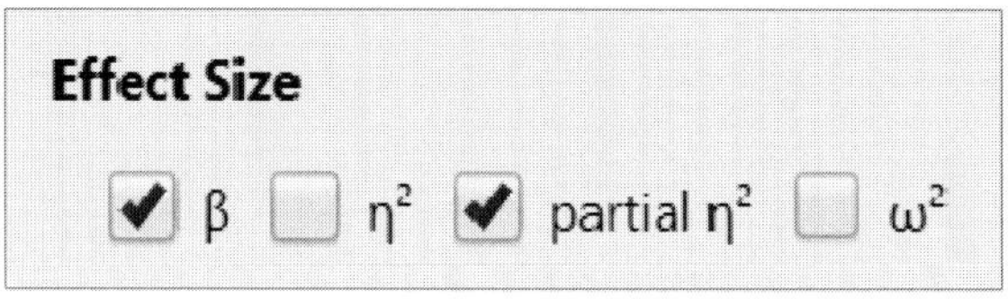

Model Results

ANOVA Omnibus tests

	SS	df	F	p	❷ η²	❸ η²p	❹ ω²
Model	20.84	7	4.59	0.005	0.65	0.65	0.50
age	0.35	1	0.55	0.470	0.01	0.03	−0.01
education	4.47	1	6.90	0.018	0.14	0.29	0.12
living	7.83	1	12.08	0.003	0.25	0.42	0.22
area	0.83	3	0.43	0.736	0.03	0.07	−0.03
age ✻ education	0.23	1	0.35	0.562	0.01	0.02	−0.01
Residuals	11.02	17					
Total	31.86	24					

4) 범주형 코딩(Factors Coding)

2개 이상의 수준으로 이루어진 범주형 독립변수의 경우 jamovi에서는 7개(deviation, simple, dummy, difference, helmert, repeated, polynomial)의 범주형 코딩 옵션을 제공함으로써 다양한 범주형 코딩방법을 설정하고 그에 따른 해석을 할 수 있다. 7개 코딩옵션에 따른 결과 차이를 오른쪽 결과분석 창에서 직접 확인한 다음에 연구문제에 적합한 코딩옵션을 설정하고 분석을 진행하면 된다.

'simple' 코딩을 선택하면 낮은 번호값을 기준 변수로 대비값을 추정값으로 제시한다. 예를 들면, 지역(area)변수를 가지고 'simple' 코딩 옵션을 선택하면 총 3개 대비(2−1, 3−1, 4−1) 추정값을 제공한다. 'area1'에서 2−1은 두 번째 지역 평균값과 첫 번째 지역 평균값의 차이값을 의미하며 이 값이 바로 추정값(Estimate)이 되는 것이다.

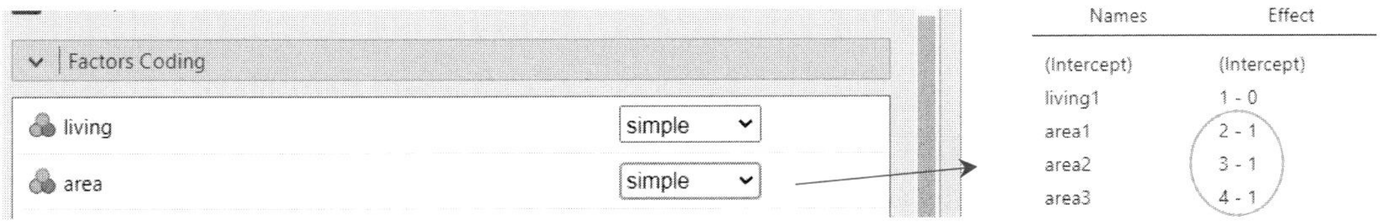

'deviation' 코딩을 선택하면 해당 범주의 평균값과 전체 평균값의 차이값을 추정값으로 제시한다. 예를 들면, 'area1'의 2−(1,2,3,4)는 두 번째 지역 평균값과 4지역 합산 평균값 간의 차이를 의미하는 것이다.

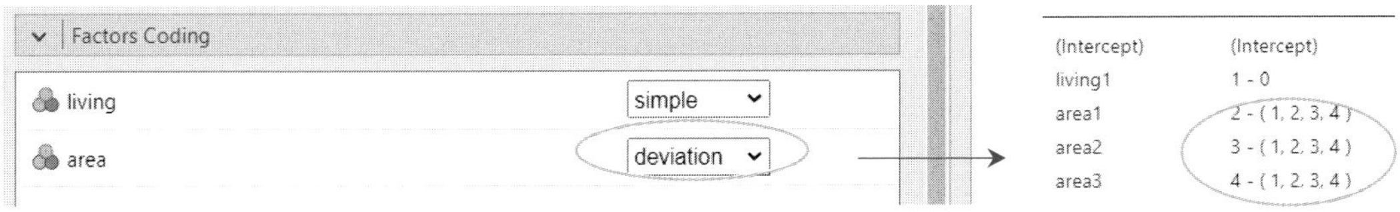

'simple'과 'dummy' 코딩은 동일한 분석 결과를 보여 준다.

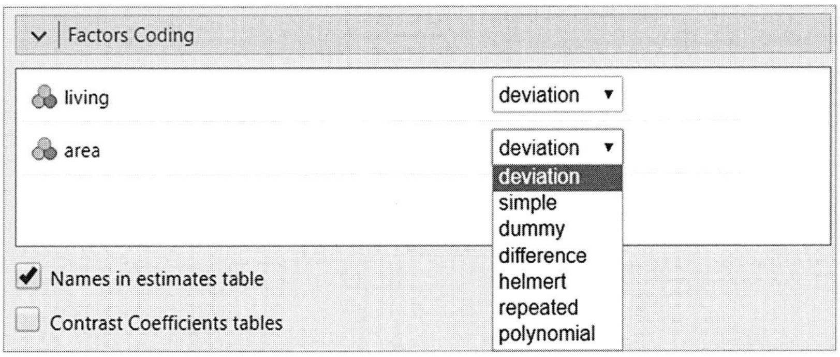

각 집단의 평균값은 'Estimated Marginal Means' 분석상자를 클릭해서 'Estimated Marginal Means'를 클릭하면 집단별 평균값이 제시된다.

❶ 만약에 '거주(living)' 변수를 더미(dummy) 코딩으로 설정하고 분석하면, 결과표에서 추정값(Estimate)은 −1.26으로 제시된다.

❷ 이 추정값 −1.26은 부부가 함께 거주할 때 'TV 시청시간' 평균 1.64에서 주말부부의 'TV 시청시간' 평균 2.90을 뺀 값을 의미하며, 통계적으로 유의미한 차이가 있는 것으로 나타났다($t = -3.48$, $p = 0.003$).

Fixed Effects Parameter Estimates

				95% Confidence Interval					
Names	Effect	Estimate	SE	Lower	Upper	β	df	t	p
(Intercept)	(Intercept)	2.90	0.26	2.36	3.44	0.00	17	11.27	< .001
living1	1 - 0	❶ -1.26	0.36	-2.02	-0.49	-1.09	17	-3.48	0.003
area1	2 - (1, 2, 3, 4)	-0.31	0.29	-0.92	0.29	-0.27	17	-1.09	0.290
area2	3 - (1, 2, 3, 4)	0.05	0.32	-0.62	0.73	0.04	17	0.16	0.873
area3	4 - (1, 2, 3, 4)	0.19	0.29	-0.43	0.81	0.16	17	0.64	0.530
age	age	0.03	0.04	-0.06	0.12	0.16	17	0.74	0.470
education	education	-0.15	0.06	-0.27	-0.03	-0.48	17	-2.63	0.018
age ✻ education	age ✻ education	0.01	0.01	-0.02	0.03	0.11	17	0.59	0.562

Estimated Marginal Means

living

	❷			95% Confidence Interval	
living	Mean	SE	df	Lower	Upper
0	2.90	0.26	17.00	2.36	3.44
1	1.64	0.27	17.00	1.08	2.20

Note. Estimated means are estimated keeping constant other independent variable(s) in the model to the mean

이번에는 지역(area) 변수에 '서울시(1로 코딩)'를 기준 집단으로 설정하고 더미(dummy) 코딩을 실시한 결과를 해석해 보기로 한다.

❶ 'Factors Coding' 분석상자에서 'dummy'를 선택한다.

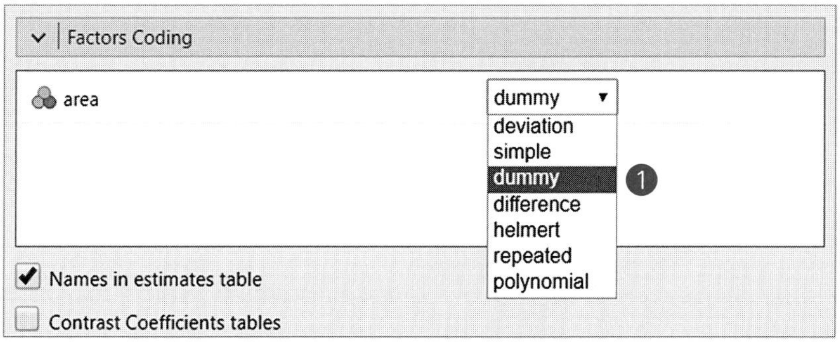

❶ 지역(area) 변수를 해석해 보면, 서울시(1로 코딩)를 기준집단으로 광역시(2–1), 중소도시(3–1), 읍면지역(4–1)에 대한 유의도 검증 결과가 제시되고 있다. 종속변수 'TV 시청시간'에 대해서 서울시를 기준으로 비교한 나머지 3집단 간에 통계적으로 유의한 차이가 없는 것으로 나타났다. 'area 1'의 계수 추정값 −0.38은 광역시에서 서울시 'TV 시청시간 평균'을 뺀 값을 의미한다. 이 차이는 통계적으로 유의하지 않은 것으로 나타났다($t=-0.75$, $p=0.460$). 다른 지역 변수 수준의 해석도 동일한 방식으로 한다.

Fixed Effects Parameter Estimates

Names	Effect	Estimate	SE	β	df	t	p
(Intercept)	(Intercept)	2.90	0.43	0.00	18	6.83	< .001
age	age	0.04	0.04	0.19	18	0.96	0.352
education	education	−0.15	0.06	−0.48	18	−2.72	0.014
living1	1 - 0	−1.20	0.34	−1.04	18	−3.51	0.002
area1	2 - 1 ❶	−0.38	0.50	−0.33	18	−0.75	0.460
area2	3 - 1	−0.02	0.56	−0.02	18	−0.04	0.971
area3	4 - 1	0.03	0.50	0.03	18	0.07	0.945

서울시와 광역시의 TV 시청시간 평균 확인을 위해서 'Estimated Marginal Means'를 클릭한다.

범주형 독립변수의 각 집단의 평균, 표준오차, 자유도, 95% 신뢰구간 값이 제시된다.

❶ 지역(area)변수에서 서울시의 TV 시청시간 평균은 2.31이고, 광역시의 평균은 1.93이다. 1.93−2.31=−0.38이 되는 것이다.

living

				95% Confidence Interval	
living	Mean	SE	df	Lower	Upper
0	2.81	0.21	18.00	2.37	3.25
1	1.62	0.26	18.00	1.08	2.16

Note. Estimated means are estimated keeping constant other independent variable(s) in the model to the mean

area

				95% Confidence Interval	
area	Mean	SE	df	Lower	Upper
1 ❶	2.31	0.37	18.00	1.53	3.09
2	1.93	0.33	18.00	1.24	2.62
3	2.29	0.35	18.00	1.54	3.03
4	2.34	0.31	18.00	1.69	2.99

Note. Estimated means are estimated keeping constant other independent variable(s) in the model to the mean

5) 평균 중심화(Covariates Scaling)

❶번 평균 중심화(centered) 옵션을 클릭하면 연속형 독립변수에 대한 척도를 변경할 수 있다. 사전 설정 값으로 jamovi에서는 연속형 독립변수에 대한 평균 중심화 옵션을 설정하고 있다.

jamovi에서 평균 중심화 옵션을 연속형 독립변수의 사전 설정 값으로 설정한 이유는 다음과 같다. 첫째, 중다회귀분석에서 종속변수에 대한 독립변수의 효과를 의미 있게 해석할 수 있다. 둘째, 독립변수들 간의 다중공선성(multicolinearity)을 감소시킬 수 있다.

연구자는 연구 설계에 따라서 연속형 독립변수를 표준화 값(standardized)으로 변환하거나 또는 분석자료의 변환 없이 원래의 입력 값(none)을 선택할 수 있다.

❷번은 단순매개 또는 조절 모형 분석을 수행할 때 사용되는 옵션이며, 8장 '매개 및 조절효과'에서 자세하게 설명할 것이다.

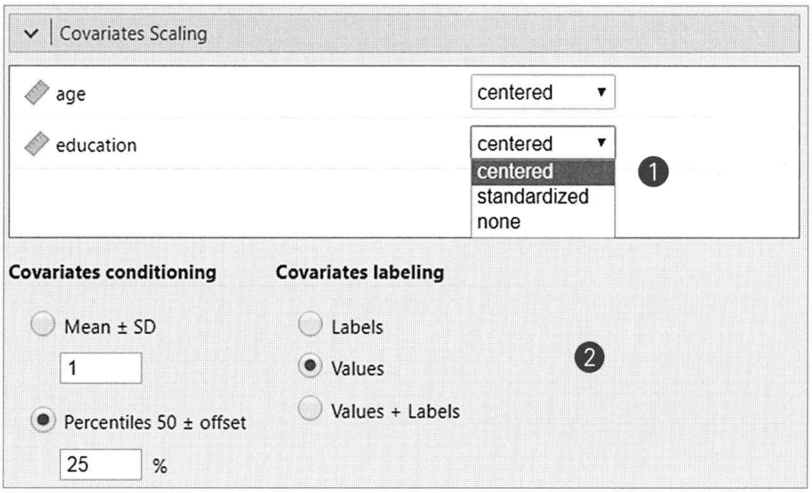

6) 사후검증(Post Hoc Tests)

왼쪽에 제시된 변수를 선택해서 오른쪽으로 이동한 후에 사후검증 옵션을 클릭하여 'Bonferroni' 'Tukey' 또는 'Holm' 사후검증을 수행할 수 있다. jamovi와 R 통계프로그램에서는 'Tukey' 사후검증을 추천하고 있다.

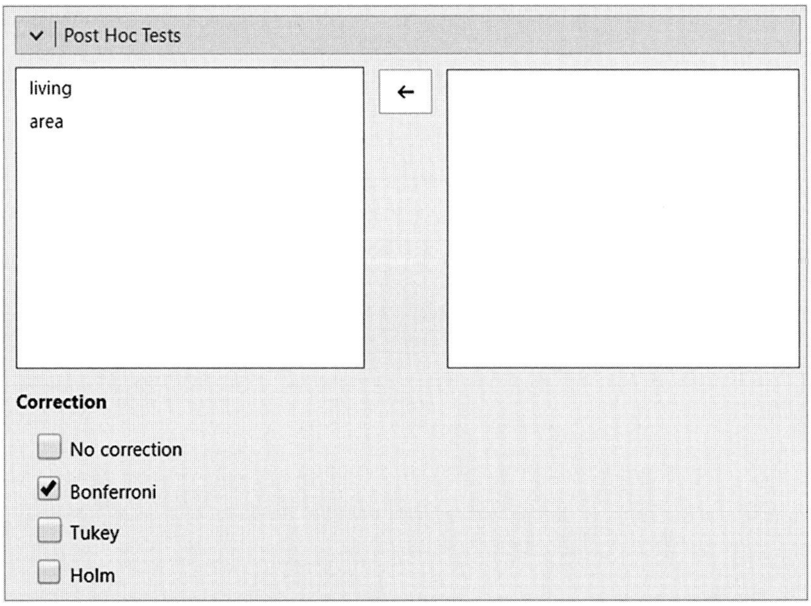

7) 그래프(plots)

그래프(plots) 옵션을 선택하고 ❶번 수평축(Horizontal axis)에 'living' 변수를 이동한다. ❷번 개별 선(Separate lines)에 'area' 변수를 이동한다. 마지막으로 교육수준 정도에 따른 경향성을 파악하기 위해서 ❸번 개별 그래프(Separate plots)에 'education' 변수를 이동한다.

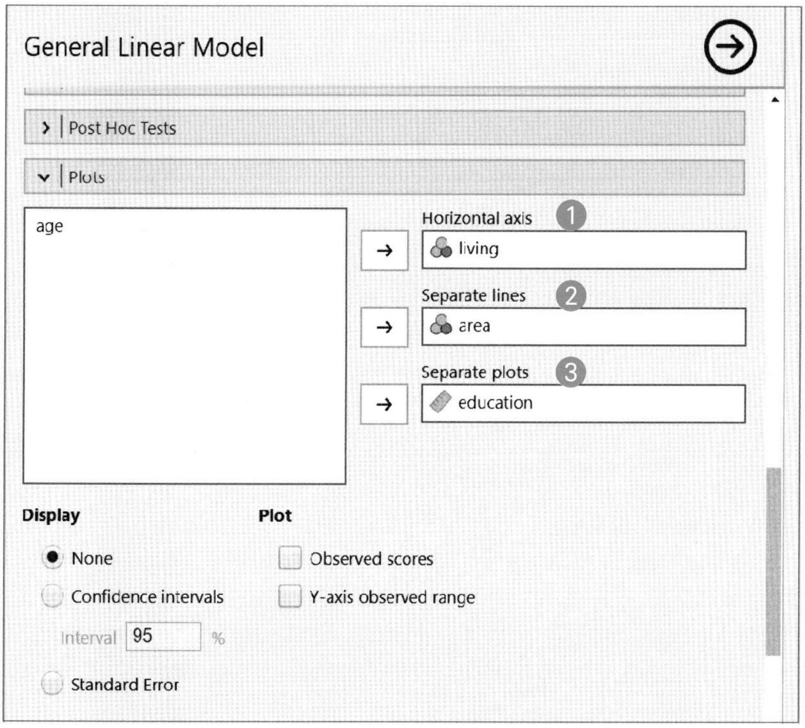

오른쪽 분석 결과 창에 'TV 시청시간'을 세로축으로 하고 교육수준(education)의 정도를 3개 집단(평균, ±1 표준편차)으로 구분해서 그래프로 보여 준다.

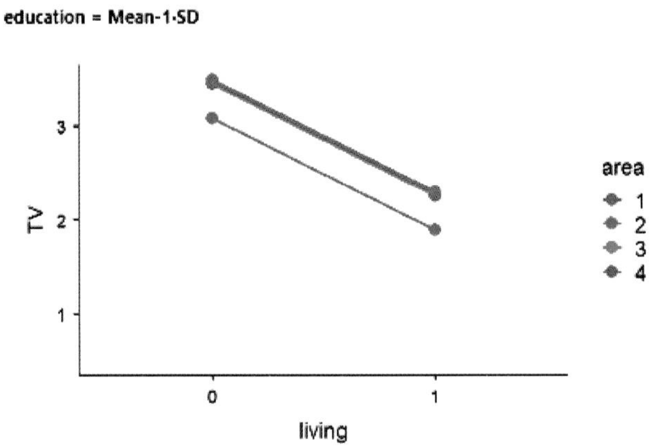

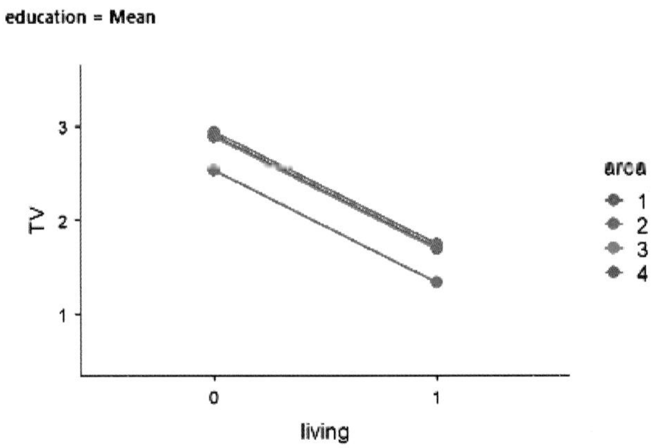

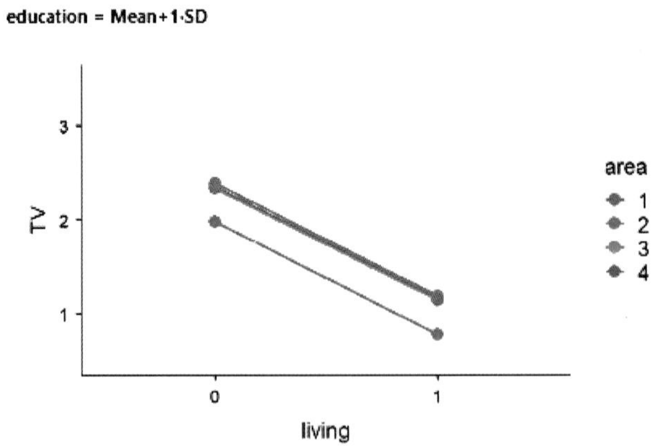

나머지 옵션을 선택적으로 클릭하면 관찰점수(Observed scores), 95% 신뢰구간, 또는 표준오차(Standard Error)가 그래프에 제시된다.

8) 단순조절효과(Simple Effects)

GAMLj(General Analyses for Linear Models) 모듈에서도 단순조절효과(simple moderation effect) 분석을 수행할 수 있다.

종속변수 'TV 시청시간'에 대한 '교육수준(education)' 독립변수의 효과연구에서 '나이(age)' 변수가 조절변수(moderate variable) 역할을 한다고 가정할 때, 다음과 같은 'Simple Effects' 분석상자를 클릭한다.

❶ 'Simple effects variable': 왼쪽 변수들 중에서 독립변수 1개를 선택한다.

❷ 'Moderator': 조절변수 1개를 선택한다.

❸ 'Breaking variable': 만약에 집단 변수 수준별로 종속변수에 대한 독립변수의 효과를 분석하기 원할 경우, 해당 범주형 변수를 선택한다(옵션 사항임).

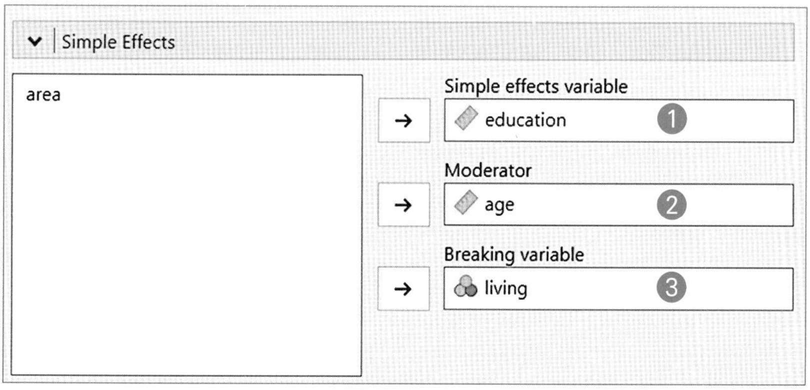

❶ 'TV 시청시간'에 대한 '교육수준(education)'의 단순회귀분석에서 주말부부(living =0)의 경우, 평균 연령(Mean) 집단($t=-2.6273$, $p=0.018$)과 평균보다 1 표준편차 낮은 연령 집단($t=-2.3108$, $p=0.034$)은 'TV 시청시간'에 대한 '교육수준(education)' 변수가 통계적으로 유의하게 부적으로 영향을 미치고 있는 것으로 나타났다.

그러나 평균보다 1 표준편차 높은 연령 집단의 경우에는 'TV 시청시간'에 대한 '교육수준(education)' 효과가 통계적으로 유의하지 않은 것으로 나타났다($t=-1.3231$, $p=0.203$).

❷ 이러한 결과는 부부가 같이 사는 경우(living=1)에도 동일한 결과를 보이고 있는 것으로 나타났다.

Simple effects of education : Parameter estimates

Moderator levels				95% Confidence Interval				
living	age	Estimate	SE	Lower	Upper	t	p	
0	Mean-1·SD	-0.18866	0.081641	-0.36090	-0.016412	-2.3108	0.034	❶
	Mean	-0.15219	0.057926	-0.27440	-0.029976	-2.6273	0.018	
	Mean+1·SD	-0.11572	0.087461	-0.30025	0.068809	-1.3231	0.203	
1	Mean-1·SD	-0.18866	0.081641	-0.36090	-0.016412	-2.3108	0.034	❷
	Mean	-0.15219	0.057926	-0.27440	-0.029976	-2.6273	0.018	
	Mean+1·SD	-0.11572	0.087461	-0.30025	0.068809	-1.3231	0.203	

Note. No interaction involving the simple effects variables is present in the model. Simple effects are equivalent to main effects

이러한 결과를 그래프(plot)로 제시하기 위해서 'Plots' 분석상자를 클릭한다.

❶ Horizontal axis: 그래프 수평축에 독립변수를 이동한다.

❷ Separate lines: 조절변수를 이동한다.

❸ Separate plots: 집단변수를 이동한다.

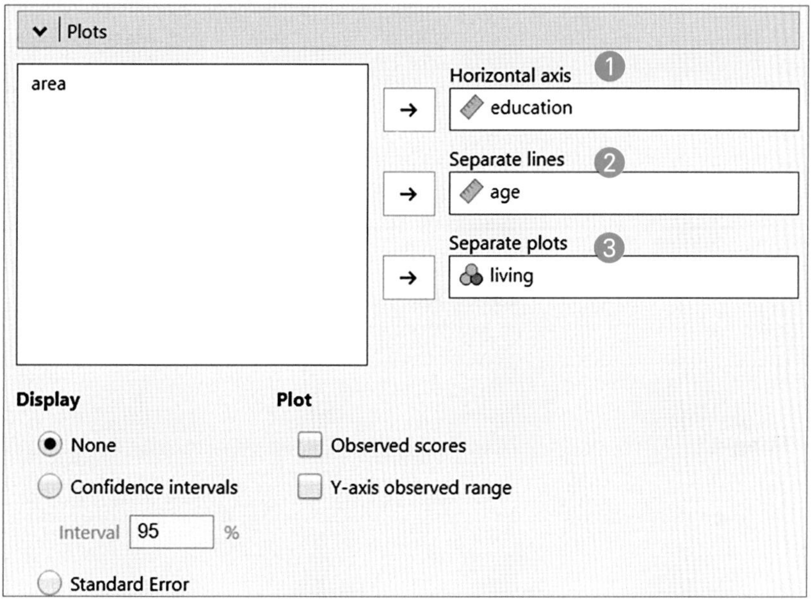

다음과 같은 그래프가 오른쪽 결과 창에 제시된다.

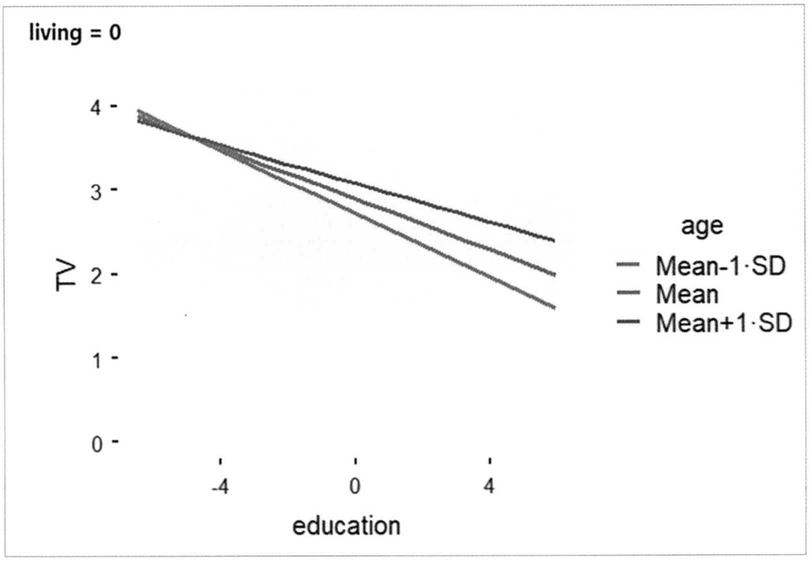

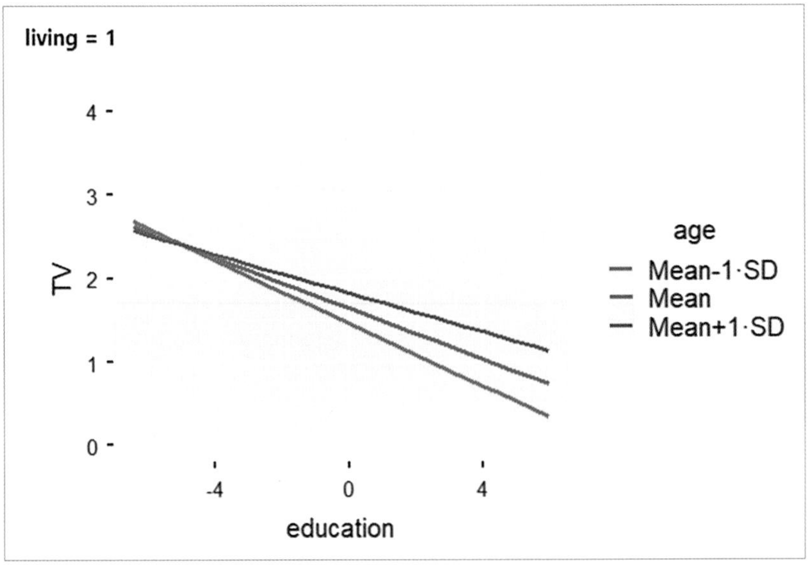

9) 추정평균(Estimated Marginal Means)

범주형 독립변수의 수준에 따른 평균, 표준오차, 자유도(*df*) 및 95% 신뢰구간 통계값을 제시해 준다.

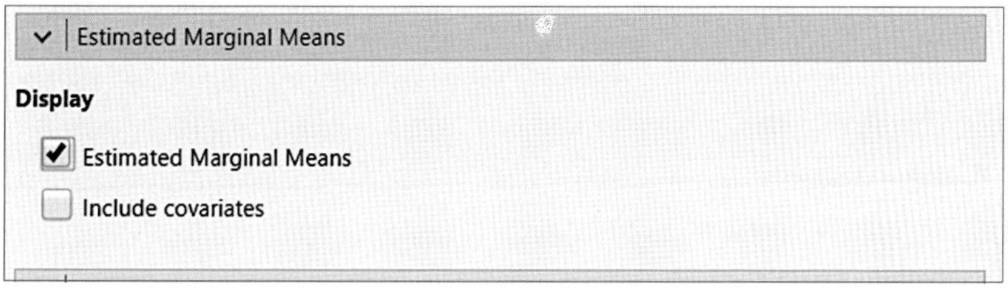

Estimated Marginal Means

living

				95% Confidence Interval	
living	Mean	SE	df	Lower	Upper
0	2.90	0.26	17.00	2.36	3.44
1	1.64	0.27	17.00	1.08	2.20

Note. Estimated means are estimated keeping constant other independent variable(s) in the model to the mean

area

				95% Confidence Interval	
area	Mean	SE	df	Lower	Upper
1	2.34	0.38	17.00	1.54	3.15
2	1.96	0.34	17.00	1.24	2.67
3	2.32	0.37	17.00	1.55	3.09
4	2.46	0.37	17.00	1.68	3.24

Note. Estimated means are estimated keeping constant other independent variable(s) in the model to the mean

10) 중다회귀분석 가정 검증(Assumption Checks)

중다회귀분석 가정 검증을 클릭하면 동분산 가정 검증(Homogeneity tests), 잔차의 정규분포성 가정 검증(Test normality of residuals)과 그에 대응되는 잔차의 Q-Q 그래프가 결과 창에 제시된다.

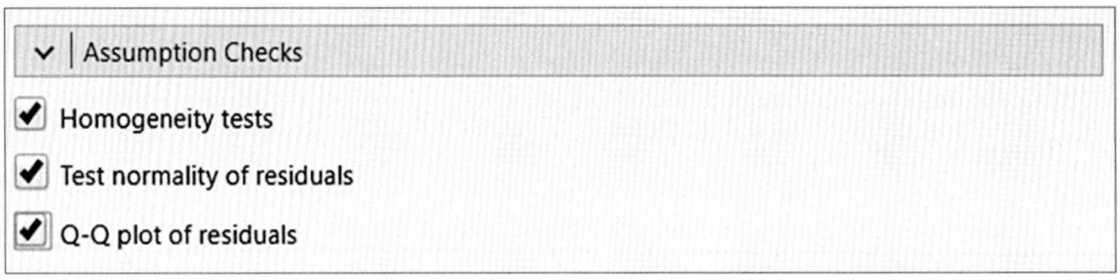

① 잔차의 동분산 가정 검증(Homogeneity tests)

회귀분석 모형에서 오차의 분산이 모든 독립변수에 대해서 일정해야 한다. 이때 검증하고자 하는 영가설은 "오차의 분산이 독립변수에 대해서 일정하다."이다. Levene 검증 결과, 영가설을 기각하지 않는 것으로 나타났다($F(7, 17)=0.96$, $p=0.489$). 즉, 잔차의 동분산 가정을 지지하고 있는 것으로 해석할 수 있다.

Test for Homogeneity of Residual Variances (Levene's)

F	df1	df2	p
0.96	7	17	0.489

② 잔차의 정규분포성 가정 검증(Test normality of residuals)

오차항의 확률분포가 정규분포에서 많이 벗어나는 경우는 분석 결과에 큰 영향을 미친다. jamovi에서는 Kolmogorov-Smirnov 검증과 Shapiro-Wilk 검증 결과를 제시해 준다.

검증하고자 하는 영가설은 "잔차들은 정규분포를 따르고 있다."를 검증한다. 분석 결과 양쪽 모두 검증 결과 유의확률이 .05를 넘는 것으로 나타나 잔차의 정규분포성 가정을 지지하고 있는 것으로 나타났다.

Test for Normality of residuals

Test	Statistics	p
Kolmogorov-Smirnov	0.15	0.614
Shapiro-Wilk	0.95	0.246

③ 잔차의 Q-Q 그래프(Q-Q Plot of residuals)

관찰값들이 대각선으로 표시된 일직선에 위치할수록 표준화된 잔차가 정규분포 형태를 이루고 있을 가능성이 크다는 것을 시각적으로 보여 준다.

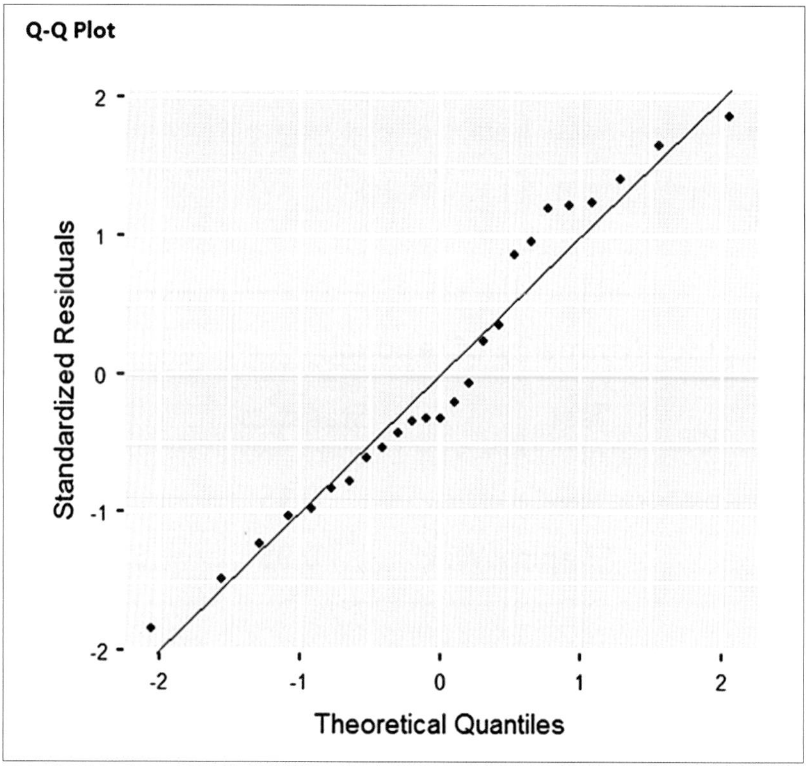

11) 옵션(Options)

최근 jamovi 버전에서 옵션 항목이 추가되었다. 'Additional Info' 항목에서 'On intercept'를 클릭하면 절편에 대한 효과 크기 값을 제시해 준다. 'On Effect sizes'를 클릭하면 독립변수들에 대한 효과크기와 95% 신뢰구간 값을 제시해 준다.

'Save' 항목에서 'Predicted'를 클릭하면 회귀모형에 의해서 산출된 기댓값을 데이터 시트 항목에 제시한다. 'Residuals'를 클릭하면 실제 관찰값과 회귀모형에 의해서 산출된 기댓값 간의 차이값(잔차)을 데이터 시트 항목에 제시한다. 기댓값과 잔차값을 가지고 추후 분석을 할 수 있다.

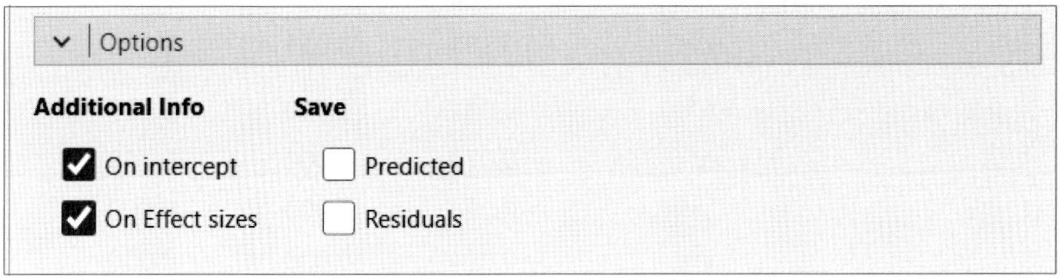

Intercept Information

	df	F	p	η^2p
(Intercept)	17	0.425	0.523	.

Effect Size Indices				
			95% Confidence Interval	
Effect	Statistics	Estimate	Lower	Higher
living	η^2	0.385	0.054	0.637
	η^2p	0.415	0.073	0.658
	ω^2p	0.307	0.015	0.583
	ε^2p	0.381	0.051	0.635
area	η^2	0.041	0.000	0.189
	η^2p	0.070	0.000	0.269
	ω^2p	−0.074	0.000	0.000
	ε^2p	−0.094	0.000	0.000
age	η^2	0.002	0.000	0.177
	η^2p	0.004	0.000	0.202
	ω^2p	−0.039	0.000	0.000
	ε^2p	−0.055	0.000	0.000
education	η^2	0.020	0.000	0.273
	η^2p	0.035	0.000	0.307
	ω^2p	−0.016	0.000	0.000
	ε^2p	−0.022	0.000	0.000
age ✻ education	η^2	0.011	0.000	0.245
	η^2p	0.020	0.000	0.275
	ω^2p	−0.027	0.000	0.000
	ε^2p	−0.037	0.000	0.000

	TV	living	age	education	area	GLM_PRE...	GLM_RES...
1	0.5	1	73	14	1	1.086	-0.586
2	0.5	1	66	16	2	-0.100	0.600
3	0.7	0	65	15	3	1.661	-0.961
4	0.8	0	65	16	4	1.588	-0.788
5	0.8	1	68	9	4	1.867	-1.067
6	0.9	1	69	10	3	1.572	-0.672
7	1.1	1	82	12	2	1.401	-0.301
8	1.6	1	83	12	1	1.833	-0.233
9	1.6	1	81	12	1	1.746	-0.146
10	2.0	0	72	10	2	2.552	-0.552
11	2.5	1	69	8	3	1.938	0.562
12	2.8	0	71	16	4	2.001	0.799
13	2.8	0	71	12	1	2.569	0.231
14	3.0	0	80	9	1	3.296	-0.296
15	3.0	0	73	6	2	3.213	-0.213
16	3.0	0	75	6	2	3.222	-0.222
17	3.2	0	76	10	3	3.039	0.161
18	3.2	0	78	6	3	3.602	-0.402
19	3.3	1	79	6	4	2.488	0.812
20	3.3	0	79	4	4	3.981	-0.681
21	3.4	1	78	6	1	2.370	1.030
22	3.5	0	76	9	2	2.812	0.688
23	3.6	0	65	12	3	2.288	1.312
24	3.7	0	72	12	4	2.726	0.974
25	3.7	0	80	6	4	3.748	-0.048

08

매개 및 조절효과

1. 단순매개효과 분석
2. 단순조절효과 분석
3. 매개된 조절모형 분석
4. 중다매개모형 분석

8
매개 및 조절효과

매개효과

매개효과(Mediation Effect)는 독립변수가 종속변수에 영향을 줄 때 제3의 변수를 통해서 영향을 주는 것을 의미한다. 독립변수 X가 종속변수 Y에 영향을 주는 과정은 크게 두 가지로 살펴볼 수 있다.

첫째, 독립변수 X가 종속변수 Y에 직접 영향을 주는 정도를 직접효과(direct effect)라고 한다.

둘째, 독립변수 X가 다른 변수 M을 통해서 간접적으로 종속변수 Y에 영향을 주는 것이다. 이때, 변수 M은 X와 Y의 관계를 매개하기 때문에 매개변수(mediator)라고 하며 X가 Y에 간접적으로 영향을 미치는 정도를 간접효과(indirect effect)라고 한다.

여기서 전체효과(total effect)는 직접효과와 간접효과의 합으로 구성되어 있다.

전체효과(total effect) = 직접효과(direct effect) + 간접효과(indirect effect)

직접효과와 간접효과를 이해하기 위해서 '전체효과모형'과 '매개모형'의 경로도를 살펴보기로 한다. '전체효과모형'에서는 매개변수가 없으므로 간접효과가 없다. 따라서 직접효과가 전체효과가 된다. 여기서 경로계수 c는 전체효과이다.

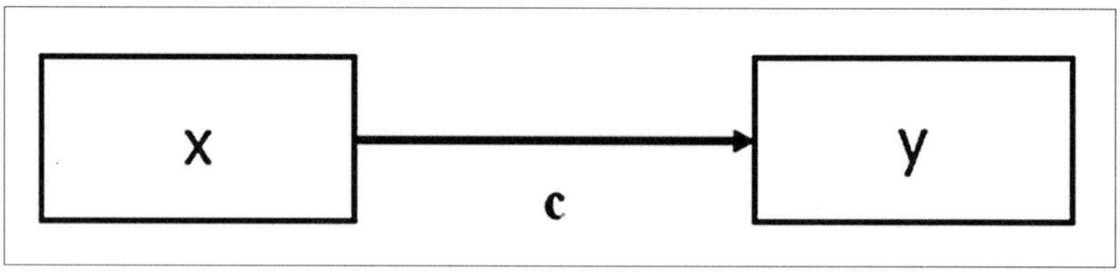

전체효과모형

그러나 다음 '매개모형'에서는 매개변수(M)가 있기 때문에 전체효과는 직접효과와 간접효과로 나누어진다. '매개모형'에서 직접효과는 c'이며, 간접효과는 a×b이다. 즉, X가 Y에 대한 간접효과는 간접경로의 계수를 곱함으로써 얻을 수 있다. 간접효과는 매개변수를 경유한 효과이므로 매개효과(mediation effect)라고도 한다.

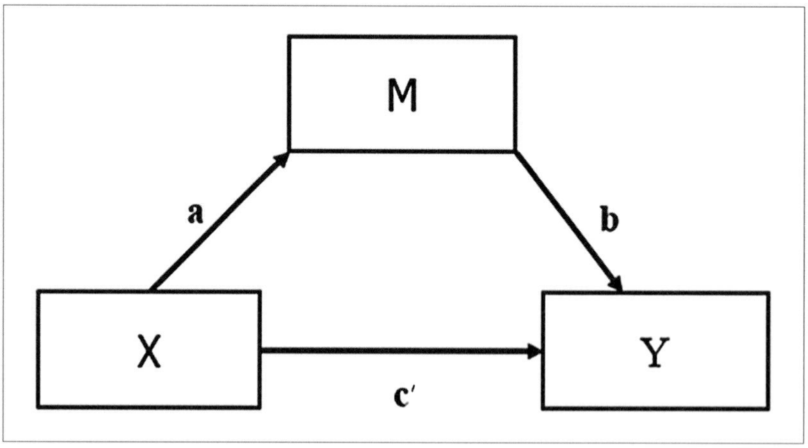

매개모형

일반적으로 매개모형을 평가하는 기준은 다음과 같다.

① X와 M 사이에는 통계적으로 서로 유의미한 관계가 있어야 한다. 즉, 경로계수 a가 유의미해야 한다.

② M과 Y 사이에는 서로 유의미한 관계가 있어야 한다. 즉, 두 변수로부터 X의 효과가 통제된 상태에서 두 변수 사이에 서로 유의미한 관계가 있어야 한다. 매개모형 경로도에서 b가 유의미해야 한다는 것을 의미한다.

③ 매개변수(M)를 고려한 상태에서 X와 Y의 관계는 더 이상 통계적으로 유의미하지 않아야 한다. 이러한 상황은 M은 '완전하게' X와 Y 간의 관계를 매개한다고 할 수 있다. 이것을 M의 X-Y 관계에 대한 완전한 매개(full mediation)라고 한다.

④ 앞서 ①번과 ②번의 조건은 만족하지만 ③번 조건을 만족하지 않는다면(즉, X와 Y의 관계도 통계적으로 유의하게 나타난다면), 매개변수(M)은 부분적으로 X와 Y 사이를 매개한다고 할 수 있다. 이것을 M의 X-Y 관계에 대한 부분적 매개(partial mediation)라고 한다.

매개효과와 억제변수(suppressor variable)

- 억제변수는 두 변수 간의 관계를 약화시키거나 소멸시켜 버리는 변수를 의미한다. 예를 들면, 교육과 소득 사이에는 양의 상관관계가 존재한다. 하지만 연령이라는 변수가 교육과 소득에 영향을 미쳐서 연령이 높을수록 교육 수준은 낮고, 소득 수준은 높을 수가 있다. 이런 상황에서 연령은 교육과 소득이라는 변수 사이에 억제변수로 작용한다고 볼 수 있다. 즉, 두 변수 간의 실제 존재하는 관계를 드러나지 못하게 억누른다는 의미에서 억제변수라고 한다.

- 매개효과를 검증할 때 직접계수와 간접계수의 부호가 반대로 나오고 있고, 전체효과의 절대값이 직접효과의 절대값보다 작게 나오는 경우에도 억제효과를 의심해볼 수 있다. 이런 상황에서 억제효과를 검증하는 방법은 다음과 같다.
  ☞ 매개변수를 투입하기 전과 후에 독립변수의 직접효과가 증가하는지를 검증해서 억제효과를 확인한다. 예를 들면, 매개변수를 투입하기 전에 회귀계수 값이 X → Y (−0.5)라고 하고, 매개변수를 투입한 후에 X → Y(0.2)라고 가정하면, "매개변수를 추가하면 효과가 0.7만큼 증가하는 억제효과가 발생했다"고 해석할 수 있다.

- 억제효과의 정의는 다른 변수를 추가하였을 때 독립변수의 효과가 절대적으로 더 강해지는 것을 의미한다. 억제효과의 경우 매개분석뿐만 아니라 회귀분석 상황에서도 발생할 수 있다. 예를 들면, 독립변수와 종속변수 간의 상관계수가 부적으로 유의했는데, 회귀분석에서 정적인 관계로 나타날 수 있다. 매개가 아닌 회귀분석에서 다른 변수의 효과가 통제되면서 부호가 바뀌는 것도 일종의 억제효과로 볼 수 있다. 이런 상황에서 회귀분석 결과가 유의하게 나타났다면 해석을 해주어야 한다. 상관분석은 전체효과를 의미하며, 회귀분석은 전체효과를 분해한 형태이기 때문에 만약 해석이 안 된다면, 모형설정이 잘못되었는지 의심해 볼 필요가 있다.

- 억제변수에 의한 억제효과가 의심될 경우에는 무엇보다도 모형설정이 선행연구에 근거해서 제대로 설정되었는지를 점검할 필요가 있다. 예를 들면, X → Y 효과에 영향을 미치는 다른 경로가 존재하는지 또는 모형 추정 과정에서 발생할 수 있는 명세화 오류 등을 체크할 필요가 있다는 것이다.

조절효과

조절효과(Moderation Effect)는 종속변수와 독립변수의 관계가 제3의 변수에 따라 '크기'와 '방향'이 달라지는 것을 의미한다. 이때 독립변수와 종속변수 간의 관계의 '크기' 또는 '방향'에 영향을 미치는 변수를 조절변수라고 한다.

예를 들면, 스트레스(독립변수)가 학업성적(종속변수)에 미치는 영향의 정도 또는 방향이 남학생 또는 여학생인지에 따라 다를 수 있는데, 이때 성별 변수가 조절변수가 되는 것이다. 다시 말해서 조절효과란 이 조절변수에 따라서 종속변수와 독립변수의 관계가 어떻게 변화하는지를 분석하는 것이다.

조절효과의 검증은 기본적으로 회귀분석을 통해서 독립변수와 조절변수의 상호작용 항을 만들어서 검증한다. 만약에 상호작용 항이 통계적으로 유의미한 결과를 보인다면 조절효과가 존재한다고 해석할 수 있다. 대표적인 단순조절효과 모형을 경로 모형으로 제시하면 다음과 같다.

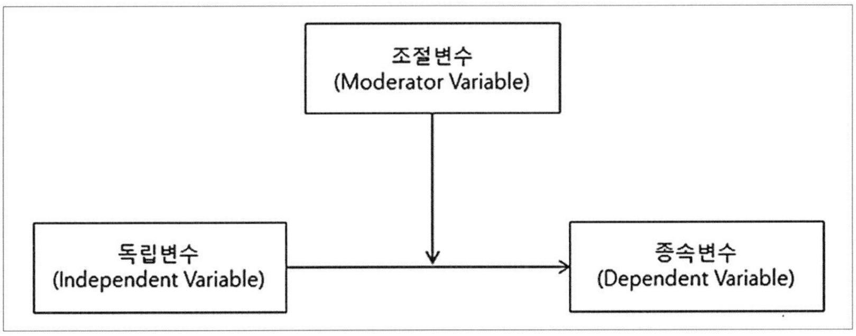

조절효과 모형

단순매개 및 조절효과를 분석하기 위해서 jamovi 프로그램 오른쪽 상단에 '✚ Modules' 기호를 클릭한 다음 'jamovi library'에서 'medmod'(ver. 1.1.0) 모듈을 개인 컴퓨터에 설치한다.

필자의 컴퓨터에는 이미 'medmod' 모듈을 설치했기 때문에 'INSTALLED'라고 나온다. 새로 설치할 때 'INSTALL'이라고 표시된 아이콘을 클릭하면 본인 컴퓨터에 'medmod' 프로그램이 설치된다.

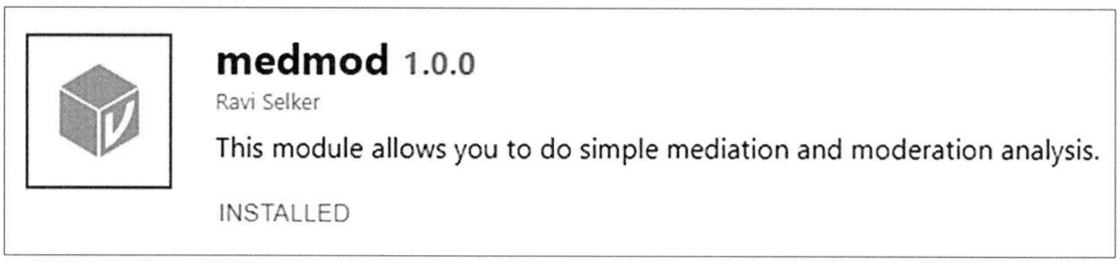

1 단순매개효과 분석

단순매개효과(simple mediation effect) 분석을 위해서 'exercise.omv' 자료 파일을 불러온다. 자료 파일에서 '연령(xage)' 독립변수가 '운동량(zexer)'을 매개변수로 종속변수 '인내심(yendu)'에 미치는 영향을 분석해 보기로 한다. 연구문제를 모형 그래프로 제시하면 다음과 같다.

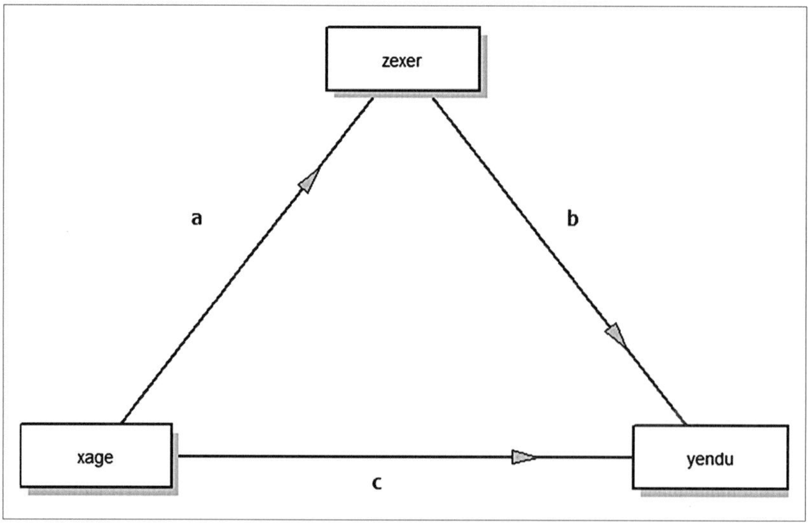

'medmod' 모듈에서 'Mediation'을 선택하면 다음과 같은 분석상자가 나타난다.

Analyses ▷ medmod ▷ Mediation

❶ Dependent Variable: 종속변수를 이동한다.

❷ Mediator: 매개변수를 이동한다.

❸ Predictor: 독립변수를 이동한다.

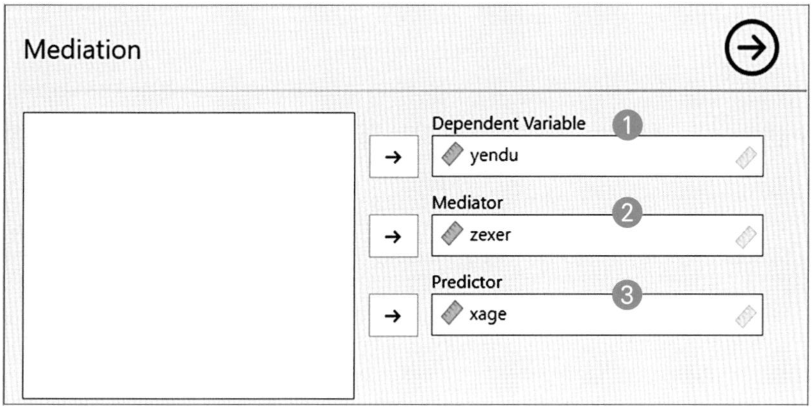

분석 대화상자에서 다음과 같은 부가적인 옵션을 선택해서 클릭하면 오른쪽 결과 창에 분석 결과가 제시된다. 분석 옵션에 대해서 설명하면 다음과 같다.

① Standard: Sobel 검증을 수행한다. Sobel 검증은 정규분포성 가정을 전제로 하고 있지만, 현실 상황에서 대부분의 간접효과는 정규분포성 가정을 위배하고 있는 것으로 나타난다. 따라서 정규분포성 가정이 필요 없는 'Bootstrap' 옵션을 선택해서 분석 결과를 제시할 것을 추천한다.

② Bootstrap: 부트스트랩 검증을 수행하며, 1000개의 표본값을 사전 설정값으로 지정하고 있다. 연구자가 필요하면 해당 숫자를 변경하여 부트스트랩 표본을 증가시켜 검증을 수행할 수 있다.

③ Path estimates: 각 경로에 해당하는 추정값과 검증 결과를 제시해 준다.

④ Estimate plot: 직접효과, 간접효과, 전체효과에 대한 가설검증을 시각적인 그래프로 보여 준다.

⑤ Labels: 이 옵션을 선택하면 연구자가 분석 결과표를 이해하기 쉽게 경로계수 값과 매개 추정값 열에 a, b, c 형태의 라벨을 붙여 준다.

⑥ Test statistics: Z 통계값과 확률값을 제시해 준다.

⑦ Confidence interval: 경로계수 값과 매개 추정값의 95% 신뢰구간 값을 제시해 준다. 'interval' 열에 숫자를 변경하면(예를 들면, 99%), 해당신뢰구간 값을 결과표에 제시해 준다.

⑧ Percent mediation: 전체효과, 직접효과, 간접효과의 정도를 %로 환산해서 제시해 준다.

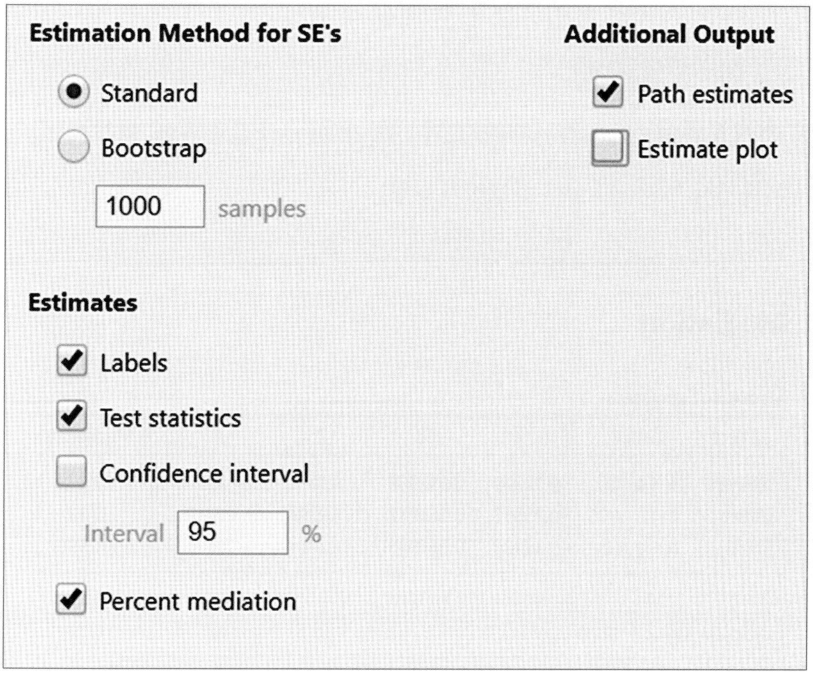

경로계수 추정(Path estimates) 결과표를 해석해 보면, '연령(xage)'이 '인내심(yendu)'에 통계적으로 유의하게 부적으로 영향을 미치고 있는 것으로 나타났다($Z = -3.93$, $p < .001$). 즉, 연령이 증가할수록 인내심은 통계적으로 유의미하게 감소하고 있는 것으로 해석할 수 있다.

다음으로 연령이 운동량(zexer)에 통계적으로 유의하게 정적인 영향을 미치고 있으며($Z = 4.59$, $p < .001$), 연령을 통제한 상황에서 운동량이 인내심 변수에도 통계적으로 유의하게 정적인 영향을 미치고 있는 것으로 나타났다($Z = 6.63$, $p < .001$). 즉, 운동을 많이 할수록 인내심 정도도 통계적으로 유의하게 증가하고 있다고 해석할 수 있다.

매개 추정(Mediation Estimates) 결과표를 해석해 보면, 독립변수에 대한 종속변수의 직접효과(Direct)도 통계적으로 유의하게 나타났으며($Z=-3.93$, $p<.001$), 간접효과(Indirect) 역시 통계적으로 유의하게 나타났기 때문에($Z=3.77$, $p<.001$), 부분매개모형을 지지하고 있다고 결론 내릴 수 있다.

또한 전체효과의 67.72%는 직접효과, 32.28%는 간접효과에 의해서 설명되고 있다(결과표에서 "%Mediation" 참조하기 바람).

Mediation

Mediation Estimates

Effect	Label	Estimate	SE	Z	p	% Mediation
Indirect	a × b	0.12229	0.032368	3.7781	< .001	32.279
Direct	c	-0.25657	0.065277	-3.9304	< .001	67.721
Total	c + a × b	-0.13428	0.068045	-1.9734	0.048	100.000

Path Estimates

			Label	Estimate	SE	Z	p
xage	→	zexer	a	0.13344	0.029040	4.5949	< .001
zexer	→	yendu	b	0.91647	0.138055	6.6385	< .001
xage	→	yendu	c	-0.25657	0.065277	-3.9304	< .001

'Estimate Plot' 옵션을 클릭하면 전체효과, 직접효과, 간접효과의 유의도 검증을 시각적인 그래프로 보여 준다. 추정값과 그에 해당하는 95% 신뢰구간이 제시되며, 만약에 95% 신뢰구간이 'Estimate' 0에 해당하는 실선에 걸쳐 있으면 해당 효과는 통계적으로 유의하지 않은 것으로 해석한다.

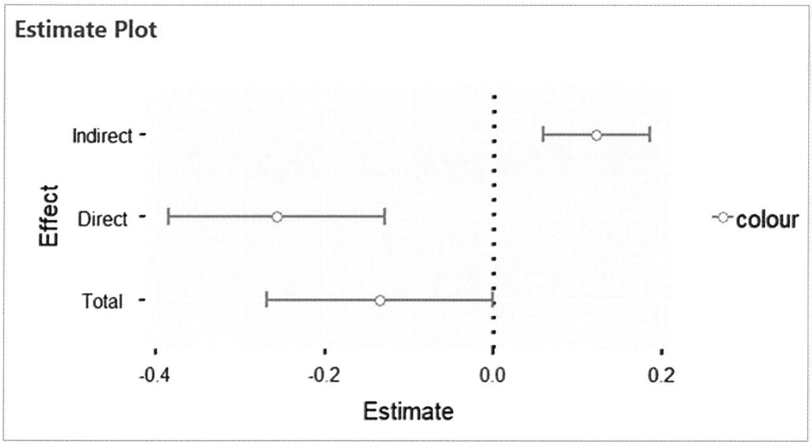

2 단순조절효과 분석

'연령(xage)' 독립변수가 종속변수 '인내심(yendu)'에 미치는 영향 정도에 '운동량(zexer)' 변수가 어느 정도 조절변수 역할을 수행하고 있는지 분석해 보기로 한다. 연구문제를 경로도로 제시하면 다음과 같다.

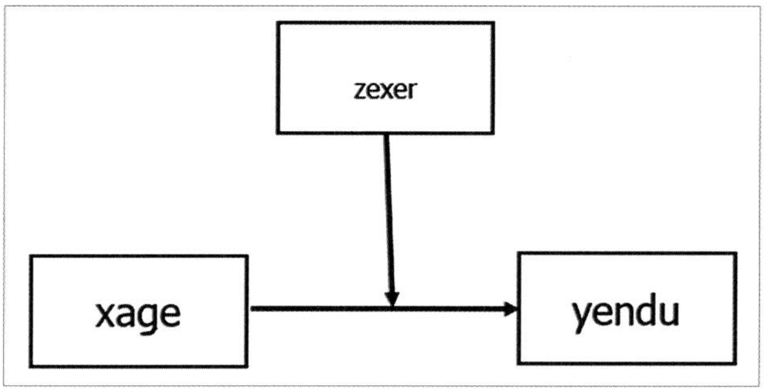

'medmod' 모듈에서 'Moderation'을 선택하면 다음과 같은 분석상자가 나타난다.

Analyses ▷ medmod ▷ Moderation

❶ Dependent Variable: 종속변수를 이동한다.

❷ Moderator: 조절변수를 이동한다.

❸ Predictor: 독립변수를 이동한다.

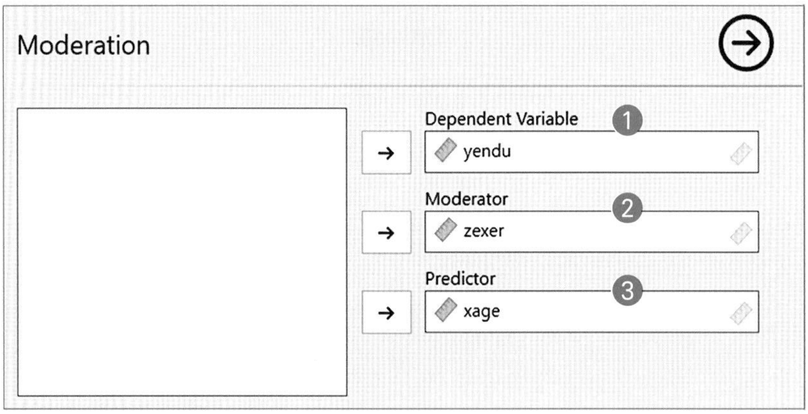

분석상자 아래에 제시되어 있는 부가적인 옵션을 설명하면 다음과 같다.

① Standard: Sobel 검증을 수행한다.

② Bootstrap: 부트스트랩 검증을 수행한다.

③ Simple Slope Analysis: 조절변수의 수준에 따른 종속변수에 대한 독립변수의 추정값과 유의도 검증(Estimates) 및 관계를 시각화해서 그래프로 보여준다.

④ Test statistics: Z 통계값과 그에 해당하는 확률값을 제시해 준다.

⑤ Confidence interval: 조절효과 추정값과 단순 기울기 분석(simple slope analysis) 추정값의 95% 신뢰구간 값을 제시해 준다.

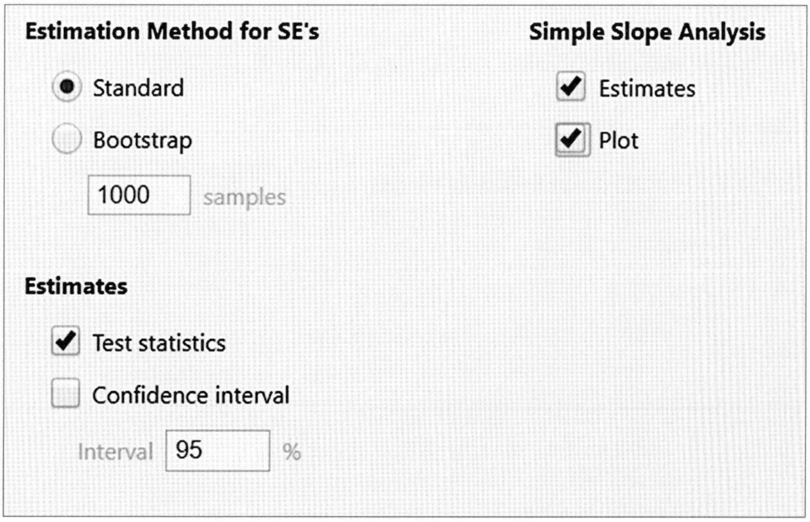

조절효과 분석 결과표를 해석하면, 나이(xage)가 증가할수록 인내심(yendu)은 통계적으로 유의하게 감소하고 있는 것으로 나타났으며($Z=-4.23$, $p<.001$), 운동량이 증가할수록 인내심은 통계적으로 유의하게 증가하고 있는 것으로 나타났다($Z=7.52$, $p<.001$).

조절효과의 유의도 검증은 상호작용 항을 통해서 검증한다. 이 예시 자료에서 나이(xage)와 운동량(zexer)의 상호작용 효과 역시 통계적으로 유의하게 나타났다($Z=3.52$, $p<.001$).

Moderation Estimates

	Estimate	SE	Z	p
xage	−0.261464	0.061116	−4.2782	< .001
zexer	0.971529	0.129245	7.5169	< .001
xage ✻ zexer	0.047232	0.013417	3.5203	< .001

인내심(yendu)에 대한 나이(xage)의 효과에 운동량(zexer)이 어느 정도 영향을 주는지를 파악하기 위해서 운동량의 수준 정도를 3집단(평균 집단, 평균보다 1 표준편차 높은 집단, 평균보다 1 표준편차 낮은 집단)으로 설정했다.

다음으로 운동량(zexer) 집단에 따른 인내심(yendu)에 대한 나이(xage)의 효과 분석을 위해서 단순 기울기 분석(simple slope analysis)을 수행하였다.

분석 결과표를 살펴보면, 운동량(zexer)이 평균보다 1 표준편차 낮은 집단($Z = -5.42$, $p < .001$)과 평균 집단의 경우($Z = -4.16$, $p < .001$) 나이(xage)가 인내심(yendu)에 통계적으로 유의하게 부적인 영향을 미치고 있는 것으로 나타났다.

그러나 운동량(zexer)이 높은 집단은 나이(xage)가 인내심(yendu)에 통계적으로 유의한 영향을 주지 않는 것으로 나타났다($Z = -0.39$, $p < 0.69$). 즉, 운동량(zexer)이 높은 집단 역시 나이가 증가할수록 인내심(yendu)이 감소하지만 통계적으로 유의할 정도의 감소는 아닌 것으로 해석할 수 있다.

Simple Slope Estimates

	Estimate	SE	Z	p
Average	-0.261464	0.062798	-4.16357	< .001
Low (-1SD)	-0.486970	0.089790	-5.42346	< .001
High (+1SD)	-0.035958	0.090777	-0.39611	0.692

Note. shows the effect of the predictor (xage) on the dependent variable (yendu) at different levels of the moderator (zexer)

단순조절효과를 시각적인 그래프로 제시하면 다음과 같다. 그래프에서 운동량(zexer)이 낮은 집단의 경우 나이(xage)가 증가할수록 인내심(yendu)이 뚜렷하게 감소하는 경향을 보이고 있지만, 운동량(zexer)이 높은 집단의 경우에는 나이(xage)가 증가해도 인내심(yendu)은 거의 변화를 보이고 있지 않음을 시각적으로 확인할 수 있다.

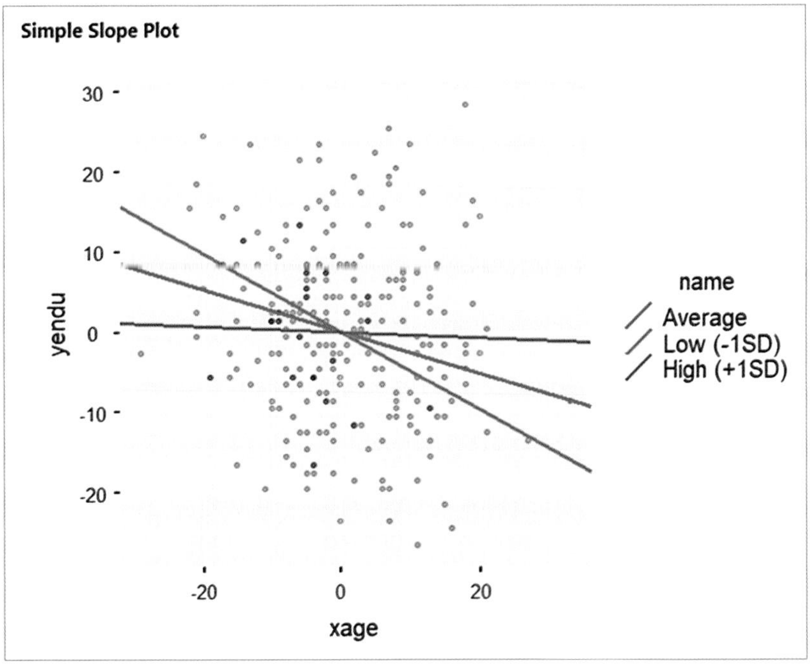

■ 매개된 조절모형과 중다매개모형

매개된 조절효과모형 또는 조절된 매개모형(Moderated Mediation Model)과 관련한 용어상의 차이점은 정선호와 서동기(2016) 논문을 참조하기 바란다. 매개된 조절모형 및 중다매개모형을 분석하기 위해서 jamovi library에서 'jAMM–Advanced Mediation Models' 모듈을 컴퓨터에 설치한다.

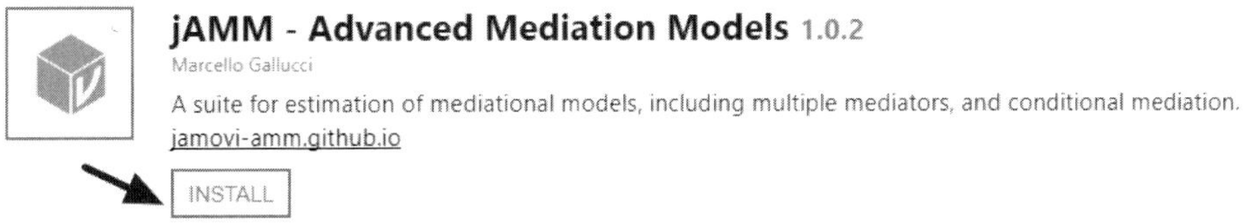

"jAMM"모듈을 설치한 다음에 이전에 설치한 "medmod"모듈을 클릭하면 "jAMM"모듈이 설치되어 있음을 확인할 수 있다.

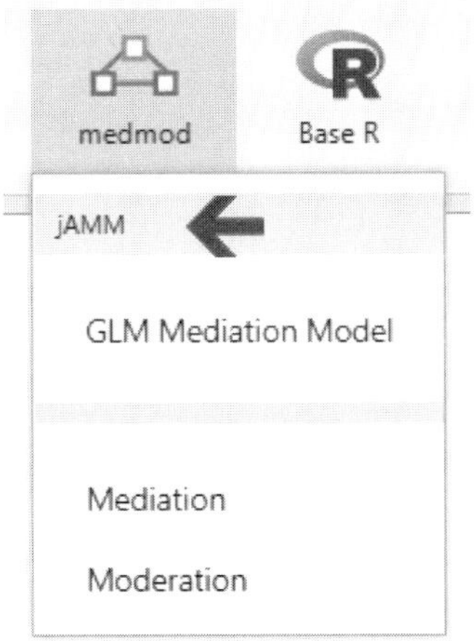

3 매개된 조절모형 분석

Analyses ▷ medmod ▷ GLM Mediation Model

매개된 조절모형(mediated moderation model) 분석을 위해서 'modmed.omv' 자료 파일을 불러온다. 자료 파일에서 '대학원 재학기간(time)' 독립변수가 논문출판 편수(pubs)를 매개변수로 종속변수 취업기회(jobs)에 미치는 매개모형에 지도교수와 연구한 시간(prof)변수를 조절변수로 투입해서 매개된 조절모형을 분석하는 것이다. 분석모형에 기초해서 연구문제를 제시하면 다음과 같다.

① 대학원 재학기간이 증가할수록 졸업할 때 취업기회가 증가할 것이다.

② 대학원 재학기간이 증가하면 논문 편수가 증가할 것이고, 논문 편수가 증가하기 때문에 대학원을 졸업할 때 취업기회가 증가할 것이다.

③ 그러나 이러한 매개관계는 지도교수와 함께 연구한 시간이 중요한 역할을 하게 될 것이다. 따라서 지도교수와 함께 연구한 시간을 조절변수로 설정하고, 대학원 재학기간이 논문출판에 미치는 영향과 취업기회 증가에 어떻게 영향을 미치는지를 조사해보기로 한다.

분석모형을 경로도로 제시하면 다음과 같다.

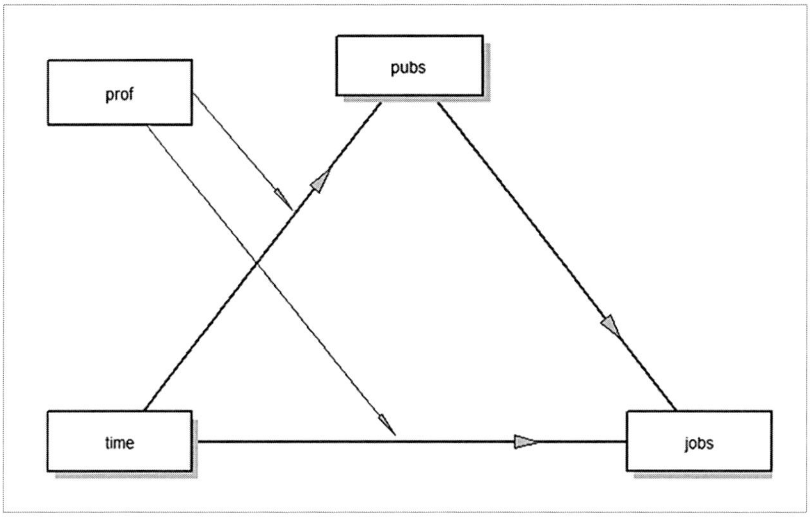

jAMM 모듈에서 위와 같은 경로 다이어그램을 산출하는 방법은 다음과 같다.

❶ Dependent Variable: 종속변수를 이동한다.

❷ Mediators: 매개변수를 이동한다.

❸ Factors: 범주형 독립변수를 이동한다.

❹ Covariates: 독립변수를 이동한다.

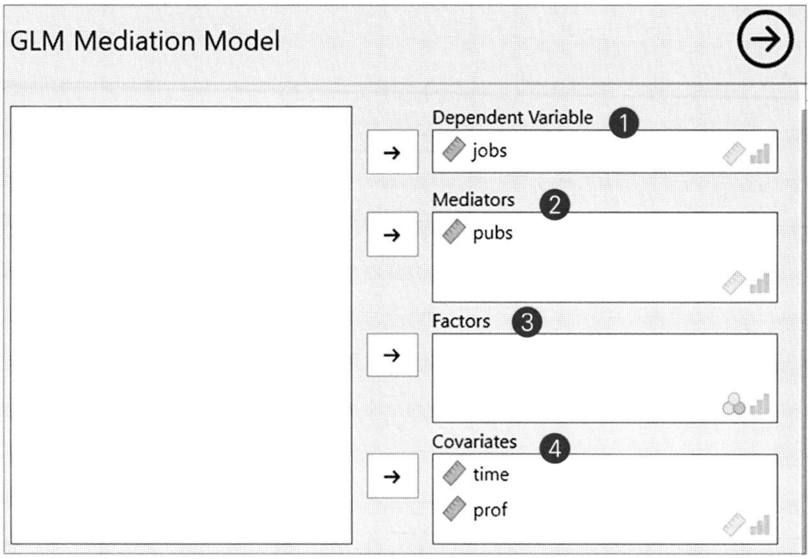

❶번 Moderators 분석 대화상자를 연다. ❷번 왼쪽 변수들 항목에서 조절변수인 지도교수(prof) 변수를 선택해서 오른쪽 ❸번 칸 항목으로 이동시킨다.

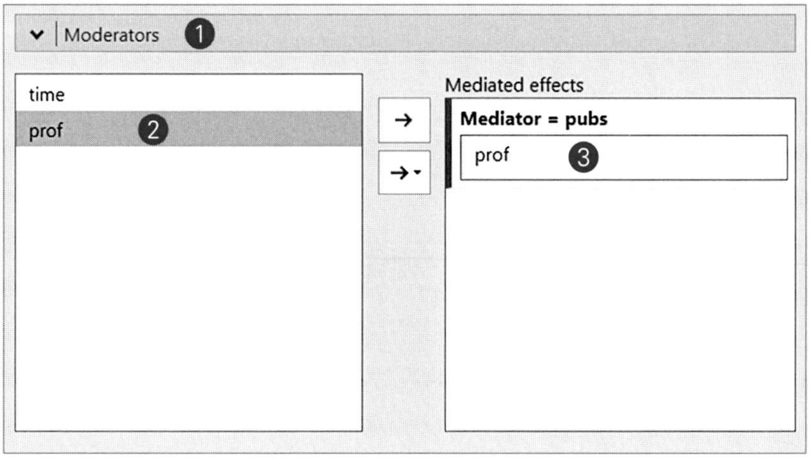

그러면 오른쪽 결과 분석 창에 다음과 같은 경로모형(Path Model)이 제시될 것이다. 경로모형에서 'pubs－＞jobs' 경로에 조절변수 역할을 하는 'prof' 변수를 제거하기 위해서 'Full Model' 분석 대화상자를 클릭한다.

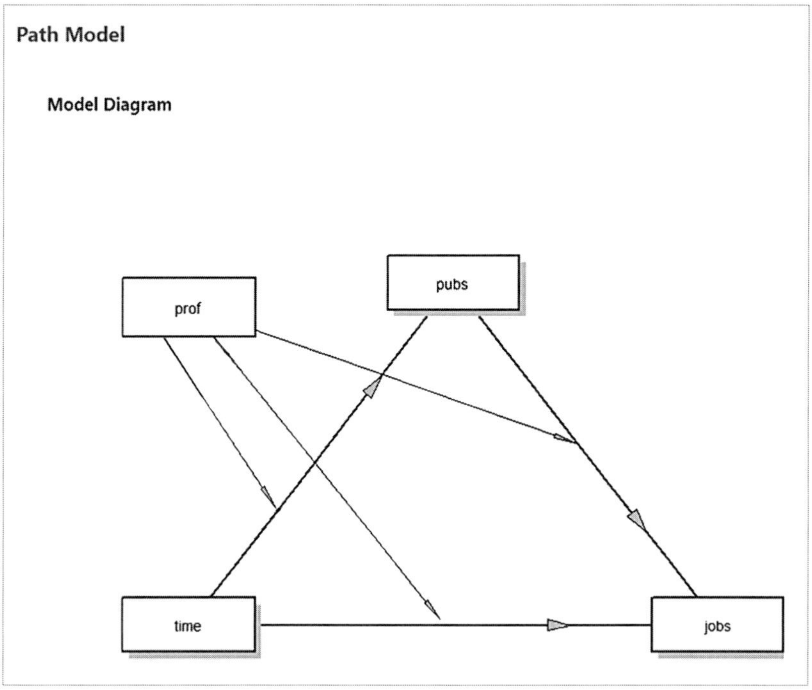

❶번 'Full Model' 분석상자에서 오른쪽 ❷번 항목 pubs*prof 상호작용 항을 선택해서 ❸번 화살표를 클릭하면 pubs*prof 항목이 삭제되면서 본 연구모형과 일치하는 모형 다이어그램이 생성될 것이다.

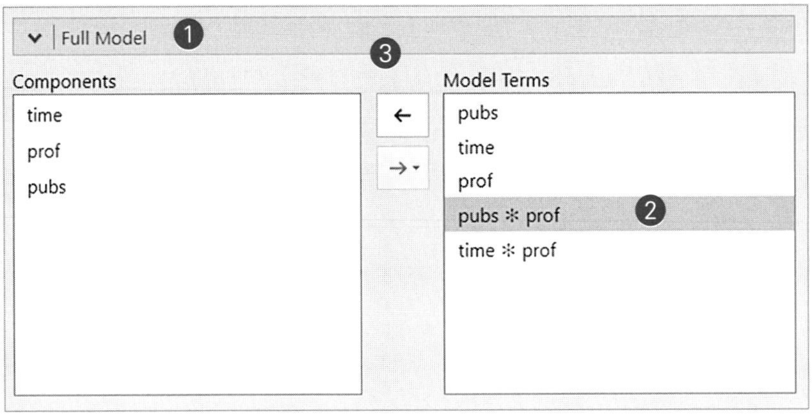

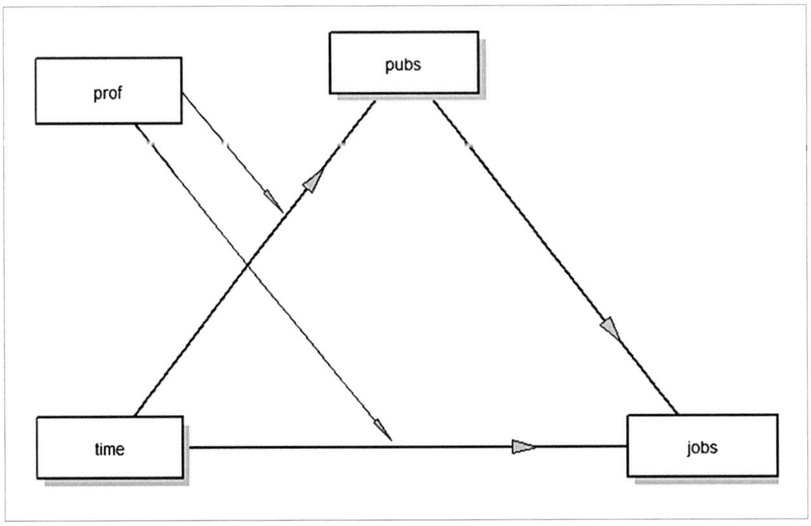

jAMM 모듈에서는 'Full Model' 왼쪽의 변수들 간의 상호작용 항을 생성해서 추가한다든지 또는 삭제함으로써 보다 다양한 형태의 경로모형을 그릴 수 있다.

예를 들면, 다음의 Full model에서 ①번 'time*prof' 항목을 선택해서 ②번 화살표를 선택하면 time과 job 간의 조절변수 'prof'를 삭제할 수 있다.

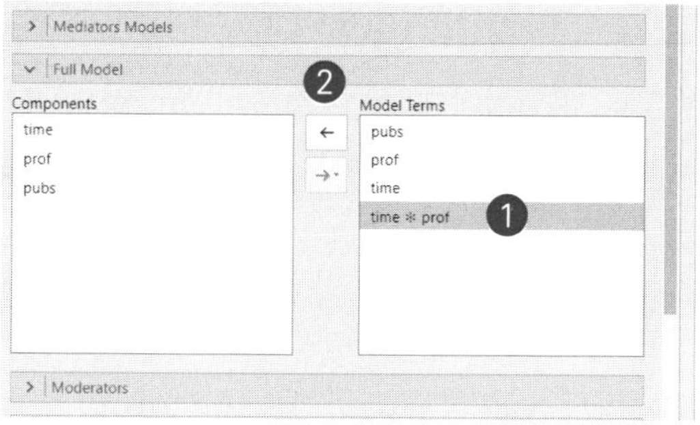

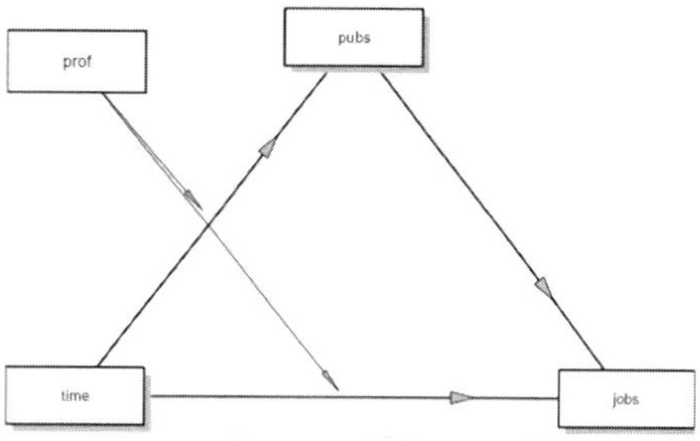

다음과 같은 그래프가 생성된다.

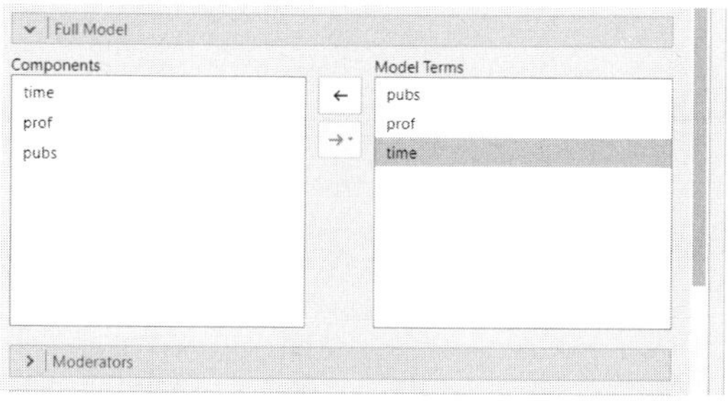

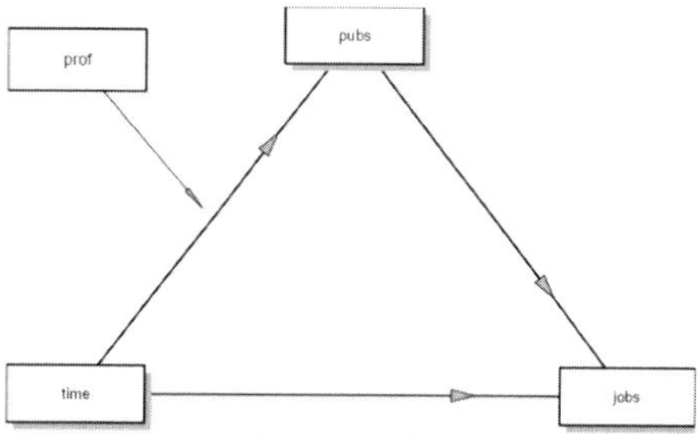

'Covariates Scaling' 분석상자 화면을 클릭하면 이 예시 자료에서 독립변수로 설정한 '재학기간(time)'과 '지도교수와 보낸 시간(prof)'에 대한 척도정보가 나타난다.

❶ Covariates Scaling: jamovi 표준옵션으로 독립변수 자료를 평균중심화(centered)해서 결과값을 보여 준다. 연구자는 연구목적에 따라 두 변수를 '표준화(standardized)' 또는 그냥 '원자료(none)'를 선택해서 분석할 수 있다.

❷ Covariates conditioning: 조절변수에 따른 매개모형의 효과를 검증하기 위해서 조절변수 집단을 연구자가 임의로 설정할 수 있다. 일반적으로 조절변수의 평균 집단, 평균보다 1 표준편차 낮은 집단, 평균보다 1 표준편차 높은 집단의 3개 집단으로 설정하는 것이 일반적이며, jamovi에서는 표준옵션으로 설정되어 있다.

그러나 연구자는 'Mean±SD' 아래 칸의 숫자(현재는 1 표준편차로 설정되어 있음)를 변경함에 의해서 평균 집단을 기준으로 표준편차 값을 변경해서 분석할 수 있다. 또한 백분위수(Percentiles) 50을 기준으로 설정값을 변경함에 의해서 조절변수의 집단 개수를 임의적으로 설정해서 분석할 수 있다.

❸ Covariates labeling: 조절변수의 라벨을 분석 결과표에 제시한다. 만약에 'Values'를 선택하면, 분석 결과표 조절변수에 평균(Mean) 집단이라고 표시되지 않고 평균중심화 값인 0의 값이 분석 결과표에 나타날 것이다. 'Values + Labels'를 선택하면 결과표에 라벨과 그에 해당하는 값을 보여 준다.

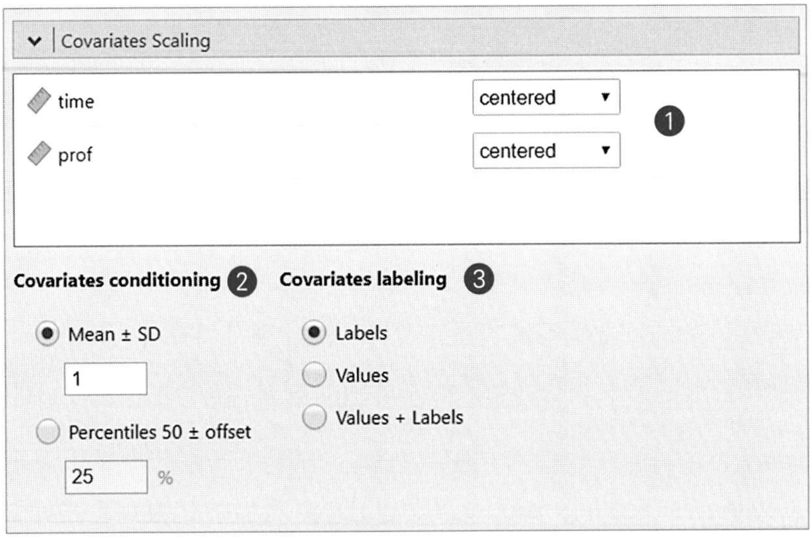

'Mediation options' 분석상자를 클릭하면 다음과 같은 정보가 제시된다.

❶ Confidence Intervals: Standard(Delta method) 및 Bootstrap 추정에 근거한 95% 신뢰구간 값을 제시해 준다.

❷ Display in tables: 'IE Components'를 선택하면, 매개모형의 개별 경로계수 추정값과 그에 따른 유의도 검증값을 제시해 준다. 'β'를 선택하면, 결과표에 표준화 추정계수 값을 제시해 준다. 'individual regressions'를 선택하면, 종속변수의 전체효과 회귀계수 및 매개모형의 개별 회귀계수 값을 결과표에 제시해 준다.

❸ Path model: 분석모형의 경로를 제시해 준다.

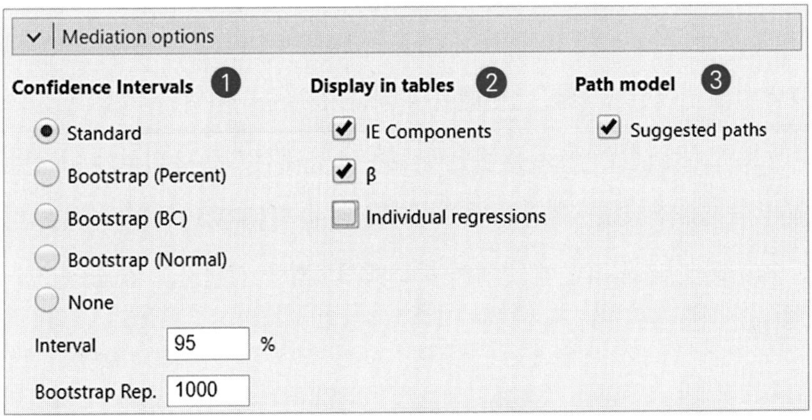

분석 결과표를 해석해 보기로 한다. 조절변수(prof)의 상호작용 항의 유의도 검증결과를 보면, 대학원 재학기간(time)과 지도교수와 연구한 시간(prof)의 상호작용이 논문출판 편수(pubs)에 유의한 영향을 주고 있는 것으로 나타났다($Z=39.31$, $p<.001$).

그러나 대학원 재학기간(time)과 지도교수와 연구한 시간(prof)의 상호작용이 취업기회 증가(jobs)에는 통계적으로 유의한 영향을 주고 있지 않은 것으로 나타났다($Z=-0.45$, $p=0.65$).

Moderation effects (interations)

Moderator	Interaction	Estimate	SE	Lower	Upper	β	z	p
prof	time:prof ⇒ pubs	0.31	0.01	0.29	0.32	0.15	39.31	< .001
	time:prof ⇒ jobs	−0.01	0.02	−0.05	0.03	−0.01	−0.45	0.654

먼저 조절변수인 지도교수와 연구한 시간(prof)을 3개의 집단(평균보다 1 표준편차 낮은 집단, 평균집단, 평균보다 1 표준편차 높은 집단)으로 구분해서 분석했다. 분석 결과, 모든 집단에 걸쳐서 대학원 재학기간(time)이 길수록 취업기회 빈도(jobs)가 통계적으로 유의하게 증가하는 것으로 나타났다.

매개변수를 고려한 상황에서도 대학원 재학기간(time)과 취업기회 빈도(jobs)의 직접효과도 모든 조절변수(prof) 집단에 걸쳐서 통계적으로 유의하게 나타났으며, 간접효과 역시 모든 집단에 걸쳐서 통계적으로 유의한 것으로 나타났다. 따라서 조절변수(prof)의 모든 집단에 걸쳐서 **부분매개모형**을 지지하고 있는 것으로 해석할 수 있다.

Conditional Mediation

Moderator levels					95% C.I. (a)				
prof	Type	Effect	Estimate	SE	Lower	Upper	β	z	p
Mean-1·SD	Indirect	time ⇒ pubs ⇒ jobs	0.33	0.04	0.26	0.40	0.27	8.98	< .001
Mean-1·SD	Component	time ⇒ pubs	0.56	0.01	0.54	0.59	0.28	53.36	< .001
Mean-1·SD		pubs ⇒ jobs	0.58	0.06	0.46	0.71	0.95	9.11	< .001
Mean-1·SD	Direct	time ⇒ jobs	0.23	0.04	0.15	0.30	0.18	6.09	< .001
Mean-1·SD	Total	time ⇒ jobs	0.56	0.01	0.54	0.58	0.45	48.75	< .001
Mean	Indirect	time ⇒ pubs ⇒ jobs	0.50	0.06	0.39	0.61	0.41	9.08	< .001
Mean	Component	time ⇒ pubs	0.86	0.01	0.84	0.87	0.42	115.27	< .001
Mean		pubs ⇒ jobs	0.58	0.06	0.46	0.71	0.95	9.11	< .001
Mean	Direct	time ⇒ jobs	0.22	0.06	0.11	0.33	0.18	3.96	< .001
Mean	Total	time ⇒ jobs	0.72	0.01	0.70	0.74	0.58	89.49	< .001
Mean+1·SD	Indirect	time ⇒ pubs ⇒ jobs	0.67	0.07	0.53	0.82	0.54	9.07	< .001
Mean+1·SD	Component	time ⇒ pubs	1.15	0.01	1.13	1.17	0.57	109.86	< .001
Mean+1·SD		pubs ⇒ jobs	0.58	0.06	0.46	0.71	0.95	9.11	< .001
Mean+1·SD	Direct	time ⇒ jobs	0.21	0.07	0.06	0.36	0.17	2.83	0.005
Mean+1·SD	Total	time ⇒ jobs	0.88	0.01	0.86	0.90	0.71	77.89	< .001

Note. (a) Confidence intervals computed with method: Standard (Delta method)

4 중다매개모형 분석

Analyses ▷ medmod ▷ GLM Mediation Model

중다매개모형(multiple mediation model) 분석을 위해서 'modmed.omv' 자료 파일을 불러온다. 자료 파일에서 '대학원 재학기간(time)' 독립변수가 논문출판 편수(pubs)와 지도교수와 연구한 시간(prof)을 매개변수로 취업기회 빈도(jobs)에 미치는 영향을 분석해 보기로 한다. 분석모형을 경로도로 제시하면 다음과 같다.

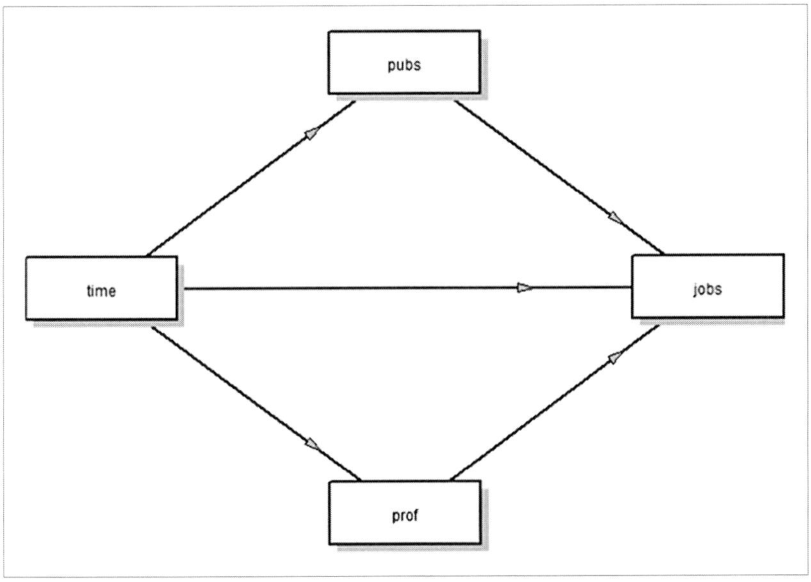

jAMM 모듈에서 위와 같은 경로 다이어그램을 산출하는 방법은 다음과 같다.

❶ Dependent Variable: 종속변수를 이동한다.

❷ Mediators: 매개변수를 이동한다.

❸ Covariates: 독립변수를 이동한다.

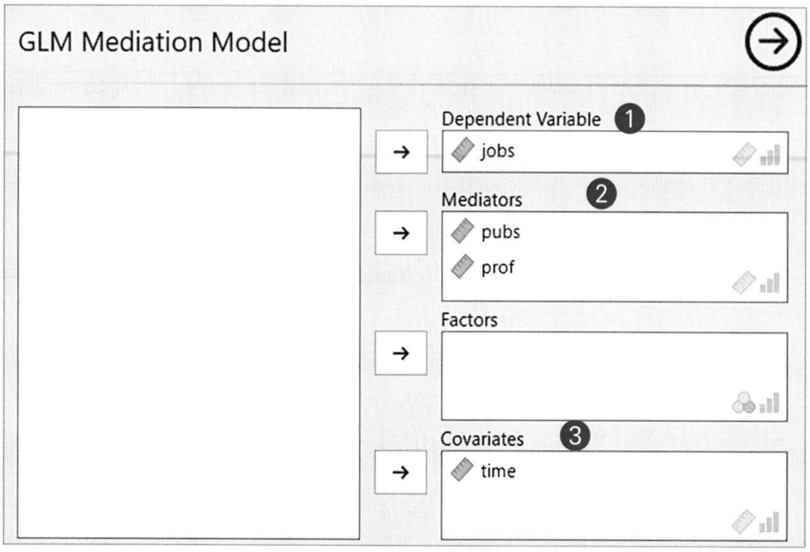

위와 같이 왼쪽에 있는 변수들을 오른쪽으로 이동하면 분석 결과표가 제시된다. 전체효과(total effect)와 관련해서 대학원 재학기간(time)이 길수록 취업기회 빈도(jobs)가 통계적으로 유의하게 증가하고 있는 것으로 나타났다($Z=8.49$, $p<.001$).

2개의 매개변수[논문출판 편수(pubs), 지도교수와 연구한 시간(prof)]를 고려한 상태에서 직접효과 역시 통계적으로 유의한 것으로 나타났다($Z=33.63$, $p<.001$).

논문출판 편수(pubs)를 매개로 하는 간접효과는 통계적으로 유의미하게 나타났다($Z=5.31$, $p<.001$). 즉, 대학원 재학기간(time)이 길수록 논문편수(pubs)가 증가하고($Z=5.31$, $p<.001$), 대학원 재학기간(time)을 통제한 상황에서 논문편수(pubs)가 증가할수록 취업기회 빈도(jobs)가 통계적으로 유의미하게 증가하는 것으로 나타났다($Z=156.53$, $p<.001$).

그러나 대학원 재학기간(time)이 교수와 함께한 연구시간(prof)에는 통계적으로 유의한 영향을 주지 않았으며($Z=-1.14$, $p=0.25$), 대학원 재학기간(time)을 통제한 상황에서 교수와 함께한 연구시간(prof) 역시 취업기회 빈도(jobs)에 통계적으로 유의한 영향을 주지 않는 것으로 나타났다($Z=0.26$, $p=0.793$).

따라서 교수와 함께한 연구시간(prof)을 매개로 한 간접효과 역시 통계적으로 유의하지 않은 것으로 나타났다($Z=-0.26$, $p=0.799$).

참고로 전체효과(0.64)는 직접효과(0.24) + 간접효과(0.40) 값의 합으로 구성되어 있음을 알 수 있다.

Indirect and Total Effects

				95% C.I. (a)				
Type	Effect	Estimate	SE	Lower	Upper	β	z	p
Indirect	time ⇒ pubs ⇒ jobs	0.40	0.07	0.25	0.54	0.32	5.31	<.001
	time ⇒ prof ⇒ jobs	-1.42e-4	5.57e-4	-0.00	9.49e-4	-1.15e-4	-0.26	0.799
Component	time ⇒ pubs	0.71	0.13	0.45	0.97	0.35	5.31	<.001
	pubs ⇒ jobs	0.56	0.00	0.55	0.56	0.91	156.53	<.001
	time ⇒ prof	-0.08	0.07	-0.21	0.06	-0.08	-1.14	0.254
	prof ⇒ jobs	0.00	0.01	-0.01	0.02	0.00	0.26	0.793
Direct	time ⇒ jobs	0.24	0.01	0.23	0.26	0.20	33.63	<.001
Total	time ⇒ jobs	0.64	0.08	0.49	0.79	0.52	8.49	<.001

Note. (a) Confidence intervals computed with method: Standard (Delta method)

최근에 R에서 구조방정식 모형으로 가장 많이 사용되는 패키지인 'lavaan' 알고리즘에 기초한 경로모형 모듈이 추가되었다. jamovi library에서 'pathj' 모듈을 설치한다. pathj 모듈을 가지고 모든 종류의 경로 분석을 수행할 수 있다. 결과분석은 lavaan 패키지 결과값과 동일하기 때문에 pathj 옵션 기능과 결과해석은 lavaan 패키지 문서를 참조하면 된다.

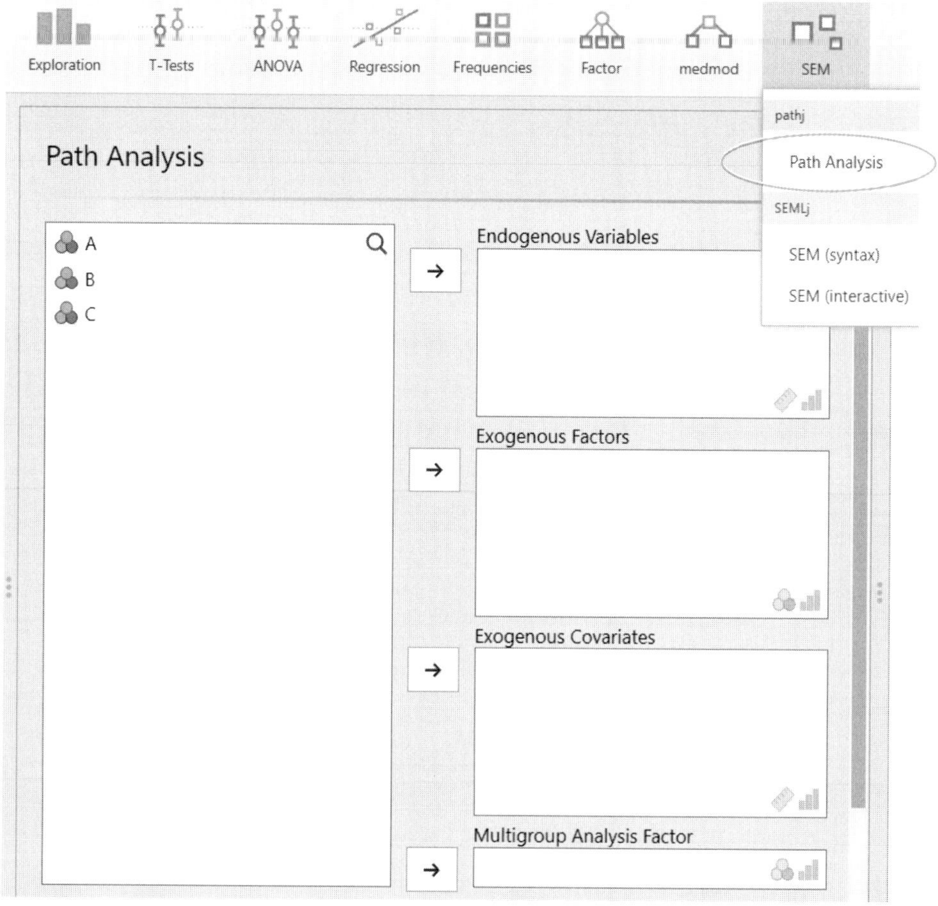

09

신뢰도 및 타당도

1. 신뢰도
2. 차별기능문항 분석
3. 요인분석
   1) 주성분 분석
   2) 탐색적 요인분석
   3) 확인적 요인분석

9
신뢰도 및 타당도

1 신뢰도

신뢰도(reliability)는 측정하고자 하는 대상을 어느 정도 일관성 있고 정확하게 재고 있는 정도와 관련된 개념이다. 신뢰도는 고전검사이론(classical test theory)의 관점에서 설명할 수 있는데, 관찰점수(observed score)는 진점수(true score)와 오차점수(error score)의 합으로 구성되어 있다는 이론에 기반을 두고 있다. 이러한 관점에서 신뢰도는 관찰점수의 분산에서 진점수가 차지하는 비율로 정의될 수 있다. 신뢰도 계수를 추정하는 방법에는 검사-재검사 신뢰도, 동형검사 신뢰도, 반분검사 신뢰도, 문항내적 일관성 신뢰도가 있다.

■ 검사-재검사 신뢰도

검사-재검사 신뢰도(test-retest reliability)는 동일한 검사를 동일 대상에게 일정한 시간의 간격을 두고 두 번 실시한 결과 간의 상관관계로 신뢰도를 산출하는 방법이다. 따라서 Karl Pearson의 적률상관계수에 의하여 신뢰도 계수를 계산하고 상관관계에서 나타나는 여러 가지 특성을 고려하여 해석한다. 신뢰도 산출방법이 간단하지만 기억효과를 배제하기 위하여 시험 간격 설정을 고려해야 한다. 무엇보다도 검사를 두 번 시행해야 한다는 번거로움이 현실적인 문제점이다.

동형검사 신뢰도

동형검사 신뢰도(parallel form/alternate-form reliability)는 동일 대상에게 2개의 동형검사를 실시한 결과 간의 상관관계로 신뢰도를 산출하는 방법이다. 마찬가지로 검사 결과점수는 적률상관계수에 의하여 계산되고 두 검사 문항의 동형성이 전제되어야 한다. 동일한 집단에게 한 시점에 시행되는 장점은 있으나 문항 특성을 동일하게 하여 2개의 검사를 제작해야 하는 어려움이 있다.

반분검사 신뢰도

반분검사 신뢰도(split-half reliability)는 하나의 검사를 양분하여 나타난 두 부분 점수결과 간의 상관관계로 신뢰도 계수를 산출하는 방법이다. 검사를 양분하는 방법은 주로 홀수와 짝수 문항, 전체의 전후 반반 문항, 단순무선 방법 그리고 문항특성에 따른 방법 등을 사용한다. 단점은 검사를 양분하는 방식에 따라서 상관계수 값이 다르게 나타난다는 것이다.

문항내적 일관성 신뢰도

문항내적 일치도(internal consistency of items)는 검사의 내적 일관성을 파악하기 위하여 검사를 나누지 않고 개별문항을 하나의 검사로 취급하여 피험자가 얼마나 일관성 있게 반응하는가 정도로 신뢰도 계수를 산출하는 방법이다. 대표적인 추정방법으로 Cronbach α 지수가 가장 많이 사용되고 있다. 공식은 다음과 같다.

$$\alpha = \frac{K}{K-1}\left(1 - \frac{\sum \sigma_{Y_i}^2}{\sigma_X^2}\right)$$

K: 문항수, σ_X^2: 총점의 분산, $\sum \sigma_{Y_i}^2$: 개별문항점수 분산의 합

jamovi에서는 신뢰도 추정방법으로 가장 많이 사용되는 Cronbach α 계수 추정방법을 제시하고 있다.

1) 신뢰도 분석(Reliability Analysis)

Analyses ▷ Factor ▷ Reliablity Analysis

신뢰도 분석을 위해서 'social_support.omv' 파일을 불러온다. 왼쪽에 제시되어 있는 문항목록을 ❶번 →를 사용해서 연속적으로 클릭하여 오른쪽으로 이동시킨다.

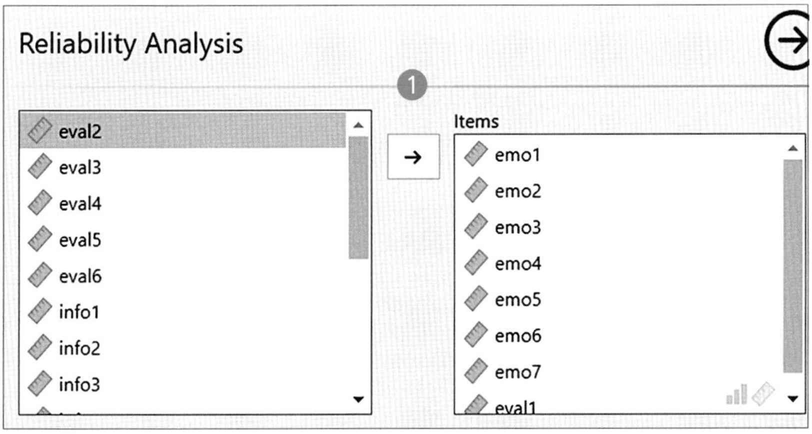

분석 결과, 사회적 지지척도의 Cronbach α 신뢰도 값은 0.94로 높게 나타났다. 경험적으로 일반 검사의 경우 0.7 이상, 고부담(high stakes) 심리검사의 경우 이상의 신뢰도 값을 가이드라인으로 제시하고 있다.

Scale Reliability Statistics

	Cronbach's α
scale	0.94471

■ Scale Statistics

① Cronbach's α: 문항내적일관성 신뢰도인 Cronbach α 신뢰도 값을 보고한다. 표준옵션으로 설정되어 있다.

② McDonalds's ω: McDonald의 오메가 신뢰도 값을 보고한다.

③ Mean: 전체 평균값을 보고한다.

④ Standard deviation: 전체 표준편차 값을 보고한다.

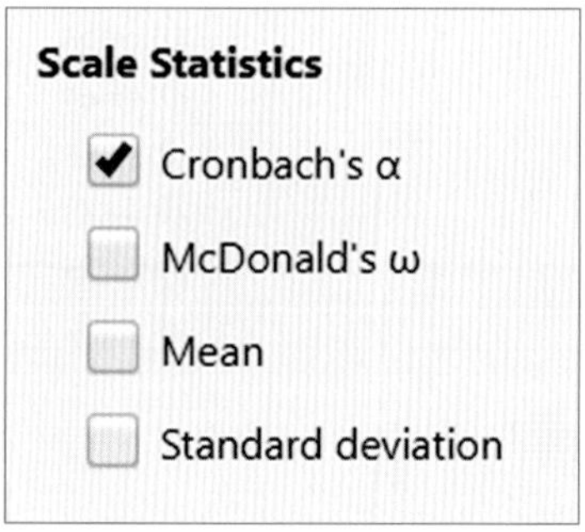

Item Statistics

① Cronbach's α(if item is dropped): 개별문항에 대한 통계값으로 해당문항이 삭제되었다고 가정할 때 나머지 문항들에 대한 신뢰도 값을 산출해 준다. 만약에 특정문항을 삭제했을 때의 검사 신뢰도 값이 해당 문항을 포함했을 때의 전체 신뢰도 값보다 높게 산출되었다면, 해당문항은 신뢰도의 관점에서 삭제하는 것이 바람직하다.

② McDonalds's ω(if item is dropped): 개별문항이 삭제되었다고 가정할 때 나머지 문항들에 대한 McDonald의 오메가 신뢰도 값을 산출해 준다. 해석은 Cronbach's α(if item is dropped)와 동일한 방식으로 한다.

③ Mean: 개별문항에 대한 평균값을 보고한다.

④ Standard deviation: 개별문항에 대한 표준편차 값을 보고한다.

⑤ Item-rest correlation: 개별문항과 나머지 전체 문항들 간의 상관계수 값을 보고한다.

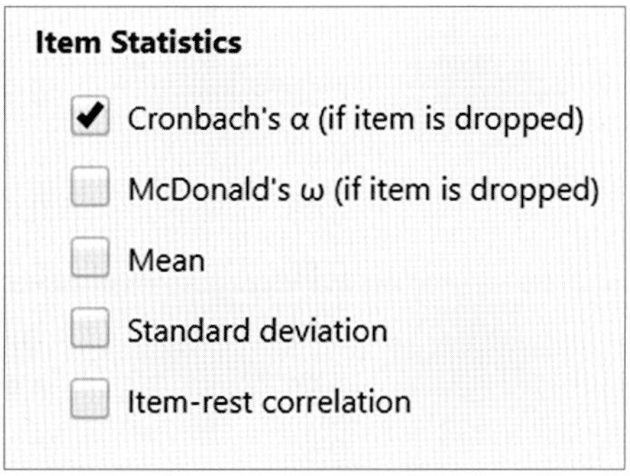

Scale Reliability Statistics

	Cronbach's α
scale	0.94

Item Reliability Statistics

		if item dropped
	item-rest correlation	Cronbach's α
emo1	0.66	0.94
emo2	0.62	0.94
emo3	0.65	0.94
emo4	0.65	0.94
emo5	0.68	0.94
emo6	0.68	0.94
emo7	0.69	0.94
eval1	0.54	0.94
eval2	0.73	0.94
eval3	0.68	0.94
eval4	0.55	0.94
eval5	0.64	0.94
eval6	0.67	0.94
info1	0.65	0.94
info2	0.58	0.94
info3	0.48	0.94
info4	0.67	0.94
info5	0.52	0.94
info6	0.68	0.94
inst1	0.53	0.94
inst2	0.66	0.94
inst3	0.63	0.94
inst4	0.58	0.94
inst5	0.62	0.94
inst6	0.55	0.94

■ 부가적인 옵션(Additional options)

❶ Correlation heatmap: 검사 문항들 간의 상관계수 행렬을 시각적으로 보여준다.

❷ Reverse Scaled Items: 만약에 특정문항에 대해서 역코딩하기를 원할 경우 왼쪽 문항들 중에서 해당문항을 선택해서 오른쪽으로 창으로 이동시킨다. 역코딩을 원하는 여러 개의 문항들을 선택할 수 있다.

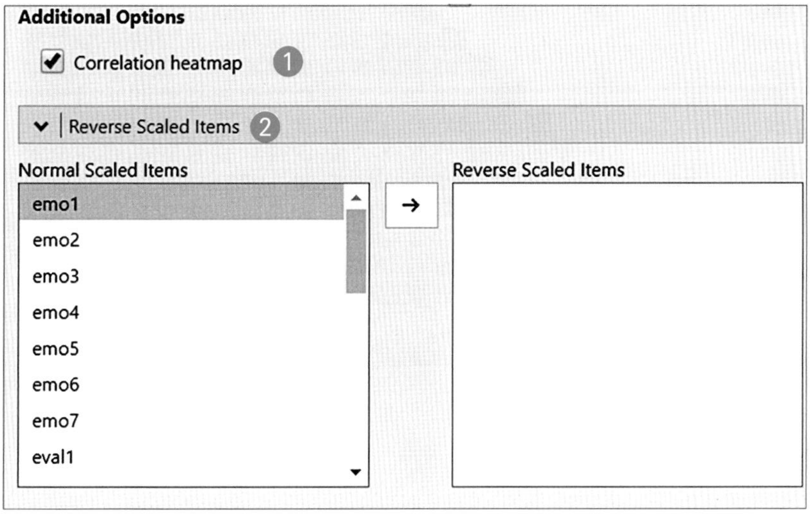

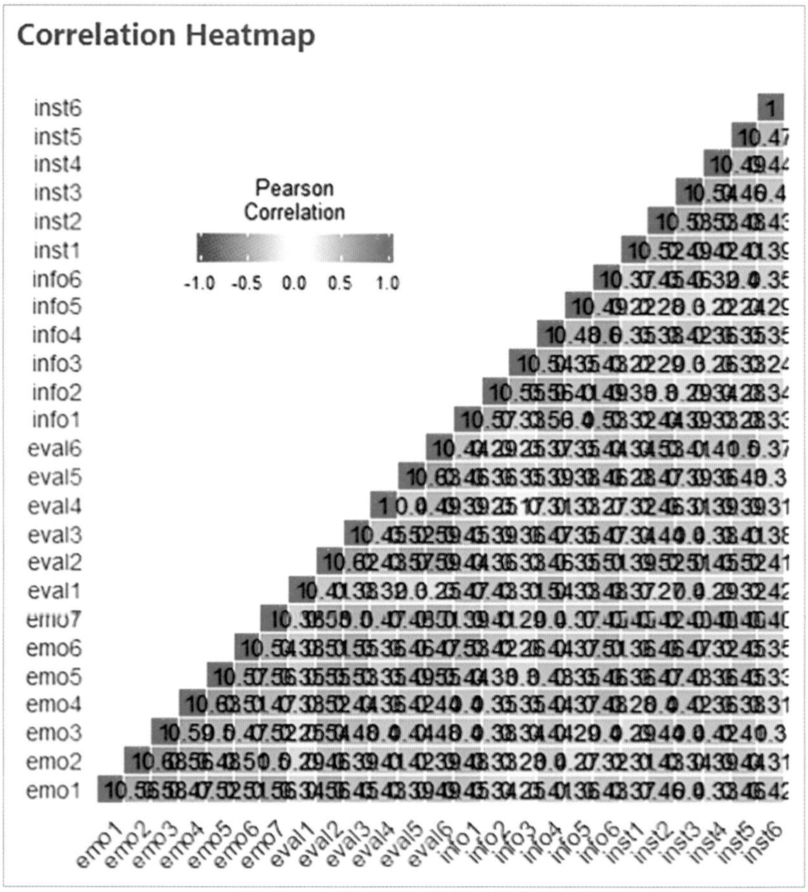

'Save'를 클릭하면 다음과 같은 옵션이 나타난다.

'Mean score'를 체크하면 데이터 시트에 각 문항에 대한 평균점수를 보여 준다. 'Sum score'를 체크하면 각 문항에 대한 합산 점수를 보여 준다. 생성된 변수들을 가지고 추가분석을 수행할 수 있다.

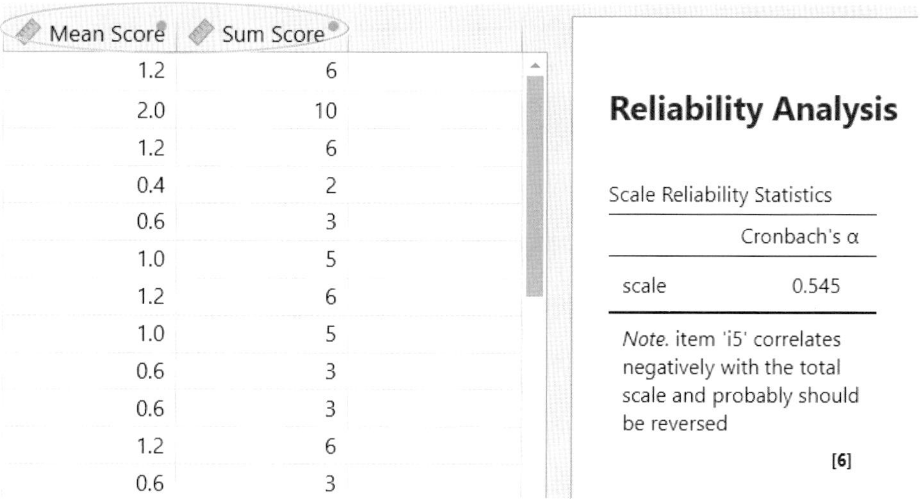

Mean Score	Sum Score
1.2	6
2.0	10
1.2	6
0.4	2
0.6	3
1.0	5
1.2	6
1.0	5
0.6	3
0.6	3
1.2	6
0.6	3

Reliability Analysis

Scale Reliability Statistics

	Cronbach's α
scale	0.545

Note. item 'i5' correlates negatively with the total scale and probably should be reversed

[6]

2 차별기능문항 분석

차별기능문항(Differential Item Functioning: DIF)은 개별문항에 대한 한 집단의 기대점수가 다른 집단의 기대점수와 비교해서 차이가 날 때 발생한다. 예를 들면, 성취도 검사에서 차별기능문항은 동일한 능력 수준을 가진 피험자들이 그들이 속한 집단의 특성 때문에 문항의 답을 맞힐 확률이 다르게 나타나는 문항을 의미한다. 이것은 해당문항이 다른 구인을 측정한다든지 또는 일부 피험자에게 유리한 특정 내용을 묻는 경우에 종종 발생한다. 따라서 특정 집단에 대해서 차별적으로 기능하고 있는 문항은 검사의 타당도를 심각하게 저해할 수 있기 때문에 검사개발 및 타당화 과정에서 수정 또는 삭제해야 할 것이다.

차별기능문항 분석은 일반적으로 준거집단과 비교집단 간의 문항 수행 정도의 차이를 비교한다. 여기서 준거집단(reference group)은 일반적으로 다수 집단을 의미하는데, 예를 들면 백인 학생 또는 영어를 모국어로 사용하는 집단 등을 들 수 있다. 이에 반해 비교집단(focal group)은 소수 집단을 의미하며, 흑인 학생 또는 영어를 배우는 학생 집단 등을 예로 들 수 있다. 참고로 jamovi 분석 프로그램에서는 비교집단을 'Contrast group'이라는 용어로 사용하고 있다.

차별기능문항 분석에서는 오직 두 집단 간의 비교(예를 들면, 서울 지역 vs. 농·어촌 지역)만 가능하다. 그러나 일반적으로 모집단에는 여러 종류의 준거집단과 비교집단이 혼재할 수 있고, 이러한 상황에서는 관심을 가지고 있는 2개의 집단을 짝을 이루어 여러 번 차별기능 문항 분석을 수행할 수 있다. 두 집단에 속한 피험자의 능력에 따라서 특정 문항에 대한 각 집단의 정답률(또는 응답률)이 통계적으로 서로 다른 유형을 보인다면, 그 문항은 차별적으로 기능하고 있다고 해석할 수 있다.

차별기능문항 분석은 피험자의 능력수준에 따른 문항의 정답률 패턴에 따라서 균일적(uniform) 또는 비균일적(non-uniform) 차별기능문항으로 구분할 수 있다.

균일적 차별기능문항(Uniform DIF)은 한 집단의 문항 정답률 패턴이 피험자 능력 수준에 따라서 다른 집단에 비해 균일하게 높게(또는 낮게) 나타나는 패턴을 보이는 문항을 의미한다.

비균일적 차별기능문항(Non-uniform DIF)은 한 집단의 문항 정답률 패턴이 특정능력 수준의 범위에서는 다른 집단에 비해 높게(또는 낮게) 나타나는 경향을 보이다가, 다른 능력 수준 범위에서는 정반대의 패턴을 보이는 문항을 의미한다. 따라서 비균일적 차별기능문항의 문항특성 곡선(Item Characteristic Curve: ICC) 그래프를 그려보면 일반적으로 피험자의 능력수준에 따라서 교차하는 양상을 보인다. 균일과 비균일 차별기능문항을 도표로 제시하면 다음과 같다.

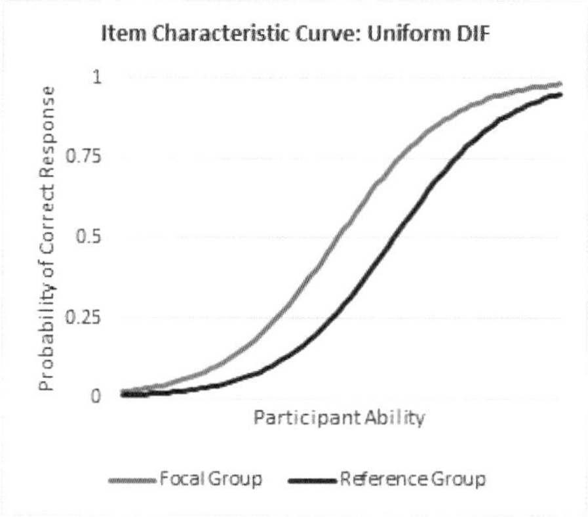

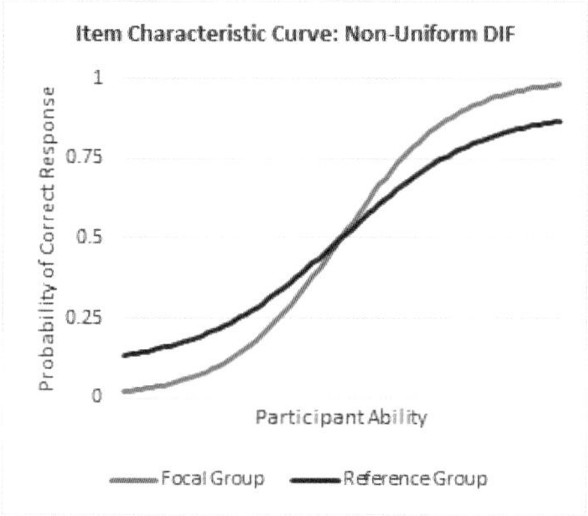

jamovi 프로그램에서는 'psychoPDA' 모듈을 설치함에 따라 로지스틱 회귀분석에 기초한 차별기능문항 분석 옵션을 제공하고 있다.

Swaminathan과 Rogers(1990)는 차별적으로 기능하고 있는 문항에 대한 통계적 가설을 검증하기 위해서 이항 로지스틱 회귀분석을 적용하였다. 그들은 모의실험 연구를 통해서 균일 또는 비균일적으로 기능하고 있는 문항을 탐색하는 데 있어서 로지스틱 회귀분석이 Mantel-Haenszel(Holland & Thayer, 1988) 방법보다 일관적으로 더 우수하다는 것을 보여 주었다.

차별기능문항에 대한 로지스틱 회귀분석은 조건변수(관찰점수의 총점), 집단변수, 그리고 조건변수와 집단변수의 상호작용을 이용해서 개별문항에 대한 정답(또는 반응)을 할 확률로 모형화한다. 만약 집단변수 또는 조건변수와 집단변수의 상호작용 회귀계수 값이 통계적으로 유의미하게 나타나면, 해당문항은 차별적으로 기능하고 있다고 해석한다. DIF 분석과정을 단계별로 설명하면 다음과 같다.

1단계: 개별문항에 대한 반응점수를 종속변수로 하고 피험자의 능력수준을 설명하기 위한 목적으로 총점변수를 우선적으로 독립변수로 투입한다.

$$\ln[\frac{p_i}{1-p_i}] = b_0 + b_1(\text{총합점수})$$

2단계: 다음으로 집단변수(예를 들면, 성별 변수)를 독립변수로 투입한다.

$$\ln[\frac{p_i}{1-p_i}] = b_0 + b_1(\text{총합점수}) + b_2(\text{집단변수})$$

3단계: 마지막으로 총점과 집단변수의 상호작용 항을 독립변수로 투입한다.

$$\ln[\frac{p_i}{1-p_i}] = b_0 + b_1(\text{총합점수}) + b_2(\text{집단변수}) + b_3(\text{총합점수 * 집단변수})$$

개별문항에 대한 DIF 분석을 위해서 각 단계에서의 χ^2값을 산출한다. 3단계에서 산출한 χ^2값에서 1단계에서 산출한 χ^2값을 뺀 다음에 자유도가 2(3단계 식 자유도 3에서 1단계 식 자유도 1을 뺀 자유도)인 χ^2분포에서 통계적 유의도 검증을 수행한다. χ^2검증 결과, 통계적으로 유의하게 나타났다면, 해당문항은 균일과 비균일 관점에서 차별적으로 기능하고 있다고 해석한다.

이러한 분석과정은 결과적으로 자유도가 2인 χ^2분포에서 균일과 비균일 DIF 검증을 동시에 분석하는 것을 의미하며(Swaminathan & Rogers, 1990), DIF 분석에 로지스틱분석을 사용하는 가장 큰 장점으로 볼 수 있다.

변수들을 단계적으로 투입하는 로지스틱 분석방법은 각 단계에서 산출한 R^2 값의 차이로도 설명할 수 있다. 예를 들면, 1단계 조건변수만 투입된 모형에서 산출한 R^2 값과 2단계 조건변수와 집단변수가 투입된 모형에서 산출한 R^2 값의 차이를 비교한다. 두 모형의 R^2 값의 차이는 집단 간의 차이에 기인하는 균일적(Uniform) DIF의 고유분산으로 설명할 수 있다.

또한 3단계 조건변수와 집단변수 간의 상호작용 항을 투입한 모형에서 산출한 R^2 값과 2단계(조건변수와 집단변수가 투입된 모형)에서 산출한 R^2 간의 차이는 전체 DIF에서 비균일적(Non-Uniform) DIF가 설명하는 고유분산으로 해석할 수 있다.

차별기능문항에 대한 통계적 유의도 검증 역시 DIF에 사용된 표본수가 클수록 작은 값임에도 불구하고 통계적으로 유의하게 나타날 가능성이 크다. 따라서 이러한 문제점을 보완할 다양한 효과크기(effect size) 값도 고려해야 한다. 'psychoPDA' 모듈에서는 Zumbo-Thomas(1997)의 효과크기 값과 부트스트랩 방법을 이용한 'Type M' 오차를 산출하고 비교하는 결과분석표를 제공한다. 효과크기 값과 관련한 자세한 내용은 Thomas & Zumbo(1998)와 Zumbo(1999)의 논문을 참조하기 바라며, 효과크기와 관련한 세부기준 및 설명은 다음 예시 자료 분석에서 설명하기로 한다.

jamovi 분석 실행

로지스틱 회귀모형을 이용한 차별기능문항 분석을 위해서 'raven.omv'을 사용한다. 예시에 사용된 자료는 Raven(Raven et al., 1998)이 개발한 도형지능검사에 응답한 자료이다. Raven 지능검사는 일종의 도형추론 지능검사로서 언어를 사용하지 않고 도형 그림으로 이루어진 자극에 기초해서 피험자가 복잡한 상황을 이해하고, 제시된 상황에서 의미를 파악하고 사고하는 능력을 측정하는 지능 검사이다. 총 36문항으로 구성되어 있으며, 도형이나 패턴으로 구성된 행렬을 보고 미완성 부분에 적합한 조각을 8개의 보기 중에서 골라 답을 하는 검사로서 문항 번호가 증가할수록 난이도가 어려워지는 형태로 구성되어 있다. 채점은 문항별로 정답이면 1점, 오답이면 0점을 부여해서 최소 0점에서 최대 36점까지 총점을 부여하였다. Raven 지능검사와 관련한 자세한 내용은 설현수(2012)의 논문을 참조하기 바란다.

1) 분석자료

'raven.omv' 파일을 불러온다. 실습 자료는 200명의 학생을 대상으로 성별, 나이, 문항 응답 자료로 구성되어 있다. 성별(gender) 변수를 가지고 집단 변수에 대한 해석을 쉽게 하기 위해서 남학생은 0, 여학생은 1로 재코딩을 해서 'gender1'이라는 변수로 저장했다. 그리고 36개 문항에 대해서 정답은 1, 오답은 0으로 코딩하였다.

차별기능문항 분석을 위해서는 jamovi 프로그램 우측 상단의 'Module'을 클릭한 다음에 'jamovi library'에서 'psychoPDA' 모듈을 개인 컴퓨터에 설치한다.

Modules ▷ jamovi library ▷ psychoPDA

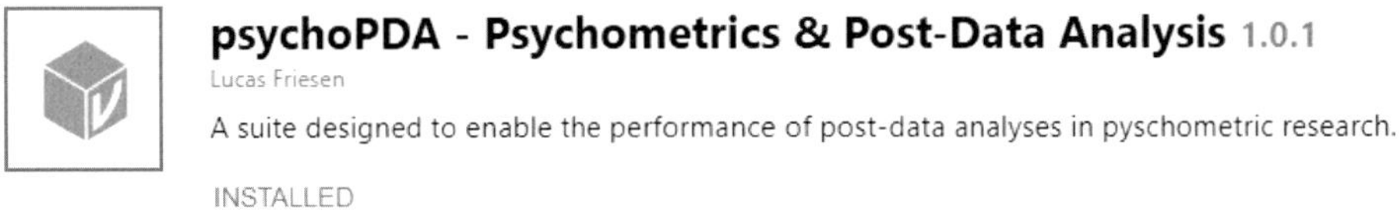

컴퓨터에 'psychoPDA' 모듈을 설치하면, 'PPDA'라는 아이콘이 모듈 창에 나타난다. 다음으로 이항문항에 대한 차별기능문항 분석을 위해서 'Binary LogR'을 클릭한다.

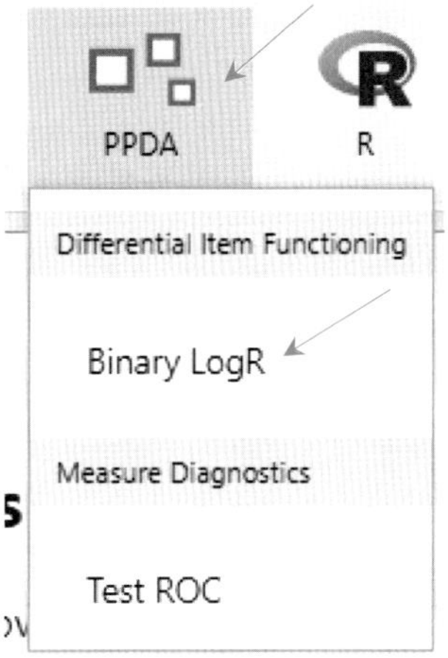

이항문항에 대한 차별기능문항 분석 절차와 관련된 내용이 오른쪽 분석 결과 창에 나타난다. 'documentation'을 클릭하면 'psychoPDA' 모듈과 관련한 자세한 이론적 배경 및 예시들이 제공되기 때문에 관심 있는 독자들은 반드시 참고하기 바란다.

Differential Item Functioning - Binary Logistic Regression

Welcome to PsychoPDA's Binary LogR Differential Item Functioning analysis. To get started:

1. Place items to be assessed for DIF in the 'Item(s) for analysis' slot.
2. [*Optional*] Place the remaining measure items in the 'Anchor Items' slot. This is not needed if a Matching Variable is supplied.
3. [*Optional*] Place an external matching variable in the 'Matching Variable' slot. The measure total score will be calculated and used for matching if this option is omitted.
4. Place the grouping variable in the 'Grouping Variable' slot.

If you encounter any errors, or have questions, please see the documentation

This is the first release of the module and is subject to change until a peer-reviewed article documenting its use has been published. Anticipated final version release date is late 2019.

2) 분석변수 대화상자

❶ Item(s) for Analysis: 분석 문항을 이동한다. 이 예시에서는 36개의 문항을 오른쪽으로 이동시킨다.

❷ Grouping Variable: 집단변수(Grouping Variable)를 이동시킨다. 예시에서는 성별에 따라서 어느 문항이 차별적으로 기능하는지를 분석하기 위해서 'gender1' 변수를 선택한다. 그러면 오른쪽 분석 결과 창에 자동적으로 성별 변수에 대해서 '0'으로 코딩한 집단을 준거집단(reference group), '1'로 코딩한 집단을 비교집단(Contrast group)으로 인식해서 차별기능문항 분석을 수행한다.

분석 문항과 집단변수만 이동시키면, 아래 'DIF Analysis' 분석 창에 사전에 지정된 표준옵션에 근거해서 성별변수에 대한 차별기능문항 분석 결과를 오른쪽 분석 결과 창에 보여 준다.

❸ Matching Variable: 대응변수(Matching Variable)는 이항 로지스틱 회귀분석에서 종속 변수인 개별문항에 정답(또는 반응)을 할 확률을 설명하기 위한 목적으로 설정되는 일종의 독립변수를 의미한다. 대응변수는 옵션 항목으로 설정되어 있으며, 만약에 대응변수를 선택하지 않으면, jamovi는 자동으로 피험자의 총점(total score)을 독립변수로 설정해서 총점수준에 따라서 문항에 정답(또는 반응)을 할 확률 경향을 분석한다.

대응변수에는 총점 이 외에도 연구자가 관심을 가지고 있는 다른 연속변수(예를 들면, 피험자의 나이)를 설정해서 대응변수의 수준에 따른 문항의 정답(또는 반응) 경향을 분석할 수 있다. 총점을 포함한 대응변수와 집단변수 간의 주 효과와 상호작용 효과를 동시에 분석모형으로 설정해서 분석할 수 있다는 것은, 차별기능문항 분석에서 이항 로지스틱분석이 가지는 커다란 장점이라 할 수 있다.

④ Anchor Items: 가교 문항(Anchor Items)은 DIF 분석에서 차별적으로 기능하지 않는 일종의 순수한 준거(gold standard)문항을 의미한다. 가교 문항은 집단에 따른 차별적 기능이 존재하지 않기 때문에 피험자의 총점을 계산할 때는 사용되지만, 차별기능 문항 분석을 위한 목적으로는 사용되지 않는다. 따라서 기준 문항 항목은 옵션 항목으로 설정되어 있다. 만약에 기준문항이 설정되면, 대응변수(Matching Variable)는 반드시 빈칸으로 설정되어 있어야 한다. 가교 문항 설정 및 분석과 관련한 자세한 내용은 분석 결과 창 맨 위에 제시되어 있는 'documentation' 항목을 클릭해서 'Item purification' 설명을 참조하기 바란다.

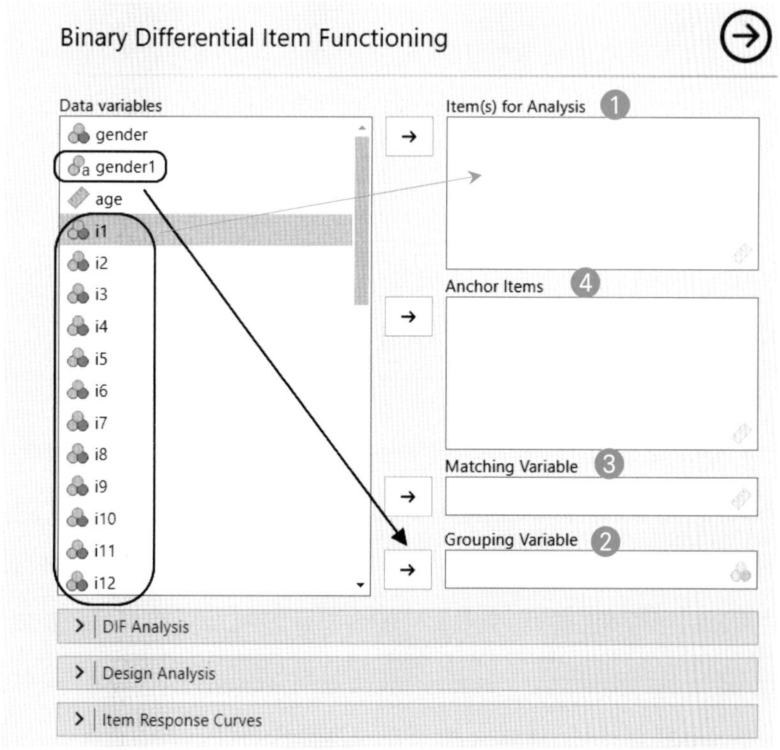

3) DIF 분석상자(DIF Analysis)

'DIF Analysis'를 클릭하면 DIF 분석을 위한 세부적인 옵션들이 제시된다. 각 옵션을 설명하면 다음과 같다.

① Type: Type 옵션을 클릭함으로써 분석하고자 하는 DIF 유형을 선택할 수 있다. Type 옵션에는 균일 차별기능문항(Uniform DIF), 비균일 차별기능문항(Non-Uniform DIF)과 균일과 비균일 차별기능을 동시에 분석할 수 있는 분석(Uniform and Non-Uniform DIF) 등 3가지 분석유형을 제공한다.

예시 자료에 사용된 변수들을 가지고 이항 로지스틱 회귀식으로 표현하면 다음과 같다.

$$\ln\left[\frac{p_i}{1-p_i}\right] = b_0 + b_1(\text{총합점수}) + b_2(\text{집단변수}) + b_3(\text{총합점수} * \text{집단변수})$$

위의 식을 가지고 자유도가 2인 χ^2분포에서 균일분포와 비균일 차별기능을 동시에 고려한 유의도 검증을 수행할 수 있다. jamovi에서는 균일과 비균일을 동시에 고려하는 차별기능문항 분석을 표준옵션으로 설정하고 있다.

이러한 접근 방법은 기존의 전통적인 Mantel-Haenszel 방법에 비해서 다음 3가지의 장점을 가지고 있다(Zumbo, 1999). 첫째, 연속변수를 범주화할 필요가 없다. 둘째, 균일과 비균일 차별기능을 동시에 고려해서 분석할 수 있도록 모형화되어 있다. 셋째, 이항자료뿐만 아니라 서열 속성을 가지고 있는 다항문항도 분석할 수 있다. 현재 jamovi에서는 Binary 자료만 분석 가능하며, Ordinal 속성을 가진 자료를 분석하기 위해서는 R 프로그램을 사용해야 한다.

② Flagging criterion: 회귀계수의 통계적 유의도 검증을 위해서 'Wald Statistic'과 'Likelihood Ratio Test'를 옵션으로 제공한다. 로지스틱 모형의 회귀계수는 최대우도 추정법을 사용한다. 이렇게 추정된 회귀계수의 유의성을 검증하는 방식으로 많이 사용되는 것이 'Wald 검증'과 '우도비 검증(Likelihood Ratio Test)'이다.

우도비 검증은 2개 모형의 우도의 비를 계산해서 두 모형의 우도가 유의한 차이가 있는지를 비교하는 방법이다. 이 예시에서 총합점수만 투입된 회귀식과 총합점수에 집단변수를 투입한 회귀식 간에 통계적으로 유의한 우도의 차이를 보인다면 집단변수는 그 만큼 의미 있는 변수라고 해석할 수 있다. 이렇게 회귀식에 변수를 추가(또는 삭제)하면서 두 우도의 비를 통해 회귀계수의 유의성을 검증하는 방법이 우도비 검증이다.

Wald 검증은 추정된 회귀계수를 표준오차로 나눈 통계치를 제곱한 값을 Wald 값이라 하며, 이 값은 자유도가 1인 χ^2분포를 따른다. Wald 검증은 회귀계수의 절대값이 큰 경우, 표준오차도 따라서 커지는 경향 때문에 일반적으로 영가설을 기각할 가능성이 낮아지는 문제점을 가지고 있다. 표본수가 커질수록 두 검증의 결과는 대부분 일치하지만, 만약에 두 검증 결과가 일치하지 않을 경우에는 일반적으로 우도비 검증을 따르는 것이 바람직하다(홍세희, 2005).

③ Evaluation scale: 평가 척도는 Naeglekirke의 R^2값에 기초한 DIF 효과크기의 분류기준을 의미한다. 'psychoPDA' 모듈에서는 Zumbo-Thomas의 분류기준에 의해서 개별문항의 DIF 정도를 판단한다.

④ Alpha: 통계적 유의도 검증에서 일종오류 수준을 의미한다. 일반적으로 .05를 표준옵션으로 설정하고 있다.

⑤ P-value adjustment: 중다 비교 형태로 DIF 검증을 수행할 때 일종오류가 과도하게 커지는 문제점을 교정하기 위해서 제안된 방법이다. 'psychoPDA' 모듈에서는 7개의 방법을 옵션으로 제시하고 있으며, 각 교정방법에 대한 자세한 내용은 'psychoPDA' 매뉴얼을 참조하기 바란다.

⑥ Grouping variable: 집단변수(Grouping variable) 선택을 의미하며, 일반적으로 Binary DIF 분석에서는 'Discrete groups (n=2)'을 표준옵션으로 설정하고 있다. 여기서 'n=2'는 준거집단과 기준 집단을 의미한다.

⑦ Effect type: DIF 분류기준에 사용되는 값으로 Naeglekirke R^2 값을 사용한다.

⑧ Purification: 문항 정제(item purification)는 DIF를 판별하는 또 다른 분석기법으로 간주할 수 있다. 문항정제 방법으로 DIF를 수행하기 위해서는 검사점수(test score)가 대응준거(matching criterion)로 사용되어야 하며, DIF에 영향을 받지 않는 일군의 문항 검사점수에서 반복적으로 현재 시점에서 DIF로 판명되는 문항들을 제거하는 DIF 방법이다.

문항 정제 방법을 통해서 DIF를 판별할 목적이 아니라면 이 옵션을 선택할 필요가 없다.

⑨ Number of iterations: Purification에서 요구되는 반복 횟수를 지정할 수 있다.

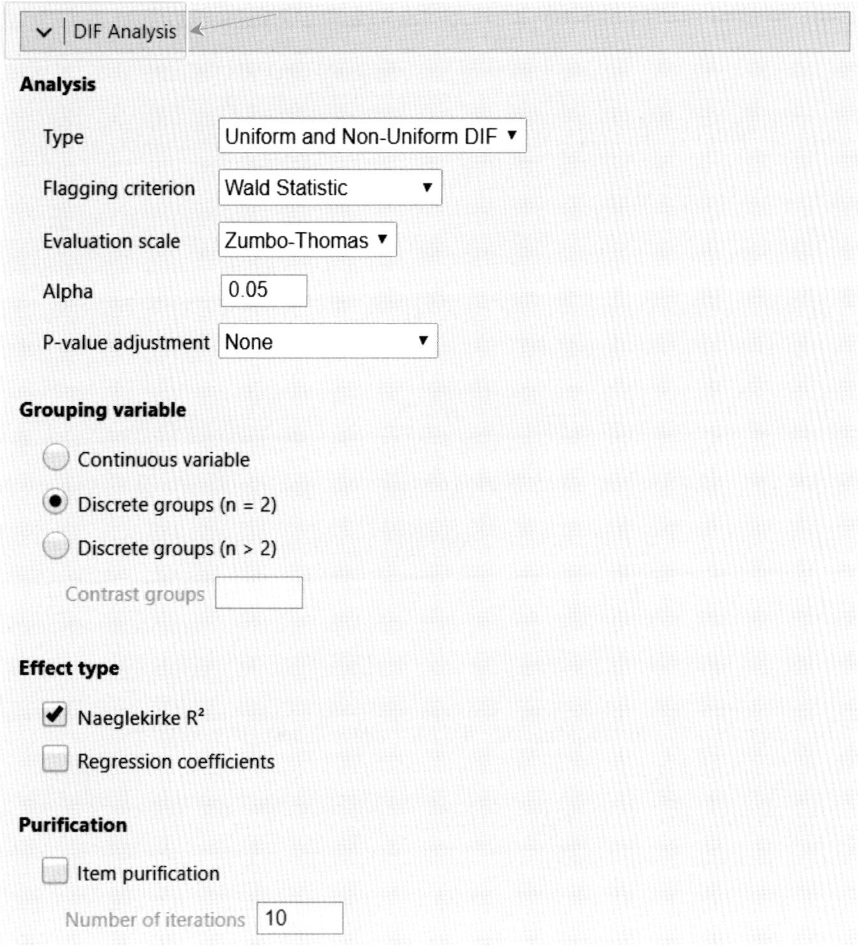

36개 문항으로 구성된 Raven 지능검사에서 성별에 따라서 차별적으로 기능하고 있는 문항을 분석하기 위해서 위에 제공된 분석 옵션을 적용해서 DIF 분석을 수행하였다. 분석 결과를 살펴보면, 총 36개의 문항 중에서 2개 문항(26번, 34번)이 $\alpha = .05$ 수준에서 통계적으로 유의미한 차이가 있는 것으로 나타났다(P-value 값을 참조하기 바람).

그러나 표본 크기가 증가할수록 통계적으로 유의하게 나타날 가능성이 크기 때문에 이것을 보완할 대안으로 Zumbo-Thomas(1997)는 효과크기(effect size) 분석을 제안하였다.

통계적으로 유의미하게 나타난 2개 문항을 가지고 Zumbo-Thomas의 DIF 분류기준(Zumbo & Thomas, 1997)에 의한 효과크기를 살펴보기로 한다. 분석 결과표에서 26번 문항의 효과크기는 0.04($\Delta R^2=0.04$), 34번 문항의 효과크기는 0.05 ($\Delta R^2=0.05$)로 나타났다.

이 값들은 Zumbo-Thomas의 DIF 분류기준에 따르면 '무시할만한 효과(Negligible effect)' 크기로 해석할 수 있다.

참고적으로 'psychoPDA' 분석 결과표에서는 Naeglekirke의 R^2 값의 변화(ΔR^2) 정도에 따라서 효과크기를 3수준('무시할만한 DIF 효과' '중간수준의 DIF 효과' '높은 수준의 DIF 효과')으로 분류해서 제공하고 있다.

```
Effect size (change in Nagelkerke's R²: ΔR²) scale: Zumbo-Thomas
'A': Negligible effect (0 ≤ ΔR² ≤ 0.13)
'B': Moderate effect (0.13 ≤ ΔR² ≤ 0.26)
'C': Large effect (0.26 ≤ ΔR² ≤ 1)
```

예시 자료에 대한 분석 결과 및 해석을 제시하면 다음과 같다.

Raven 지능검사 문항을 가지고 성별에 따라서 차별적으로 기능하고 있는 문항들이 존재지에 대한 분석 결과, 36개 문항 중에서 2개 문항이 성별에 따라서 통계적으로 유의미하게 차별적으로 기능하고 있는 것으로 나타났다.

그러나 Zumbo-Thomas(1999)의 분류기준에 따른 효과크기 분석에 따르면, 2개 문항은 매우 낮은 '무시할만한 효과' 크기 범위에 속하는 것으로 나타났다.

따라서 문항의 실제 활용 측면에서, 2개 문항이 비록 성별에 따라서 통계적으로 유의하게 나타났지만, 활용의 측면에서는 그대로 사용해도 큰 문제가 없다고 결론 내릴 수 있다.

Differential Item Functioning Analysis - Binary Logistic Regresion

Item	Zumbo-Thomas	P-value	X^2 Stat.	ΔR^2
i1	No flag	0.715	0.67	0.01
i2	No flag	0.561	1.16	0.02
i3	No flag	0.683	0.76	0.02
i4	No flag	0.074	5.22	0.04
i5	No flag	0.200	3.22	0.05
i6	No flag	1.000	2.72e-5	0.09
i7	No flag	0.185	3.38	0.05
i8	No flag	0.603	1.01	0.01
i9	No flag	0.680	0.77	0.02
i10	No flag	0.180	3.43	0.03
i11	No flag	1.000	3.05e-5	0.04
i12	No flag	0.141	3.91	0.08
i13	No flag	0.616	0.97	0.01
i14	No flag	0.479	1.47	0.01
i15	No flag	0.218	3.04	0.03
i16	No flag	0.135	4.01	0.04
i17	No flag	0.999	0.00	0.00
i18	No flag	0.419	1.74	0.01
i19	No flag	0.981	0.04	0.00
i20	No flag	0.383	1.92	0.01
i21	No flag	0.282	2.53	0.02
i22	No flag	0.951	0.10	0.00
i23	No flag	0.662	0.82	0.01
i24	No flag	0.541	1.23	0.01
i25	No flag	0.788	0.48	0.00
i26	A	0.033	6.81	0.04
i27	No flag	0.174	3.50	0.02
i28	No flag	0.475	1.49	0.01
i29	No flag	0.753	0.57	0.00
i30	No flag	0.482	1.46	0.01
i31	No flag	0.234	2.90	0.02
i32	No flag	0.201	3.21	0.02

i33	No flag	0.573	1.11	0.01
i34	A	0.029	7.11	0.05
i35	No flag	0.051	5.96	0.04
i36	No flag	0.801	0.44	0.00

Note. Tests of significance conducted using: 2 degrees of freedom (X^2 significance threshold = 5.991)

4) 문항반응곡선(Item Response Curve)

성별에 따라서 통계적으로 유의하게 나타난 26번 문항과 34번 문항에 대한 경향성을 파악하기 위해서 분석상자에서 'Item Response Curve'를 클릭한다.

왼쪽 문항 리스트에서 26번과 34번 문항을 선택해서 오른쪽으로 이동하면 결과창에 2개 문항에 대한 문항반응곡선 그래프가 제시된다.

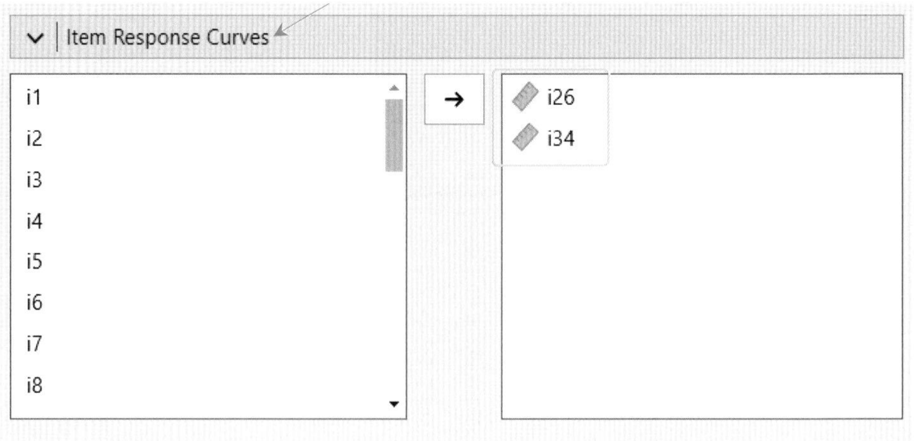

문항반응곡선을 해석해 보면, 가로축은 피험자의 원점수를 의미하며, 세로축은 해당 문항의 응답확률을 의미한다. 예시 자료에서 준거집단(Reference group)은

남학생 집단(0으로 코딩)을 의미하며, 비교집단(Contrast group)은 여학생 집단(1로 코딩)을 의미한다.

두 집단의 곡선을 중심으로 음영은 95% 신뢰구간을 의미하며, 짙은 음영은 두 집단의 신뢰구간이 겹쳐 있는 정도를 나타낸다. 곡선의 평행 정도는 균일(uniform) DIF의 정도를 의미하며, 교차 정도는 비균일(non-uniform) DIF의 정도를 시각적으로 보여 준다.

26번 문항의 경우, 남학생보다 여학생의 정답확률이 높은 경향을 보이다가 검사점수 총점(36점 만점)이 30점 후반대의 높은 지점에서는 오히려 남학생 집단의 정답확률이 높게 나타나는 것을 볼 수 있다.

34번 문항의 경우, 남학생 집단의 정답확률이 높은 경향을 보이다가 검사점수 총점이 30점대 근처의 지점부터는 오히려 여학생 집단의 정답확률이 남학생 집단에 비해 확연히 높아지는 경향을 확인할 수 있다.

☞ 문항반응곡선에서 가로축이 총점으로 표시되기 위해서는 반드시 문항의 측정 단위가 '연속변수(Continuous)' 형태로 설정되어야 한다.

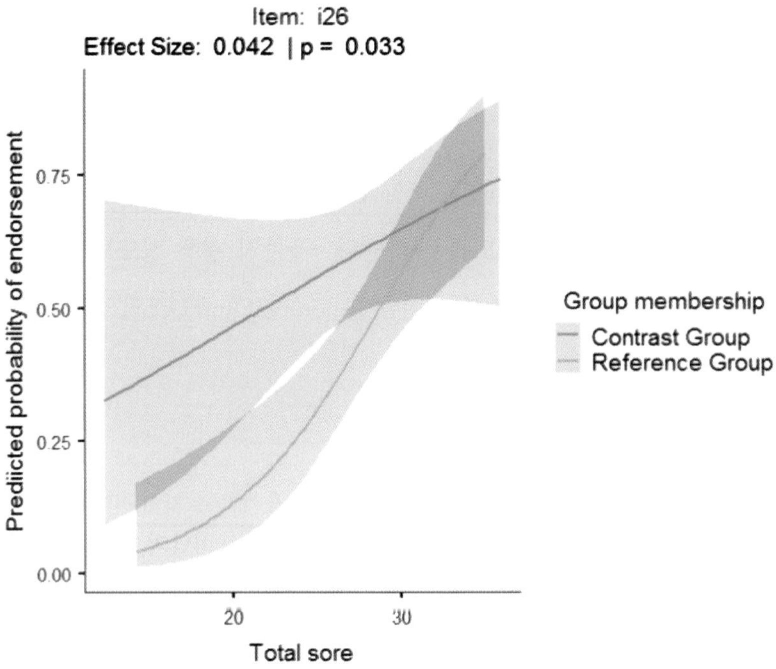
Item: i26
Effect Size: 0.042 | p = 0.033
Predicted probability of endorsement
0.75
0.50
0.25
0.00
20
30
Total sore
Group membership
Contrast Group
Reference Group

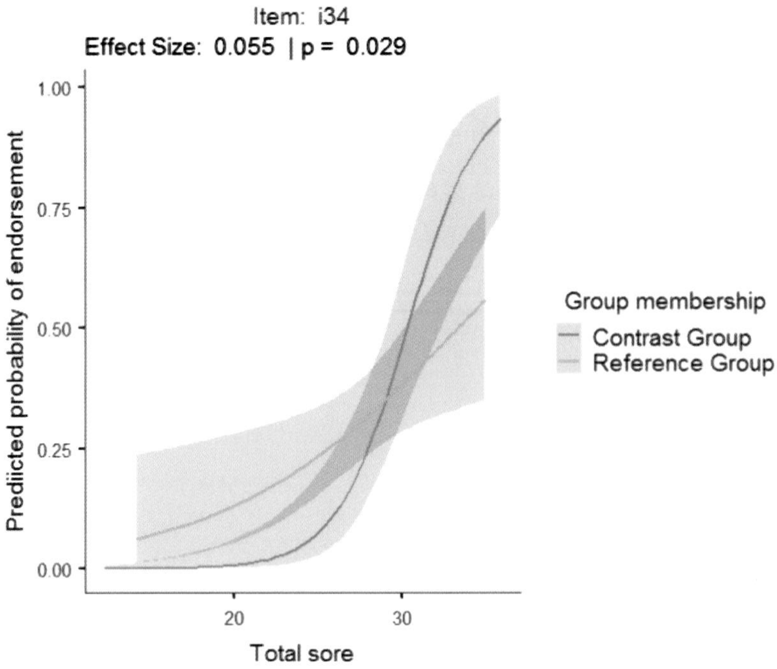
Item: i34
Effect Size: 0.055 | p = 0.029
Predicted probability of endorsement
1.00
0.75
0.50
0.25
0.00
20
30
Total sore
Group membership
Contrast Group
Reference Group

5) Bootstrap 기법을 이용한 효과크기 분석(Design Analysis)

가설검증에 있어서 전통적인 일종 오류(또는 이종 오류)에 기초한 검증의 대안으로 Gelman & Carlin(2014)은 'Type−S(Sign) 또는 Type−M(Magnitude) 오류'의 개념을 제시했다.

로지스틱 선형모형을 이용한 DIF 분석에서 Zumbo-Thomas(1997)의 효과크기 정도는 기저모형(baseline model)과 포화모형(full model) 간의 Nagelkerke의 R^2 (ΔR^2)의 차이에 기초해서 설정되었으며, 모형 간의 값의 차이는 항상 양의 값을 나타내기 때문에 DIF 분석에서 방향성과 관련된 'Type−S 오류'는 적용할 수 없다.

'Type−S 오류'와 관련된 자세한 내용은 앞에 언급한 논문을 참고하기 바라며, DIF 효과크기 분석에 적용할 수 있는 'Type−M 오류'에 대해서 알아보기로 한다.

- 'psychoPDA' 모듈에서는 Nagelkerke의 ΔR^2 값을 기초로 Zumbo-Thomas(1997)의 분류기준에 따라서 DIF의 효과크기 정도를 3개 수준으로 제시하고 있다.
- 'psychoPDA' 모듈 분석상자에서 제공하는 'Design Analysis'는 Zumbo-Thomas의 기준에 의해서 DIF로 분류된 문항이 얼마나 참 효과크기(True effect size)를 반영하고 있는지를 분석하기 위한 일종의 사후 자료 분석(Post-data analysis) 기법으로 볼 수 있다.
- ΔR^2 값을 기초로 'Bootstrapping' 방법으로 생성한 경험적 분포의 기대값과 Zumbo-Thomas의 분류기준 값들의 비율로 Gelman & Carlin(2014)이 제시한 'Type−M 오류' 값을 계산한다.

DIF 사후 분석에서 'Type−M 오류'는 관찰된 효과크기(Observed effect)의 기대값과 알려지지 않은(즉, 가설화된) 참 효과크기(Hypothesized true effect) 간의 비율로 계산한다.

$$Type - M\,error = \frac{E(Observed\,effect)}{Hypothesized\,true\,effect}$$

위의 공식 분모의 '가설화된 참 효과'는 Zumbo-Thomas의 DIF 분류기준의 하한계 값('0': 무시할 만한 DIF 효과크기, '0.13': 중간수준의 DIF 효과크기, '0.26': 높은 수준의 DIF 효과크기)을 사용한다.

공식에서 '관찰된 효과크기'의 기대값은 'bootstrapping 과정'에 의해서 생성된 경험적 분포의 평균값을 사용한다. 만약에 'Type−M 오류' 값이 '1'의 값을 나타낼 경우, 이것은 관찰된 효과크기가 정확히 가설화된 참 효과크기와 같다는 것을 의미한다. 설명한 내용을 기초로 해서 분석 대화상자의 'Design Analysis'를 클릭한다.

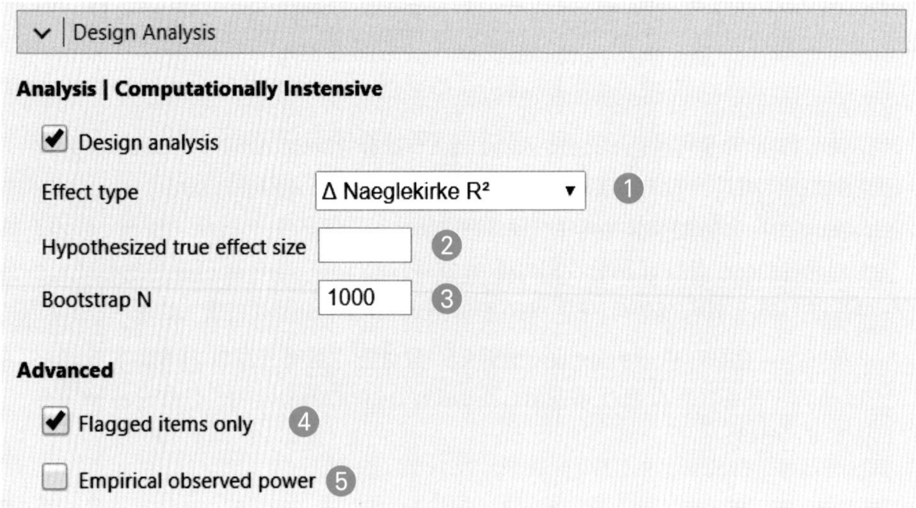

❶ Effect type: 효과크기에 사용되는 통계값을 의미한다. 'Nagelkerke의 R^2'이 표준옵션으로 설정되어 있다. 만약에 회귀계수 값을 사용하려면 ▼를 클릭해서 'Regression Coefficients'를 선택한다.

❷ Hypothesized true effect size: 가설화된 참 효과크기 값을 설정한다. 빈칸으로 남겨둘 경우(표준옵션), Zumbo-Thomas의 3수준 DIF 분류기준에 의거해서 자동으로 분석을 수행한다.

❸ Bootstrap N: Bootstrap 횟수를 지정할 수 있다. 표준옵션으로 '1000'개가 설정되어 있다. 'ΔR^2'에 대한 'Type−M 오류' 계산은 먼저 각 문항에 대해서 bootstrapping 과정을 통해 1000개의 'ΔR^2'값에 대한 경험적 분포를 생성한다.

❹ Flagged items only: Zumbo-Thomas의 3수준 DIF 분류기준에 의해서 분류된 문항만을 대상으로 'Design Analysis' 분석을 수행한다.

❺ Empirical observed power: 'psychoPDA' 개발자에 따르면 이 옵션에 대한 해석상의 어려움으로 인해서 실행하지 않는 것으로 설정되어 있다.

'Design Analysis' 분석 결과를 제시하면 다음과 같다.

① Obs. Effect: 관찰된 효과(Observed Effect)를 의미하며, DIF 분석 결과표에 제시된 'ΔR^2'값이다.

② Bootstrap SE: Bootstrap 방법으로 생성된 분포의 표준오차를 의미한다.

③ Classification: Zumbo-Thomas의 DIF 3단계 분류기준('A', 'B', 'C')을 의미한다.

④ Hyp. True Effect: 가설화된 참 효과크기 값을 의미한다. 이 값은 Zumbo-

Thomas의 DIF 3단계 분류기준 하한계 값으로 제시한다. 'A' 분류기준의 가설화된 참 효과크기 값은 $0 \pm (2 \times Bootstrap\, SE)$공식으로 산출된다.

⑤ Type−M Error: Type−M 오류 값을 의미한다.

⑥ Est. True Effect: 추정된 참 효과(Estimated True Effect)를 의미하며, 다음과 같은 공식으로 산출한다.

$$Est.\ True\ Effect = \frac{Obs.\ Effect}{Type - M\ error}$$

26번 문항 'A' 분류기준에서의 '추정된 참 효과' 값은 $\frac{0.04}{2.12} = 0.02$로 계산됨을 알 수 있다.

분석 결과표를 해석하면 다음과 같다. 우선적으로 '가설화된 참 효과' 값이 증가할수록 'Type−M 오류' 값은 감소하고 있는 것을 볼 수 있다. 또한 '관찰된 효과' 값이 가설화된 참 효과 값보다 작을 경우 'Type−M 오류' 값이 '1'보다 작게 나타나고 있음을 볼 수 있다.

'추정된 참 효과(Estimated True Effect)' 크기 값이 다음에 제시된 분류기준에 포함되는지를 확인해서 해당 문항이 어느 분류기준에 속하는지를 파악하고 해석한다.

Effect size (change in Nagelkerke's R^2: ΔR^2) scale: Zumbo-Thomas
'A': Negligible effect ($0 \le \Delta R^2 \le 0.13$)
'B': Moderate effect ($0.13 \le \Delta R^2 \le 0.26$)
'C': Large effect ($0.26 \le \Delta R^2 \le 1$)

26번 문항의 경우 추정된 참 효과크기 값 0.02는 위에 제시된 'A' 수준 범위(0~0.13)에 포함되지만, 'B' 수준에서 산출된 추정된 참 효과크기 값 0.10은 'B' 수준 범위(0.13~0.26)에 포함되지 않는다. 또한 'C' 수준에서 산출된 효과크기 값 0.20 역시 'C' 수준 분류기준 범위(0.26~1)에 포함되어 있지 않다.

34번 문항 역시 26번 문항과 동일하게 'A' 수준을 제외한 나머지 분류기준에 '추정된 참 효과크기'가 포함되어 있지 않음을 볼 수 있다.

따라서 성별에 따른 26번과 34번 문항의 '알려지지 않은 참 효과(unknown true effect)' 크기 값은 Zumbo-Thomas의 3단계 분류기준에서 'A' 범주에 있다고 결론 내릴 수 있다.

결론적으로, 36개의 문항 중에서 2개(26번, 34번) 문항이 성별에 따라 통계적으로 유의하게 차별적으로 기능하고 있는 것으로 나타났다. 2개 문항에 대한 효과크기를 살펴보면, Zumbo-Thomas의 3단계 분류기준에서 'A' 수준(무시할만한 효과크기) 범위에 속하는 것으로 나타났다. 'Type-M' 오류 계산을 적용한 사후분석 결과에서도 동일한 결과가 산출되었다.

따라서 26번과 34번 문항이 검사의 실제적 · 활용적 측면을 고려할 때(예를 들면, 해당문항을 삭제하고 새로운 문항을 개발할 경우 발생하는 추가비용), 성별의 관점에서 검사의 질을 현저히 저해할 정도로 차별적으로 기능하는 문항은 아닌 것으로 판단할 수 있다.

Design Analysis - Naeglekirke R^2

Item	Obs. Effect	Bootstrap SE	Classification	Hyp. True Effect	Type-M Error	Est. True Effect
i26	0.04	0.01	A	0.03	2.12	0.02
			B	0.13	0.42	0.10
			C	0.26	0.21	0.20
i34	0.05		A	0.03	2.50	0.02
			B	0.13	0.53	0.10
			C	0.26	0.27	0.21

Note. The hypothesis of the DIF effect being equal to 0 is the 'A' level hypothesis, and uses 0 + 2 * observedSE as a proxy for 0.

Note. Several items (flagged red) have observed effect sizes smaller the hypothesized true effect. In these cases the Type-M error is a ratio and should be interpretted with caution.

'snowIRT'(Seol, 2020) 모듈에서는 Raju(1988)의 차별기능 문항 분석을 제공하고 있다. jamovi library > snowIRT 모듈을 설치하면 분석을 수행할 수 있다.

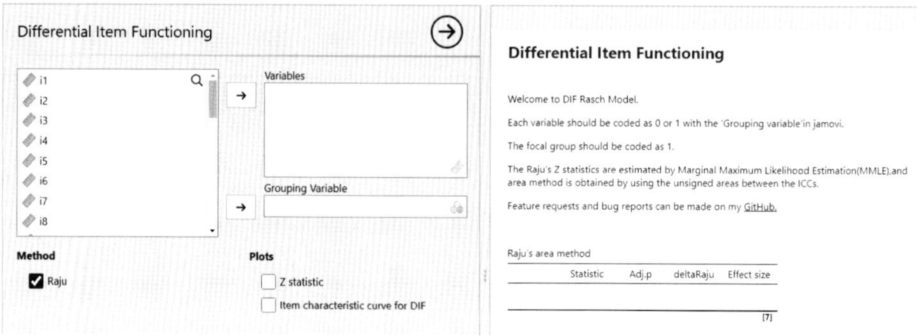

3 요인분석

요인분석(factor analysis)은 관찰변수 간의 상관관계를 소수의 잠재변수로 설명하는 통계방법이다. 예를 들면, 더하기(+), 빼기(−), 곱하기(×), 나누기(÷) 점수 간의 상관계수를 산출하면 각 연산 간의 높은 상관계수 값이 예상된다.

4개의 관찰변수 간의 관계는 '수학 능력'이라는 하나의 잠재변수로 설명이 가능할 것이다. 이와 같이 요인분석은 여러 개의 측정변수를 공통요인(common factor)으로 묶어 자료의 복잡성을 줄이고 관찰된 변수들이 동일한 구인(construct)을 재고 있는지를 파악하기 위한 통계적 방법이다.

요인분석 가정

① 사례수: 요인분석을 하기 위해서 일반적으로 관찰변수와 표본수의 비율은 대략 1:5 정도를 권하고 있다.

② 변수들 간의 상관: 관찰변수들 간의 상관이 지나치게 낮거나 너무 높을 경우에는 요인분석에 적합하지 않다. 즉, 상관계수가 0에 가까우면 그 자료에는

어떤 공통 요인구조를 추출하기 어렵다는 것을 의미하며, 1에 가까우면 그 변수는 합치거나 어떤 조정이 필요하다는 것이다.

1) 주성분 분석

주성분 모형은 측정변수들의 분산을 최대한 설명하기 위해서 측정변수의 선형결합으로 주성분을 추출하는 모형이다. 따라서 주성분 모형에서는 분산의 '공통/고유'를 구분하지 않고 모두 분석대상으로 하는 원래의 상관행렬을 가지고 분석한다.

주성분 분석(Principal Component Analysis)에서는 주성분의 의미를 파악하기 위해서 '회전(rotation)'을 하지 않는다. 회전을 하게 되면 주성분 점수의 분산은 더 이상 '최대'가 아니기 때문에 많은 양의 자료를 축약해서 설명하고자 하는 주성분 분석 본래의 목적에 위배되기 때문이다.

■ 분석변수 상자

Analyses ▷ Factor ▷ Principal Component Analysis

주성분 분석을 위해서 'social_support.omv' 파일을 불러온다. 왼쪽에 제시되어 있는 문항목록을 ❶번 →를 사용해서 연속적으로 클릭하여 오른쪽으로 분석문항들을 이동시킨다.

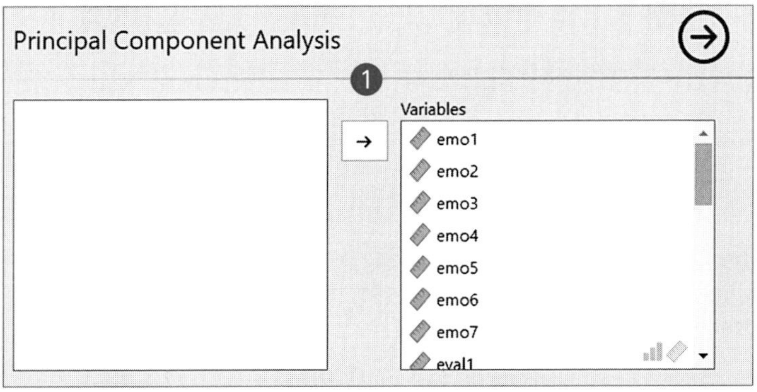

분석 대화상자

❶ Method: 요인구조를 명확하게 하기 위해서 jamovi에서는 5가지 요인 회전 방식(Varimax, Quartimax, Promax, Oblimin, Simplimax) 옵션을 제공하고 있다. 일반적으로 주성분 분석에서는 요인회전 방법을 사용하지 않기 때문에 'None'을 선택한다.

❷ Number of Components: 주성분 개수를 추출하는 방법을 제공하고 있다. parallel analysis나 eigenvalue에 기초한 방법은 탐색적 요인분석에서 주로 사용하는 방법이다. 이 자료에서는 주성분 해석의 용이성을 위해서 2개의 주성분을 추출할 것을 임의로 지정하였다.

❸ Factor Loadings: 주성분 분석표 해석결과를 용이하게 하기 위해서 부하량이 0.4 미만인 값을 보이는 문항의 부하량 값은 생략하도록 옵션을 지정하였다. 사전 설정 값은 주성분 부하량 0.3으로 지정하였지만, 일반적으로 주성분 부하량 0.4 이상의 값을 많이 사용하고 있다.

❹ Additional Output: 추가적인 옵션으로 주성분 요약표, 주성분 간 상관계수, 고유값 및 그에 해당하는 스크리 도표(Scree plot)를 제공해 준다. 스크리 도표는 수평축에 주성분을 놓고 수직축에 해당 주성분에 대응하는 아이겐 값을 연결한 도표로서 그래프가 완만해지는 부분이전까지 주성분 개수를 지정하는 데 많이 사용되고 있다.

❺ Assumption Checks: 주성분 분석의 가정 검증을 위해서 Barlett의 구형성 검증(test of sphericity)과 KMO 통계값을 제공하고 있다. Barlett의 구형성 검증은 요인분석을 할 때 입력 자료로 사용하는 상관계수 행렬에 대해서 검사하는 것으로서 상관계수 행렬이 대각 행렬인가를 검증하는 것이다. 상관계

수가 대각 행렬이라는 것은 결국 변수들 간의 상관계수가 없다는 것을 의미하며, 이것은 사용된 변수들이 요인분석을 하기에는 적절하지 않다는 것을 의미한다. Barlett의 구형성 검증 *p* 값이 .05보다 작으면 대각행렬이 아니라는 것을 의미하며, 요인분석하기에 적절한 자료라고 해석할 수 있다. KMO(Keiser-Meyer-Olkin) 통계 검증은 변수 간의 편상관을 조사하는 것으로서 여러 변수들 간에 연관성이 높을수록 KMO 값은 커지게 된다. KMO 값이 1에 가까울수록 요인을 분석하기에 적합함을 의미한다. 일반적으로 이 값이 0.5 이하이면, 해당 문항을 제거하고 다시 분석을 하는 것이 바람직하다. jamovi에서는 개별문항에 대한 표본의 적절성 검증(MSA) 값도 제공해 주고 있다. 반영 상관행렬의 대각선에 제시되는 값을 의미하며, 값이 클수록 요인분석하기에 적합함을 나타낸다.

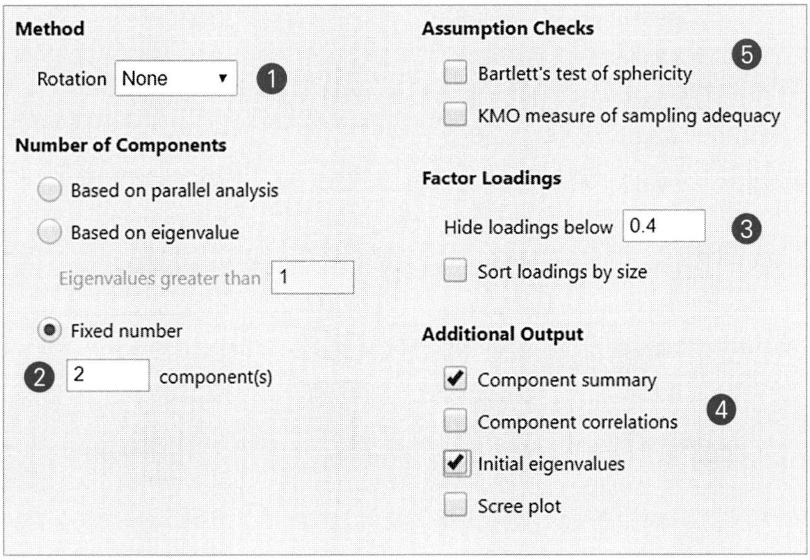

■ 분석자료 결과 해석

사회적 지지척도의 주성분 분석 결과 2개의 주성분 요소를 지정하고, 주성분에 대한 회전을 하지 않고 주성분 부하량 0.4 이상의 값만을 제시한 분석 결과를 제시하면 다음과 같다. 분석 결과, 정보적지지 3개 문항(info2, info3, info4)이 2개의 주성분에 걸쳐 있는 것으로 나타났기 때문에 해당문항에 대한 내용적 검토가 요청된다.

Component Loadings

	Component		
	1	2	Uniqueness
emo1	0.70492		0.47343
emo2	0.66570		0.51224
emo3	0.69959		0.48055
emo4	0.68807		0.52504
emo5	0.72212		0.46181
emo6	0.71999		0.48141
emo7	0.73080		0.44284
eval1	0.57092		0.54016
eval2	0.76818		0.39257
eval3	0.71674		0.48561
eval4	0.58927		0.59197
eval5	0.68021		0.53367
eval6	0.71072		0.43132
info1	0.67931		0.45560
info2	0.60442	0.51599	0.36843
info3	0.51108	0.48662	0.50199
info4	0.69085	0.46548	0.30606
info5	0.54749		0.57721
info6	0.70125		0.39064
inst1	0.56950		0.66544
inst2	0.69436		0.46132
inst3	0.65946		0.55790
inst4	0.61327		0.57569
inst5	0.65618		0.51013
inst6	0.58069		0.65895

Note. 'none' rotation was used

SS Loadings은 주성분 부하량 값의 제곱의 합(Sum of Squares Loadings)을 의미하며, 주성분의 고유값을 의미한다. 결과표에서 첫 번째 주성분의 고유값은 10.96이며, 첫 번째 주성분이 전체분산의 43.85%(10.96/25)를 설명하고 있는 것으로 나타났다. 두 번째 주성분의 고유값은 1.65이며 전체 분산의 6.62%(1.65/25)를 설명하고 있다. 2개의 주성분이 전체 분산의 50.47%를 설명하고 있다. 일반적으로 주성분 분석에서 분산의 누적 합계(Cumulative %)가 60% 이상을 설명하는 주성분 개수를 권하고 있지만 이는 다분히 경험적 기준이라고 볼 수 있다.

Component Statistics

Summary

Component	SS Loadings	% of Variance	Cumulative %
1	10.9636	43.8546	43.855
2	1.6544	6.6175	50.472

Bartlett의 구형성 검증 결과 "상관계수 행렬은 대각행렬이다."라는 영가설을 기각하는 것으로 나타났으며($\chi^2 = 3664.7$, $p < .001$), 전체 KMO 통계값도 0.94로 높게 나타났다. 따라서 사회적 지지척도 자료는 요인분석하기에 적합한 자료라고 해석할 수 있다.

Bartlett's Test of Sphericity

χ^2	df	p
3664.7	300	< .001

KMO Measure of Sampling Adequacy

	MSA
Overall	0.94061

'Save' 항목을 클릭해서 'Component scores'를 체크하면, 데이터 시트에 주성분 점수가 나타난다. 주성분 점수를 가지고 다양한 추가분석을 수행할 수 있다.

2) 탐색적 요인분석

요인분석 모형은 측정변수들 간의 상관의 원인을 알아보기 위해서 사용되는 것으로서 측정변수들의 공통 요인이나 차원을 알고자 할 때 사용되는 기법이다. 주성분 분석에서는 요인 추출을 위해서 전체 분산을 사용하지만, 요인분석에서는 고유분산을 제외한 공통분산만을 사용해서 요인을 추출한다.

요인분석은 크게 연구자가 선행연구에 근거해서 제시된 요인수를 가지고 확인적 목적을 위해서 실시하는 확인적 요인분석(Confirmatory Factor Analysis)과 요인수를 모를 때 사용되는 탐색적 요인분석(Exploratory Factor Analysis)으로 나눈다.

■ 분석자료

탐색적 및 확인적 요인분석을 위해서 유은경과 설현수(2015) 논문에 사용된 사회적지지 척도 자료를 사용한다. 사회적지지 척도(박지원, 1985)는 개인이 지각하는 주변사람들의 사회적지지 행위를 응답자가 전혀 그렇지 않다(1점)~매우 그렇다(5점)의 리커트 형식으로 평정하고 있다.

사회적지지 척도는 총 25문항으로 정서적지지(7문항), 평가적지지(6문항), 정보적지지(6문항), 물질적지지(6문항)의 4개 하위척도로 구성되어 있다. 4개의 하위척도를 설명하면 다음과 같다.

정서적지지(emo1~emo7)에는 개인이 존경, 애정, 신뢰, 관심 등을 경험하게 하는 행위가 포함되어 있고, 평가적지지(eval1~eval6)에는 자신의 행위를 인정해 주거나 부정하는 등 자기평가와 관련된 정보를 전달하는 행동이 포함되어 있다.

정보적지지(info1~info6)에는 직업의 기회를 알려주거나 직업을 구할 수 있는 방법을 가르쳐 주는 것과 같은 개인의 문제해결에 필요한 정보를 제공하는 행위가 포함되어 있다.

물질적지지(inst1~inst6)에는 일을 대신해 주거나 돈이나 물건을 제공하는 등, 필요할 때 직접적으로 도와주는 행위가 포함되어 있다.

유은경과 설현수(2015) 논문에서 설정한 사회적지지 척도의 요인구조를 제시하면 다음과 같다.

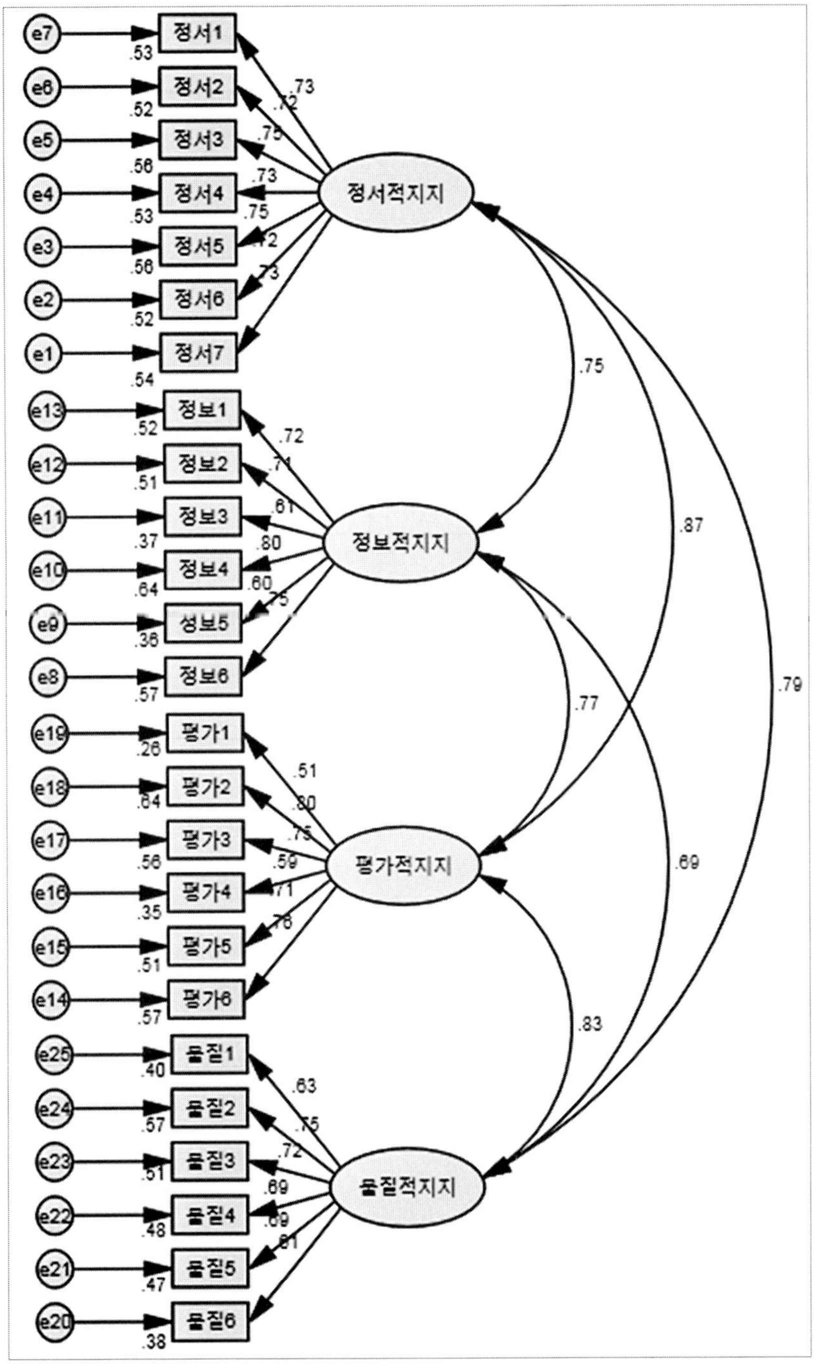

사회적지지 척도의 요인구조

사회적지지 척도가 4개의 요인구조로 이루어져 있는지 jamovi 프로그램을 통해서 탐색적 요인분석을 한다.

■ 분석변수 상자

Analyses ▷ Factor ▷ Exploratory Factor Analysis

탐색적 요인분석을 위해서 'social_support.omv' 파일을 불러온다. 왼쪽에 제시되어 있는 문항목록을 ➔를 사용해서 연속적으로 클릭하여 오른쪽으로 분석문항들을 이동시킨다.

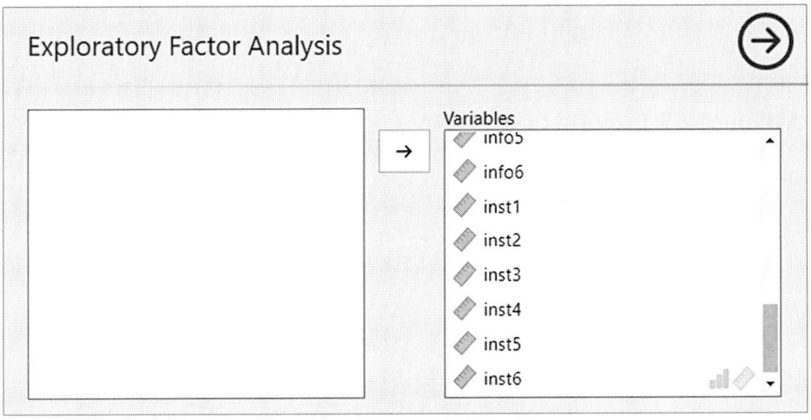

■ 분석상자 통계 옵션

① Method: 요인을 추출하기 위한 추정방법으로 jamovi에서는 3가지(Minimum residuals, Maximum likelihood, Principal axis) 추정방법을 제공하고 있다. 일반적으로 요인분석에서는 최대우도 추정(Maximum likelihood)방법을 가장 많이 사용하고 있다.

요인구조 회전방법(Rotation)과 관련해서 jamovi에서는 5가지 요인 회전방식(Varimax, Quartimax, Promax, Oblimin, Simplimax) 옵션을 제공하고 있다. 일반적으로 사회과학에서 요인 간의 상관이 존재하기 때문에 요인 간의 상관을 고려해서 회전하는 방법인 'Oblimin' 회전방법을 권하고 있다. 만약에 요인 간의 상관이 없다는 강력한 이론에 기초한 분석일 경우에는 'Varimax' 회전방법을 선택하면 된다.

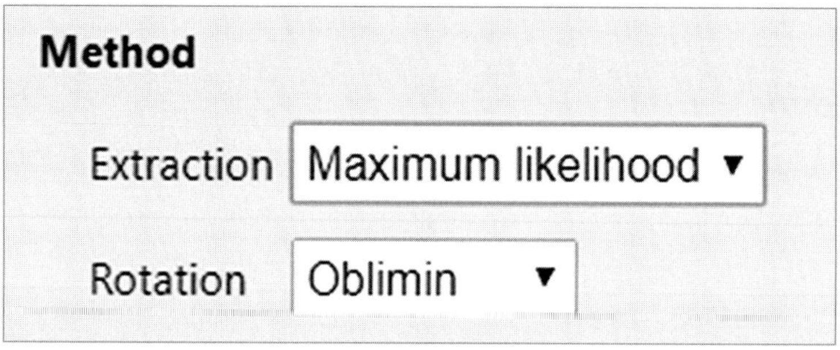

② Assumption Checks and Factor Loadings: 자료가 요인분석에 적합한지 여부에 대한 가정검증과 요인분석 부하량(Factor Loadings) 옵션은 주성분 분석에서의 설명을 참조하기 바란다.

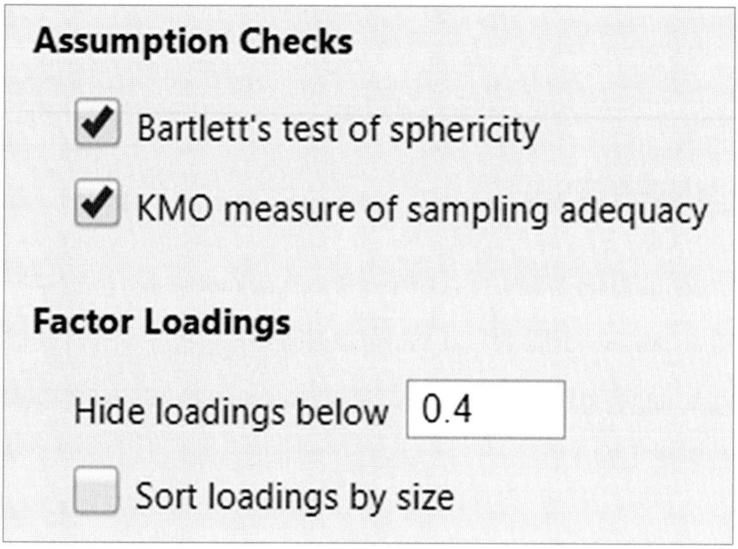

③ Number of Factors: 요인 개수 선정과 관련된 옵션이다.

- Based on eigenvalue: 탐색적 요인분석 상황에서 전통적으로 가장 많이 사용된 방법 중에 하나는 고유값(eigenvalue)이 1 이상인 것을 추출하는 방법이다. 그러나 이 방법의 단점은 실제 자료에 적용될 때 요인이 과대 추출되는 경향이 있기 때문에 다음에 소개되는 평행성 분석(parallel analysis)을 권한다.
- Based on parallel analysis: 평행성 분석은 비교적 의미 있는 요인구조가 들어있는 경험 자료를 근거로 한 축소상관행렬의 고유값은 큰 분산을 나타내야 하므로 요인구조가 들어 있지 않은 무선자료를 근거로 한 축소상관행렬에서 구한 고유값보다 커야 한다는 논리에 기초하고 있다. 일반적으로 요인 개수를 선정하는 데 있어서 가장 정확한 방법으로 문헌에 소개되기 때문에 탐색적 요인분석에서 요인수를 지정할 때 이 방법을 선택할 것을 권한다.
- Fixed number: 연구자가 지정한 요인의 수에 따라 요인을 추출한다.

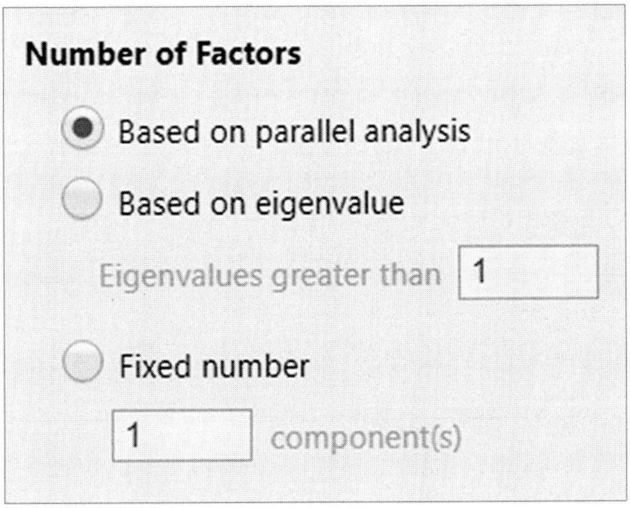

요인 부하량 결과표에서 개별문항에 대한 요인별 부하량(factor loadings)과 고유분산 값(Uniqueness)을 제공해 준다. 고유분산(Uniqueness)은 다른 변수들과 공유되지 않는(not shared with other variables) 고유분산 비율을 의미한다. 예를 들면, 정서적지지 1번 문항(emo1)의 고유분산 0.48은 다른 변수들에 의해 공유되지 않는 분산이 48%라는 것을 의미한다. 고유분산이 크면 클수록 요인분석모형에서 해당 변수의 관련성은 낮아지게 됨을 의미한다.

Factor Loadings

	Factor			
	1	2	3	Uniqueness
emo1			0.51	0.48
emo2			0.78	0.40
emo3			0.78	0.36
emo4			0.60	0.47
emo5			0.47	0.47
emo6				0.50
emo7				0.48
eval1		0.59		0.58
eval2	0.45			0.41
eval3				0.51
eval4	0.41			0.65
eval5				0.56
eval6	0.51			0.47
info1		0.57		0.49
info2		0.77		0.46
info3		0.66		0.61
info4		0.80		0.34
info5		0.53		0.65
info6		0.62		0.43
inst1	0.67			0.59
inst2	0.69			0.45
inst3	0.64			0.51
inst4	0.66			0.56
inst5	0.63			0.52
inst6	0.59			0.62

Note. 'Maximum likelihood' extraction method was used in combination with a 'oblimin' rotation

④ Additional Output: 다음과 같은 옵션을 클릭하면 추가적인 결과표를 보고해 준다.

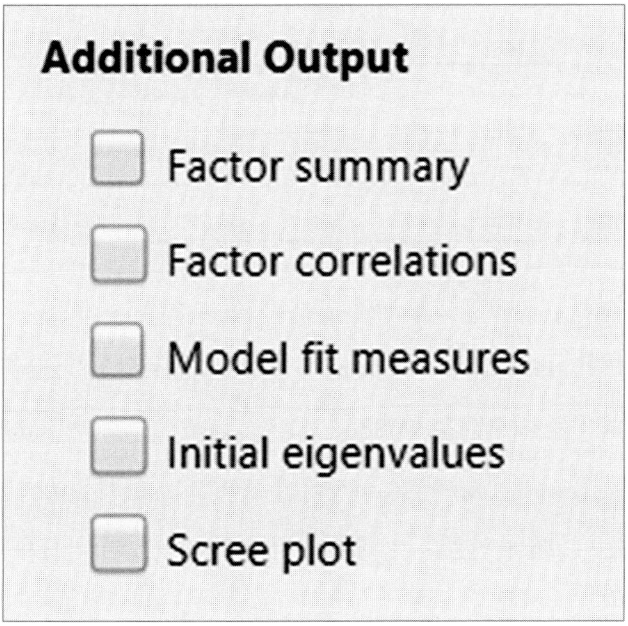

• Factor summary: 추출된 요인에 대한 고유값(SS Loadings), 설명 분산(% of Variance) 및 누적분산(Cumulative %)에 대한 정보를 제공해 준다.

Summary

Factor	SS Loadings	% of Variance	Cumulative %
1	4.73	18.92	18.92
2	3.90	15.61	34.53
3	3.79	15.15	49.68

• Factor correlations: 요인 간의 상관계수 행렬을 제공한다.

Correlation Matrix

	1	2	3
1	—	0.71	0.76
2		—	0.66
3			—

• Model fit measures: 요인구조에 대한 모형 적합도 지수값을 제공해 준다. 제공되는 지수값은 RMSEA, TLI, χ^2 값을 보고한다. RMSEA < .05, TLI (Tucker–Lewis Index) > .90 이상이면 좋은 적합도 지수로 해석한다. χ^2 검증은 표본크기에 민감하기 때문에 적합도 지수로 거의 사용되지 않는다.

Model Fit Measures

	RMSEA 90% CI				Model Test		
RMSEA	Lower	Upper	TLI	BIC	χ^2	df	p
0.07	0.06	0.07	0.90	-797.92	480.20	228	< .001

• Initial eigenvalues: 요인해법에 대한 회전하지 않은 고유값을 제공한다.

Initial Eigenvalues

Factor	Eigenvalue
1	10.40
2	1.03
3	0.70

• Scree plot: 요인과 고유값 간의 스크리 도표를 제공해 준다. 요인 개수 추출(Number of Factors) 분석상자에서 평행성 분석 또는 고유값 기반 방식을 선택하는가에 따라서 그에 해당하는 스크리 도표를 개별적으로 제공한다.

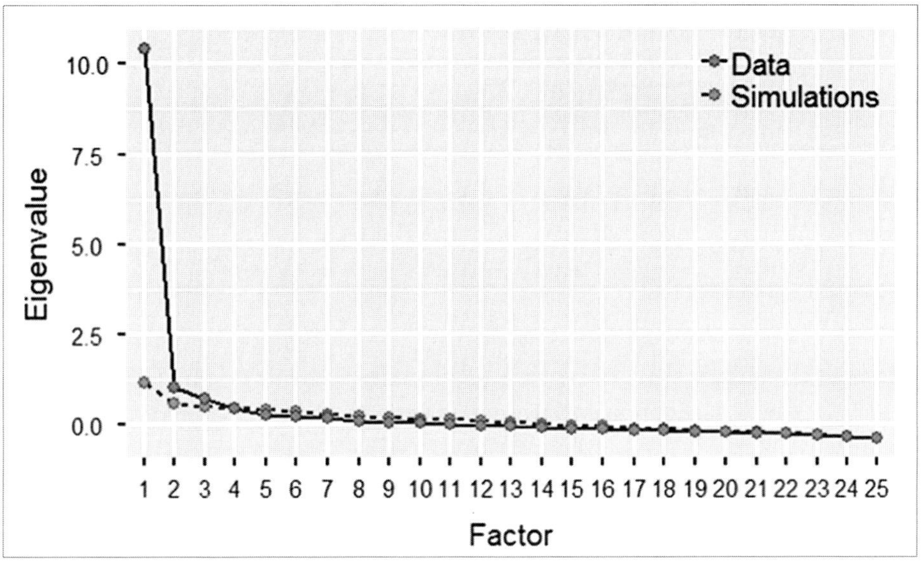

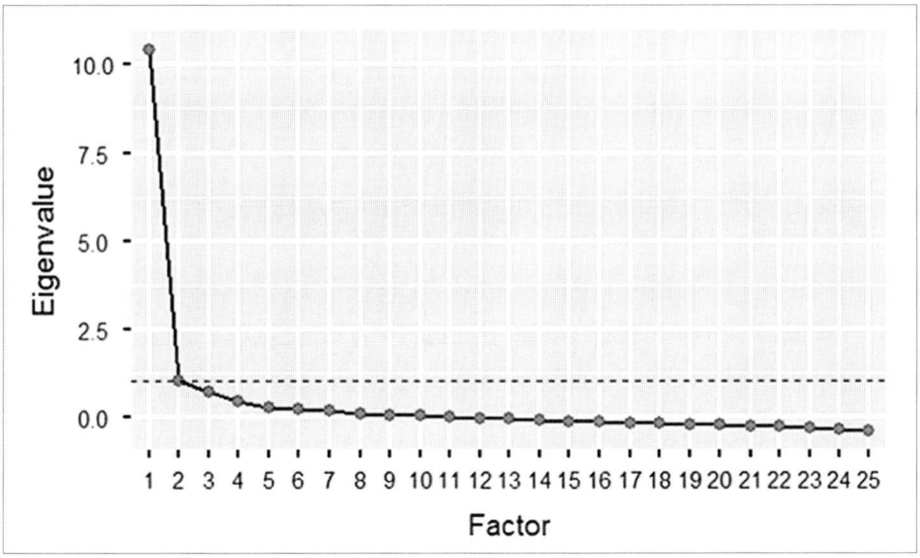

'Save' 항목에서 'Factor scores'를 체크해서 데이터 시트에 요인점수를 추가할 수 있다. 또한 요인점수 추정방법에 대한 5가지 옵션 방법을 제공하고 있다.

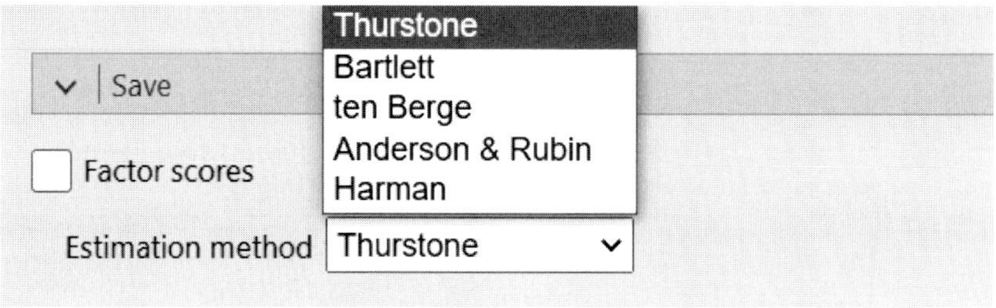

3) 확인적 요인분석

확인적 요인분석(Confirmatory Factor Analysis)은 연구자가 선행연구에 기초한 요인구조를 확인하기 위한 목적으로 요인수를 지정해서 분석하는 방법이다. 사회적지지 척도는 총 25문항으로 정서적지지(7문항), 평가적지지(6문항), 정보적지지(6문항), 물질적지지(6문항)의 4개 하위척도로 구성되어 있다는 선행 연구를 확인할 목적으로 확인적 요인분석을 수행한다.

■ 분석변수 상자

Analyses ▷ Factor ▷ Confirmatory Factor Analysis

확인적 요인분석을 위해서 'social_support.omv' 파일을 불러온다.

❶ 왼쪽에 제시되어 있는 문항 변수 목록에서 컴퓨터 자판의 Ctrl 키를 누른 상태에서 마우스 왼쪽 버튼을 클릭하여 첫 번째 요인에 해당하는 문항들을 선택한다.

❷ 선택한 문항변수들을 ➔를 사용해서 오른쪽 대화상자로 이동시킨다.

❸ 선택된 문항변수들이 ❸번 칸에 나타난다.

❹ 'Factor 1' 칸에 요인 이름을 작성한다.

❺ 'Add New Factor'를 클릭해서 새로운 요인에 대해서 위에 ❶~❹번의 작업을 반복 수행한다.

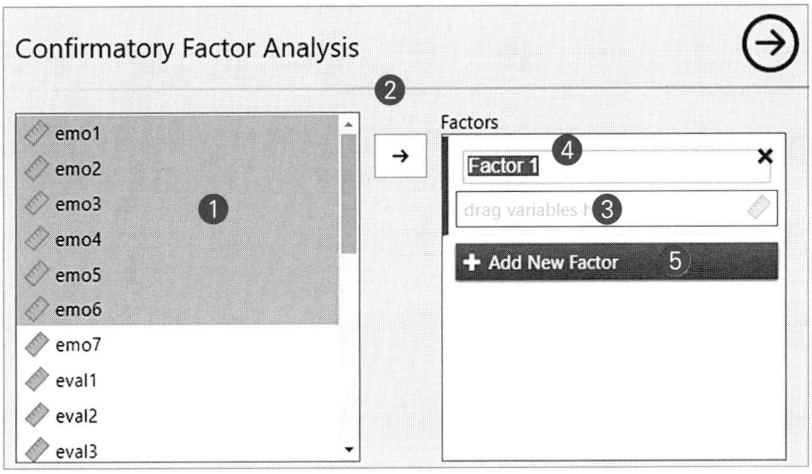

■ 분석상자 통계 옵션

확인적 요인분석 결과를 논문에 보고하기 위해서 요구되는 필수 옵션을 중심으로 설명한다.

① Options

- Missing Values Method: 'Exclude cases listwise' 방법은 결측(missing value)을 포함하는 응답자를 분석에서 제외하고 남아있는 관측값에 대한

분석을 수행한다. 이 방법은 분석에 포함되는 표본수가 줄어들게 되므로 통계적 검증력이 감소하게 된다.

'Full information maximum likelihood' 방법은 결측값이 다른 값에 대체되는 것이 아니라 결측 자료가 모형에 포함되어서 'full information maximum likelihood' 방법에 의해서 추정되는 방법이다. 이러한 방법은 구조방정식 모형 또는 다층자료 분석모형에서 결측값을 다루는 방법으로 자주 사용되는 방법이며, jamovi에서는 표준옵션으로 설정되어 있다.

- Constraints: 잠재변수는 척도(scale)가 없으므로 척도를 부여해 주기 위해서 잠재변수의 분산을 특정 값으로 고정하거나(예: Factor variance=1) 또는 측정변수에 대한 잠재변수의 계수 중 하나를 특정한 값으로 고정한다(예: Scale factor=scale first indicator). 추정치를 해석할 때는 표준화된 추정치를 이용하므로 어떤 계수를 어떤 값으로 고정해도 관계없다. 일반적으로 첫 번째 계수를 1로 고정한다.

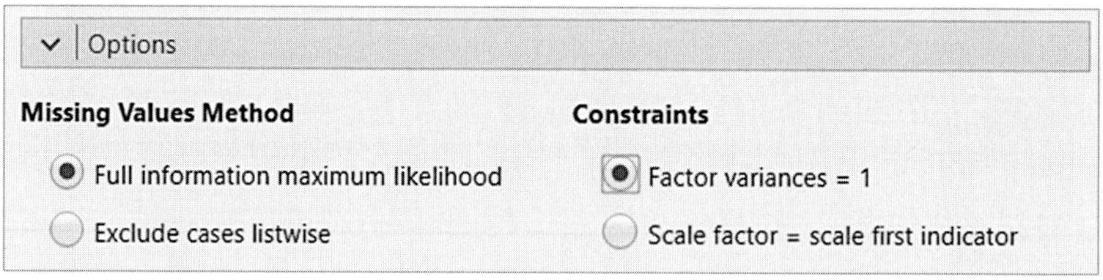

jamovi에서는 요인 분산을 1로 고정한 옵션을 기본 옵션으로 제공하고 있지만, 일반적으로 잠재변수의 요인계수를 1로 고정하는 방법이 가장 널리 쓰인다. 요인계수를 고정한 요인 부하량(Scale factor=scale first indicator) 분석 결과표를 제시하면 다음과 같다.

요인부하량 분석 결과표를 보면 잠재변수에 대한 각 측정문항의 비표준화 요인계수(Estimates), 표준오차(SE), Z 통계값 및 유의확률과 함께 표준화된 요인계수(Stand. Estimate) 값을 제시하고 있다. 표준화 요인계수 값은 'Estimates' 분석상자에서 'Standardized estimate' 옵션을 클릭하면 된다.

Factor Loadings

Factor	Indicator	Estimate	SE	Z	p	Stand. Estimate
emotion	emo1	1.00 [a]				0.73
	emo2	0.95	0.08	11.64	< .001	0.72
	emo3	0.96	0.08	12.10	< .001	0.75
	emo4	1.11	0.10	11.54	< .001	0.73
	emo5	1.19	0.10	12.00	< .001	0.75
	emo6	1.10	0.10	11.58	< .001	0.72
	emo7	1.13	0.10	11.81	< .001	0.73
evaluation	eval1	1.00 [a]				0.51
	eval2	1.52	0.18	8.36	< .001	0.80
	eval3	1.38	0.17	8.11	< .001	0.75
	eval4	0.92	0.13	7.17	< .001	0.59
	eval5	1.31	0.17	7.84	< .001	0.71
	eval6	1.11	0.14	7.99	< .001	0.76
information	info1	1.00 [a]				0.72
	info2	1.12	0.10	11.10	< .001	0.71
	info3	0.81	0.09	9.17	< .001	0.61
	info4	1.04	0.09	12.17	< .001	0.80
	info5	0.80	0.09	9.26	< .001	0.60
	info6	1.01	0.09	11.57	< .001	0.75
instrument	inst1	1.00 [a]				0.63
	inst2	0.98	0.10	10.15	< .001	0.75
	inst3	0.91	0.09	9.77	< .001	0.72
	inst4	0.80	0.08	9.44	< .001	0.69
	inst5	0.80	0.09	9.36	< .001	0.69
	inst6	0.83	0.10	8.57	< .001	0.61

[a] fixed parameter

② Residual Covariance

왼쪽에 있는 문항들을 오른쪽으로 이동하여 문항들 간의 잔차 공분산 관계를 설정해서 분석할 수 있다.

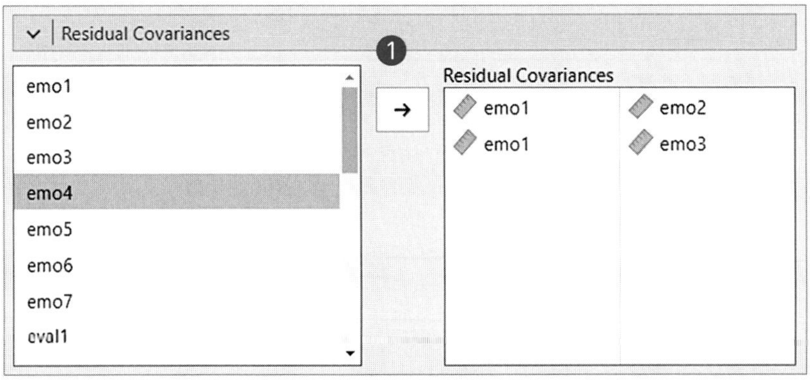

③ Estimates

다음과 같은 옵션을 선택하면 요인들 간의 공분산 추정값(Factor covariance), 유의도 검증(Test statistics)과 표준화 계수(Standardized estimate) 값을 제공해 준다.

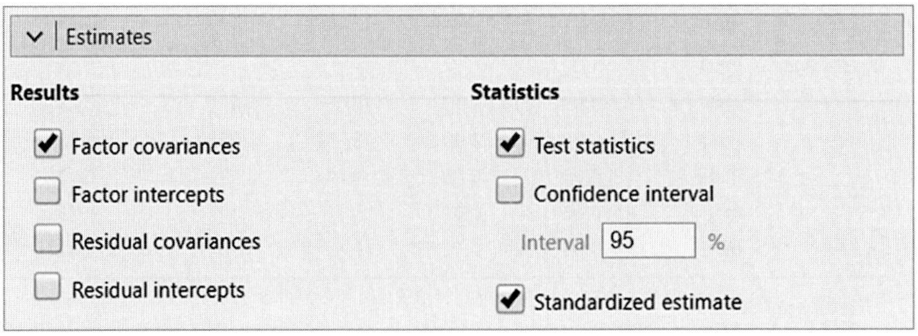

Factor Covariances						
		Estimate	SE	Z	p	Stand. Estimate
emotion	emotion	0.29	0.04	6.77	<.001	1.00
	evaluation	0.21	0.03	6.38	<.001	0.87
	information	0.25	0.03	7.26	<.001	0.75
	instrument	0.26	0.04	7.02	<.001	0.79
evaluation	evaluation	0.20	0.05	4.27	<.001	1.00
	information	0.21	0.04	5.96	<.001	0.77
	instrument	0.23	0.04	5.95	<.001	0.83
information	information	0.37	0.06	6.54	<.001	1.00
	instrument	0.25	0.04	6.51	<.001	0.69
instrument	instrument	0.37	0.07	5.49	<.001	1.00

④ Model Fit

연구자가 설정한 요인구조에 대한 모형 적합도 값을 제공해 준다.

- χ^2 test: χ^2 검증 값을 보고한다. χ^2 검증은 표본크기에 민감하기 때문에 적합도 지수로 잘 사용되지 않는다.
- CFI: CFI(Comparative Fit Index)는 모형 적합도 검증할 때 표본크기에 영향을 비교적 덜 받는 지수로 알려져 있다. 일반적으로 0.9 이상의 값을 보이면 좋은 적합도 지수라고 해석한다.
- TLI: TLI(Tucker–Lewis Index)는 NNFI(Non–Normed Fit Index)로 불리며 표본크기에 덜 민감하고 동시에 모형의 간명성을 고려하는 지수로 알려져 있다. 일반적으로 0.9 이상의 값을 보이면 좋은 적합도 지수라고 해석한다.
- RMSEA: RMSEA(Root Mean Square Error of Approximation) 지수는 문헌에서 표본크기에 민감하지 않으면서 모형의 간명성도 동시에 고려하는 지수로 알려져 있다. RMESE<.05이면 좋은 적합도(close fit), RMSEA<.08이면 괜찮은 적합도(resonable fit)로 해석한다.

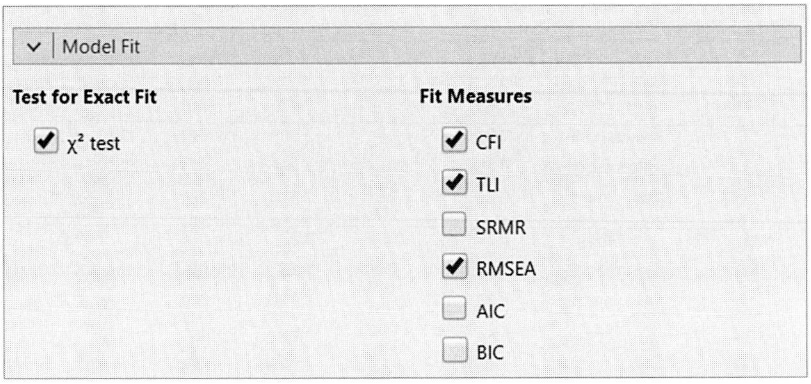

Test for Exact Fit

χ^2	df	p
567.77	267	< .001

Fit Measures

			RMSEA 90% CI	
CFI	TLI	RMSEA	Lower	Upper
0.91	0.90	0.06	0.06	0.07

⑤ Additional Output

요인구조에 대한 경로도 그래프(Path diagram)와 수정지수(Modification indices)에 대한 정보를 제공해 준다.

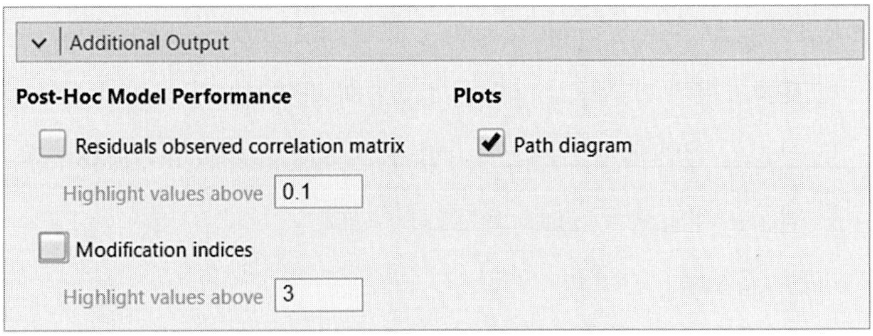

Path Diagram

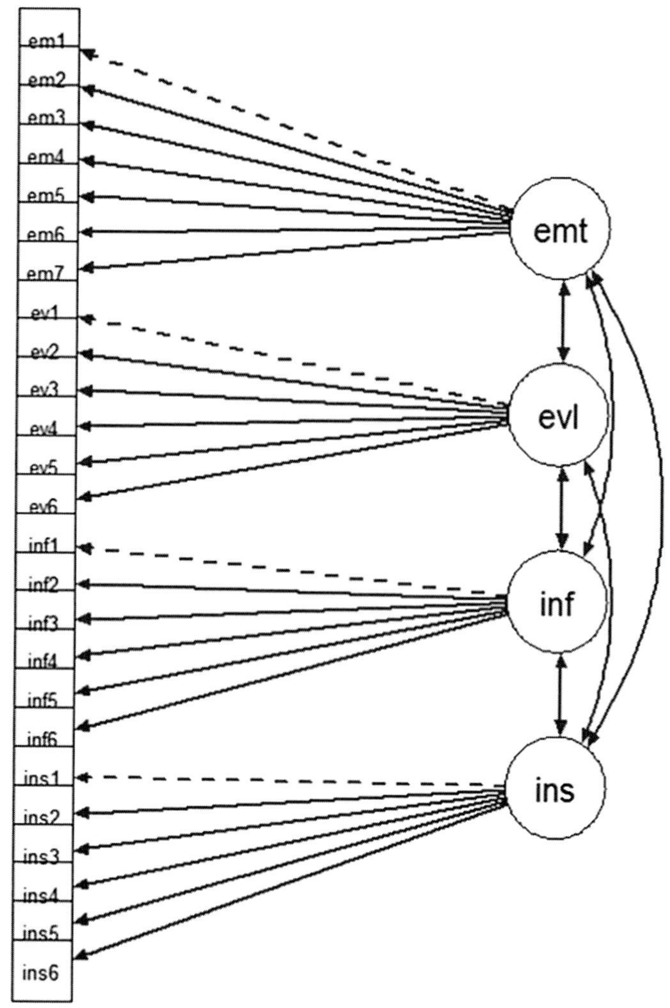

10

로지스틱 회귀분석

10
로지스틱 회귀분석

1 이항 로지스틱 회귀분석

로지스틱(logistic) 회귀분석은 종속변수가 이항변수(dichotomous variable)일 때 사용하는 방법이다. 예를 들면, 여러 가지 독립변수를 사용해서 합격 또는 불합격을 예측한다든지 또는 구매 또는 비구매를 예측하는 경우가 있다. 이러한 상황에서는 종속변수가 연속변수가 아니고 이분형의 범주형 변수이기 때문에 일반적인 선형회귀분석을 사용할 수 없다.

범주형 종속변수에 대해서 일반 선형회귀분석을 사용하면 독립변수의 값에 따라 종속변수의 값이 선형적으로 변하는 것이 아니라 0 또는 1로 분류되기 때문에 독립변수와 종속변수의 관계를 제대로 설명하지 못한다. 따라서 독립변수와 종속변수 간의 관계를 직선이 아니라 비선형적인 S자형 곡선으로 나타내 주기 위해서 동원되는 함수를 로지스틱 함수라고 한다.

0 또는 1 사이의 값을 취하기 위해서 확률을 로짓(logit) 형태로 변환하면 독립변수와 로짓의 관계를 선형함수 형태로 표현할 수 있다. 확률을 로짓으로 변환하는 것을 비선형 변환이라 하며, 이것으로 인해 로짓과 독립변수의 관계는 선형으로

표현되며 다음과 같은 식으로 나타낼 수 있다.

$$\ln\left(\frac{p}{1-p}\right) = b_0 + b_1X$$

여기서 $p = \dfrac{\exp(b_0 + b_1X)}{1+\exp(b_0 + b_1X)}$ 를 의미한다.

로지스틱 회귀분석은 판별분석(Discriminant Analysis)과 유사하지만 통계분석을 위한 별도의 가정이 필요하지 않기 때문에 분석자료의 특성에 제한되지 않는 장점이 있다.

회귀계수의 추정에 있어서 로지스틱 회귀분석은 최대우도 추정(Maximum likelihood estimation)방법을 통해서 사건이 일어날 가능성을 최대화하는 값을 찾는다. 이때 추정된 계수값은 다른 변수를 통제한 상황에서 해당 독립변수를 한 단위 증가시킬 때 어떤 사건이 발생할 확률이 발생하지 않을 확률보다 $\exp(b_1)$만큼 증가하는 것을 의미한다.

1) jamovi 분석자료

jamovi에서 이항 로지스틱 회귀분석을 위해서 'dicho_logistic.omv' 파일을 불러온다. 분석자료의 변수를 설명하면 다음과 같다.

- Pain: 통증 보고 유무(yes=보고함, no=보고하지 않음; 종속변수)
- Treatment: 3개의 측정수준을 가진 범주형 독립변수(A, B: 처치 방법, P: 플라시보 처치 방법)
- Gender: 범주형 독립변수(M: 남성, F: 여성)
- Age: 처치가 시작되었을 때의 환자의 나이(연 기준)
- Duration: 처치가 시작되기 전에 환자의 통증 기간(개월 기준)

■ 분석변수 상자

로지스틱 회귀분석을 위해서 'dicho_logistic.omv' 파일을 불러온다.

Analyses ▷ **Regression** ▷ **2 Outcomes:Binomial**

왼쪽에 제시되어 있는 변수목록을 →를 사용해서 오른쪽으로 분석변수 상자로 이동시킨다.

❶ Dependent Variable: 종속변수 'Pain'을 이동한다.
❷ Covariates: 연속형 독립변수 'Age'와 'Duration'을 이동한다.
❸ Factors: 범주형 독립변수 'Treatment'와 'gender'를 이동한다.

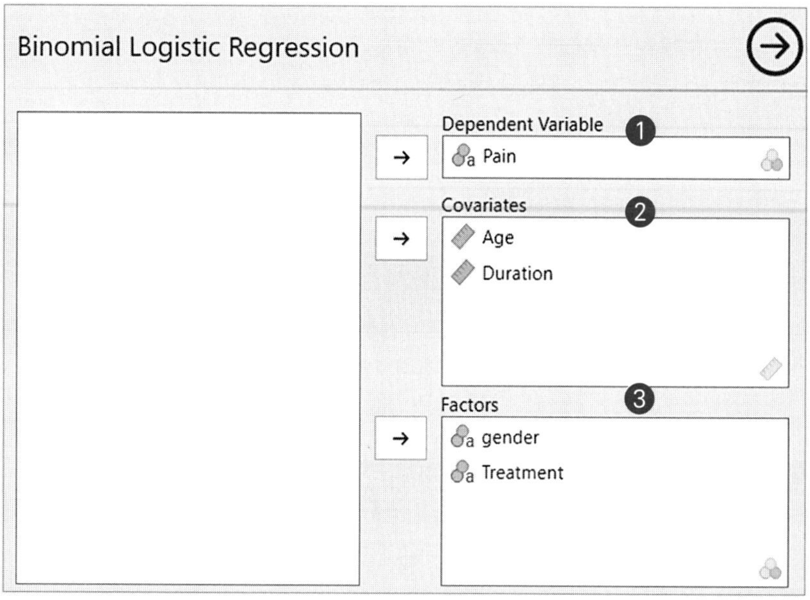

■ 모형 설정(Model Builder)

모형 설정 분석상자를 통해서 모형비교 및 추가 분석변수를 투입해서 검증할 수 있다. 모형비교를 위해서 ❶번 'Add New Block'을 클릭하면 투입변수를 위한 창이 생성된다. ❷번 왼쪽에 'Predictors'에서 투입변수를 선정한다. 예를 들면, 'Age' 변수와 'Duration' 변수의 상호작용을 'Block 2' 항목에 투입하여 분석하기를 원하면, 컴퓨터 자판에 Ctrl 키를 누른 상태에서 마우스 왼쪽 버튼을 클릭해서 'Age'와

'Duration' 변수를 동시에 선택한다. 다음으로 ❸번 '→ ▾' 클릭해서 'Interaction'을 선택하여 오른쪽으로 보내면 두 변수의 상호작용 효과가 만들어진다. 해당블록을 제거하기를 원할 경우 Block 옆에 '✖'를 클릭하면 된다.

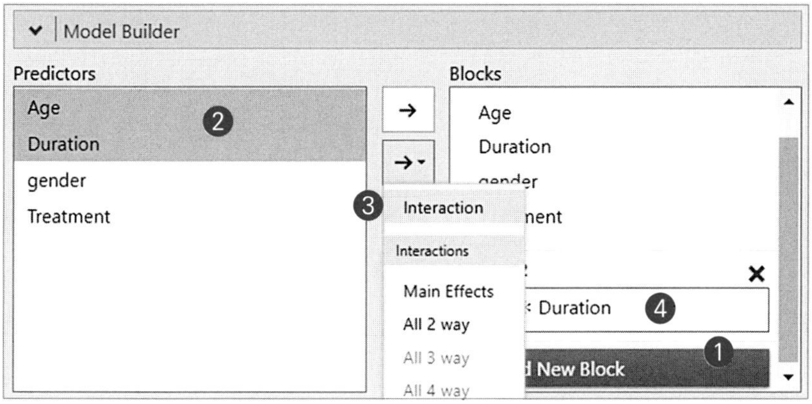

4개의 독립변수를 투입한 '모형 1'과 더해서 'Age*Duration' 상호작용을 투입한 '모형 2'를 비교한 모형 적합도 통계값을 살펴보기로 한다.

Deviance 값은 분석모형과 포화모형의 −2ln $\mathcal{L}$(우도함수)의 차이이다. '모형 1'의 Deviance 값은 48.736이다. '모형 1'에 더해서 'Age*Duration' 상호작용을 투입한 '모형 2'의 Deviance 값은 47.965인 것으로 나타났다.

Model Fit Measures

Model	Deviance	AIC	R^2_{McF}
1	48.736	60.736	0.40204
2	47.965	61.965	0.41150

두 모형 Deviance 값의 차이(48.736−47.965=0.771)가 χ^2값을 의미한다. χ^2 = 0.771은 자유도가 1인 χ^2분포에서 통계적으로 유의하지 않은 것으로 나타났다 (p =0.380). 따라서 상호작용 항이 유의하지 않은 것으로 나타났기 때문에 간명한 모형인 '모형 1'을 선택한다.

Model Comparisons

Comparison				
Model	Model	χ^2	df	p
1	- 2	0.77091	1	0.380

Deviance 값의 비교는 한 모형이 다른 모형에 내재(nested)되어 있는 경우에 적용된다. 만약에 내재되어 있지 않은 모형을 비교할 때는 χ^2검증 대신에 정보지수(information criterion)를 사용한다. 대표적인 정보지수로 AIC(Akaike's Information Criterion: AIC) 정보지수를 들 수 있다. AIC 정보지수는 모형의 적합도와 간명성을 동시에 고려하기 때문에 많이 사용된다. AIC 모형을 사용할 경우에는 AIC값이 가장 작은 모형을 선택한다.

BIC(Bayesian Information Criterion: BIC) 정보지수도 AIC와 유사하게 모형의 적합도를 반영하고 자유도를 이용해서 모형의 간명성을 고려하는 지수이다. BIC를 통해서 경쟁모형을 비교할 수 있으며, 여러 경쟁모형에서 BIC가 가장 낮은 모형을 선택하면 된다.

AIC 정보지수를 보면, '모형 1'의 값(AIC=60.736)이 '모형 2'(AIC=61.965)보다 작기 때문에 '모형 1'을 선택한다.

범주형 독립변수 기준집단 설정

jamovi에서는 범주형 독립변수의 자료일 경우에 알파벳순으로 각 범주형 독립변수의 수준을 기준집단(reference group)으로 삼아 더미코딩(dummy coding) 결과를 제공한다. 만약 변경을 원하면 'Reference Level'의 ▼을 클릭해서 수준을 변경하면 된다. 이 예시 자료에서는 'Treatment' 변수의 위약을 투입한 위약 집단(Placebo group)을 기준집단으로 설정하여 분석했다.

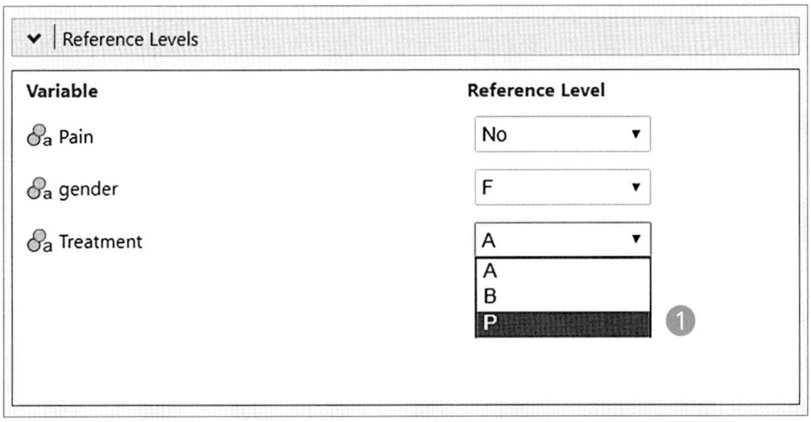

가정검증

로지스틱 회귀분석에서 독립변수에 대한 가정 검증(Assumption Checks) 통계값을 보여 준다.

다중공선성

독립변수의 다중공선성(multicolinearity) VIF 통계값과 Tolerance값을 보여 준다. VIF>10, Tolerance<0.1 이하의 값을 보이면 다중공선성이 있는 것으로 해석한다. 통계값과 관련한 자세한 내용은 중다회귀분석 내용을 참고하기 바란다.

Collinearity Statistics

	VIF	Tolerance
Age	1.26	0.79
Duration	1.02	0.98
gender	1.11	0.90
Treatment	1.17	0.86

모형계수 분석상자

모형계수 분석상자(Model Coefficients)에서 승산비(Odds ratio)를 클릭하면 오른쪽 결과 창에 모형계수 분석 결과표를 보여 준다.

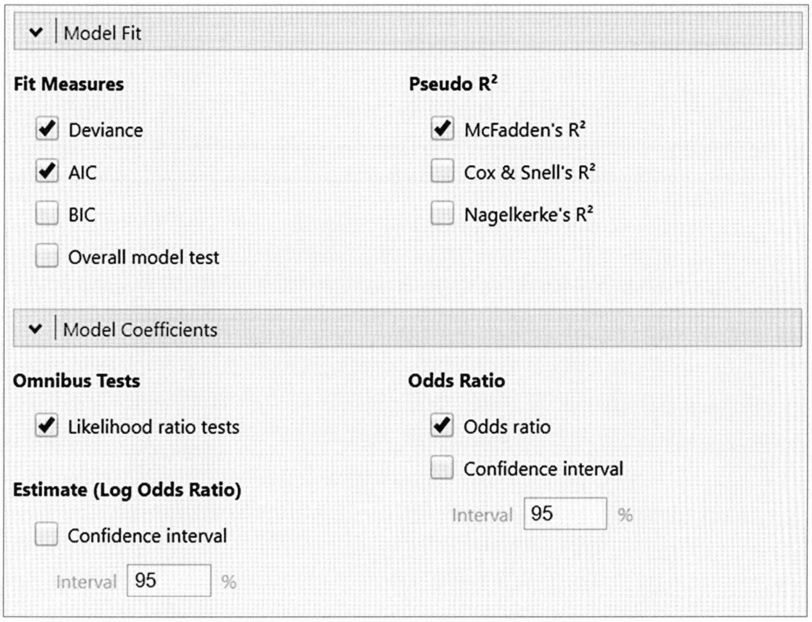

모형계수(Model Coefficients) 분석상자에서 우도비 검증(Likelihood ratio tests)을 클릭하면 각 독립변수에 대한 우도비 검증 결과를 같이 제공해 준다. 독립변수들 중에서 '처치가 시작되기 전에 환자의 통증 기간(Duration)' 변수만 통계적으로 유의하지 않은 것으로 나타났다($\chi^2(1)=0.0317$, $p=0.859$).

Omnibus Likelihood Ratio Tests

Predictor	χ^2	df	p
Age	10.476888	1	0.001
Duration	0.031711	1	0.859
gender	6.299980	1	0.012
Treatment	19.688191	2	< .001

기준범주인 통증을 보고하지 않는 사람들에 비해 통증을 보고할 가능성에 영향을 주는 4개의 독립변수의 효과를 해석해 보기로 하다.

결과를 해석하기 전에 로지스틱 회귀계수 'b'와 그에 해당하는 승산비 'exp(b)' 관계를 정리한 표를 제시하면 다음과 같다. 승산비는 독립변수 X가 1만큼 증가한 이후와 증가하기 전의 승산의 비율로 정의된다.

b	exp(b)	해석
$b>0$	$\exp(b)>1$	정적인 효과
$b=0$	$\exp(b)=1$	효과 없음
$b<0$	$\exp(b)<1$	부적인 효과

① '나이(Age)' 변수는 정적인 영향을 주면서 통계적으로 유의한 것으로 나타났다($Z=2.701$, $p=0.007$). 승산비(Odds ratio)형태로 해석해 보면, 나이가 1 단위 증가할 때, 통증을 보고할 승산이 1.29배만큼 증가한다고 해석할 수 있다. 즉, 나이가 1단위 증가할수록 통증이 약 29% 증가한다는 것을 의미한다.

② '처치가 시작되기 전에 환자의 통증 기간(Duration)' 변수는 통계적으로 유의하지 않은 것으로 나타났다($Z=-0.177$, $p=0.859$).

③ '성별(gender)' 변수는 통계적으로 유의한 것으로 나타났다($Z=2.301$, $p=0.021$). 통증을 보고할 승산이 여성 집단에 비해 남성 집단이 6.24배 증가한다.

④ '처치방법(Treatment)' 변수는 '위약(Placebo)' 집단을 기준집단으로 설정하고 분석하였다. 분석 결과, 위약집단에 비해 A처치를 한 집단의 통증보고 승산이 0.04배 감소하고 있으며, 이것은 부적으로 유의미한 영향을 주고 있는 것으로 나타났다($Z=-3.131$, $p=0.002$). 즉, A처치를 한 집단이 위약 집단보다 통증을 적게 보고하고 있는 것으로 해석할 수 있다.

B처치를 한 집단 역시 부적으로 영향을 주면서 통계적으로 유의한 것으로 나타났다($Z=-3.251$, $p=0.001$). 위약집단에 비해 B처치를 한 집단의 통증보고 승산이 0.02배 감소하고 있다. 즉, B처치를 한 집단이 위약 집단보다 통증을 적게 보고하고 있는 것으로 해석할 수 있다.

결론적으로, 위약을 투여한 집단보다 A 또는 B처치방법을 한 집단이 통계적으로 유의미하게 통증을 적게 보고하고 있는 것으로 나타났으며, 이것은 처치효과가 있다는 증거로 해석할 수 있다.

Model Coefficients

Predictor	Estimate	SE	Z	p	Odds ratio
Intercept	-17.4065922	6.690857	-2.60155	0.009	2.7568e-8
Age	0.2620933	0.097012	2.70167	0.007	1.299648
Duration	-0.0058587	0.032992	-0.17758	0.859	0.994158
gender:					
M – F	1.8322021	0.796206	2.30117	0.021	6.247630
Treatment:					
A – P	-3.1816898	1.016021	-3.13152	0.002	0.041515
B – P	-3.7085424	1.140577	-3.25146	0.001	0.024513

Note. Estimates represent the log odds of "Pain = Yes" vs. "Pain = No"

추정평균(Estimated Marginal Means)

'Estimated Marginal Means' 분석상자에서는 세로축을 확률값, 가로축을 독립변수로 하는 경향성을 도표로 제시해 준다.

❶ 'Add New Term'을 클릭하면 'Term 1'에 들어갈 칸이 생성된다.

❷ 분석할 독립변수를 선택한다.

❸ → 화살표를 클릭해서 오른쪽 칸으로 이동시킨다. 추가변수를 이동하려면 ❶~❸번을 반복한다.

❹ 분석 결과표를 얻고 싶으면 'Marginal means tables'를 클릭한다.

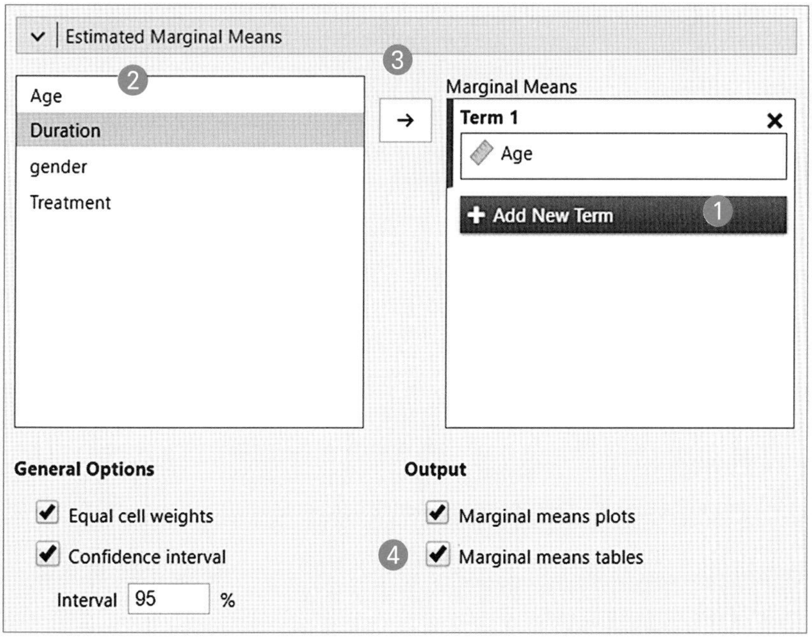

'Estimated Marginal Means' 분석상자에서 선택한 나이(Age)에 따른 확률 경향과 95% 신뢰구간을 나타낸 그래프를 보여 주고 있다. 나이가 증가할수록 통증을 보고할 확률이 증가되는 것을 시각적으로 확인할 수 있다.

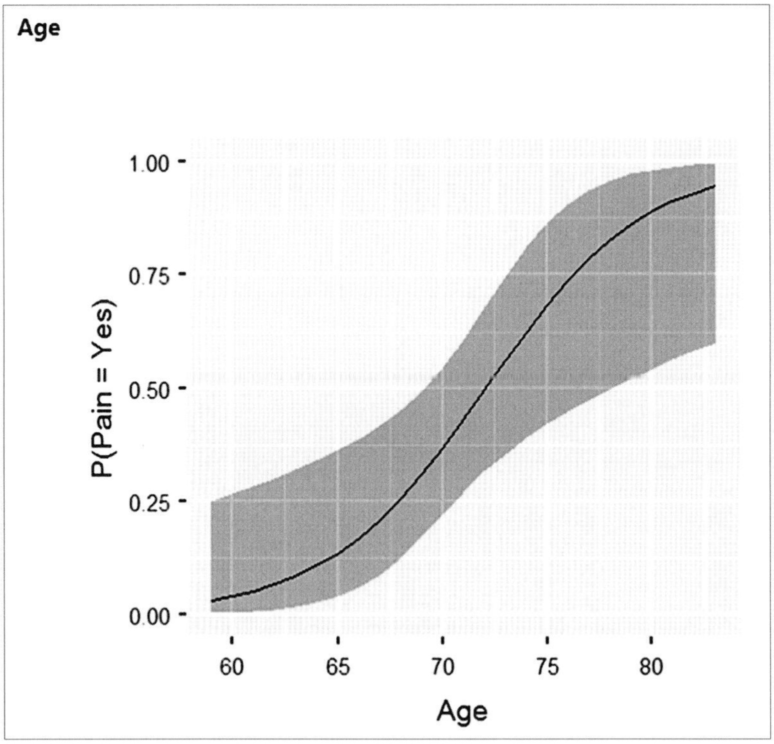

다음 분석 결과표는 나이(Age) 변수를 3집단(평균, 평균보다 1 표준편차 낮은 집단, 평균보다 1 표준편차 높은 집단)으로 구분한 다음에 통증을 보고할 확률, 표준오차 및 95% 신뢰구간 값을 보고하고 있다. 나이가 증가할수록 통증을 보고할 확률이 높아지는 것으로 나타났다.

Estimated Marginal Means - Age

			95% Confidence Interval	
Age	Probability	SE	Lower	Upper
64.86^{-}	0.13	0.08	0.04	0.36
70.05^{μ}	0.37	0.09	0.22	0.55
75.24^{+}	0.70	0.12	0.43	0.88

Note. $^{-}$ mean - 1SD, $^{\mu}$ mean, $^{+}$ mean + 1SD

만약에 독립변수들 간의 상호작용 항에 대한 분석도표와 결과표를 얻고 싶다면 다음 작업을 수행한다.

❶ 'Add New Term'을 클릭한다.

❷ 'Age' 변수를 선택해서 'Term 1' 박스에 이동한다.

❸ 'Treatment' 변수를 선택해서 'Term 1' 박스에 이동한다.

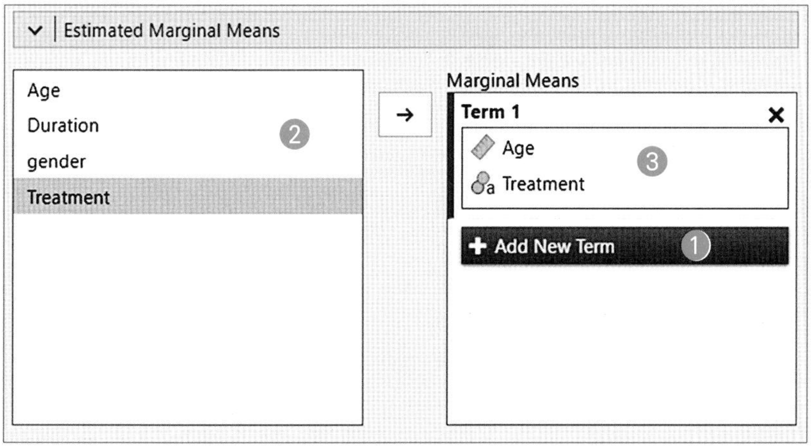

다음과 같은 그래프와 분석 결과표가 오른쪽 창에 제시된다. 각 처치별로 나이와 통증을 보고할 확률을 그래프로 보여 주고 있다.

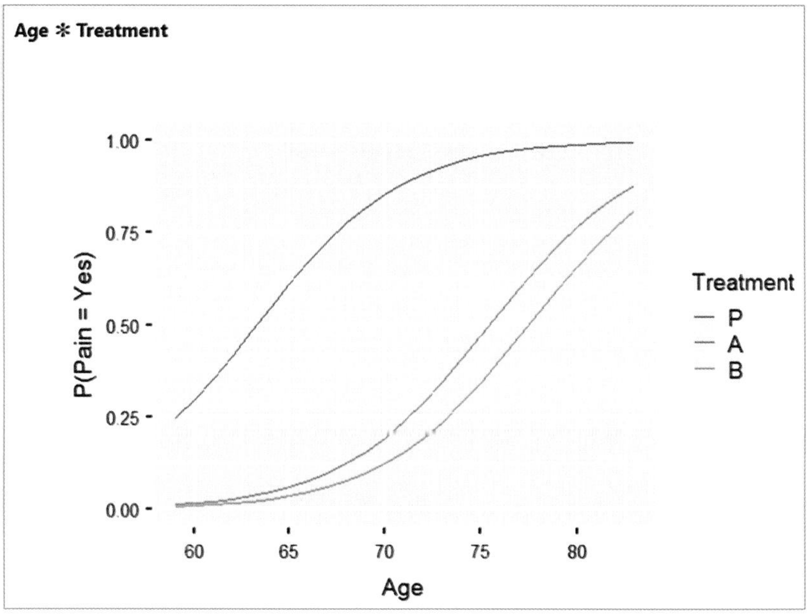

Estimated Marginal Means - Age ✻ Treatment

				95% Confidence Interval	
Treatment	Age	Probability	SE	Lower	Upper
P	64.86⁻	0.60	0.16	0.30	0.84
	70.05 µ	0.85	0.09	0.61	0.96
	75.24⁺	0.96	0.04	0.76	0.99
A	64.86⁻	0.06	0.05	0.01	0.26
	70.05 µ	0.20	0.11	0.06	0.48
	75.24⁺	0.49	0.19	0.17	0.81
B	64.86⁻	0.04	0.04	0.00	0.24
	70.05 µ	0.13	0.08	0.03	0.38
	75.24⁺	0.36	0.15	0.13	0.67

Note. ⁻ mean - 1SD, µ mean, ⁺ mean + 1SD

분류 예측 분석상자

분류 예측(Prediction) 분석상자에서 분류 확률기준을 0.5로 설정(기본 옵션)하고 모형을 통해 예측된 분류와 실제 분류와 관련된 다양한 통계값을 제공한다.

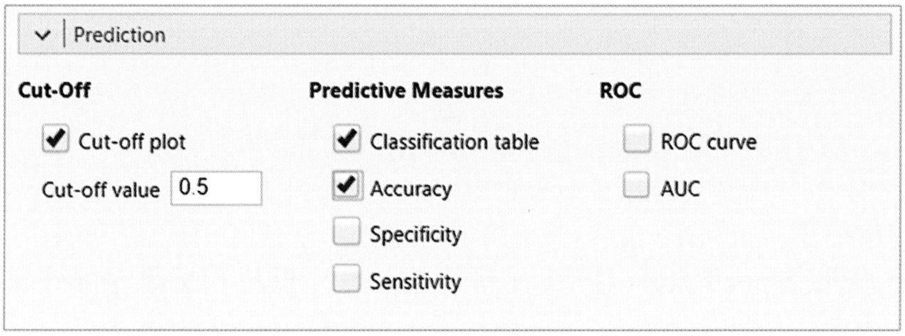

▶ Confusion Matrix

Confusion matrix는 실제값과 예측값의 교차표를 의미하며, 과적합(overfitting)을 지양하고 모형의 적합도를 평가하는 데 도움을 준다. Confusion matrix를 제시하면 다음과 같다.

		Predicted	
		Good	Bad
Actual	Good	True Positive (d)	False Negative (c)
	Bad	False Positive (b)	True Negative (a)

위의 교차표에서 Accuracy는 다음과 같이 계산한다.

$$\frac{a+d}{a+b+c+d}$$

- True Negative Rate(TNR): specificity를 의미하며 $\frac{a}{a+b}$로 계산한다.
- False Positive Rate(FPR): 1-specificity를 의미하며 $\frac{b}{a+b}$로 계산한다.
- True Positive Rate(TPR): sensitivity를 의미하며 $\frac{d}{c+d}$로 계산한다.
- False Negative Rate(FNR): $\frac{c}{c+d}$로 계산한다.

specificity와 sensitivity는 이후에 설명할 ROC(Receiver Operating Curve) 곡선에서 중요한 역할을 담당한다. ROC 곡선은 TPR(sensitivity)과 FPR(1-specificity) 간의 절충점을 평가함으로써 모형의 성능을 보여 주는 곡선이다.

① Predictive Measures

- Classification table: 분류기준을 0.5로 설정한 상황에서 모형을 통해 예측된 값과 실제 값을 비교한 결과표이다.
- 정확도(Accuracy): 예측 값과 실제 값이 일치된 적중률(Accuracy)을 계산하면 85%가 된다.

$$\frac{31+20}{31+4+5+20}=0.85$$

- 특이도(Specificity): 실제로 통증을 보고하지 않은 사람들 중에서 모형에 의해서 보고하지 않은 사람들로 분류된 비율이다.

$$\frac{31}{31+4}=88.57$$

- 민감도(Sensitivity): 실제로 통증을 보고한 사람들 중에서 모형에 의해서 통증을 보고한 사람들로 분류된 비율이다.

$$\frac{20}{5+20}=80$$

Classification Table – Pain

	Predicted		
Observed	No	Yes	% Correct
No	31	4	88.57 ❶
Yes	5	20	80.00 ❷

Note. The cut-off value is set to 0.5

Predictive Measures

Accuracy	Specificity	Sensitivity
0.85	0.89 ❶	0.80 ❷

Note. The cut-off value is set to 0.5

② ROC

ROC 곡선(수신자 조작 특성 곡선)은 모든 분류 임계값에서 분류 모델의 성능을 보여 주는 그래프이다. 좋은 모형일수록 대각선에서 벗어난 선을 보여 준다.

ROC 그래프 아래 영역의 넓이가 AUC(Area Under Curve) 값이다. 모든 관찰값의 결과를 정확하게 예측하는 모형의 경우 AUC는 1, 무작위로 예측한 모형의 경우 AUC는 0.5 이하의 값을 보여 준다.

이 예시 자료에 AUC는 0.905로 모형의 예측 정확도가 높은 것으로 나타났다. 일반적으로 좋은 모형의 경우 AUC > 0.8 이상의 값을 권하고 있다. ROC 커브를 암 환자를 가지고 예를 들어 설명해 보기로 한다. 민감도(Sensitivity)는 암환자를 진찰해서 암이라고 진단하는 경우를 의미한다. 특이도(Specificity)는 암 환자가 아닌 사람을 진찰해서 암이 아니라고 진단하는 경우를 의미한다. '1−특이도'는 암 환자가 아닌데 암이라고 잘못 진단하는 경우를 의미한다. ROC 커브는 그 면적이 1에 가까울수록(즉, 왼쪽 꼭짓점에 다가갈수록) 좋은 성능을 의미한다.

Predictive Measures

Accuracy	Specificity	Sensitivity	AUC ❶
0.85000	0.88571	0.80000	0.90514

Note. The cut-off value is set to 0.5

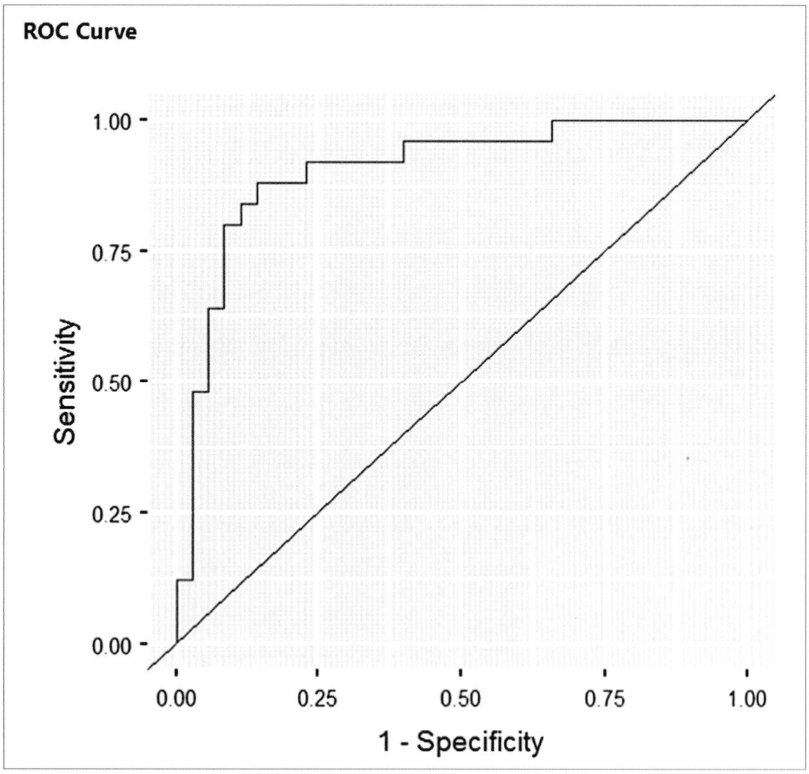

③ Cut-Off plot

Cut-Off plot에서 Sensitivity와 Specificity가 교차하는 지점이 두 분류의 균형을 맞추어 주는 최적의 지점이라 볼 수 있다. 분석자료에서 그에 해당하는 cut-off 값이 대략 0.5임을 보여 주고 있다.

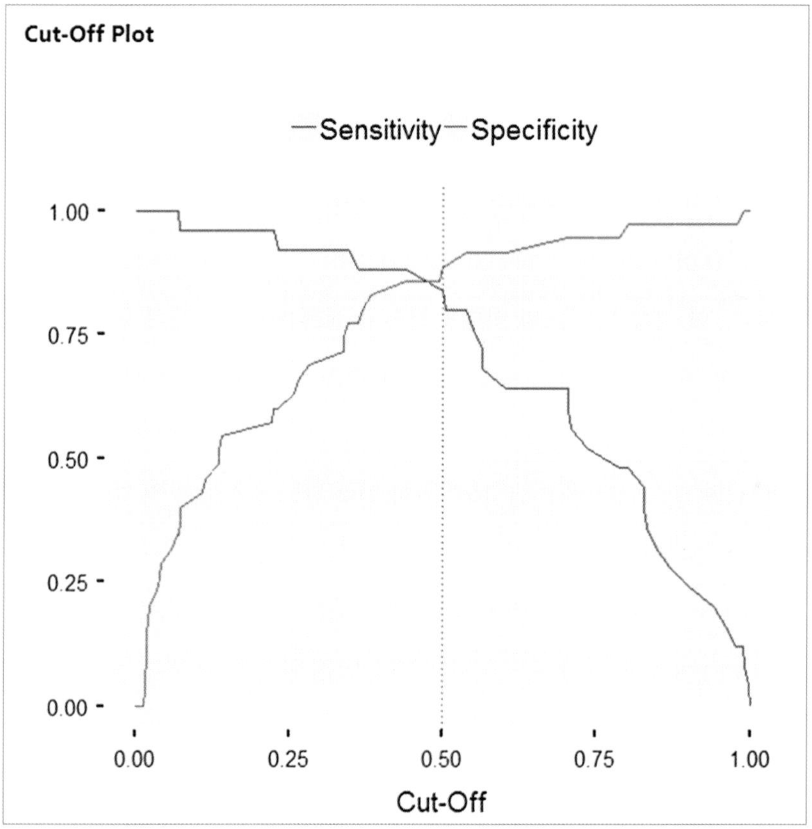

2 다항 로지스틱 회귀분석

다항 로지스틱 회귀모형의 기본개념은 이항 로지스틱 회귀분석을 여러 번 수행하는 것과 같은 개념으로 볼 수 있다. 예를 들면, 대학에서 학생들이 어떤 과목(교양, 직업, 전공)을 선택하는 데 영향을 미치는 독립변수에 대한 다항 로지스틱 분석을 수행한다고 가정해 보자.

3개 이상의 수준으로 이루어진 다항형 종속변수의 경우 우선 기준 집단(reference group)을 설정하고 나머지 범주들과 각각의 쌍(pair)을 만들어 이항 로지스틱 회귀분석을 수행하면 된다. 만약 전공과목이 기준 범주라면, '교양-전공', '직업-전공'과 같이 두 번의 이항 로지스틱 회귀분석을 수행하면 된다. 그러면 왜 이항 로지스틱 분석을 2번 수행하면 될 것을 굳이 다항 로지스틱 분석을 수행할까?

이것은 집단 간의 평균차이를 검증할 때 반복적인 t 검증을 하지 않고 분산분석을 수행하는 논리와 같다. 그 이유는 전체 집단을 추정할 때 반복적인 t 검증을 하게 되면 일종오류(Type 1 error)가 증가한다. 같은 논리로 종속변수가 3개 이상의 범주로 이루어진 자료를 가지고 이항 로지스틱 분석을 여러 번 수행하면 일종오류가 증가하게 되고 결과적으로 통계적으로 유의한 차이가 없음에도 불구하고 차이가 있다는 잘못된 결론을 내릴 가능성이 커지게 된다. 그러므로 전체모형의 통계적 유의성을 한 번에 분석하기 위해서 다항 로지스틱 회귀분석을 수행하는 것이다.

1) jamovi 분석자료

다항 로지스틱 회귀분석을 위해서 'multi_logistic.omv' 파일을 불러온다. 분석자료의 변수를 설명하면 다음과 같다.

- 종속변수: 프로그램 선택 구분(3수준)
  ① 교양(general program)
  ② 직업(vocational program)
  ③ 전공(academic program)

- 연속형 독립변수: 작문점수(writing)

- 범주형 독립변수: 성별(2수준)
  ① 남자(male)
  ② 여자(female)

- 범주형 독립변수: 사회경제적 지위(social economic status, ses, 3수준)
  ① 낮음(low)
  ② 중간(middle)
  ③ 높음(high)

■ 분석변수 상자

다항 로지스틱 회귀분석을 위해서 'multi_logistic.omv' 파일을 불러온다.

Analyses ▷ Regression ▷ N Outcomes: Multinomial

왼쪽에 제시되어 있는 변수목록을 ➔를 사용해서 오른쪽 분석변수 상자로 이동시킨다.

① Dependent Variable: 종속변수 'program'을 이동한다.
② Covariates: 연속형 독립변수 'writing' 점수를 이동한다.
③ Factors: 범주형 독립변수 'gender'와 'ses'를 이동한다.

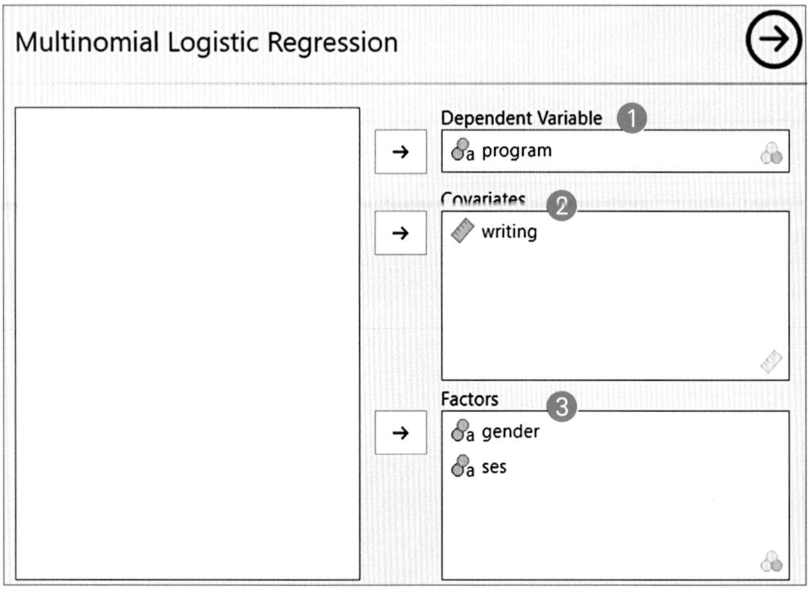

■ 모형 설정(Model Builder)

모형 설정을 위해서 'Model Builder'를 클릭한다. 왼쪽 대화상자에 독립변수 목록이 나타나 있고, 오른쪽 대화상자 'Block 1'에 분석변수에서 클릭한 독립변수 목록이 나타나 있다.

만약에 상호작용 효과를 포함시키기를 원할 경우 ❶번 'Add New Block'을 선택해서 'Block 2' 칸을 만든 다음에 ❷번 'Predictors' 목록에서 컴퓨터 자판에 있는 Ctrl 키를 누른 상태에서 마우스 왼쪽변수를 클릭하여 상호작용 효과가 있는 두 변수를 선택한다.

➔를 클릭해서 ❸번 'Interaction'을 선택한 다음에 오른쪽으로 보내면 두 변수의 상호작용 효과가 만들어진다. 해당블록을 제거하기를 원할 경우 Block 옆에 '✖'를 클릭하면 된다.

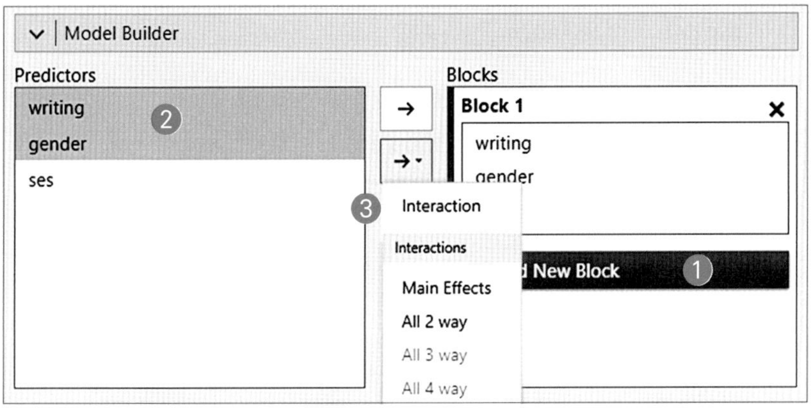

모형 적합도 값을 제공하는 결과표를 해석해 보기로 한다. Deviance 값은 분석모형과 포화모형의 $-2\ln\mathcal{L}$(우도함수)의 차이이다. '모형 1'의 Deviance 값은 357.72이다. '작문(writing)*성별(gender)'의 상호작용 항을 투입한 '모형 2'의 Deviance 값은 356.14이며 그 차이 값인 $\chi^2=1.58$은 자유도가 2인 χ^2 분포에서 통계적으로 유의하지 않은 것으로 나타났다. 따라서 상호작용 항이 포함된 '모형 2'보다 모형이 간명한 '모형 1'을 선택한다.

모형의 적합도와 간명성을 동시에 고려하는 AIC 정보지수를 가지고 값이 가장 낮게 나타나는 모형을 좋은 모형으로 선택한다. 역시 '모형 1'의 값이 '모형 2'보다 작기 때문에 '모형 1'을 선택한다.

로지스틱 회귀계수 결과표(Model Specific Results) 옆에 ▼을 클릭하면, 각 모형을 선택함으로써 선택 모형에 해당하는 회귀계수 결과표를 보고 간편하게 모형을 비교할 수 있는 옵션을 제공하고 있다.

Model Fit Measures

Model	Deviance	AIC	R^2_{McF}
1	357.72	377.72	0.12
2	356.14	380.14	0.13

Model Comparisons

Comparison					
Model		Model	χ^2	df	p
1	-	2	1.58	2	0.453

Model Specific Results Model 2 ▼
Model 1
Model 2

■ 범주형 독립변수 기준집단 설정

jamovi에서 범주형 독립변수의 자료일 경우에 기본 옵션인 알파벳순으로 기준집단(reference group)을 선정해서 더미코딩(dummy coding) 결과를 제공한다. 만약 변경을 원하면 'Reference Level'의 ▼을 클릭해서 수준을 변경하면 된다.

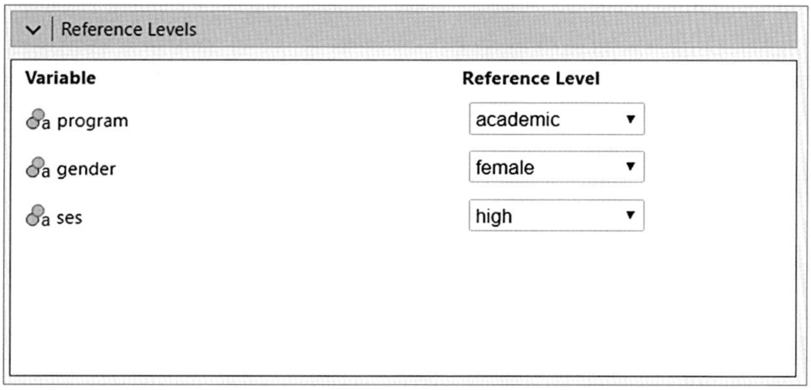

모형계수 분석상자(Model Coefficients)에서 승산비(Odds ratio)를 클릭하면 오른쪽 결과 창에 모형계수 분석 결과표에 승산비를 추가해 준다.

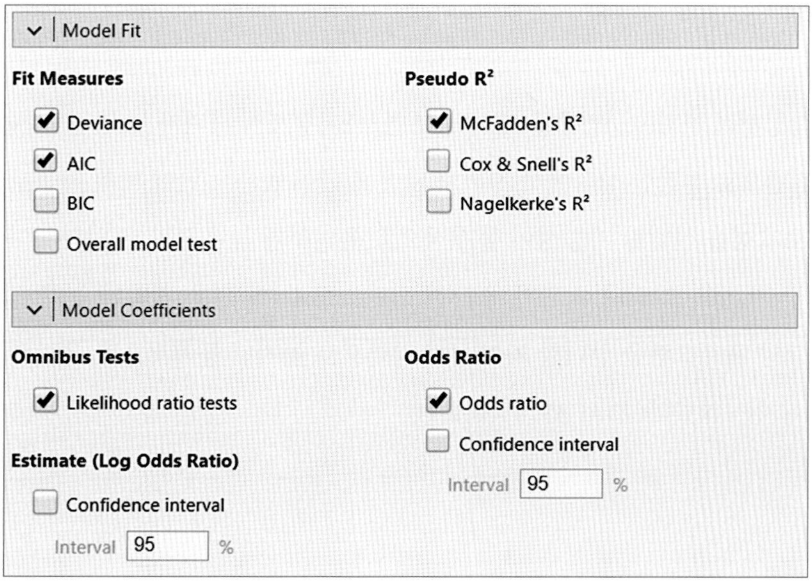

종속변수의 기준집단을 전공(academic) 프로그램으로 설정해서 모형계수를 추정한 결과표를 해석해 보기로 한다.

① 기준집단인 전공(academic) 프로그램에 비해 교양(general) 프로그램을 선택할 가능성에 영향을 주는 3개의 독립변수의 효과를 해석하기로 한다.

작문점수(writing)는 부적인 영향을 주면서 통계적으로 유의하게 나타났다($Z=-2.64$, $p=0.008$). 승산비(Odds ratio) 값을 가지고 해석하면, 작문점수의 승산비는 0.94이므로 작문점수가 1 단위 증가하면 전공(academic) 프로그램에 비해 교양(general) 프로그램을 선택할 승산이 0.94배 감소한다. 승산비를 다른 말로 해석하면, 작문점수가 1점 증가하면 교양 프로그램을 선택할 가능성이 6% 감소한다(1−0.94=0.06). 결론적으로, 작문점수가 증가할수록 전공(academic) 프로그램을 선택할 가능성이 유의미하게 높다는 것을 의미한다.

성별(gender) 범주를 해석해 보면, 여성(female)을 기준집단으로 남성(male) 집단이 전공보다 교양프로그램을 선택할 가능성이 낮게 나타났지만 통계적으로 유의한 차이는 없는 것으로 나타났다($Z=-0.20$, $p=0.840$).

사회경제적 지위(ses)범주를 해석해 보면, 사회경제적 지위가 높은 집단(high)을 기준집단으로 설정한 상황에서 지위가 낮은 집단이 높은 집단에 비해 전공보다 교양 프로그램을 선택할 가능성이 통계적으로 유의하게 높은 것으로 나타났다($Z=2.19$, $p=0.028$). 그러나 지위가 중간인 집단(middle)의 경우 지위가 높은 집단에 비해 교양 프로그램을 선택할 가능성이 정적으로 높지만 통계적으로 유의한 차이를 보이지는 않았다($Z=1.35$, $p=0.177$).

② 기준집단인 전공(academic) 프로그램에 비해 직업(vocational) 프로그램을 선택할 가능성에 영향을 주는 3개의 독립변수의 효과를 분석한 결과를 해석하기로 한다.

작문점수(writing)는 부적인 영향을 주면서 통계적으로 유의하게 나타났다($Z = -5.21$, $p < 0.001$). 승산비(Odds ratio) 값을 가지고 해석하면, 작문점수의 승산비는 0.88이므로 작문점수가 1 단위 증가하면 전공(academic) 프로그램에 비해 직업(vocational) 프로그램을 선택할 승산이 0.88배 감소한다. 승산비를 다른 말로 해석하면, 작문점수가 1점 증가하면 직업 프로그램을 선택할 가능성이 12% 감소한다(1−0.88=0.12). 결론적으로, 작문점수가 증가할수록 전공(academic) 프로그램을 선택할 가능성이 유의미하게 높다는 것을 의미한다.

성별(gender)범주를 해석해 보면, 여성(female)을 기준집단으로 남성(male)집단이 전공보다 직업(vocational) 프로그램을 선택할 가능성이 낮게 나타났지만 통계적으로 유의한 차이는 없는 것으로 나타났다($Z = -1.43$, $p = 0.151$).

사회경제적 지위(ses)범주를 해석해 보면, 사회경제적 지위가 높은 집단(high)을 기준집단으로 설정한 상황에서, 지위가 낮은 집단이 높은 집단에 비해 전공보다 직업 프로그램을 선택할 가능성에 정적인 영향을 주지만 통계적으로 유의한 차이를 보이지는 않았다($Z = 1.35$, $p = 0.177$).

그러나 지위가 중간인 집단(middle)의 경우 지위가 높은 집단에 비해 전공보다 직업프로그램을 선택할 가능성에 통계적으로 유의하게 정적인 영향을 주고 있는 것으로 나타났다($Z=2.39$, $p=0.017$). 즉, 사회경제적 지위가 중간인 집단이 높은 집단에 비해서 전공보다 직업 프로그램을 선택할 승산이 3.41배가 높다고 해석할 수 있다.

Model Coefficients

program	Predictor	Estimate	SE	Z	p	Odds ratio
❶ general - academic	Intercept	1.79	1.35	1.32	0.186	5.97
	writing	−0.06	0.02	−2.64	0.008	0.94
	gender:					
	male – female	−0.08	0.40	−0.20	0.840	0.92
	ses:					
	low – high	1.15	0.52	2.19	0.028	3.15
	middle – high	0.63	0.47	1.35	0.177	1.87
❷ vocation - academic	Intercept	5.13	1.38	3.72	< .001	169.01
	writing	−0.12	0.02	−5.21	< .001	0.88
	gender:					
	male – female	−0.61	0.42	−1.43	0.151	0.55
	ses:					
	low – high	0.82	0.61	1.35	0.177	2.27
	middle – high	1.23	0.51	2.39	0.017	3.41

■ 독립변수에 대한 확률 분석표와 그래프

'Estimated Marginal Means' 분석상자에서는 세로축을 확률값, 가로축을 독립변수로 하는 경향성을 그래프로 보여 준다.

❶ 'Add New Term'을 클릭하면 Term 1에 들어갈 칸이 생성된다.
❷ 분석할 독립변수를 선택한다.
❸ 화살표를 클릭해서 오른쪽 칸으로 이동시킨다. 추가변수를 이동하려면 ❶~❸ 번을 반복한다.
❹ 분석 결과표를 추가하기를 원할 경우에는 'Marginal means tables'를 클릭한다.

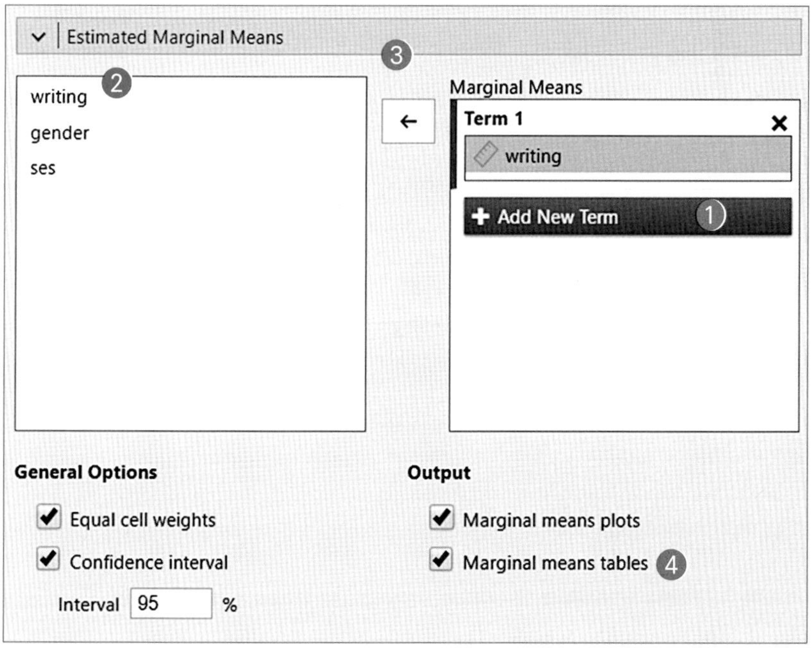

다음은 'Estimated Marginal Means' 분석상자에서 작문점수에 대한 분석 결과 그래프이다. 작문점수가 증가할수록 전공(academic) 프로그램을 선택할 확률이 커지고 있음을 시각적으로 확인할 수 있다. 반대로 직업(vocational) 프로그램의 경우 작문점수가 높을수록 직업 프로그램을 선택할 가능성이 낮아짐을 볼 수 있다. 교양(general program) 프로그램 선택 확률의 경우 작문점수의 증감에 큰 영향을 받지 않는 것으로 나타난다.

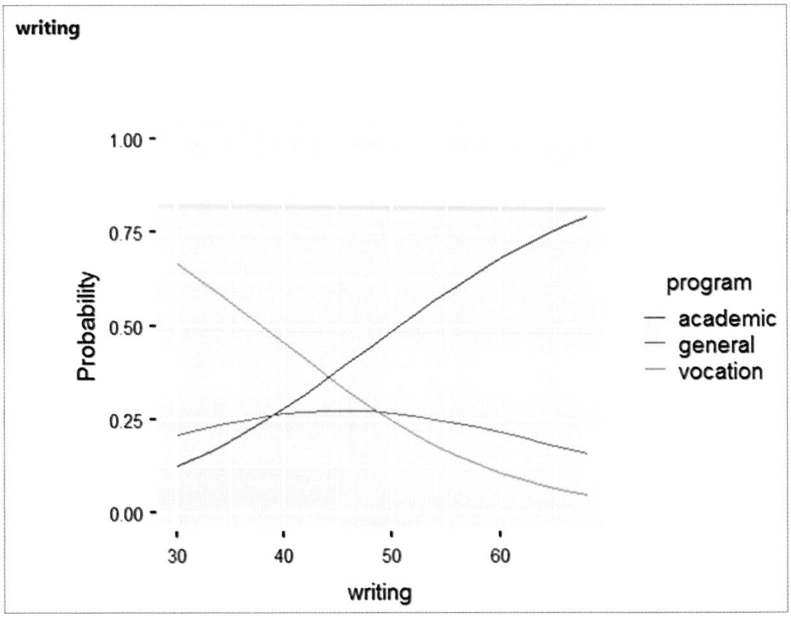

다음 분석표는 작문점수를 3집단(평균, 평균보다 1 표준편차 낮은 집단, 평균보다 1 표준편차 높은 집단)으로 구분한 다음에 각 프로그램을 선택할 확률, 표준오차 및 95% 신뢰구간 값을 보여 준다.

Estimated Marginal Means - writing

writing	program	Probability	SE	95% Confidence Interval Lower	95% Confidence Interval Upper
43.30 ⁻	academic	0.34	0.05	0.23	0.46
	general	0.27	0.05	0.17	0.38
	vocation	0.38	0.05	0.27	0.50
52.77 $^{\mu}$	academic	0.54	0.04	0.46	0.63
	general	0.26	0.03	0.18	0.33
	vocation	0.20	0.03	0.13	0.27
62.25 ⁺	academic	0.72	0.05	0.61	0.83
	general	0.20	0.04	0.10	0.30
	vocation	0.08	0.03	0.03	0.14

Note. ⁻ mean - 1SD, $^{\mu}$ mean, ⁺ mean + 1SD

만약에 독립변수들 간의 상호작용 항에 대한 분석도표와 결과표를 얻고 싶다면 다음과 같은 작업을 수행한다.

❶ 'Add New Term'을 클릭한다.
❷ 'Writing' 변수를 선택해서 'Term 1' 박스로 이동시킨다.
❸ 'gender' 변수를 선택해서 'Term 1' 박스로 이동시킨다.

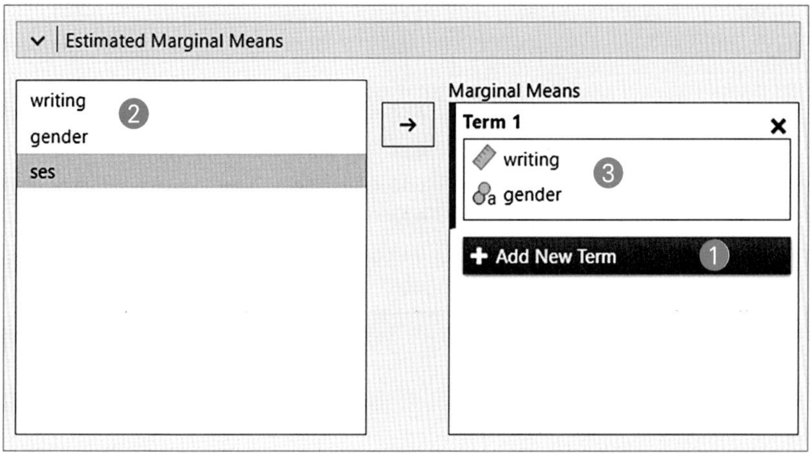

그러면 다음과 같은 그래프와 분석 결과표가 오른쪽 창에 제시된다.

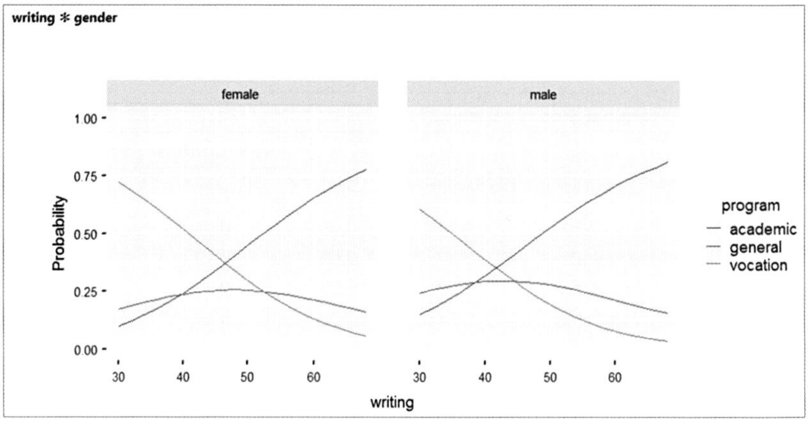

Estimated Marginal Means - writing ✻ gender

gender	writing	program	Probability	SE	95% Confidence Interval Lower	Upper
female	43.30⁻	academic	0.30	0.07	0.16	0.45
		general	0.25	0.06	0.12	0.38
		vocation	0.45	0.08	0.28	0.62
	52.77µ	academic	0.51	0.05	0.39	0.62
		general	0.25	0.04	0.15	0.35
		vocation	0.24	0.04	0.15	0.34
	62.25⁺	academic	0.69	0.05	0.58	0.81
		general	0.20	0.05	0.10	0.30
		vocation	0.11	0.03	0.04	0.18
male	43.30⁻	academic	0.38	0.06	0.25	0.52
		general	0.30	0.06	0.17	0.43
		vocation	0.32	0.06	0.19	0.45
	52.77µ	academic	0.58	0.06	0.45	0.71
		general	0.26	0.05	0.15	0.38
		vocation	0.16	0.04	0.06	0.25
	62.25⁺	academic	0.74	0.07	0.59	0.89
		general	0.20	0.06	0.06	0.33
		vocation	0.06	0.03	0.00	0.12

Note. ⁻ mean - 1SD, µ mean, ⁺ mean + 1SD

11

다층모형분석

11
다층모형분석

1 다층모형분석의 기초

연구자들이 학교정책, 학교환경 또는 교사의 특성이 학생들의 학업성취에 어떠한 영향을 주는지를 연구할 때, 분석자료는 주로 특정수준에서 측정된 변수가 상위수준에 내재되어(nested) 있는 다층(multilevel) 또는 위계적(hierarchical) 자료를 가지고 분석을 시도한다.

그러나 다층구조 자료를 가지고 전통적 회귀분석을 사용하면 잘못된 결론을 도출한다는 것이 많은 연구 문헌에 의해서 지적되어 왔다. 예를 들면, 설현수(1993)는 다층자료로 이루어진 경험적 자료를 가지고 기존의 전통적 회귀분석과 다층속성을 고려한 다층분석모형으로 분석했을 때 제시되는 결과 차이를 비교하였다.

사회과학 분석자료는 대부분 다층 또는 위계적 구조로 형성되어 있기 때문에 분석모형은 바로 그러한 다층적인 속성을 반영할 수 있어야 한다. 각 층에 해당하는 변수들을 개별적으로 분석하는 것이 아니라 모든 계층의 정보가 동시에 고려될 수 있는 분석모형을 사용해야 하며, 어떤 층에 존재하는 행동이 다른 층의 행동에 어떻게 영향을 주고, 그러한 다층적 효과들을 얼마나 정확하게 추정할 수 있는가를 고려해야 한다.

다층구조 자료를 분석하기 위한 분석모형은 다층모형(Multilevel Model), 위계적 선형모형(Hierarchical Linear Model), 혼합모형(Mixed Model), 무선계수모형(Random Coefficient Model) 등 다양한 이름으로 문헌에 소개되고 있다. jamovi에서는 '혼합모형(Mixed models)'으로 다층구조 자료를 분석한다.

다층모형분석을 실시하기 위해서 GAMLj 모듈에 내장되어 있는 'beer.omv' 자료를 사용한다. 'beer.omv' 자료에 있는 3개의 변수와 연구 목적을 설명하면 다음과 같다.

A 지역에 위치한 맥주 가게에서 15개의 맥주 가게를 무선 표집했다. 각각의 맥주 가게에서 각 손님들이 매 분(every minute)마다 얼마나 많은 맥주가 소비되며, 동시에 손님들이 얼마나 웃음을 짓는지를 측정하였다. 무선 표집한 15개 가게에는 각기 다른 숫자의 손님들이 맥주를 마시고 있다. 연구 목적은 맥주 소비량과 웃음 횟수 간의 관계가 유의미한 정적(+)인 경향을 보일 것이라는 가설을 검증하고자 한다.

- smile: 매 분마다 손님의 웃음 횟수(종속변수)
- beer: 매 분마다 소비되는 맥주량(독립변수)
- bar: 15개 맥주 가게(집단변수)

'beer.omv' 자료를 가지고 통계분석을 할 때 우선적으로 제기될 수 있는 문제점은, 맥주 소비량과 손님의 웃음 횟수 관계가 과연 맥주 가게에 걸쳐서 비슷한 경향을 보이고 있는지에 대한 의문이다. 먼저 표집된 15개 맥주 가게의 손님들 숫자에 대한 빈도를 제시하면 다음과 같다.

1) 집단변수의 빈도분석

Analyses ▷ Exploration ▷ Descriptives

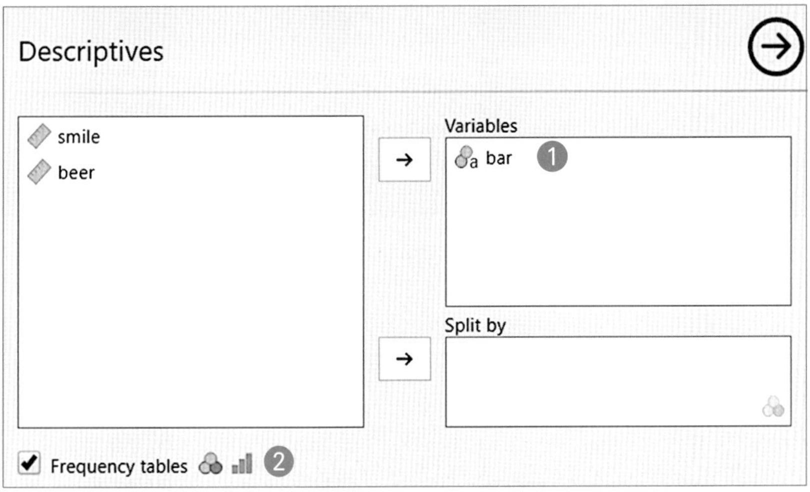

15개의 맥주 가게(a~q)에서 표집된 손님들 숫자(counts)가 다름을 알 수 있다.

Frequencies of bar

Levels	Counts	% of Total	Cumulative %
a	3	1 %	1 %
b	14	6 %	7 %
c	22	9 %	17 %
d	21	9 %	26 %
e	14	6 %	32 %
f	20	9 %	40 %
g	24	10 %	50 %
h	12	5 %	56 %
i	16	7 %	62 %
l	22	9 %	72 %
m	21	9 %	81 %
n	15	6 %	87 %
o	16	7 %	94 %
p	11	5 %	99 %
q	3	1 %	100 %

2) 집단변수의 산점도와 회귀선

맥주 소비량과 웃음 횟수 간의 관계가 맥주 가게별로 어떻게 다른지를 산점도와 회귀선으로 분석한다. 산점도와 회귀선을 도표로 나타내기 위해서 'jamovi library'에서 'scatr' 모듈을 먼저 설치한다.

Analyses ▷ Exploration ▷ scatr ▷ Scatterplot

❶ 왼쪽에 있는 변수 목록에서 X축에 독립변수 'beer'를 이동하고 Y축에 종속변수 'smile'을 이동한다. 그리고 집단변수(Group)에 'bar'를 이동하면, 오른쪽 결과 창에 산점도 그래프가 생성된다.

❷ Regression Line: 'Linear'을 클릭하면 맥주 가게별 회귀선을 그려 준다.

❸ Marginals: 'Densities'를 클릭하면 각 축의 변수에 해당하는 값들의 분포를 맥주 가게별로 그려 준다. 만약에 'Boxplots'를 선택하면 맥주 가게별 Boxplot을 도표 옆에 그려 준다.

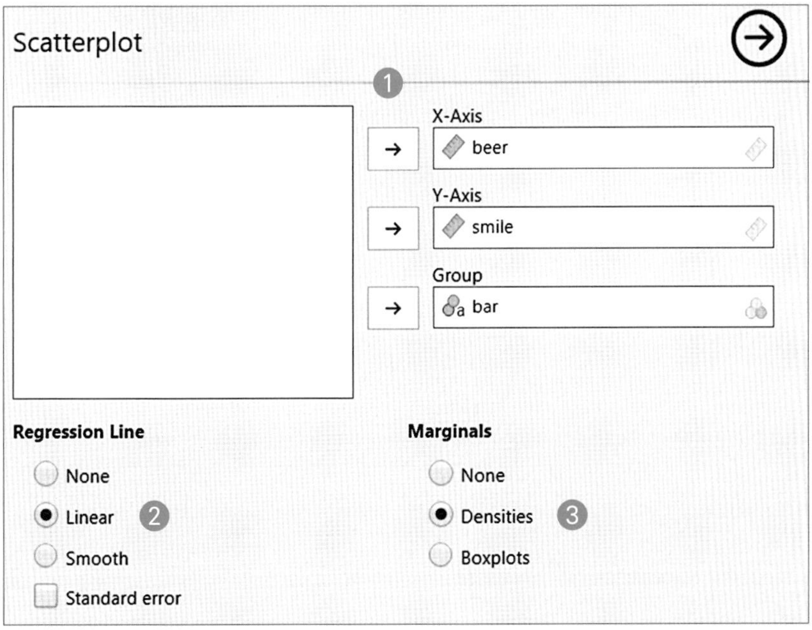

각 변수에 대한 외곽 분포표를 보면 맥주 가게별로 분포가 다름을 볼 수 있다. 또한 'smile'에 대한 'beer'의 회귀선 역시 맥주 가게별로 절편과 기울기가 다르다

는 것을 파악할 수 있다. 이것은 개인이 속한 집단에 따라 종속변수에 대한 독립변수의 효과가 달라질 수 있다는 것을 의미한다.

따라서 종속변수에 대한 독립변수의 효과가 집단별로 달라질 수 있다는 것을 고려한 분석모형이 집단을 고려하지 않은 채 1개의 회귀선으로 종속변수에 대한 독립변수를 설명하는 모형보다 훨씬 분석자료를 잘 설명해줄 것이라 기대할 수 있다.

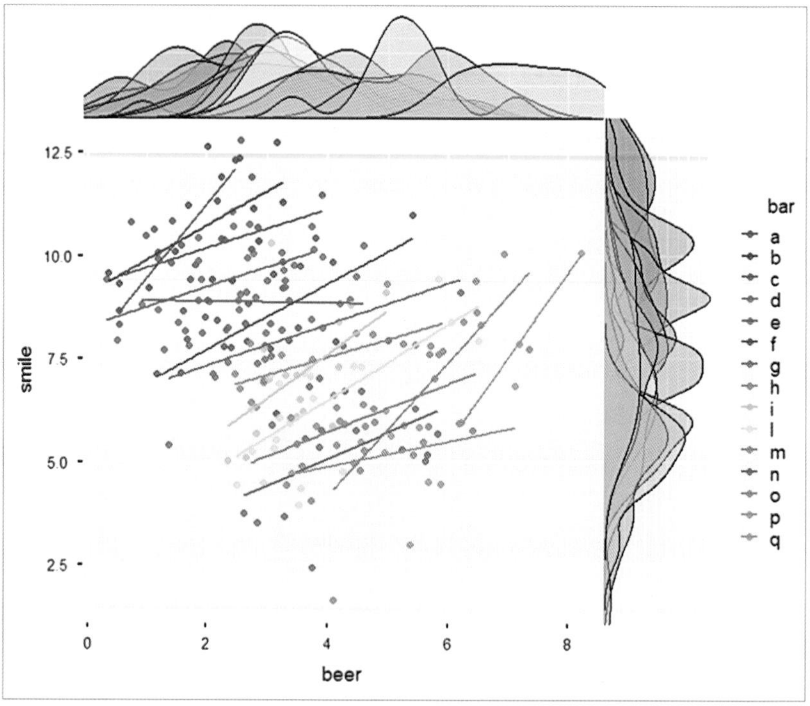

3) 혼합모형 설정

혼합모형(Mixed Model)은 개인이 속한 집단에 따라 종속변수에 대한 독립변수의 영향력을 추정한 회귀선들을 가지고 전체 종속변수에 미치는 독립변수의 효과를 검증하기 위해서 평균 회귀선을 산출한다.

혼합모형은 회귀계수가 집단마다 다를 수 있음을 허용하며, 그에 따른 집단내 회귀계수 값을 추정한다. 집단마다 서로 다른 회귀계수를 무선계수(random coefficients)라고 하며, 무선계수의 평균(또는 고정된 기대값)값을 고정계수(fixed coefficients)라고 정의한다.

혼합모형에서는 절편 또는 기울기(또는 양쪽 모두)가 집단별로 다르다는 것을 허용한 상태에서 값들을 추정하기 때문에 절편과 기울기 모두 무선계수라고 정의할 수 있다.

앞의 예시 자료를 가지고 'smile'에 대한 'beer'의 전체효과를 알고 싶어 한다. 독립변수의 기울기를 무선효과(random effect)로 간주하면(맥주 가게별로 독립변수 'beer'의 기울기가 다르다는 것을 허용하면), 이때 고정효과는 기울기의 평균값(맥주 가게들의 평균)으로 해석한다.

만약에 독립변수 'beer'의 기울기가 무선효과가 아니라고 간주하면, 이때 고정 효과는 단지 전체 피험자들을 대상으로 추정된 독립변수 'beer'의 효과를 의미하는 것이다.

예시 자료에 대한 혼합모형을 표현하면 다음과 같다.

1수준

$$\text{웃음 횟수} = \beta_0 + \beta_1(\text{맥주 소비량}) + e$$

2수준

$$\beta_0 = \gamma_{00} + \gamma_{01}(\text{맥주 가게}) + u$$
$$\beta_1 = \gamma_{10} + \gamma_{11}(\text{맥주 가게}) + u$$

4) jamovi 혼합모형 실행

'beer.omv' 파일을 불러온다. GAMLj 모듈을 가지고 분석을 실행한다.

Analyses ▷ Linear Models ▷ Mixed Model

변수 대화상자

왼쪽에 제시되어 있는 변수들을 오른쪽 대화상자로 이동시킨다.

❶ Dependent Variable: 종속변수 'smile'을 이동한다.

❷ Factors: 범주형 독립변수를 이동한다.

❸ Covariates: 연속형 독립변수 'beer'를 이동한다.

❹ Cluster variables: 집단변수 'bar'를 이동한다.

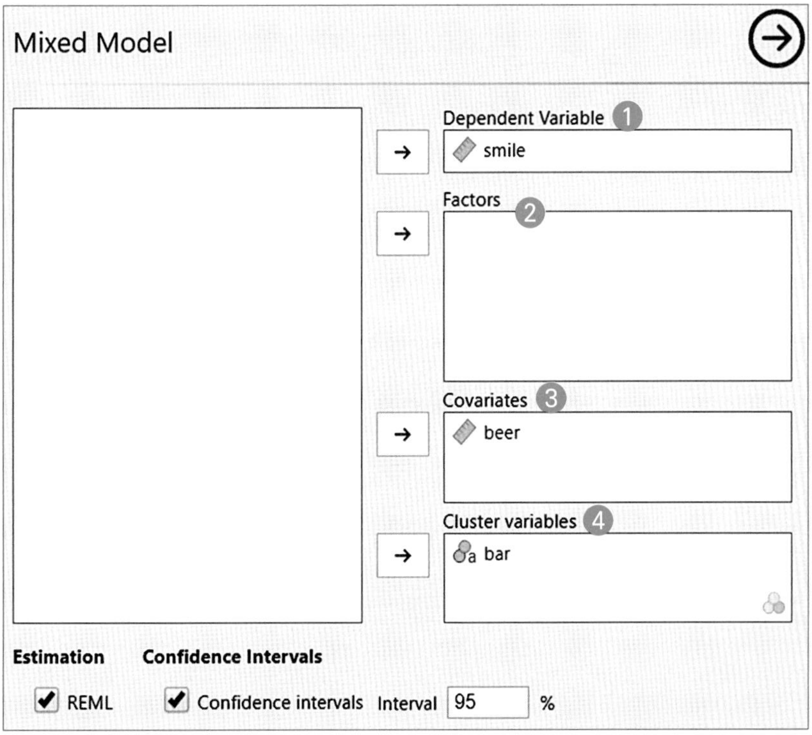

무선효과 분석상자(Random Effects)

jamovi 혼합모형분석에서는 다른 분석처럼 변수만 이동하면 오른쪽 결과 창에 기본 결과가 제공되지 않는다는 점을 유념하기 바란다(분석 결과가 빈칸으로 나옴). 반드시 무선효과 분석상자에서 무선효과를 지정해 주어야 분석 결과가 제시된다.

1. 'Random Effects' 대화상자를 클릭한다.

2. 'Intercept | bar'는 맥주 가게(bar)별로 절편값(intercept)이 다르다는 것을 의미한다. 무선절편모형(random intercept model)으로 분석하기를 원할 경우 'Intercept | bar' 항을 오른쪽으로 이동시키면 오른쪽 결과 창에 분석 결과가 나타난다.

'beer | bar'는 맥주 가게(bar)별로 기울기(beer)가 다르다는 것을 의미하며, 기울기 변수(bar)를 무선효과로 간주하고 추정한다. 무선 기울기 모형(random slope model)으로 분석하기를 원할 경우 'beer | bar' 항을 오른쪽으로 이동시키면 오른쪽 결과 창에 분석 결과가 나타난다.

3. 각 변수를 선택한 다음에 오른쪽으로 이동시키면 결과 창에 분석 결과가 나타난다.

4. LRT for Random Effects: 무선효과에 대한 우도비 검증(Likelihood Ratio Test: LRT) 결과를 제시한다.

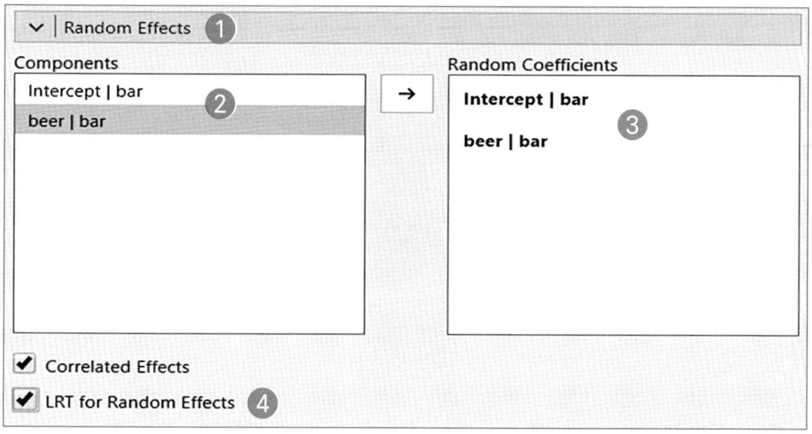

2 무선절편모형

무선절편모형(Random Intercepts Model)은 회귀선의 절편값만을 무선효과로 간주하고, 기울기는 고정효과로 분석하는 모형이다. 즉, 종속변수 'smile'의 평균값이 맥주 가게마다 다르다고 간주하고, 종속변수에 대한 독립변수 'beer'의 기울기는 모든 맥주 가게에 걸쳐서 동일하다고 가정하는 모형이다.

❶ 무선효과 분석상자(Random Effects)에서 'Intercept | bar' 항목만 오른쪽으로 이동시킨다.

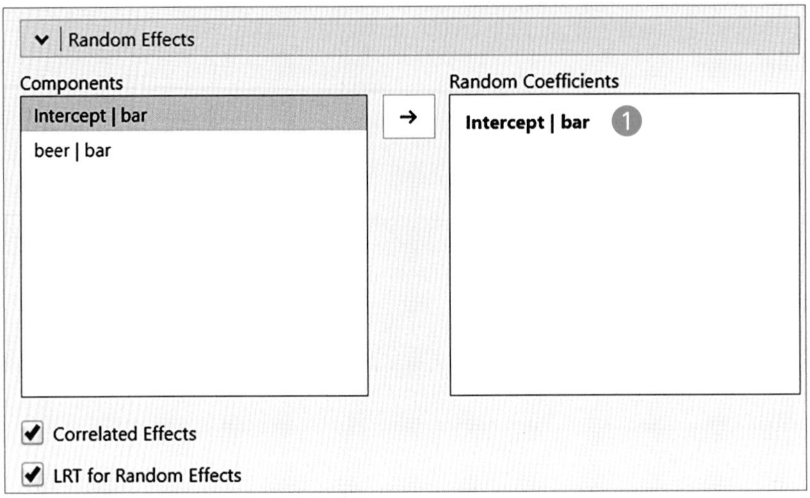

1) 고정효과 분석

jamovi 분석변수 상자에서 연속형 또는 범주형 독립변수를 지정해 주면 자동적으로 고정효과(Fixed Effects) 모형에 대한 분석 결과를 먼저 제시해 준다.

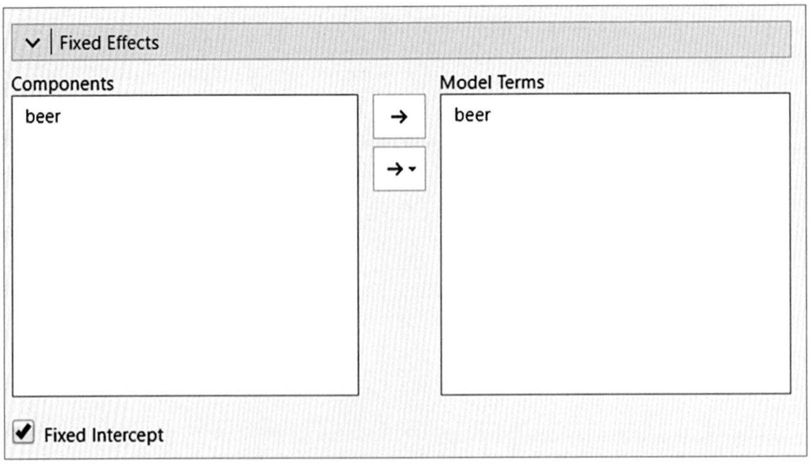

고정효과 분석은 고정 회귀계수와 고정 절편값에 대한 유의도 검증으로 t값

을 제시한다. 분석 결과표를 살펴보면, 종속변수 'smile'에 대한 독립변수 'beer'는 정적으로 유의미한 영향을 주고 있는 것으로 나타났다($t=8.22$, $p<.001$). 맥주 1병 증가할 때마다 웃음 횟수가 0.64회 증가한다. 모든 맥주 가게에 걸쳐서 평균적으로 'beer'가 'smile'에 통계적으로 유의미하게 정적인 영향을 주고 있다고 해석할 수 있다.

Fixed Effects Parameter Estimates

				95% Confidence Interval				
Names	Effect	Estimate	SE	Lower	Upper	df	t	p
(Intercept)	(Intercept)	7.77487	0.666176	6.46919	9.08055	13.264	11.6709	< .001
beer	beer	0.63870	0.077690	0.48643	0.79097	227.901	8.2212	< .001

2) 무선절편의 분산과 집단내 상관계수(ICC)

다음 결과표는 무선절편(random intercept) 계수의 분산(Variance)과 표준편차(SD)를 제시해 주고 있다. 무선절편은 절편(평균)값이 맥주 가게별로 다르다는 것을 허용해서 추정한 값을 의미한다.

무선절편의 분산을 보면 6.53으로 작지 않음을 볼 수 있다. 이것은 절편값이 맥주 가게마다 다르다는 것을 암시하며, 이후 분석에서 절편을 무선효과로 간주하고 분석해야 한다는 것을 의미한다.

집단내 상관계수(Intraclass Correlation: ICC)는 전체 분산 중에서 집단간 분산(between-cluster variance)이 차지하는 비율을 의미한다. 이를 식으로 표현하면 다음과 같다.

$$ICC = \frac{\sigma_u^2}{\sigma_u^2 + \sigma_e^2}$$

여기서, σ_u^2는 집단간 분산(between-cluster variance), σ_e^2는 잔차 분산(residual variance)을 의미한다.

ICC 값을 통해서 종속변수의 분산 중에서 어느 정도가 집단내 분산에 기인하고 또한 어느 정도가 집단간 분산에 기인하는지를 알 수 있다. ICC 값은 다음 3가지 관점에서 유용하게 사용될 수 있다.

① 분석자료가 혼합모형에 적합한지를 판단하는 데 도움을 준다. 만약 ICC 값이 0이라고 가정한다면, 이것은 집단내 관찰 값들이 더 이상 유사하지 않다는 것을 의미하며, 이러한 상황에서는 그냥 전통적 회귀분석을 수행하면 된다.

② 종속변수 분산의 몇 %를 집단 수준으로 설명하고 있는지에 대한 정보를 제공한다.

③ 모형에 분석변수가 투입될 때마다 ICC 값의 변화정도를 파악해서 분석 모형과 관련한 시사점을 얻을 수 있다.

다음 결과표에서 ICC를 계산해 보면, $\frac{6.531}{6.531 + 1.284} = 0.835$가 된다.

종속변수 'smile' 분산 중 83.5%가 집단 간 차이(맥주 가게 간 차이)에 기인했음을 의미한다.

Random Components

Groups	Name	SD	Variance	ICC
bar	(Intercept)	2.5557	6.5316	0.83564
Residual		1.1335	1.2847	

Note. Numer of Obs: 234 , groups: bar , 15

절편(평균)값이 집단(맥주가게)별로 다른지에 대한 우도비 검증 결과, 통계적으로 유의미하게 나타났다($\chi^2(1) = 203.97$, $p < .001$).

Random Effect LRT

Test	N. par	AIC	LRT	df	p
(1 | bar)	3.0000	996.64	203.97	1.0000	< .001

3 무선기울기모형

이번에는 분석모형을 확장해서 기울기를 무선효과로 간주하여 분석모형에 투입해보기로 한다. 무선효과 분석상자(Random Effects)에서 'beer | bar' 항목을 오른쪽 'Random Coefficients'에 추가로 이동시킨다. 그 결과, 2개의 무선효과(절편과 기울기)가 분석모형에 투입되었다.

'Correlated Effects'는 무선효과 간의 상관을 가정하는 것에 대한 옵션이다. 만약 무선계수 간의 상관을 허용하고자 한다면 해당 박스를 클릭하면 된다. jamovi

에서는 기본 옵션으로 설정되어 있다.

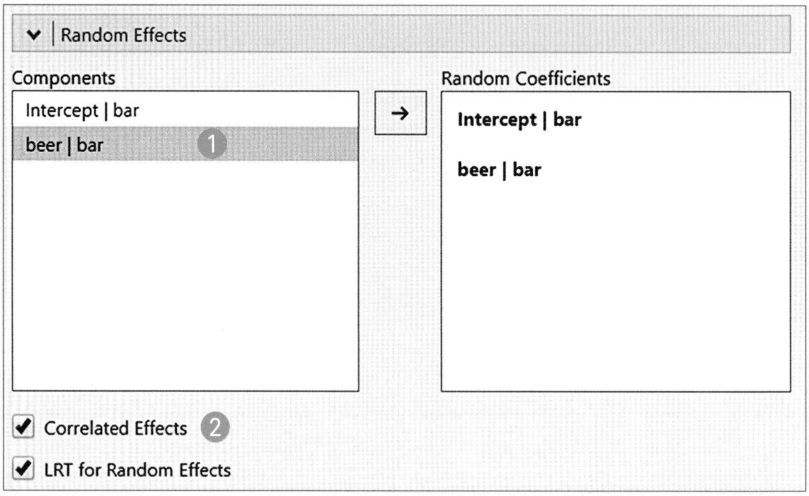

유의도 검증 결과를 살펴보면, 무선절편모형(Random Intercepts Model)과 거의 동일한 결과를 보여 주고 있는 것으로 나타났다. 즉, 기울기의 분산성이 유의도 검증 분석에 실제적인 영향을 주고 있지 않은 것으로 판단해 볼 수 있다.

그러나 'beer' 변수의 자유도($df = 9.3363$)는 바로 이전에 분석한 무선절편모형의 자유도($df = 227.901$)와 크게 다르게 나타났는데, 그 이유는 고정된 기울기 값('beer' 변수의 Estimate) 0.641은 무선기울기들의 평균으로 계산되었기 때문에 자유도가 작게 나온 것이다.

Fixed Effects Parameter Estimates

				95% Confidence Interval				
Names	Effect	Estimate	SE	Lower	Upper	df	t	p
(Intercept)	(Intercept)	7.60746	0.674345	6.28577	8.92915	12.9677	11.2813	< .001
beer	beer	0.64168	0.092399	0.46058	0.82278	9.3363	6.9446	< .001

다음 결과표는 무선절편(random intercept)과 무선기울기(random slope) 계수의 분산(Variance)과 표준편차(SD)를 제시해 주고 있다. 무선기울기의 분산이 0.03으로 작게 나타났다. 이것은 맥주 가게별로 기울기가 크게 다르지 않음을 의미한다.

Random Components

Groups	Name	SD	Variance	ICC
bar	(Intercept)	2.57781	6.645109	0.84074
	beer	0.18579	0.034518	
Residual		1.12197	1.258810	

Note. Numer of Obs: 234 , groups: bar , 15

종속변수에 대한 독립변수 'beer'의 관계가 맥주 가게에 걸쳐서 다른지에 대한 무선효과 우도비 검증(LRT Test) 결과 역시 통계적으로 유의하지 않은 것으로 나타났다($\chi^2(2) = 1.90, p = 0.386$). 즉, 'smile'에 대한 'beer'의 관계가 맥주 가게별로 다르지 않다고 해석할 수 있다.

Random Effect LRT

Test	N. par	AIC	LRT	df	p
beer in (1 + beer | bar)	4	794.67	1.90	2.00	0.386

'Plots' 분석상자에서 'beer' 변수를 수평축(Horizontal axis)으로 이동하고 'observed score'와 'Random effects'를 체크하면 다음과 같은 'smile'에 대한 'beer' 그래프 축에 회귀선을 보여 준다.

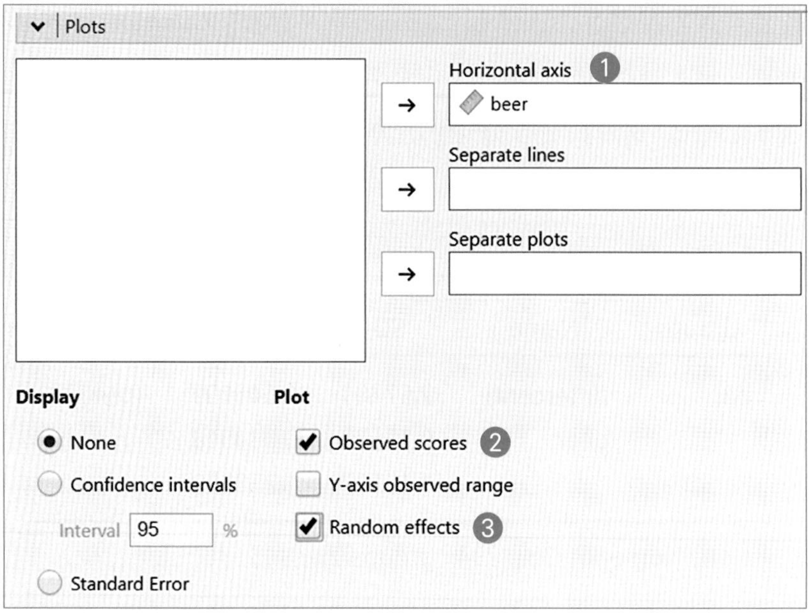

앞의 분석 결과에서도 나타났지만, 기울기는 거의 비슷하지만 Y축 절편값은 크게 다름을 시각적으로 확인할 수 있다.

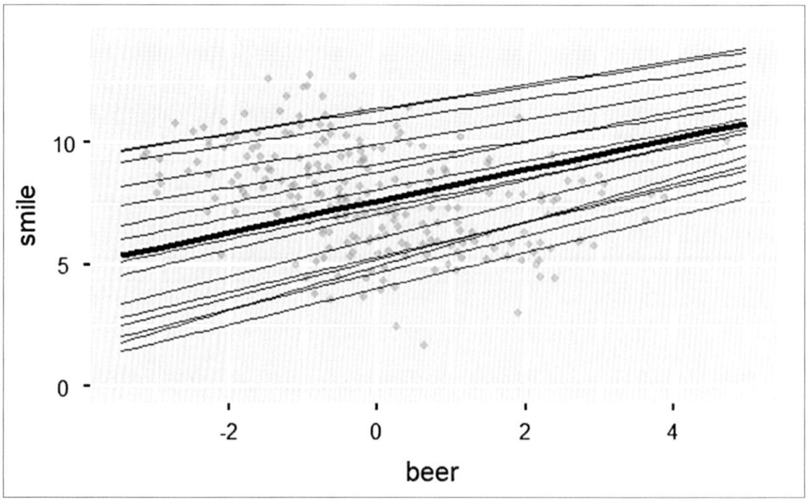

4 무선계수모형

1수준 모형에서 절편과 기울기 계수를 무선효과로 간주한 다음에 1수준 모형의 절편과 기울기 계수를 2수준 모형에서 종속변수로 설정해서 분석하는 모형을 무선계수모형(Slopes as Outcomes model)이라고 한다. 분석모형을 제시하면 다음과 같다.

1수준(개인층) 모형

$$Y_{ij} = \beta_{0j} + \beta_{1j}X_{ij} + e_{ij}$$

2수준(집단층) 모형

$$\beta_{0j} = \gamma_{00} + \gamma_{01}Z_j + U_{0j}$$
$$\beta_{1j} = \gamma_{10} + \gamma_{11}Z_j + U_{1j}$$

2수준의 β_{0j}와 β_{1j} 식을 1수준 모형에 대입해서 정리하면 다음과 같다.

$$Y_{ij} = \gamma_{00} + \gamma_{10}X_{ij} + \gamma_{01}Z_j + \gamma_{11}Z_jX_{ij} + U_{1j}X_{ij} + U_{0j} + e_{ij}$$

위의 식은 크게 고정효과(fixed)와 무선효과(random) 항으로 구성되어 있다.

• 고정효과 항에서 각 변수에 대한 고정효과 계수를 추정한다.

$$\gamma_{00} + \gamma_{10}X_{ij} + \gamma_{01}Z_j + \gamma_{11}Z_jX_{ij}$$

• 무선효과 항에서 무선오차 항에 대한 정보를 추정한다.

$$U_{1j}X_{ij} + U_{0j} + e_{ij}$$

1) jamovi 분석 실행

무선계수모형 분석을 위해서 'hlm.omv' 자료를 사용한다. 'hlm.omv' 자료는 다층모형분석을 위해서 널리 사용되는 HLM7 프로그램(Raudenbush & Bryk, 2002)에 내장되어 있는 'HSB(High School and Beyond)' 예시 자료이다. 분석 예시를 위해서 일부 변수를 수정했다. 'hlm.omv' 파일에 있는 변수를 설명하면 다음과 같다.

- 종속변수: 수학성적('mathach')
- 1수준 독립변수: 사회경제적 지위('ses', 표준화 점수)
- 2수준 독립변수: 학교 구분('sector', 0: 공립학교, 1: 사립학교)

'hlm.omv' 변수 자료를 가지고 무선계수 분석모형을 제시하면 다음과 같다.

1수준(개인층) 모형

$$(\text{수학성적})_{ij} = \beta_{0j} + \beta_{1j}(\text{사회경제적 지위}) + e_{ij}$$

2수준(집단층) 모형

$$\beta_{0j} = \gamma_{00} + \gamma_{01}(\text{학교구분})_j + U_{0j}$$

$$\beta_{1j} = \gamma_{10} + \gamma_{11}(\text{학교구분})_j + U_{1j}$$

정리하면,

$$\begin{aligned}(\text{수학성적})_{ij} &= \gamma_{00} + \gamma_{10}(\text{사회경제적 지위})_{ij} + \gamma_{01}(\text{학교구분})_j \\ &+ \gamma_{11}(\text{학교구분})_j(\text{사회경제적 지위})_{ij} \\ &+ U_{1j}(\text{사회경제적 지위})_{ij} + U_{0j} + e_{ij}\end{aligned}$$

2) 무선계수모형 실행

'hlm.omv' 파일을 클릭한다.

Analyses ▷ Linear Models ▷ Mixed Model

변수 대화상자

왼쪽에 제시되어 있는 변수들을 오른쪽 대화상자로 이동시킨다.

① Dependent Variable: 종속변수 'mathach'를 이동한다.

② Factors: 범주형 독립변수 'sector'를 이동한다.

③ Covariates: 연속형 독립변수 'ses'를 이동한다.

④ Cluster variables: 집단변수 'school'을 이동한다.

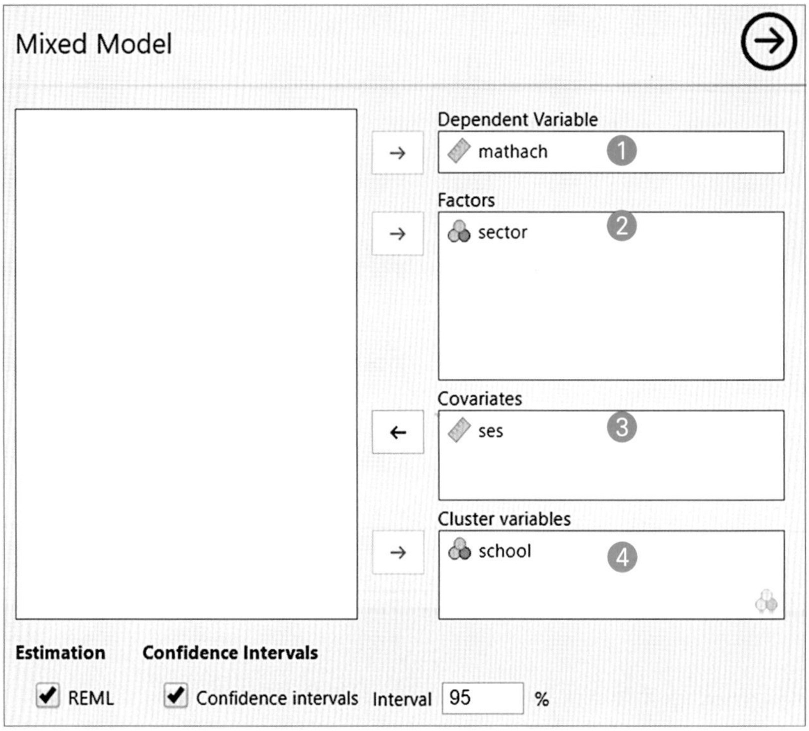

■ 고정효과 분석상자

무선계수모형에서 고정효과(Fixed Effects) 계수를 추정한다. 고정효과 분석 부분을 제시하면 다음과 같다.

$$\gamma_{00} + \gamma_{10}(\text{사회경제적 지위})_{ij} + \gamma_{01}(\text{학교구분})Z_j + \gamma_{11}(\text{학교구분})_j(\text{사회경제적 지위})_{ij}$$

① 학교구분(sector)과 사회경제적 지위(ses)의 상호작용 항에 대한 고정효과 계수를 추정하기 위해서 'ses*sector' 항을 추가한다.

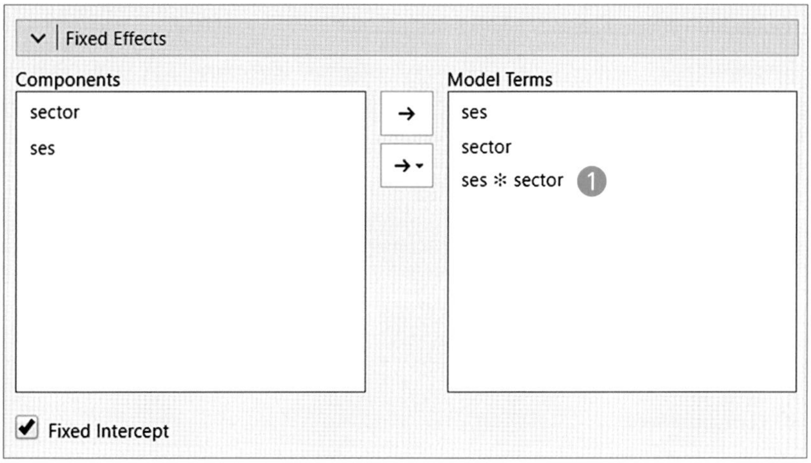

무선효과 분석상자

무선계수모형에서 무선효과 계수를 추정한다. 무선효과(Random Effects) 분석 부분을 제시하면 다음과 같다.

$$U_{1j}(\text{사회경제적 지위})_{ij} + U_{0j} + e_{ij}$$

❶ 무선효과 분석상자(Random Effects)에서 1수준(개인층)의 절편(intercept)과 기울기 변수인 '사회경제적 지위(ses)' 변수가 학교마다 다를 것이라는 무선효과를 가정한다. 기울기와 절편을 2수준(집단층)에서 종속변수로 설정하기 위해서 왼쪽 목록에서 'intercept | school' 항목과 'ses | school' 항목을 오른쪽으로 이동시킨다.

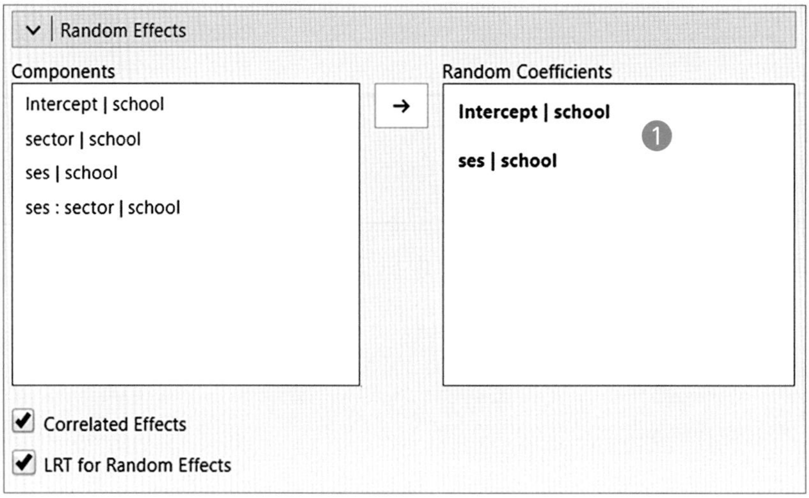

■ 범주형 변수 코딩

범주형 독립변수인 '학교구분(sector)' 변수는 이분 변수(0: 공립, 1: 사립)로 코딩되어 있다. 'dummy' 변수 옵션을 선택해서 분석했다.

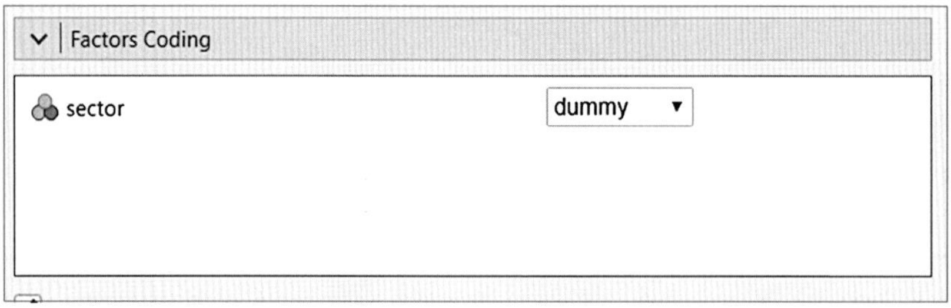

■ 연속형 변수 척도 설정

연속형 독립변수인 '사회경제적 지위(ses)' 변수는 이미 원자료에서 표준화 점수 형태로 코딩되어 있다. 따라서 척도를 재변경할 필요가 없기 때문에 'none'을 선택했다.

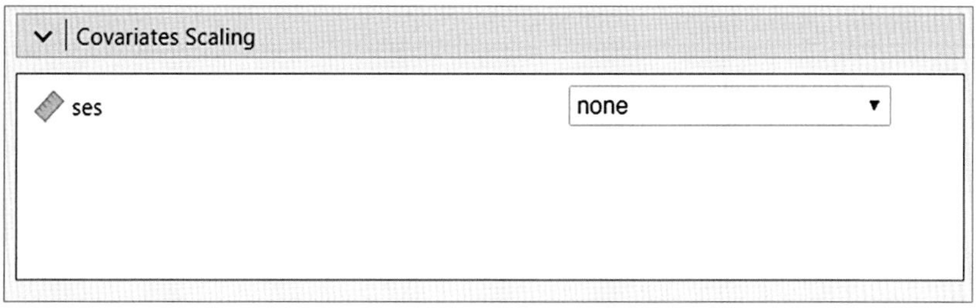

■ 고정효과 계수 해석

위와 같은 옵션을 설정한 다음에 제시된 고정효과 계수에 대한 해석을 하면 다음과 같다.

① 사회경제적 지위(ses) 변수는 수학 성적에 정적인 영향을 주고 있으며, 통계적으로 유의한 것으로 나타났다($t = 20.67$, $p < .001$).

② 학교 구분(sector) 변수는 수학 성적에 통계적으로 유의미한 영향을 주고 있는 것으로 나타났다($t = 6.16$, $p < .001$). 즉, 공립학교에 비해 사립학교가 성적이 1단위 증가할 때마다 수학 성적이 2.13 증가하고 있으며, 이러한 증가는 통계적으로 유의미한 증가라고 해석할 수 있다.

③ 수학 성적에 대한 사회경제적 지위와 학교 변수의 상호작용이 통계적으로 유의미한 것으로 나타났다($t = -6.09$, $p < .001$). 즉, 수학성적에 대한 사회경제적 지위 관계는 사립학교보다 공립학교가 더 정적으로 강한 관계를 가지고 있다고 해석할 수 있다. 이것은 다음 그래프 옵션에서 시각적으로 확인할 수 있다.

Fixed Effects Parameter Estimates

Names	Effect	Estimate	SE	95% Confidence Interval Lower	Upper	df	t	p
(Intercept)	(Intercept)	11.75	0.23	11.30	12.21	152.41	50.70	< .001
ses	ses	2.96	0.14	2.68	3.24	1358.06	20.67	< .001
sector 1	1 - 0	2.13	0.35	1.45	2.81	145.36	6.16	< .001
ses ✻ sector 1	ses ✻ 1 - 0	−1.31	0.22	−1.74	−0.89	1397.97	−6.09	< .001

사회경제적 지위와 학교구분 변수의 상호작용 항을 시각적으로 파악하기 위해서 'Plots' 분석상자를 클릭한다.

① 수학성적을 세로축 기준으로 수평축(Horizontal axis)에 사회경제적 지위(ses) 변수를 이동시킨다.

② 학교구분(sector) 변수를 'Separate lines' 칸으로 이동시킨다. 그러면, 수학성적에 대한 사회경제적 지위의 직선 경향성이 공·사립별로 그래프에 제시된다.

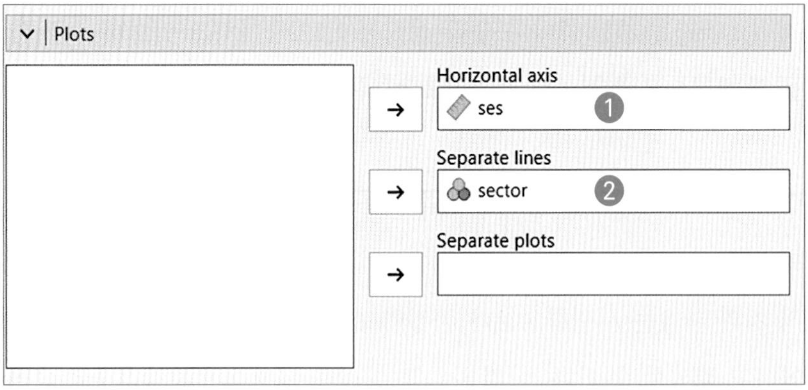

집단변수인 학교 구분(sector) 변수가 종속변수인 수학성적(mathach)에 대한 사회경제적 지위(ses) 변수의 관계 정도를 조절하고 있음을 시각적으로 확인할 수 있다. 즉, 수학성적(mathach)에 대한 사회경제적 지위(ses)의 절편과 기울기가 공·사립(sector, 0: 공립, 1: 사립)별로 다르다는 것을 의미한다.

① 수학성적의 평균(절편)은 공립보다 사립학교가 더 높은 것으로 나타났다.

② 그러나 수학성적과 사회경제적 지위에 대한 관계는 사립학교보다 공립학교가 더 강한 정적인 관계를 보이고 있는 것으로 나타났다.

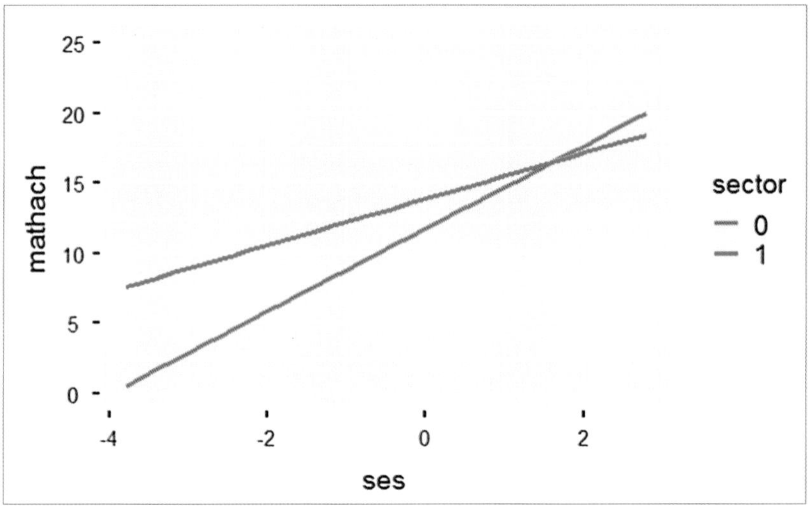

공·사립별로 수학성적과 사회경제적 지위에 대한 기울기 값과 평균값은 'Simple Effects'와 'Estimated Marginal Means' 분석 대화상자에서 제공한다.

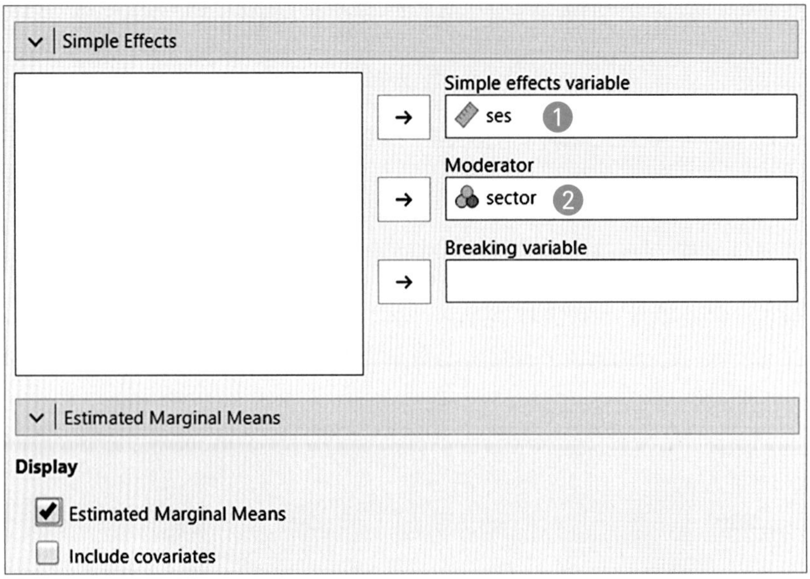

❶ 공립학교의 수학성적에 대한 사회경제적 지위 기울기 값은 2.96이고 사립학교의 기울기 값은 1.64로 공립학교의 기울기가 더 가파른 것으로 나타났다.

❷ 공립학교의 수학성적에 대한 평균은 11.75, 사립학교의 수학성적의 평균은 13.88로 사립학교가 더 높은 것으로 나타났다.

Simple effects of ses : Parameter estimates

Moderator levels	❶		95% Confidence Interval				
sector	Estimate	SE	Lower	Upper	df	t	p
0	2.96	0.14	2.68	3.24	Inf	.	< .001
1	1.64	0.16	1.33	1.96	Inf	.	< .001

Estimated Marginal Means

sector

	❷			95% Confidence Interval	
sector	Mean	SE	df	Lower	Upper
0	11.75	0.23	Inf	11.30	12.21
1	13.88	0.26	Inf	13.38	14.38

Note. Estimated means are estimated averaging across interacting variables

무선효과 계수 해석

수학성적의 학교별 분산값은 3.82로 나타났다. 사회경제적 지위(ses) 기울기 분산은 0.08로 나타났다. 집단내 상관계수(ICC)는 0.09로 수학성적 분산의 9%가 학교간 차이에 기인하고 있다고 해석할 수 있다.

Random Components

Groups	Name	SD	Variance	ICC
school	(Intercept)	1.95	3.82	0.09
	ses	0.28	0.08	
Residual		6.07	36.79	

Note. Numer of Obs: 7185 , groups: school , 160

수학성적에 대한 사회경제적 지위(ses)의 관계가 학교에 걸쳐서 다른지에 대한 무선효과 우도비 검증(LRT Test) 결과, 통계적으로 유의하지 않은 것으로 나타났다 ($\chi^2(2) = 5.05, p = 0.080$). 즉, 수학성적에 대한 사회경제적 지위 변수의 정적인 관계가 학교별로 다르지 않다고 해석할 수 있다.

Random Effect LRT ❶

Test	N. par	AIC	LRT	df	p
ses in (1 + ses | school)	6	46586.16	5.05	2.00	0.080

5 개인성장모형

개인성장모형(individual growth model)은 종단자료를 사용해서 변수의 시간 축에 따른 개인의 변화 함수를 추정하고 변화에 영향을 주는 변수의 영향을 추정하는 모형으로 볼 수 있다. 다음 그림은 시간의 변화에 따른 개별 학생의 회귀선에 대한 절편과 기울기를 보여 주고 있다.

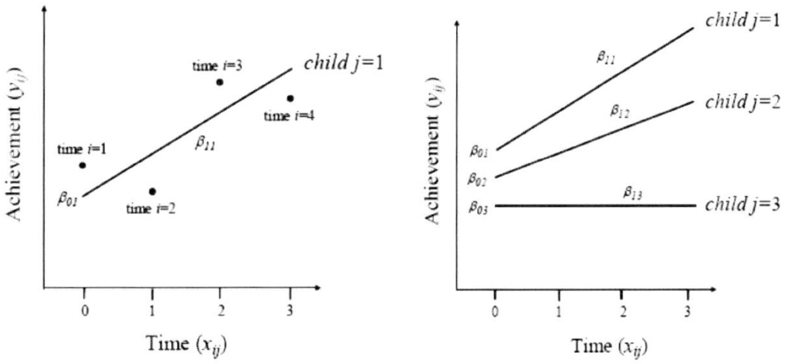

시간의 변화에 따른 개별학생의 회귀선

분석 모형을 제시하면 다음과 같다.

- 1수준 모형(Within-Subject Model): 학생의 변화는 시간에 따라 비례하는 변화와 오차가 합해진 것으로 정의된다.

$$Y_{ij} = \pi_{0i} + \pi_{1i} T_{ij} + e_{ij},\ e_{ij} \sim N(0, \sigma^2)$$
$$\pi_{0i} = \beta_{00} + \gamma_{0i}$$
$$\pi_{1i} = \beta_{10} + \gamma_{1i}$$

β_{00}, β_{10}: 전체 평균

γ_{0i}, γ_{1i}: 각 학생이 전체평균에서 벗어난 정도

• 2수준 모형(Between-Subject Model): 변화에 있어서의 개인차를 의미하며, 고정 모수와 무선 모수가 추정된다.

① 고정 모수(fixed parameter)

β_{00}: β_{00}를 초기값이 되게 코딩한 경우에 초기값의 집단 평균을 의미한다.
β_{10}: 변화율의 집단평균을 의미한다.

② 무선 모수(random parameter)

$$T = \begin{bmatrix} \tau_{00} \, \tau_{01} \\ \tau_{10} \, \tau_{11} \end{bmatrix}$$

σ_e^2: 모형의 오차분산
$\tau_{00} = var(\gamma_{0i})$: 초기치에서의 분산(개인차)
$\tau_{11} = var(\gamma_{1i})$: 변화율에서의 분산(개인차)
$\tau_{01} = cov(\gamma_{0i}, \gamma_{1i})$: 초기치와 변화율의 관련 정도

시간과 관련된 변수(time-dependent variable)가 설명 변수(X_{ij})일 경우에는 1수준 모형에 추가한다.

$$Y_{ij} = \pi_{0i} + \pi_{1i} T_{ij} + \pi_{2i} X_{ij} + e_{ij}$$

시간과 독립적인 변수(time-independent variable)가 설명변수(X_i)일 경우에는 2수준 모형에 추가한다. 이 경우에 초기값과 변화율에 있어서의 개인차를 설명변수 X_i가 설명하는 것으로 해석한다.

$$\pi_{0i} = \beta_{00} + \beta_{01} X_i + \gamma_{0i}$$
$$\pi_{1i} = \beta_{10} + \beta_{11} X_i + \gamma_{1i}$$

■ jamovi 분석 실행

개인성장모형 분석을 위해서 'alcohol.omv' 자료를 사용한다. 예시 분석자료는 다층모형 분석을 위해서 널리 사용되는 HLM7 프로그램(Raudenbush & Bryk, 2002)에 내장되어 있는 'alcohol' 예시 자료를 사용했으며, 자료에 있는 변수를 설명하면 다음과 같다.

- alcuse: 음주 정도(전혀 음주하지 않음: 0, 매일 음주함: 7)를 리커트 척도로 측정했으며, 종속 변수로 취급함.
- subject: 학생 번호

〈1수준 독립변수〉
- age: 학생 나이(14, 15, 16세)
- age_14: 학생 나이를 0, 1, 2로 코딩을 변환했으며, 연속형 변수로 취급함.

〈2수준 독립변수〉
- coa: 부모의 음주 여부(음주하지 않음=0, 음주함=1)로 범주형 변수로 취급함.
- peer: 친구의 음주 정도(음주하지 않음=0, 아주 많이 함=5)를 리커트 척도로 측정했으며, 연속형 변수로 취급함.

1) 무조건 모형(Unconditional Model)

무조건 모형의 회귀식을 제시하면 다음과 같다.

$$Y_{ij} = \pi_{0i} + \pi_{1i}(age\_14)_{ij} + e_{ij}$$
$$\pi_{0i} = \beta_{00} + \gamma_{0i}$$
$$\pi_{1i} = \beta_{10} + \gamma_{1i}$$

'alcohol.omv'파일을 불러온다.

Analyses ▷ Linear Models ▷ Mixed Model

변수 대화상자

왼쪽에 제시되어 있는 변수들을 오른쪽 분석 대화상자로 이동한다.

① Dependent Variable: 종속변수 'alcuse'를 이동한다.

② Covariates: 연속형 독립변수 'age_14'를 이동한다. 주의할 점은 'age_14'변수를 'Factors'가 아닌 'Covariates' 변수로 취급한다는 것이다.

③ Cluster variables: 학생 변수 'subject'을 이동한다.

- jamovi에서 Mixed Model의 모수 추정은 REML(Restricted Maximum Likelihood) 방법을 표준옵션으로 제공하고 있다. 분산을 추정할 때 최대우도 추정(Maximum Likelihood: ML)의 가장 큰 문제는 과소 추정(underestimate)할 가능성이 높다는 것이다.

- REML은 최대우도 대신 편차를 줄이기 위해 고안된 추정방식으로 일반적으로 ML과 REML 추정 간의 차이는 모형에서 고정효과의 수가 증가함에 따라 증가한다.

- REML에 의한 추정방식에 의한 분산이 덜 편향되고 데이터 이상치에 덜 민감하기 때문에 ML보다는 REML에 대한 선호도가 증가하고 있는 추세이다.

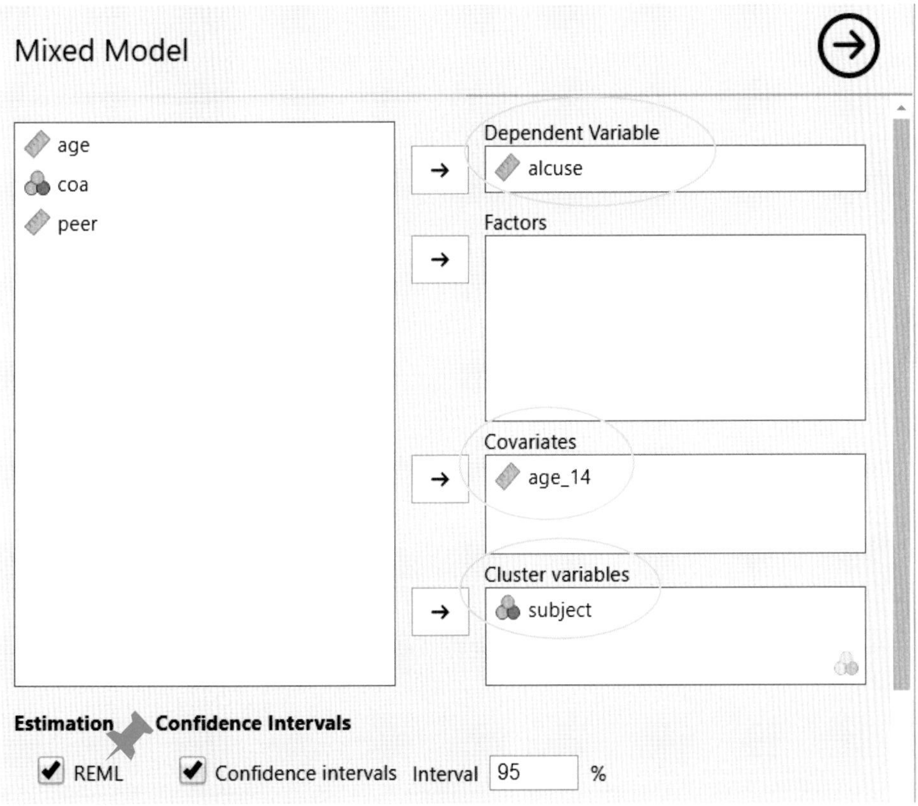

무선효과(Random Effect) 대화상자

무조건 모형에 대한 결과 분석을 얻기 위해서는 무선효과 대화상자에서 적어도

1개 이상의 무선효과 항을 지정해 주어야 한다.

① Random Effects: 무선효과(Random Effects) 대화상자를 클릭해서 왼쪽에 제시되어 있는 항목(Components)을 오른쪽 무선계수(Random Coefficients) 항목으로 이동한다.

★ Intercept | subject: 절편값은 학생별로 다르다는 것을 의미하는 무선효과 항이다.

★ age_14 | subject: 기울기가 학생별로 다르다는 것을 의미하는 무선효과 항이다.

② Correlated Effects: 초기치와 변화율의 상관 정도를 의미한다.

③ LRT for Random Effects: 무선효과에 대한 유의도 검증을 수행한다.

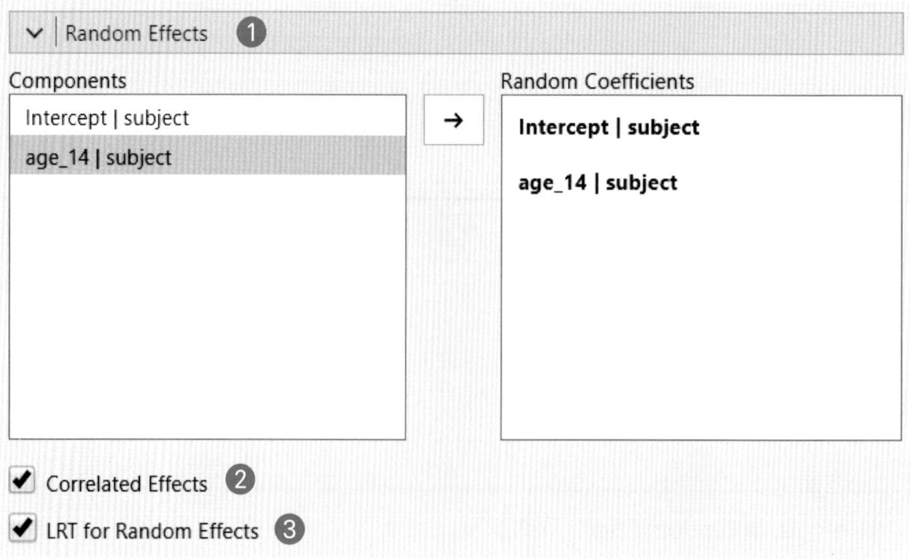

■ 연속형 독립변수 척도(Covariates Scaling) 대화상자

연속형 독립변수에 대해서 재척도화를 수행할 수 있다. 'age_14' 변수는 'age' 변수의 원 나이(14세, 15세, 16세)에서 14세를 기준으로 0, 1, 2로 재척도화한 변수를 독립변수로 사용했기 때문에 따로 재척도화가 필요가 없다. 따라서 분석옵션에서 'none'을 선택했다.

중심화(centered)와 표준화(standardized) 및 집단별 중심화 및 표준화 옵션을 선택해서 해당변수를 재척도화 할 수 있다.

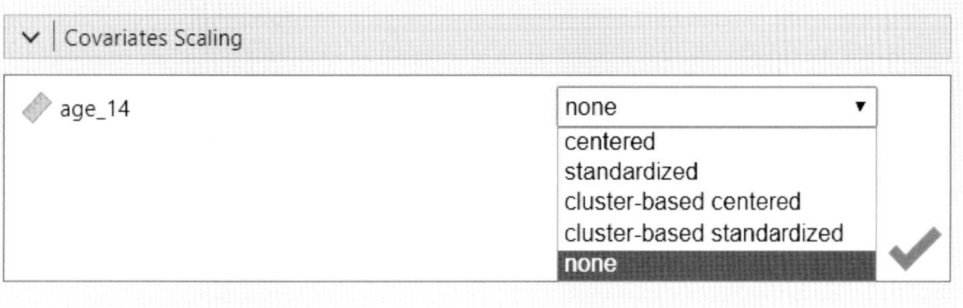

2) 무조건 모형 분석 결과

① 고정효과(fixed effects) 분석

나이(age_14)가 학생의 음주 정도에 미치는 영향에 대한 고정효과 분석 결과를 살펴보면, 나이 변수의 비표준화 회귀계수 추정치는 0.27이며, $\alpha = .05$ 수준에서 통계적으로 유의한 것으로 나타났다($t = 4.31$, $df = 81$, $p < .001$). 이것은 나이가 한 단위 증가할수록 음주가 0.27만큼 정적으로 증가하며, 이러한 증가는 통계적으로 유의미한 증가로 해석할 수 있다.

Fixed Effects Parameter Estimates

				95% Confidence Interval				
Names	Effect	Estimate	SE	Lower	Upper	df	t	p
(Intercept)	(Intercept)	0.65	0.11	0.44	0.86	81.00	6.16	< .001
age_14	age_14	0.27	0.06	0.15	0.39	81.00	4.31	< .001

② 무선효과(Random effects) 분석

- 학생별로 음주 정도가 다름을 허용하는 무선절편 분석 결과, 절편값에 대한 학생 분산이 0.64로 나타났으며, 기울기에 대한 학생 분산은 0.16으로 나타났다.
- 전체 분산 중에서 집단간 분산(between-cluster variance)이 차지하는 비율을 의미하는 집단내 상관계수(Intraclass Correlation: ICC)는 0.65($\frac{0.64}{0.64+0.34}$)인 것으로 나타났다. 즉, 음주 정도 분산의 65%가 학생들 간의 차이에 기인하고 있다고 해석할 수 있다.

Random Components

Groups	Name	SD	Variance	ICC
subject	(Intercept)	0.80	0.64	0.65
	age_14	0.39	0.16	
Residual		0.58	0.34	

Note. Numer of Obs: 246 , groups: subject , 82

- 82명의 학생들을 대상으로 음주 정도에 대한 나이 변수의 효과 경향성을 시각적으로 파악하기 위해서 다음과 같은 분석을 실시하였다.

'Plots' 대화상자를 클릭해서 왼쪽에 제시되어 있는 'age_14' 변수를 수평축(Horizontal axis)으로 이동한 다음에 'Plot' 옵션에서 '무선효과(Random effects)' 항목을 체크하면 그래프가 결과 창에 제시된다.

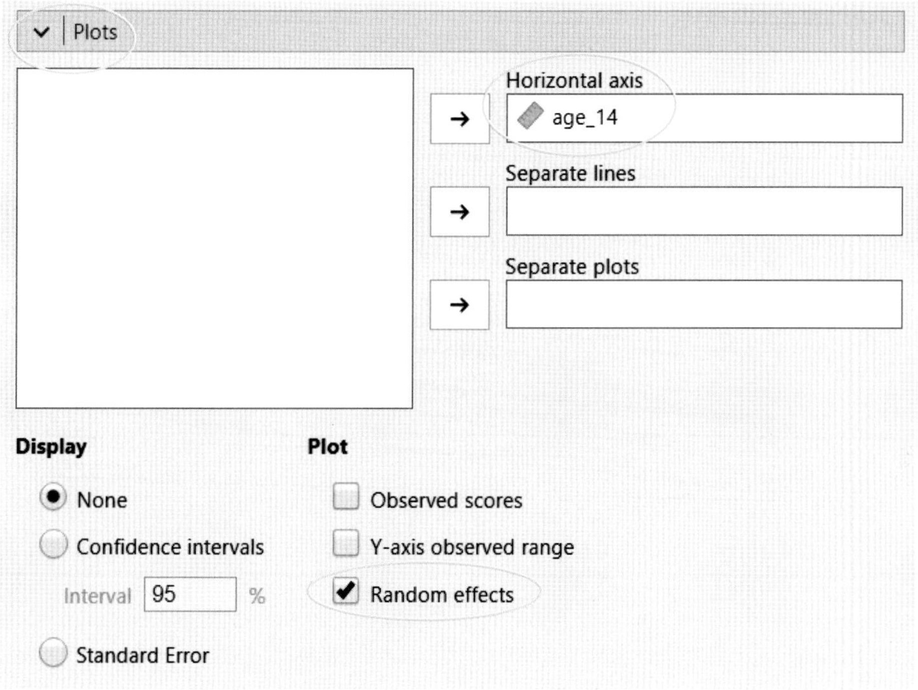

다음 그래프는 학생 음주 정도('alcuse')에 대한 나이('age_14') 변수의 효과를 시각적으로 파악하기 위해서 82명의 피험자에 대한 개별 회귀선을 보여 주고 있다.

무선절편과 기울기 정도가 학생별로 다름을 시각적으로 확인할 수 있으며, 무선효과 분석의 필요성을 시각적으로 암시하고 있는 것으로 해석할 수 있다.

굵게 표시된 회귀선이 음주 정도에 대한 나이변수의 고정효과 회귀선을 의미한다.

Fixed Effects Plots

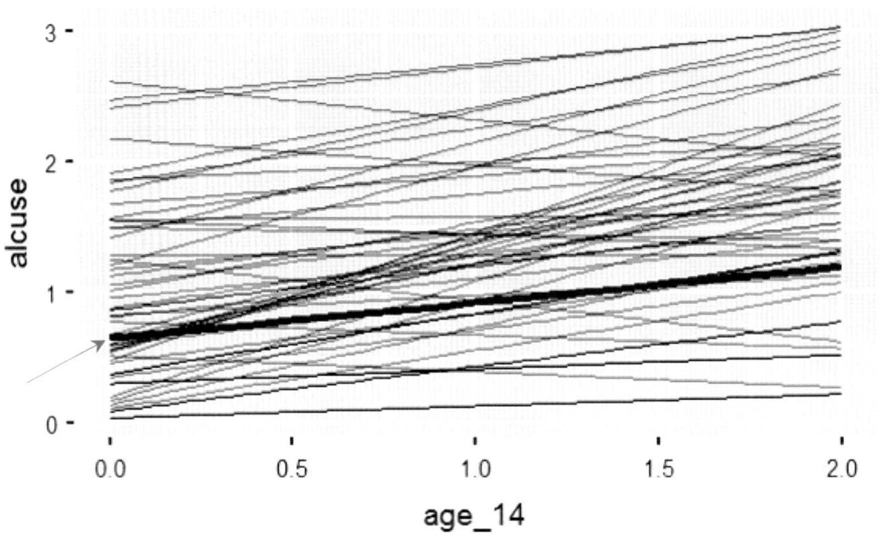

- 초기값과 변화율에 대한 상관이 −0.23으로 나타났다. 이것은 초기값이 높을수록 학생 음주량이 덜 증가하고 있는 것으로 해석할 수 있다.

Random Parameters correlations

Groups	Param.1	Param.2	Corr.
subject	(Intercept)	age_14	−0.23

- 절편과 기울기가 학생별로 다른지에 대한 무선효과 우도비 검증(Likelihood Ratio Test: LRT) 결과, 통계적으로 유의미하게 다른 것으로 나타났다($\chi^2(2) = 10.87$, $p = .004$).

Random Effect LRT

Test	N. par	AIC	LRT	df	p
age_14 in (1 + age_14 | subject)	4	662.07	10.87	2.00	0.004

3) 조건모형(Conditional Model)

초기값과 변화율을 예측하기 위해서 부모의 음주 여부(coa) 변수와 친구의 음주 정도(peer) 변수를 시간과 독립적인 2수준 변수를 투입하여 분석을 실시하였다. 분석 모형을 제시하면 다음과 같다.

〈1수준 모형〉

$$Y_{ij} = \pi_{0j} + \pi_{1j}(age\_14)_{ij} + e_{ij}$$

〈2수준 모형〉

$$\pi_{0j} = \gamma_{00} + \gamma_{01}(coa)_j + \gamma_{02}(peer)_j + \xi_{0j}$$
$$\pi_{1j} = \gamma_{10} + \gamma_{11}(coa)_j + \gamma_{12}(peer)_j + \xi_{1j}$$

2수준 모형의 π_{0j}와 π_{1j}를 1수준 모형에 대입해서 정리하면 다음과 같다.

〈통합 모형〉

$$\begin{aligned} Y_{ij} = {} & \gamma_{00} + \gamma_{01}(coa)_j + \gamma_{02}(peer)_j + \gamma_{10}(age\_14)_{ij} \\ & + \gamma_{11}(coa)_j(age\_14)_{ij} + \gamma_{12}(peer)_j(age\_14)_{ij} \\ & + \xi_{0j} + \xi_{1j}(age\_14)_{ij} + e_{ij} \end{aligned}$$

'alcohol.omv' 파일을 불러온다.

Analyses ▷ **Linear Models** ▷ **Mixed Model**

변수 대화상자

왼쪽에 제시되어 있는 변수들을 오른쪽 대화상자로 이동시킨다.

① Dependent Variable: 종속변수 'alcuse'를 이동한다.

② Factors: 범주형 독립변수 'coa'를 이동한다.

③ Covariates: 연속형 독립변수 'age_14'과 'peer'를 이동한다.

④ Cluster variables: 학생 변수 'subject'를 이동한다.

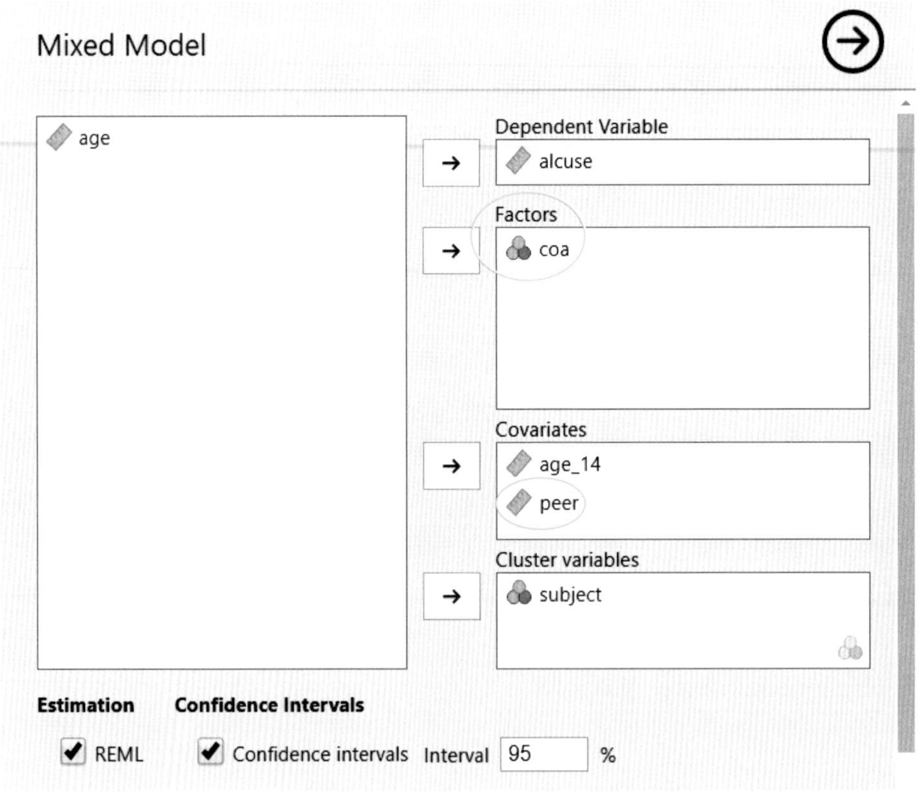

'Factors Coding' 대화상자에서 범주형 변수 'coa'를 'dummy' 코딩으로 변경한다.

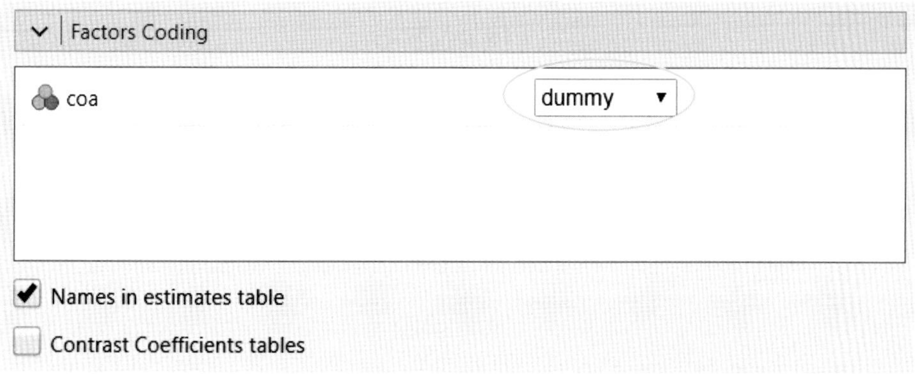

'Covariates Scaling' 대화상자에서 연속형 변수 'peer'를 평균 중심화(centered) 척도로 변환시킨다.

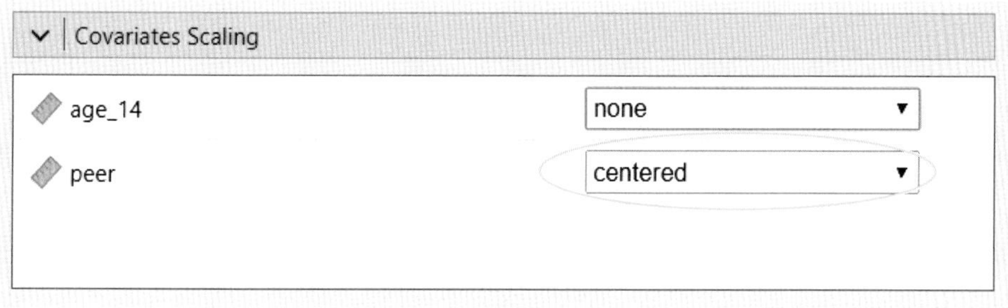

jamovi 혼합모형은 R 프로그램에서 혼합모형(mixed model) 분석으로 많이 사용하는 'lme4' 패키지를 사용해서 고정효과와 무선효과를 추정한다.

분석모형으로 제시된 통합 모형을 'lme4' 패키지 모형 함수로 제시하면 다음과 같다.

〈통합 모형〉

$$Y_{ij} = \gamma_{00} + \gamma_{01}(coa)_j + \gamma_{02}(peer)_j + \gamma_{10}(age\_14)_{ij} + \gamma_{11}(coa)_j(age\_14)_{ij} + \gamma_{12}(peer)_j(age\_14)_{ij} + \xi_{0j} + \xi_{1j}(age\_14)_{ij} + e_{ij}$$

↓

〈lme4 모형〉

alcuse ~ 1 + age_14 + coa + peer + coa:age_14 + peer:age_14+(1 + age_14 | subject)

위와 같은 모형을 분석 대화상자에서 구현하기 위해서 'Fixed Effects'를 클릭한 다음에 'Components' 항에서 독립변수와 상호작용 항을 생성하여 'Model Terms' 항목으로 이동시킨다.

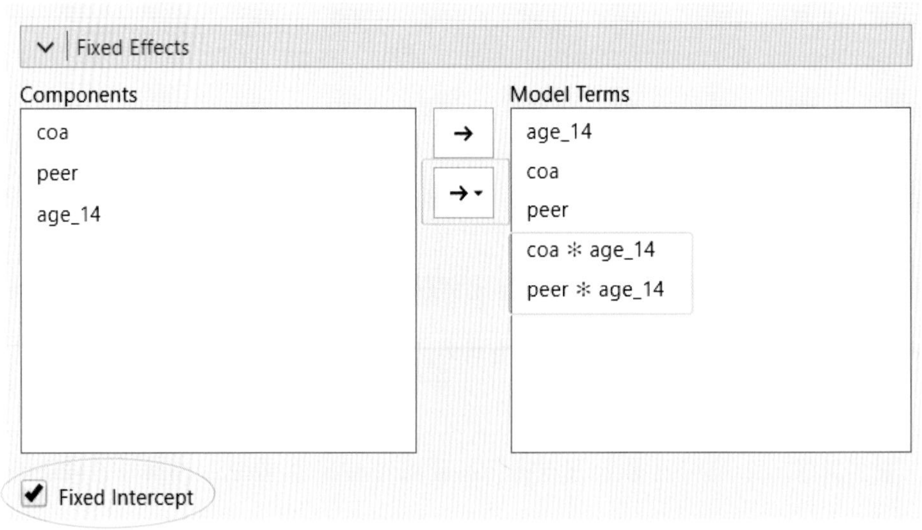

다음으로 'Random Effects'를 클릭한 다음에 'Components' 항에서 'intercept | subject'과 'age_14 | subject' 항목을 선택하여 'Random Coefficients' 항목으로 이동시킨다.

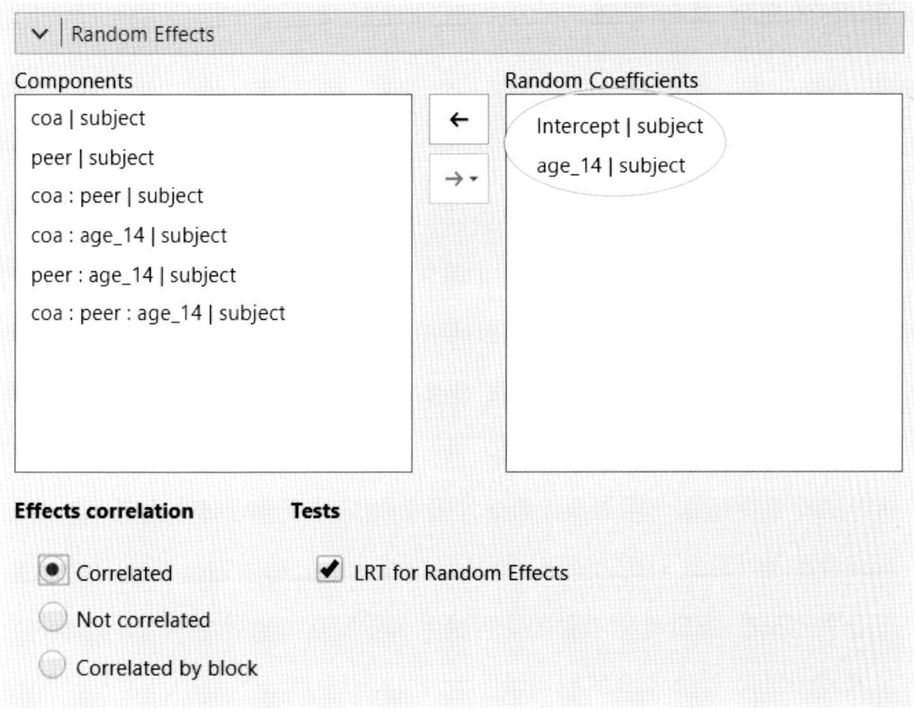

오른쪽 결과표를 살펴보면, 분석 대화상자에서 설정한 모형정보를 보여 준다.

Mixed Model

Model Info

	Info
Estimate	Linear mixed model fit by REML
Call	alcuse ~ 1 + age_14 + coa + peer + coa:age_14 + peer:age_14+(1 + age_14 | subject)
AIC	605.98
R-squared Marginal	0.29
R-squared Conditional	0.71

4) 조건 모형 분석 결과

고정효과(fixed effects) 분석

- 나이(age_14)가 학생 음주 정도(alcuse)에 미치는 영향에 대한 고정효과 분석 결과를 살펴보면, 나이 변수의 비표준화 회귀계수 추정치는 0.28이며, $\alpha = .05$ 수준에서 통계적으로 유의한 것으로 나타났다($t = 3.27$, $df = 79$, $p = 0.002$). 이것은 나이가 증가할수록 학생의 음주 정도는 통계적으로 유의하게 증가하고 있다고 해석할 수 있다.
- 부모가 음주를 할 경우(coa1) 학생의 음주 정도가 0.58단위만큼 정적으로 유의하게 증가하고 있는 것으로 나타났으며($t = 3.50$, $df = 79$, $p < .001$), 친구의 음주 정도가 한 단위 증가할수록 학생의 음주도 0.69만큼 통계적으로 유의하게 증가하고 있는 것으로 나타났다($t = 6.11$, $df = 79$, $p < .001$). 즉, 부모의 음주 여부와 또래 친구의 음주 정도가 학생의 음주 정도에 통계적으로 유의하게 정적으로 영향을 미치고 있는 것으로 해석할 수 있다.
- 그러나 학생음주 정도에 대한 나이변수의 효과(변화율)가 부모의 음주 여부에 따라 다른지에 대한 검증 결과, $\alpha = .05$ 수준에서 통계적으로 유의하지 않은 것으로 나타났으며($t = -0.11$, $df = 79$, $p = 0.912$), 또래 친구의 음주 정도 역시 변화율에 통계적으로 유의하지 않은 것으로 나타났다($t = -1.72$, $df = 79$, $p = 0.090$).

Fixed Effects Parameter Estimates

Names	Effect	Estimate	SE	95% Confidence Interval Lower	95% Confidence Interval Upper	df	t	p
(Intercept)	(Intercept)	0.39	0.11	0.17	0.61	79.00	3.53	< .001
age_14	age_14	0.28	0.08	0.11	0.44	79.00	3.27	0.002
coa1	1 - 0	0.58	0.17	0.25	0.90	79.00	3.50	< .001
peer	peer	0.69	0.11	0.47	0.92	79.00	6.11	< .001
age_14 ✻ coa1	age_14 ✻ 1 - 0	-0.01	0.13	-0.26	0.24	79.00	-0.11	0.912
age_14 ✻ peer	age_14 ✻ peer	-0.15	0.09	-0.32	0.02	79.00	-1.72	0.090

조절효과 분석

고정효과 분석에서 종속변수인 학생음주 정도(alcuse)에 대한 독립변수 나이 변수(age_14) 간의 관계에서 부모의 음주 여부(coa)와 또래 친구의 음주 정도(peer) 변수의 조절효과가 통계적으로 유의하지 않은 것으로 나타났지만, 예시 분석을 위해서 음주 여부와 또래 음주 변수에 대한 조절효과 분석을 시도하였다.

조절효과 분석 결과표를 얻기 위해서 'Simple Effects' 분석상자에 다음과 같이 옵션을 설정하였다.

❶ Simple effects variable: 나이 변수(age_14)를 이동시킨다.

❷ Moderator: 또래 친구의 음주 정도(peer)를 이동시킨다. jamovi에서는 표준 옵션으로 조절변수의 수준을 3집단(평균 음주 정도를 기준으로 평균보다 1 표준편차 높은 집단, 평균보다 1 표준편차 낮은 집단)으로 나누어 결과표를 제공한다.

❸ Breaking variable: 집단 변수 부모의 음주 여부(coa)변수를 이동시킨다.

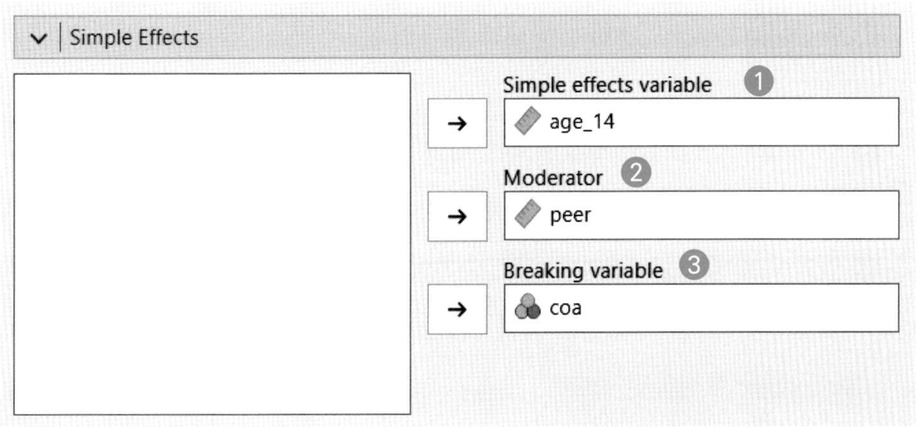

- 조절효과 분석 결과표를 제시하면 다음과 같다. 또래 친구의 음주 정도가 높은 집단(Mean+1 · SD)의 경우 부모의 음주 여부와는 상관없이 종속변수(alcuse)에 대한 독립변수(age_14)의 효과가 통계적으로 유의하지 않은 것으로 나타났다.
- 그러나 또래 친구의 음주 정도가 평균(Mean) 및 낮은 집단(Mean−1 · SD)의 경우, 부모의 음주 여부와는 상관없이 통계적으로 유의한 것으로 나타났다.

Simple effects of age_14 : Parameter estimates

Moderator levels				95% Confidence Interval				
coa	peer	Estimate	SE	Lower	Upper	df	t	p
0	Mean-1·SD	0.39	0.10	0.19	0.59	79.00	3.85	< .001
	Mean	0.28	0.08	0.11	0.45	79.00	3.27	0.002
	Mean+1·SD	0.17	0.11	−0.05	0.39	79.00	1.51	0.135
1	Mean-1·SD	0.37	0.12	0.13	0.61	79.00	3.12	0.003
	Mean	0.26	0.09	0.08	0.45	79.00	2.81	0.006
	Mean+1·SD	0.15	0.11	−0.06	0.37	79.00	1.45	0.152

위의 분석 결과를 그래프로 확인하기 위해서 'Plots' 대화상자로 이동한다.

❶ Horizontal axis: 가로축에 독립변수인 나이 변수(age_14)를 이동시킨다.

❷ Separate lines: 조절변수인 또래 친구의 음주 정도(peer)를 이동시킨다.

❸ Separate plots: 집단변수인 부모의 음주 여부(coa) 변수를 이동시킨다.

❹ 만약에 82명 피험자를 대상으로 종속변수인 학생음주 정도(alcuse)에 대한 독립변수 나이 변수(age_14) 간의 회귀선을 모두 나타내기를 원하면 'Random effects'를 클릭하면 된다.

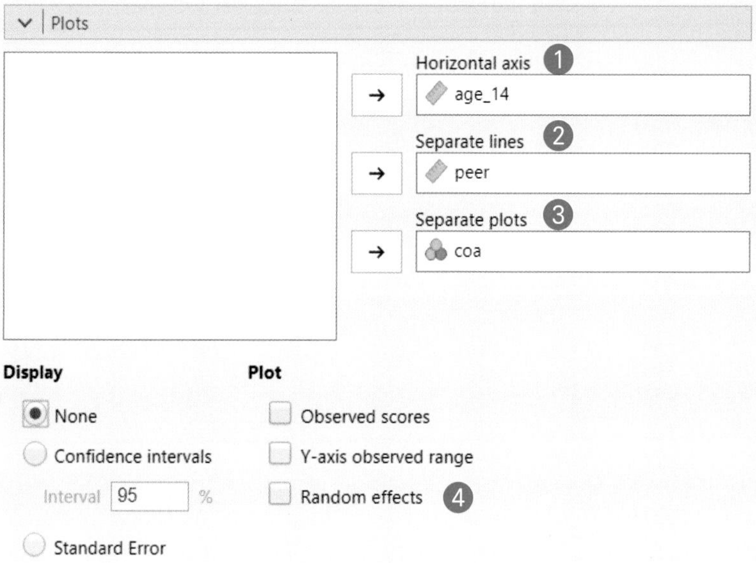

분석 결과 그래프를 제시하면 다음과 같다.

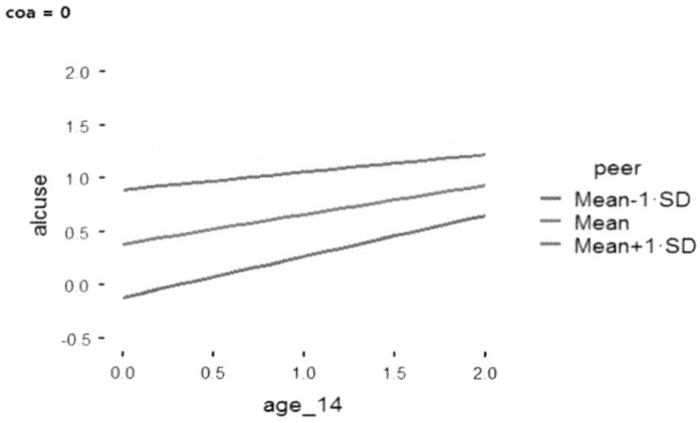

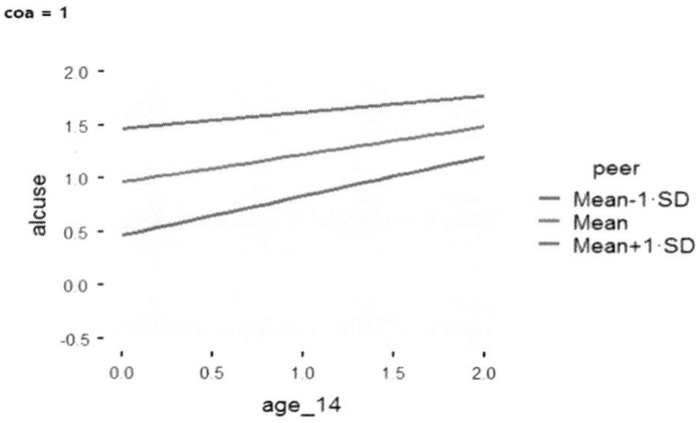

12

반복측정 분석

1. 일요인 반복측정 분산분석
2. 혼합모형에 의한 일요인 반복측정 분석
3. 혼합모형에 의한 반복측정 분석

12
반복측정 분석

실험연구에서 실험의 효과를 정확히 파악하기 위해서는 실험 이외에 영향을 주는 잡음변수(confounding variable)를 얼마나 적절히 통제하는가에 달려 있다고 볼 수 있다. 이러한 잡음변수를 통제하는 방법으로 가장 많이 사용되는 것이 피험자들을 실험조건에 무작위로 할당하는 무선할당(random assignment) 방법이다.

그러나 피험자수가 많지 않을 경우 피험자들을 각 실험조건에 무선할당을 해도 피험자들의 성향이 동일하지 않을 수 있다는 단점이 있다. 피험자 사례수가 적고 무선할당을 하여도 피험자들의 특성을 완벽하게 통제하기 어려운 경우에는 모든 실험조건에서 동일한 피험자들을 반복적으로 관찰하는 '반복측정 설계(repeated measurement design)' 방법을 고려할 필요가 있다.

반복측정 설계를 할 경우 동일한 피험자가 모든 실험조건에 노출이 되기 때문에 피험자와 관련한 특성이 완벽하게 통제된다. 반복측정 설계는 동일한 피험자가 각기 다른 실험조건에 노출되기 때문에 '피험자내 요인설계(within subject factor design)'라고 부른다. 각 실험조건에 다른 피험자가 할당될 경우에는 '피험자간 요인설계(between subject factor design)'라고 부른다.

1 일요인 반복측정 분산분석

일요인 반복측정 분산분석(One-factor repeated measures ANOVA)은 실험조건의 독립변수가 1개이고, 이 독립변수의 수준에서 동일한 피험자들이 관찰되는 실험설계이다. jamovi에서 일요인 반복측정 분산분석을 실행해 보기로 한다. 일요인 반복측정 분산분석을 수행하기 위해서 'items.omv' 파일을 열고 'Analyses'에서 'ANOVA'를 클릭한 다음에 'Repeated Measures ANOVA'를 클릭한다.

Analyses ▷ ANOVA ▷ Repeated Measures ANOVA

'items.omv' 파일에는 새로 출시된 제품에 대해서 5명의 피험자가 3개의 실험조건(신제품, 기존제품, 타사제품)에 대해서 평가한 자료이다. 독립변수는 제품이고 독립변수의 수준은 3개이며 동일한 피험자가 관찰되는 전형적인 일요인 반복측정 설계자료이다.

	피험자	신제품	기존제품	타사제품
1	1	8	5	6
2	2	6	2	7
3	3	7	4	9
4	4	9	2	8
5	5	7	3	9

'Repeated Measures ANOVA' 대화상자를 살펴보면 다음과 같다.

❶ 변수이름이 제시되어 있다.

❷ Repeated Measures Factors: 'RM Factor 1'에 독립변수이름을 입력한다.

'items.omv' 파일에서는 독립변수 '제품'을 3개의 수준(신제품, 기존제품, 타사제품)으로 설정했기 때문에 '제품'이라고 설정했다. 다음으로 'Level 1' 'Level 2' 'Level 3' 항목에 '신제품' '기존제품' '타사제품'이라고 입력한다.

❸ Repeated Measures Cells: 'Repeated Measures Factors'에서 각 수준(Level) 이름을 입력하면, 'Repeated Measures Cells' 오른쪽에 조그만 글씨로 각 수준 이름이 자동으로 생성된다. 그러면 ①번 항목의 동일한 변수이름을 화살표 또는 마우스로 끌어당겨서 다시 이동시킨다.

❹ Between Subject Factors: '피험자' 변수를 이동한다.

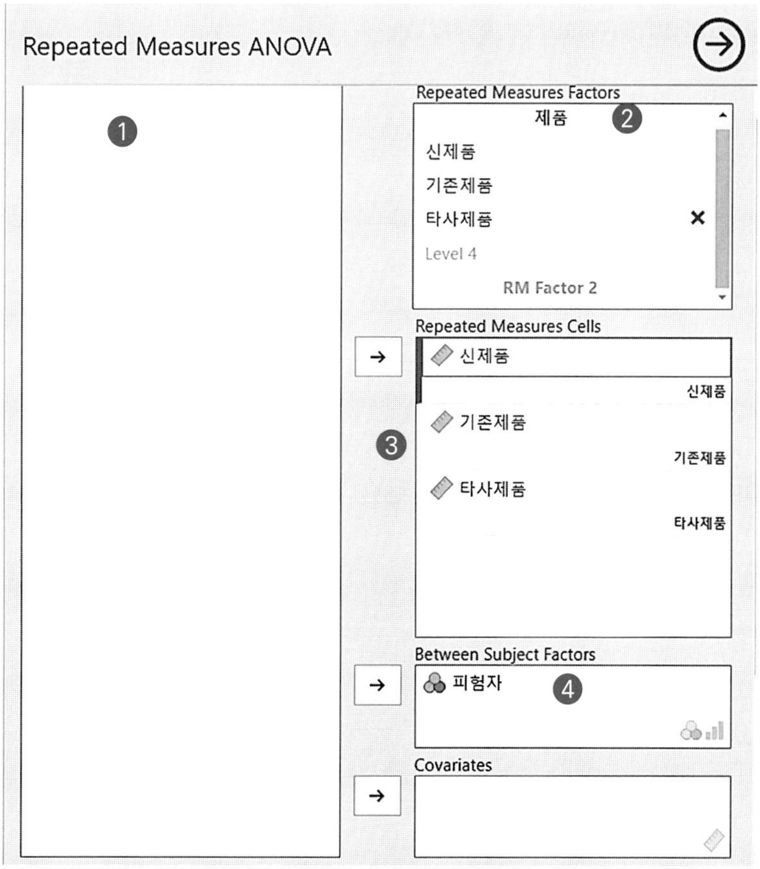

일요인 반복측정 분산분석 결과표에서 주목해야 할 것은 다음과 같다.

❶ 집단내 제곱합이 0이다. 즉, 집단내 분산이 없다.

❷ 따라서 통계적 유의도 검증이 수행되지 않는다.

일요인 반복측정 설계에서는 독립변수와 피험자 요인으로 구성된 실험조건 내에서 오직 하나의 종속 측정치만 존재한다. 따라서 집단내 분산이 있을 수 없고 그 결과 집단내 제곱합이 0으로 나오기 때문에 통계적 검증 결과가 제시될 수 없다.

Repeated Measures ANOVA

Within Subjects Effects

	Sum of Squares	df	Mean Square	F	p
RM Factor 1	64.93	2	32.47	NaN	NaN
RM Factor 1 ✻ 피험자	13.73	8	1.72	NaN	NaN
Residual ❶	0.00	0	NaN		

Note. Type 3 Sums of Squares

❷ (F, p)

Between Subjects Effects

	Sum of Squares	df	Mean Square	F	p
피험자	5.07	4	1.27	NaN	NaN
Residual	0.00	0	NaN		

Note. Type 3 Sums of Squares

만약에 제품 효과 차이에만 관심을 가진다면, 'Between Subject Factors'에서 '피험자' 변수를 삭제하면 된다. 그러면 다음과 같은 결과표가 제시된다.

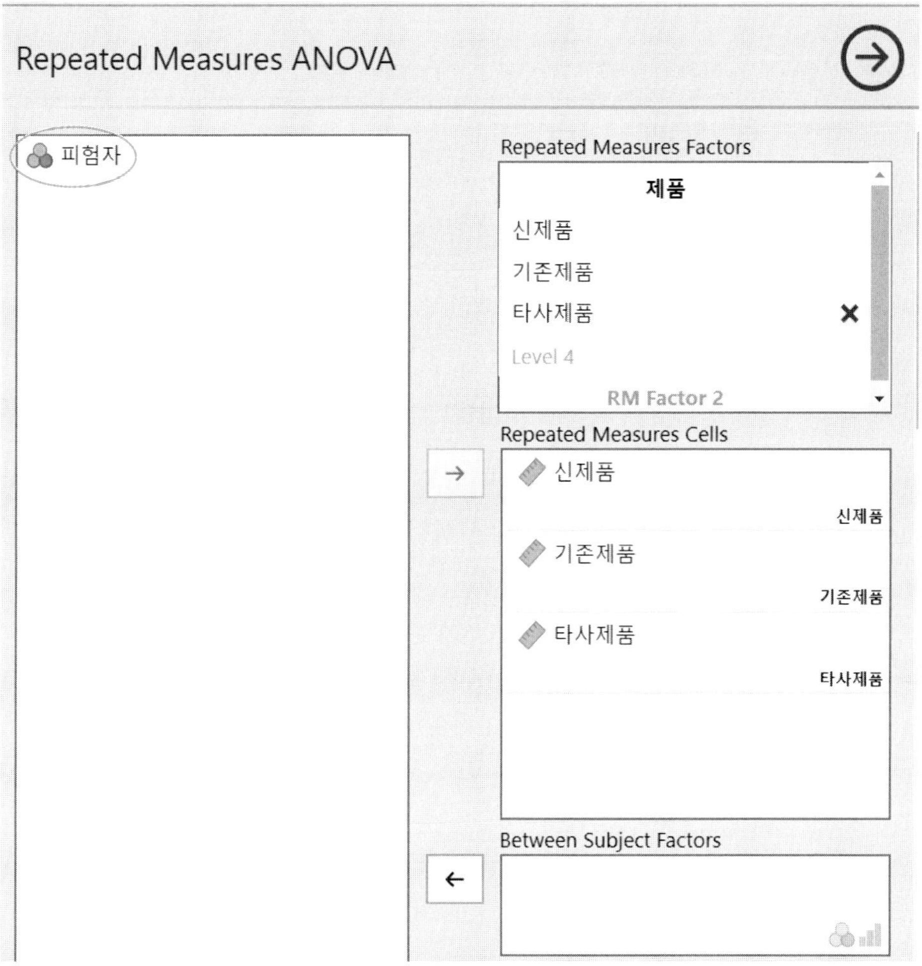

분석 결과, 제품 점수 간에 통계적으로 유의한 차이가 있는 것으로 나타났다 ($F(2,8)=18.91$, $p<.001$).

Repeated Measures ANOVA

Within Subjects Effects

	Sum of Squares	df	Mean Square	F	p	η^2
제품	64.93	2	32.47	18.91	< .001	0.78
Residual	13.73	8	1.72			

Note. Type 3 Sums of Squares

분석 결과를 보고하기 이전에 반복측정 분산분석에서 요구하는 가정이 충족되고 있는지를 검증해야 하는데 jamovi에서는 'Assumption Checks' 옵션에서 구형성 검증(Sphericity tests)을 제공하고 있다. 구형성 가정은 반복적으로 측정되는 자료들의 분산은 동일하다는 가정을 의미하며, 이것은 분석 결과에서 Mauchly의 단위행렬 검정을 통해서 확인한다. 이때의 영가설은 구형성 가정을 만족한다는 것이며, 검증 결과 통계적으로 유의하게 나타나면 다음과 같은 옵션을 선택해서 분석한 결과를 보고한다.

- 구형성 검증에서 Greenhouse-Geisser 값이 0.75 이상이면, Huynh-Feldt 교정값을 보고한다.
- 만약 Greenhouse-Geisser 값이 0.75보다 작으면, Greenhouse-Geisser 교정값을 보고한다.

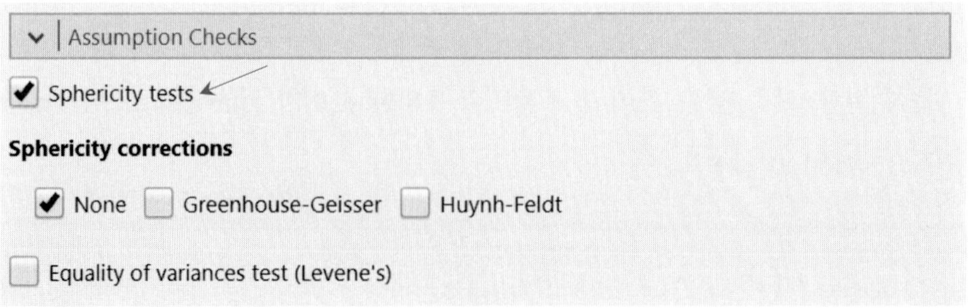

구형성 검증 분석 결과 영가설을 만족하는 것으로 나타났기 때문에 따로 교정된 옵션을 사용할 필요가 없다.

Assumptions

Tests of Sphericity

	Mauchly's W	p	Greenhouse-Geisser ε	Huynh-Feldt ε
제품	0.93	0.891	0.93	1.00

다음으로 어떤 제품 간에 통계적으로 유의미한 차이가 있는지 사후검증(Post Hoc Tests) 결과를 보고한다.

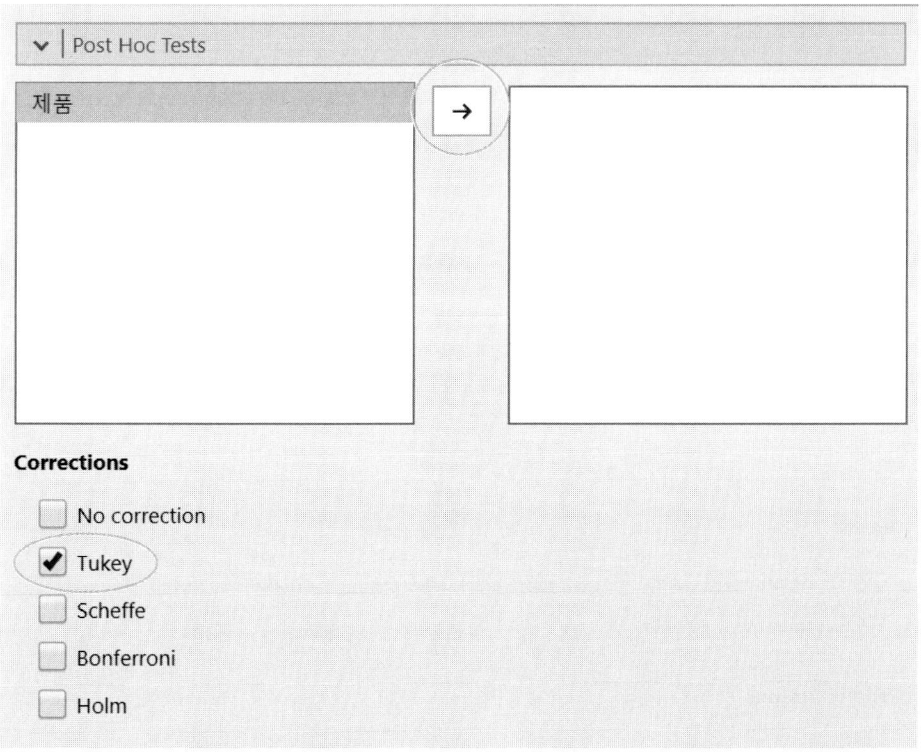

Tukey 사후검증 결과, 신제품과 기존제품, 기존제품과 타사제품 간에 통계적으로 유의한 차이가 있는 것으로 나타났다.

Post Hoc Tests

Post Hoc Comparisons - 제품

Comparison							
제품		제품	Mean Difference	SE	df	t	p_{tukey}
신제품	-	기존제품	4.20	0.83	8.00	5.07	0.002
	-	타사제품	−0.40	0.83	8.00	−0.48	0.881
기존제품	-	타사제품	−4.60	0.83	8.00	−5.55	0.001

마지막으로 제품의 기술통계값을 제시하면 다음과 같다.

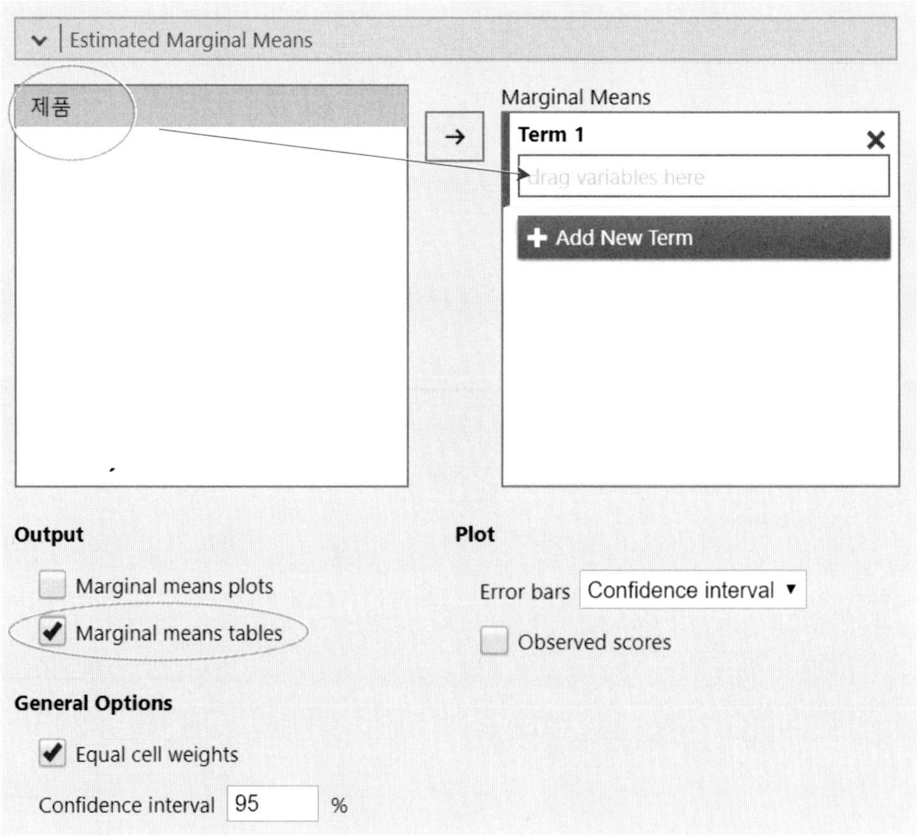

Estimated Marginal Means - 제품

제품	Mean	SE	95% Confidence Interval	
			Lower	Upper
신제품	7.40	0.56	6.18	8.62
기존제품	3.20	0.56	1.98	4.42
타사제품	7.80	0.56	6.58	9.02

jamovi에서는 여러 수준이 결합된 반복측정 자료도 분석할 수 있다. 다음 예시는 jamovi에 내장되어 있는 'Bugs(Ryan, Wilde & Crist, 2013)' 자료의 입력 절차를 보여 주고 있다. 자세한 분석절차는 아래 동영상 주소 또는 저자 홈페이지(http://jamovi.kr)에서 'jamovi program'을 클릭한 다음에 "Repeated Measures ANOVA in jamovi" 동영상을 참고하기 바란다.

https://www.youtube.com/watch?time_continue=15&v=m5JNwPgiMso&feature=emb_title

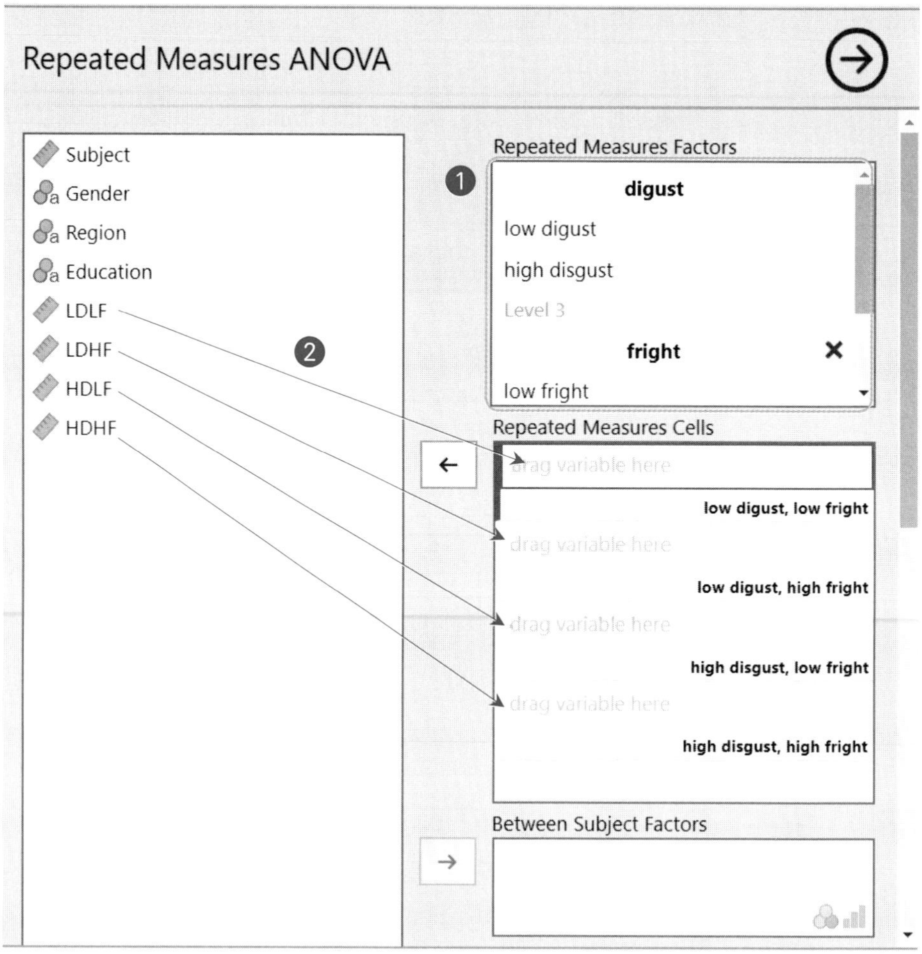

2 혼합모형에 의한 일요인 반복측정 분석

반복측정 분석자료를 가지고 전통적인 분산분석을 하는 경우에 나타날 수 있는 또 다른 문제는 '결측값(missing value)'과 관련된 문제이다. 전통적인 반복측정 분산분석(Repeated Measures ANOVA)에서는 일부 결측값을 가진 피험자를 분석에서 다룰 수 없기 때문에 해당 피험자를 삭제하고 분석을 수행한다.

일반적으로 반복측정 자료는 소규모 자료를 가지고 분석하는 경우가 대부분이기 때문에 피험자의 일부 반복측정 자료가 없다는 이유로 해당 피험자를 분석에서 제거한다는 것은 자료의 손실뿐만 아니라 분석의 신뢰도와 타당도에도 많은 부정적인 영향을 미칠 것이다. 그러나 혼합모형에서는 일부 결측값을 가진 피험자도 삭제하지 않고 분석과정에서 다룰 수 있는 장점을 가지고 있다.

혼합모형에서 반복측정 분석을 수행하기 위해서는 분석자료의 변환이 필요하다. 'items.omv' 파일 자료는 현재 가로축으로 나열되어 있는 자료 형태(wide format)이다. 이것을 세로 형태(long format)로 변환시켜야 한다. 현재 jamovi 버전에서는 자료변환 옵션을 제공하지 않기 때문에 다른 프로그램(예를 들면 R 프로그램)을 사용해서 자료를 변환한 다음에 jamovi로 읽어 와야 한다. 자료를 세로 형태로 변환한 'items1.omv'파일을 읽어오면 다음과 같다.

	피험자	제품	점수
1	1	신제품	8
2	1	기존제품	5
3	1	타사제품	6
4	2	신제품	6
5	2	기존제품	2
6	2	타사제품	7
7	3	신제품	7
8	3	기존제품	4
9	3	타사제품	9
10	4	신제품	9
11	4	기존제품	2
12	4	타사제품	8
13	5	신제품	7
14	5	기존제품	3
15	5	타사제품	9

참고로 R 프로그램에서는 'tidyverse' 패키지에 있는 'gather' 함수를 사용해서 손쉽게 가로 형태의 자료를 세로 형태로 변환할 수 있다. 분석에 사용된 R 코드를 제시하면 다음과 같다.

```
library(tidyverse)

items<- readr::read_csv("items.csv")
items

items <- gather(items, "items","rating",2:4)
items

write.csv(items, file = "items1.csv")
```

'items1.omv' 파일을 가지고 혼합모형을 이용한 일요인 반복측정 분석을 위해서 다음과 같이 클릭한다.

Analyses ▷ Linear Models ▷ Mixed Model

❶ 변수 대화상자에서 종속변수(Dependent Variable)에 '점수'를 이동하고 요인(Factors) 상자에 '제품'과 집단변수(Cluster variables) 상자에 '피험자' 변수를 이동한다.

❷ 오른쪽 결과 창을 보면 'Model Info'에 제시된 설명을 읽어 보면 마지막으로 무선효과변수를 지정할 것을 요구하고 있다. 현재 무선효과변수를 지정하지 않았기 때문에 분석 결과가 제공되고 있지 않다.

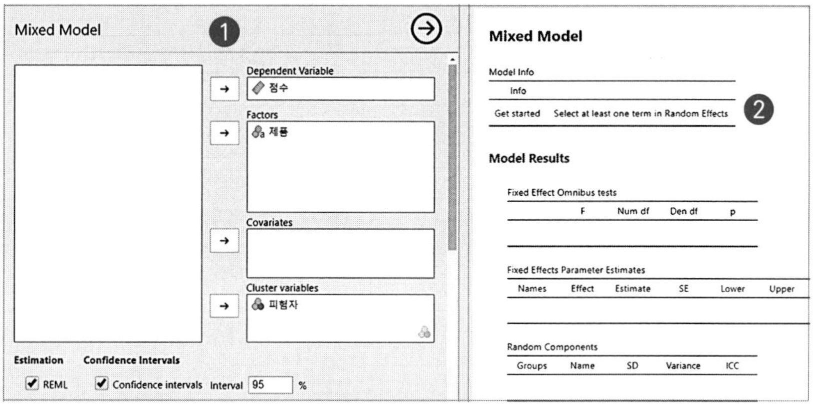

❸ 'Random Effects' 분석상자를 열고 종속변수의 절편(평균)이 피험자별로 다를 것을 가정하는 무선효과를 지정한다. 즉, 'Intercept | 피험자'를 오른쪽 'Random Coefficients'로 이동하면 분석 결과가 오른쪽 창에 제시된다.

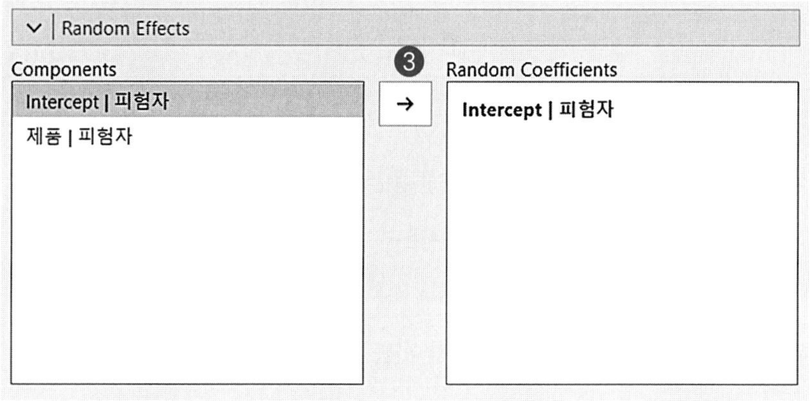

먼저, 각 제품에 대한 평균, 표준오차, 자유도 및 95% 신뢰구간 결과표를 제시하면 다음과 같다.

제품

제품	Mean	SE	df	95% Confidence Interval Lower	Upper
신제품	7.40	0.56	12.00	6.18	8.62
기존제품	3.20	0.56	12.00	1.98	4.42
타사제품	7.80	0.56	12.00	6.58	9.02

'Factors Coding' 분석상자에서 제품에 대한 대비코딩을 'dummy'코딩으로 설정해서 분석한다.

분석 결과를 살펴보면 신제품을 기준집단(reference group)으로 설정한 분석 결과가 제시되고 있다. 분석 결과를 살펴보면, 기존제품과 신제품 간의 평균은 통계적으로 유의한 차이가 있는 것으로 나타났지만($t=-5.31$, $p<.001$), 타사제품과 신제품 간에는 유의한 차이가 없는 것으로 나타났다($t=0.51$, $p=0.623$). 참고로 jamovi는 현재 한글을 완벽하게 지원하고 있지 않기 때문에 결과표 일부가 깨져 보이게 나타난다. 가급적이면 변수이름과 내용을 사전에 영문으로 설정해서 분석하는 것을 권한다.

Fixed Effects Parameter Estimates

Names	Effect	Estimate	SE	95% Confidence Interval Lower	Upper	df	t	p
(Intercept)	(Intercept)	7.40	0.56	6.30	8.50	12.00	13.22	< .001
ì œí˜1	기존제품 - 신제품	-4.20	0.79	-5.75	-2.65	12.00	-5.31	< .001
ì œí˜2	타사제품 - 신제품	0.40	0.79	-1.15	1.95	12.00	0.51	0.623

다음으로 피험자 집단에 대한 무선효과 분석 결과를 살펴보면, 피험자 간 분산 및 ICC 값이 거의 0의 값을 보이고 있는 것으로 나타났다. 이것은 절편(평균)값이 피험자별로 거의 다르지 않다는 것을 의미한다.

Random Components

Groups	Name	SD	Variance	ICC
피험자	(Intercept)	8.10e−11	6.55e−21	4.18e−21

3 혼합모형에 의한 반복측정 분석

반복측정된 자료를 가지고 분석을 수행할 때 고려할 사항 중에 하나는 자료의 반복측정에 기인하는 자료의 종속성(dependency in the data)을 들 수 있다. 따라서 종속변수 점수의 독립성을 가정하는 피험자 간 ANOVA분석(between-subject ANOVA)은 상대적으로 잘못된 결론을 도출할 가능성이 높다.

반복측정 설계에서 피험자는 각각의 실험조건에 걸쳐서 반복적으로 노출이 되기 때문에 종속변수 점수는 피험자 간보다 피험자 내에서 더 동질적일 것이라고 쉽게 생각해볼 수 있다. 이것은 또한 여러 실험조건에서도 동일하게 적용된다. 예를 들면, 특정 실험조건에서의 반응은 다른 실험조건들보다 더 동질적인 반응을 나타내게 될 것이다. 이것은 결국 반복측정값들 간의 상관을 초래할 것이고, 타당한 모형은 이러한 상관을 분석과정에 반영해야 할 것이다.

종속변수 점수의 피험자 내와 실험조건 내의 종속성 문제를 혼합모형(Mixed Models)에서는 피험자와 실험조건별로 값이 다를 수 있음을 허용한 상태에서 모형계수(무선계수)를 산출함으로써 자료의 종속성 문제를 해결하고 있다.

(1) jamovi 분석 실행

혼합모형에 의한 반복측정 분석을 수행하기 위해서 'repeated.omv'파일을 열고 다음과 같이 클릭한다.

Analyses ▷ Linear Models ▷ Mixed Model

'repeated.omv' 파일에는 50명의 피험자(subject)를 대상으로 30개의 단어(word)를 파랑(blue)과 빨강(red) 색깔로 각각 노출시켰을 때의 반응점수(score)를 기록한 자료이다. 예시 자료를 간단히 제시하면 다음과 같다.

	subject	color	word	score
1	1	blue	1	15.761
2	1	red	1	11.131
3	1	blue	2	21.610
4	1	red	2	22.797
5	1	blue	3	17.437
6	1	red	3	12.709
7	1	blue	4	21.557
8	1	red	4	21.170
9	1	blue	5	14.928
10	1	red	5	13.987

분석을 위해서 'Mixed Model' 변수상자를 연다.

❶ 종속변수(Dependent Variable) 상자에 'score'변수를 이동한다. 요인(Factors) 상자에 'color'변수를 이동한다. 다음으로 반응점수가 50명 피험자와 30개 단어별

로 다를 것을 가정해서 집단변수(Cluster variables) 상자에 'subject'와 'word'변수를 이동한다.

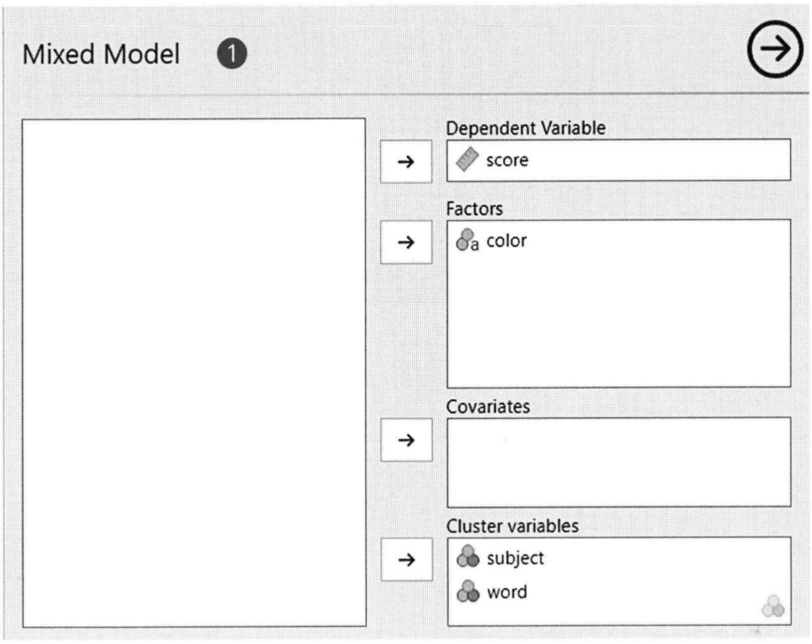

❷ 'Random Effects' 분석상자를 클릭한다. 종속변수의 반응점수(score)가 피험자(subject)와 단어(word)별로 다를 것을 가정한다.

❸ 'Intercept | subject'항과 'Intercept | word'항을 오른쪽으로 이동시킨다.

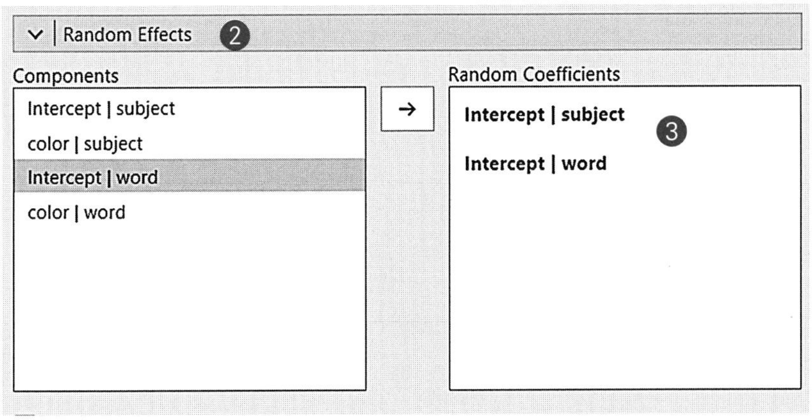

(2) jamovi 분석 결과

무선효과 계수 모형의 분석 결과를 살펴보기로 한다.

① 종속변수 점수에 대한 피험자 분산(σ^2 =4.55) 및 단어 분산(σ^2 =3.89)에 대한 무선효과 유의도 검증 결과 .05 수준에서 통계적으로 유의미하게 나타났다('Random Effect LRT' 결과 참조). 즉, 피험자와 단어에 걸쳐서 종속변수의 점수가 다르다는 것을 의미하며, 이것은 피험자와 단어변수를 무선절편으로 설정한 것이 타당하다는 것을 의미한다.

Random Components

Groups	Name	SD	Variance	ICC
subject	(Intercept)	2.13	4.55	0.31
word	(Intercept)	1.97	3.89	0.28
Residual		3.17	10.06	

Note. Numer of Obs: 3000 , groups: subject , 50 Numer of Obs: 3000 , groups: word , 30

❶

Random Effect LRT

Test	N. par	AIC	LRT	df	p
(1 | subject)	4	16657.74	935.86	1.00	< .001
(1 | word)	4	16565.85	843.97	1.00	< .001

다음으로 고정효과 분석 결과를 살펴보기로 한다. 단어(word) 반응점수에 대한 색깔(color)효과는 .05 수준에서 통계적으로 유의미한 차이가 있는 것으로 나타났다($t=8.38$, $p<.001$).

Fixed Effects Parameter Estimates

				95% Confidence Interval				
Names	Effect	Estimate	SE	Lower	Upper	df	t	p
(Intercept)	(Intercept)	19.60	0.47	18.68	20.53	63.38	41.42	< .001
color1	red - blue	0.97	0.12	0.74	1.20	2920.00	8.38	< .001

① 단어(word) 반응점수에 대한 색깔(color)효과의 방향성을 알아보기 위해서 'Plots' 분석상자를 열어서 왼쪽에 있는 'color'변수를 오른쪽으로 이동시키면 다음과 같은 그래프가 결과 창에 제시된다.

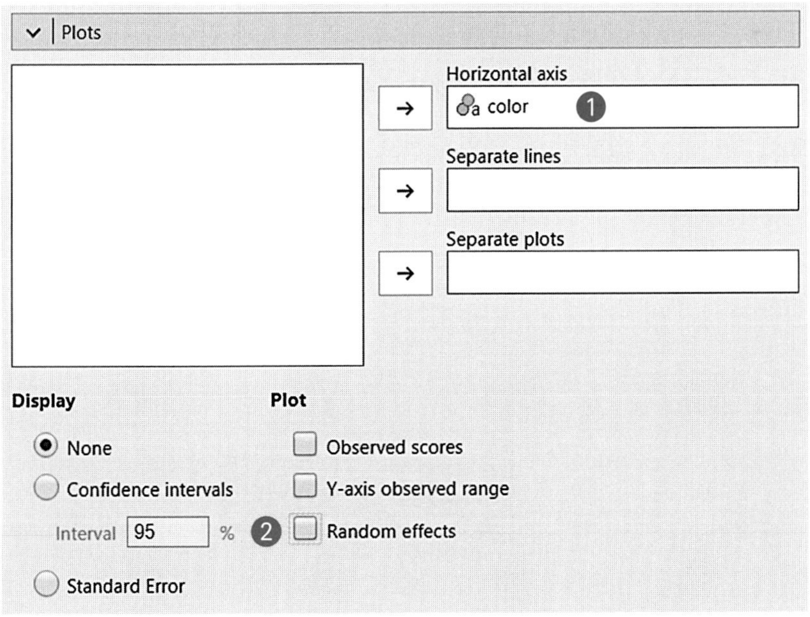

단어반응에 대한 점수가 파란색보다 빨간색 폰트가 높다는 것을 시각적으로 확인할 수 있다. 위의 'Plots' 분석 대화상자에서 'Confidence intervals' 항목을 체크하면 색깔(color)에 대한 95% 신뢰구간이 그래프에 표시된다.

Fixed Effects Plots

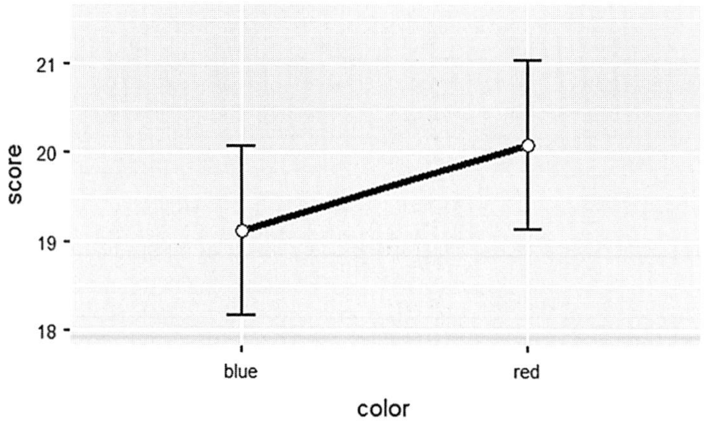

② 'Plot'의 'Random effects' 항목을 체크하면 다음과 같이 무선효과 그래프를 결과 창에 제시해 준다. 무선효과 그래프에서 절편(평균)이 피험자별로 다름을 시각적으로 확인할 수 있으며, 절편을 무선으로 설정한 것에 대한 타당성을 시각적으로 확인할 수 있다. 참고로 현재 그래프는 절편만 무선으로 설정했기 때문에 기울기가 동일하게 제시되고 있다.

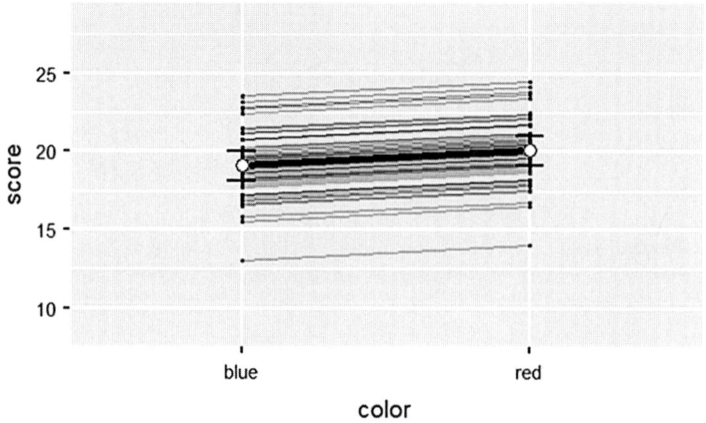

마지막으로, 색깔점수(color)가 피험자(subject)와 단어(word)별로 다르다는 것을 허용한 무선효과 분석을 'Random Effects' 분석상자에서 선택함으로써 보다 심층적인 분석을 수행할 수 있다.

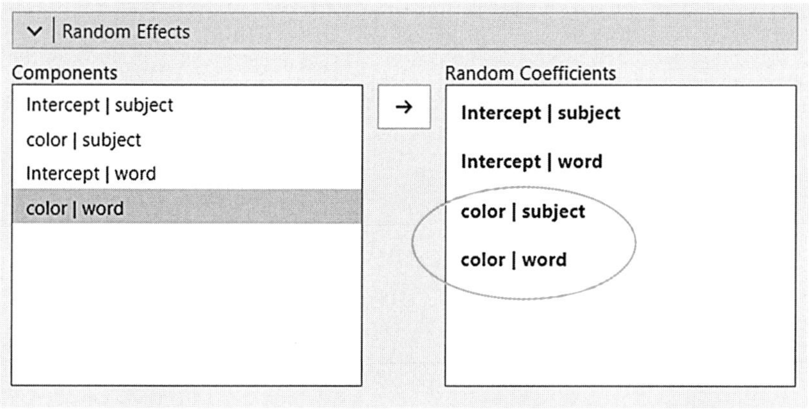

13

잠재계층 분석

13
잠재계층 분석

잠재계층 분석(Latent Class Analysis: LCA)은 범주형 또는 연속형 자료에 응답한 자료를 기초로 피험자를 여러 계층으로 나누는 통계적 분석을 의미한다(Goodman, 1972; Larzarsfeld, 1950). 잠재계층 분석에서 문항 간 관계는 선험적으로 존재하는 알려지지 않은 하위집단(잠재계층)에 의해 설명된다. 다시 말해, 관찰된 문항 응답 유형들에서 나타나는 개인별 차이들은 각각 계층들의 고유의 반응 패턴을 보여 주는 잠재계층 집단의 차이에 의해서 설명된다. 이를 수식으로 표현하면 다음과 같다.

$$P(X_{vi}=1)=\sum_{g=1}^{G}\pi_g\pi_{ig}$$

여기서 $\sum_{g=1}^{G}\pi_g=1$을 의미한다.

이 모형은 개인 v가 문항 i에서 X=1 점수를 가질 확률을 의미하며, 각 개인은 오직 하나의 잠재계층에만 속하는 것으로 가정하기 때문에 계층 크기 모수의 합은 1이다.

π_g는 잠재계층 g에 속할 확률을 나타내며, 모수 π_{ig}는 주어진 계층 g에서 문항 i의 점수가 1이 될 조건부 확률을 나타낸다.

$$\pi_{ig} = P(X_{vi} = 1 | G = g)$$

잠재계층 분석은 관찰된 범주변인과 직접적으로 관찰되지 않은 잠재변인의 확률적 관계에 근거해서 각각의 사례들이 잠재변인의 각 계층에 속할 확률 값을 산출한다. 다음으로 추정된 사후 확률 값을 가지고 응답자들을 확률이 높게 나타난 계층에 할당을 한다. 예를 들면, 응답자의 교육수준, 연봉 및 거주지역 위치 등의 변수를 활용해서 측정변수의 기저에 존재하고 있는 잠재계층을 파악하고 피험자들이 각 잠재계층에 속할 확률을 추정한다.

이 장에서는 jamovi(2021)에서 제공하고 있는 snowRMM(Seol, 2021) 통계 모듈을 가지고 잠재계층 분석을 해보기로 한다. 참고로 snowRMM에서 제공하는 분석결과는 poLCA(Linzer & Lewis, 2021) R 패키지를 사용해서 추정했다.

1 jamovi를 이용한 잠재계층 분석

Open 〉 Data Library 〉 Rasch Mixture Model for jamovi 폴더에서 'alzheimer' 데이터를 클릭한다.

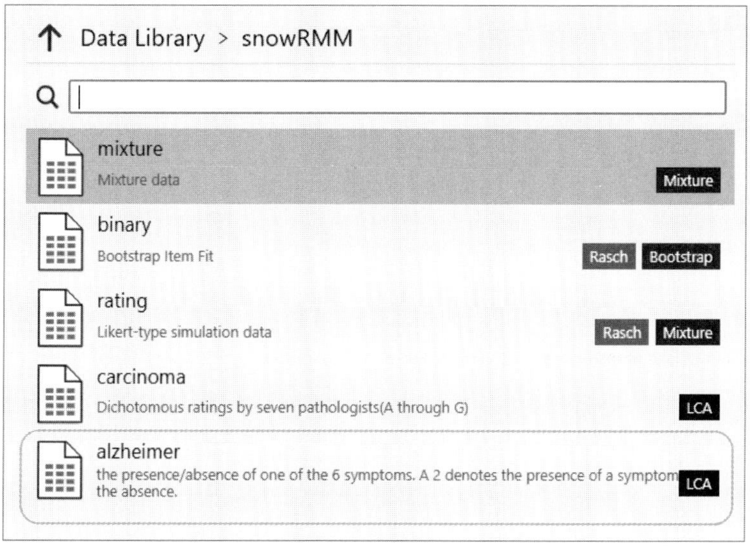

예시 자료를 클릭하면 오른쪽 결과 창에 예시 자료에 대한 설명과 참고자료를 보여 준다. 데이터는 240명의 응답자를 대상으로 6개 유형(Hallucination, Activity, Aggression, Agitation, Diurnal, Affective)에 걸쳐서 알츠하이머 증상 유무(1=없음, 2=있음)를 진단한 이분 문항 자료이다.

분석과 관련한 주의 사항으로 snowRMM 모듈은 문자가 아닌 숫자만 분석할 수 있다. 숫자는 반드시 1로 시작되어야 하며, 명명(nominal) 자료로 변수 속성이 설정되어 있어야 한다. 각 개인에 대한 계층 분류 결과(Class membership)는 결과 창이 아닌 데이터 시트에 제공된다.

Results

Latent Class Analysis

To get started:

jamovi treats all variables as qualitative/categorical/nominal.

Variables must contain only integer values, and must be coded with consecutive values from 1 to the maximum number.

The results of **Class membership** will be displayed in the datasheet.

The output columm can NOT be used as an input to the same analysis.

To analyze 'Profile' analysis, click the LCA analysis again.

Feature requests and bug reports can be made on my GitHub.

Data

A binary matrix, consisting of 240 rows and 6 columns, with each row denoting an individual and each column denoting the presence/absence of one of the 6 symptoms: Hallucination, Activity, Aggression, Agitation, Diurnal and Affective. A 2 denotes the presence of a symptom, a 1 the absence.

Source

Moran M, Walsh C, Lynch A, Coen RF, Coakley D, Lawlor BA (2004) "Syndromes of behavioural and psychological symptoms in mild Alzheimer's disease." International Journal of Geriatric Psychiatry, 19(4), 359–364. ISSN 1099-1166. doi:10.1002/gps.1091. URL http://dx.doi.org/10.1002/gps.1091.

Walsh C (2006) "Latent Class Analysis Identification of Syndromes in Alzheimer's Disease: A Bayesian Approach." metodoloyski zvezki - Advances in Methodology and Statistics, 3(1), pp.147 – 162. URL mrvar.fdv.uni-lj.si/pub/mz/mz3.1/walsh.pdf

2 snowRMM 모듈 분석 실행

결과창에 마우스 오른쪽 버튼을 위치하고 All 〉 Remove를 선택해서 예시 결과 분석을 삭제한다. 다음으로 snowRMM 〉 Latent Class Analysis를 선택하면 다음과 같은 분석 상자가 나타난다.

① 잠재계층 분석을 수행하기 전에 오른쪽 결과 창에 제시되어 있는 몇 가지 유

의사항을 먼저 숙지한다. 첫째, 잠재계층 분석에 사용되는 데이터는 명명 또는 서열 척도로 설정되어 있어야 한다. 둘째, 수치는 정수만 허락되며 반드시 1 이상으로 코딩되어 있어야 한다.

② 잠재계층 숫자를 입력한다. 사전에 설정된 잠재계층 개수는 2개이다. 잠재계층 숫자가 하나씩 증가할 때마다 오른쪽 결과 창에 모형 적합도(Model fit) 결과가 제시된다. 모형 적합도 결과 값을 가지고 최적의 잠재계층 수를 결정한다.

③ 왼쪽에 제시된 변수들을 오른쪽 창으로 이동하면, 결과 창에 모형 적합도 분석 결과가 제시된다.

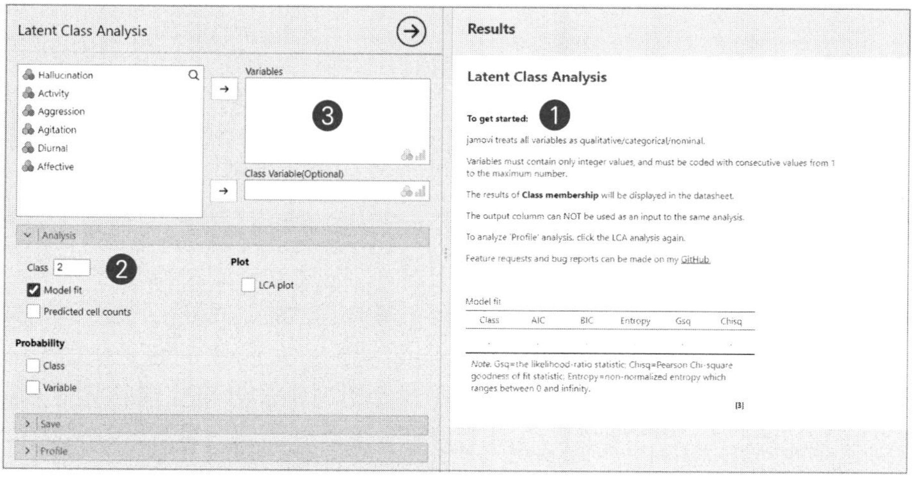

최적의 잠재계층 수를 결정하기 위해서 5개의 모형 적합도 지수를 제공하고 있다. 먼저 분석 변수들을 오른쪽 변수 창에 이동하면 2개의 잠재계층에 대한 모형 적합도 값을 보여 준다. 각 모형 적합도 지수를 왼쪽부터 순서대로 설명하면 다음과 같다.

Model fit

Class	AIC	BIC	Entropy	G^2	G^2 p	χ^2	χ^2 p
2	1524.837	1570.085	3.126	39.251	0.863	43.909	0.715

Note. G^2=Likelihood ratio statistic; χ^2=Pearson Chi-square goodness of fit statistic; Entropy=non-normalized entropy which ranges between 0 and infinity.

❶ AIC(Akaike's Information Criterion: AIC)와 BIC(Bayesian Information Criterion: BIC) 정보지수는 내재(nested)되어 있지 않은 경쟁모형을 비교할 때 사용된다. 이때 경쟁모형은 잠재계층 수를 의미한다. AIC와 BIC는 다음과 같이 계산한다.

$$AIC = -2\text{Ln}(L) + 2p$$

$$BIC = -2\text{Ln}(L) + p\text{Ln}(N)$$

여기서 Ln(L)은 로그 우도값, p는 추정모수의 개수, N은 표본 크기를 의미한다.

잠재계층 개수를 증가시킬 때마다 제공되는 정보지수 값들을 비교해서 정보지수 값이 제일 낮게 나타난 잠재계층을 최적의 잠재계층으로 결정한다.

❷ 엔트로피(Entropy) 지수는 전체 표본에서 잠재계층 분류에 대한 전반적인 정확도를 요약한 수치이다. Mplus 통계프로그램에서 제공하는 엔트로피 지수는 정규화된(normalized) 지수로 0~1의 범위를 가지고 있으며, 0에 근접할수록 추정된 계층에서 잠재계층들이 충분히 잘 구별되지 못하다는 것을 의미한다. 그러나 snowRMM 모듈에서는 poLCA R 패키지에서 제공하는 비정규화된(non-normalized) 엔트로피 지수를 사용하며 엔트로피 값의 범위가 '0~무한대' 범위를 가지고 있다. 세부적으로 한 개의 셀에 대한 확률 값으로 나타날 경우 엔트로피 값은 0의 값을 가지며, 최대값은 모든 셀에 대해서 동일한 확률 값으로 나타나는 전체 셀 숫자의 로그를 취한 값을 가지게 된다. 범위가 제한되어 있지 않고 해석이 명확하지 않다

는 단점이 있기 때문에 모형 적합도와 관련해서 참고용으로 사용할 것을 권한다.

※ 빅데이터 자료를 가지고 잠재계층 분석을 수행할 때 엔트로피 지수 계산 용량이 컴퓨터 메모리를 초과하면(예를 들면, 1GB) 연산 수행이 불가하기 때문에 NaN으로 결과표에 제공된다.

❸ 다음으로 우도비 통계값(G^2)과 카이스퀘어 통계값(χ^2)이 결과표에 제시되고 있다. 우도비와 카이스퀘어 통계값은 상대적으로 적은 표본과 많은 변수들을 사용할 경우에는 카이제곱 분포를 따르지 않는 단점이 있기 때문에 참고용으로 사용할 것을 권한다. poLCA R 패키지에서는 유의도 검증을 위한 p 값을 제공하지 않는다. 그러나 snowRMM 최근 버전(ver. 4.4.0)에서는 다음과 같이 우도비(G_p^2)와 카이스퀘어(χ_p^2) 확률 값을 제공하고 있다.

Model fit

Class	AIC	BIC	Entropy	G^2	G^2 p	χ^2	χ^2 p
2	1524.837	1570.085	3.126	39.251	0.863	43.909	0.715

Note. G^2=Likelihood ratio statistic; χ^2=Pearson Chi-square goodness of fit statistic; Entropy=non-normalized entropy which ranges between 0 and infinity.

잠재계층 분석에서 모형 적합도를 평가할 때 일반적으로 모형 적합도와 간명성을 동시에 고려하는 AIC와 BIC 정보지수를 추천하며, 통계적 기준 이외에도 산출된 잠재계층 모형이 실질적으로 의미 있는 해석이 가능한지도 함께 고려해서 최적의 모형 개수를 결정한다.

예시 자료를 가지고 최적의 잠재계층 수를 결정하기 위해서 잠재계층을 2개에서 5개로 증가시키면서 변화된 모형 적합도 값을 살펴보기로 한다. 아래 모형 적합도 결과표에서 AIC와 BIC 값을 살펴보면, 잠재계층 수가 증가할수록 AIC와 BIC

값도 증가하고 있는 것을 볼 수 있으며, 가장 작은 값을 나타내고 있는 잠재계층 수는 2개인 것으로 나타났다. 이에 반해서 엔트로피 지수, 우도비, 카이자승 값의 경우 잠재계층 수가 증가할수록 통계 값들이 줄어드는 경향을 보여 주고 있다.

Model fit

Class	AIC	BIC	Entropy	Gsq	Chisq
2	1524.837	1570.085	3.126	39.251	43.909

Note. Gsq=the likelihood-ratio statistic; Chisq=Pearson Chi-square goodness of fit statistic; Entropy=non-normalized entropy which ranges between 0 and infinity.

Model fit

Class	AIC	BIC	Entropy	Gsq	Chisq
3	1529.936	1599.549	3.103	30.350	28.757

Note. Gsq=the likelihood-ratio statistic; Chisq=Pearson Chi-square goodness of fit statistic; Entropy=non-normalized entropy which ranges between 0 and infinity.

Model fit

Class	AIC	BIC	Entropy	Gsq	Chisq
4	1536.653	1630.630	3.090	23.068	23.278

Note. Gsq=the likelihood-ratio statistic; Chisq=Pearson Chi-square goodness of fit statistic; Entropy=non-normalized entropy which ranges between 0 and infinity.

Model fit

Class	AIC	BIC	Entropy	Gsq	Chisq
5	1547.162	1665.503	3.076	19.576	17.901

Note. Gsq=the likelihood-ratio statistic; Chisq=Pearson Chi-square goodness of fit statistic; Entropy=non-normalized entropy which ranges between 0 and infinity.

AIC, BIC 값이 가장 낮게 나타난 2개의 잠재계층 모형을 가지고 'Probability' 분석옵션에서 'Class' 옵션을 클릭하면 각 계층에 할당된 피험자 비율이 제시된다. 분석 결과, 전체 응답자의 44.4%가 계층 1에, 55.6%가 계층 2에 할당된 것으로 나타났다.

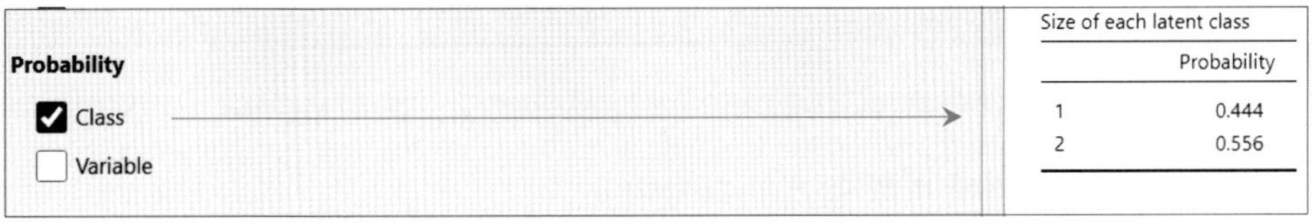

Size of each latent class

	Probability
1	0.444
2	0.556

다음으로 'Probability' 분석옵션에서 'Variable' 옵션을 클릭하면 계층에 따른 각 변수의 응답확률이 제시된다. 결과표에서 변수명 옆에 Pr.1은 응답자가 1이라고 응답할 확률, Pr.2는 응답자가 2라고 응답할 확률(여기서는 응답자가 알츠하이머 증상이 있음을 의미함)을 의미한다.

예를 들면, 계층 1에 속한 응답자의 경우 첫 번째 문항 환각(Hallucination) 증상과 관련해서 증상이 없다고 진단을 받을 확률(Pr.1)이 .932, 증상이 있다고 진단을 받을 확률(Pr.2)이 .068로 나타났으며, 계층 2에 속한 응답자의 경우 각각 .907과 .093으로 나타났다.

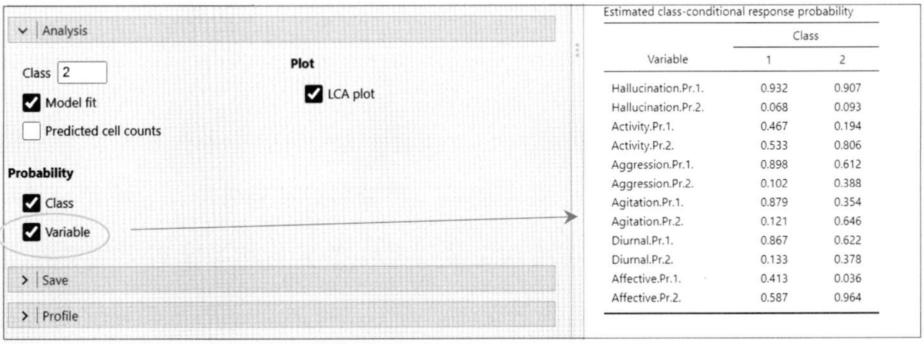

Estimated class-conditional response probability

	Class	
Variable	1	2
Hallucination.Pr.1.	0.932	0.907
Hallucination.Pr.2.	0.068	0.093
Activity.Pr.1.	0.467	0.194
Activity.Pr.2.	0.533	0.806
Aggression.Pr.1.	0.898	0.612
Aggression.Pr.2.	0.102	0.388
Agitation.Pr.1.	0.879	0.354
Agitation.Pr.2.	0.121	0.646
Diurnal.Pr.1.	0.867	0.622
Diurnal.Pr.2.	0.133	0.378
Affective.Pr.1.	0.413	0.036
Affective.Pr.2.	0.587	0.964

이것을 시각적으로 파악하기 위해서 'LCA Plot' 옵션을 클릭하면 다음과 같은 그래프가 제시된다. 계층 1에 속한 응답자들(전체 모집단의 44.4%)의 경우 환각(Hallucination) 영역을 제외한 나머지 5영역에 대해서 비교적 높은 수준의 알츠하이머 증상을 가지고 있는 것으로 나타났다. 계층 2에 속한 응답자들(전체 모집단의 55.6%)의 경우 낮은 수준의 알츠하이머 증상을 가지고 있는 것으로 나타났다. 특

징적인 것으로, 계층 2에 속한 응답자들의 경우 '기분 및 성격 변화(Affective)' 항목에 알츠하이머 증상 있음(Pr.2)을 받을 가능성이 .964, '활동(Activity. Pr.2)' 항목이 .806으로 다른 영역에 비해 높게 나타났다.

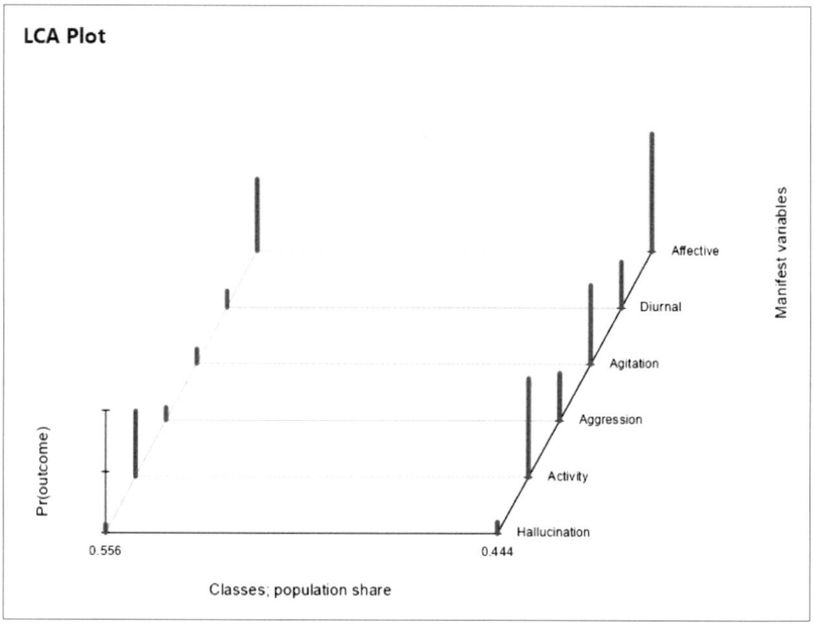

부가적으로 Analysis 〉 Predicted cell counts를 클릭하면 다음과 같은 분석 결과가 제시된다. 지면 제약 관계로 모든 결과표가 제시되지 않았지만, 2개의 잠재계층 분석모형에 의해서 추정된 6개 변수에 걸쳐서 총 39개의 응답 반응 패턴과 함께 각각의 응답 반응 패턴에 대한 관찰값(observed)과 계층 모형에 의해서 추정된 기댓값(expected)을 제시하고 있다.

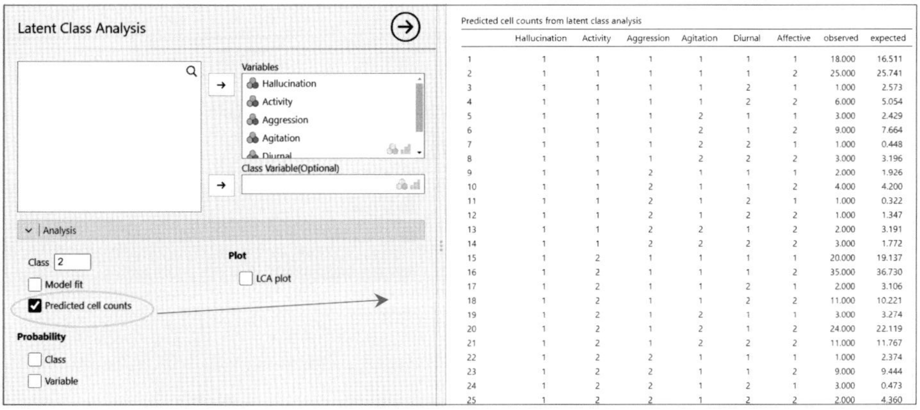

Predicted cell counts from latent class analysis

	Hallucination	Activity	Aggression	Agitation	Diurnal	Affective	observed	expected
1	1	1	1	1	1	1	18.000	16.511
2	1	1	1	1	1	2	25.000	25.741
3	1	1	1	1	2	1	1.000	2.573
4	1	1	1	1	2	2	6.000	5.054
5	1	1	1	2	1	1	3.000	2.429
6	1	1	1	2	1	2	9.000	7.664
7	1	1	1	2	2	1	1.000	0.448
8	1	1	1	2	2	2	3.000	3.196
9	1	1	2	1	1	1	2.000	1.926
10	1	1	2	1	1	2	4.000	4.200
11	1	1	2	1	2	1	1.000	0.322
12	1	1	2	1	2	2	1.000	1.347
13	1	1	2	2	1	2	2.000	3.191
14	1	1	2	2	2	2	3.000	1.772
15	1	2	1	1	1	1	20.000	19.137
16	1	2	1	1	1	2	35.000	36.730
17	1	2	1	1	2	1	2.000	3.106
18	1	2	1	1	2	2	11.000	10.221
19	1	2	1	2	1	1	3.000	3.274
20	1	2	1	2	1	2	24.000	22.119
21	1	2	1	2	2	2	11.000	11.767
22	1	2	2	1	1	1	1.000	2.374
23	1	2	2	1	1	2	9.000	9.444
24	1	2	2	1	2	1	3.000	0.473
25	1	2	2	1	2	2	2.000	4.360

분석 상자에서 Save 〉 Class membership을 클릭하면 각 응답자가 어느 계층에 속하는지에 대한 결과가 'Membership'이라는 변수 이름으로 데이터 시트창에 나타나며, 추후 카이자승 분석 또는 로지스틱 회귀분석 등과 같은 추가 분석에 사용할 수 있다. 또한 'Predicted cell percentage'를 클릭하면 각 응답자에 대한 기대빈도 퍼센트를 데이터 시트창에 보여 준다.

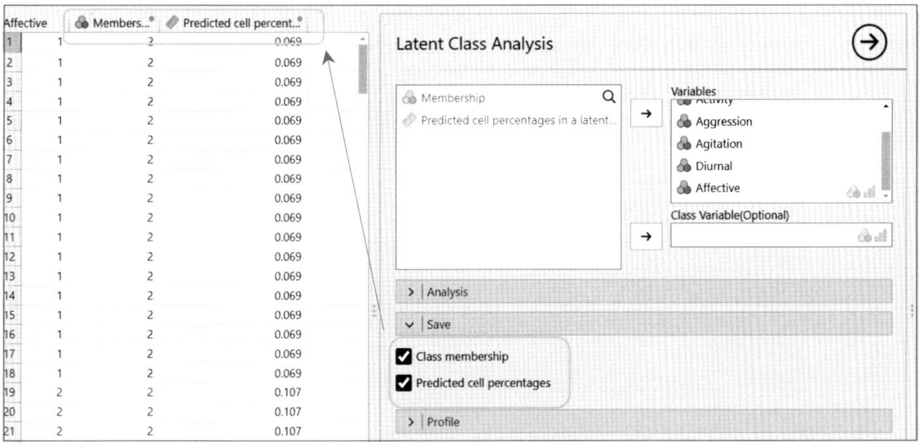

	Affective	Members...	Predicted cell percent...
1	1	2	0.069
2	1	2	0.069
3	1	2	0.069
4	1	2	0.069
5	1	2	0.069
6	1	2	0.069
7	1	2	0.069
8	1	2	0.069
9	1	2	0.069
10	1	2	0.069
11	1	2	0.069
12	1	2	0.069
13	1	2	0.069
14	1	2	0.069
15	1	2	0.069
16	1	2	0.069
17	1	2	0.069
18	1	2	0.069
19	2	2	0.107
20	2	2	0.107
21	2	2	0.107

다음으로 프로파일(Profile) 분석을 수행하기 위해서는 아래 그림 ❷번 변수상자에 있는 'Membership' 변수를 활성화시켜야 한다. 현재는 분석을 수행할 수 없는 상황임을 보여 주기 위해서 흐린 형태로 보여 주고 있다.

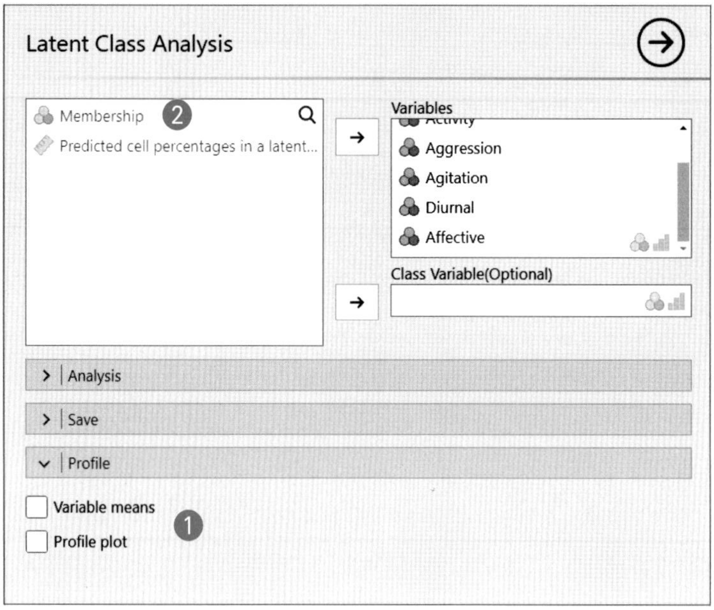

'Membership' 변수를 활성화시키기 위해서 아래 그림 ❶ 잠재계층 분석을 클릭하면 ❷ 'Membership' 변수가 활성화되어 있는 것을 볼 수 있다(변수 이름이 진하게 나타나고 있다). Profile 분석을 실행하기 위해서 'Class variable'칸에 'Membership' 변수를 이동하고 6개의 변수를 오른쪽 'Variables'로 이동한다. ❸ Profile 분석의 옵션을 선택하면 분석 결과가 제시된다.

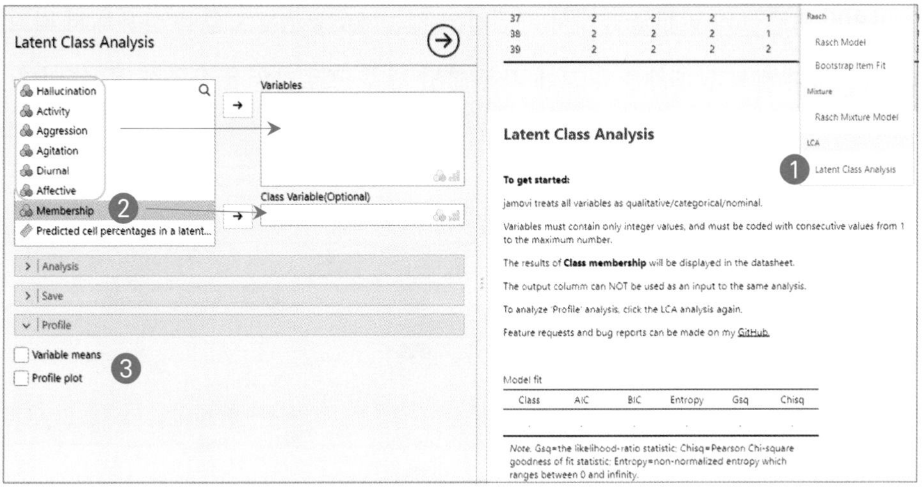

'Variable means' 옵션을 클릭하면 2개 잠재계층에 대한 각 변수의 평균값과 함께 'Profile plot' 옵션을 통해서 분석 결과를 도표로 보여 준다. 이를 통해 잠재계층별로 변수들의 패턴을 시각적으로 파악할 수 있다.

Variable means across membership

	Hallucination	Activity	Aggression	Agitation	Diurnal	Affective
1	1.086	1.819	1.410	1.743	1.419	1.990
2	1.074	1.526	1.089	1.052	1.104	1.570

[0]

Profile plot

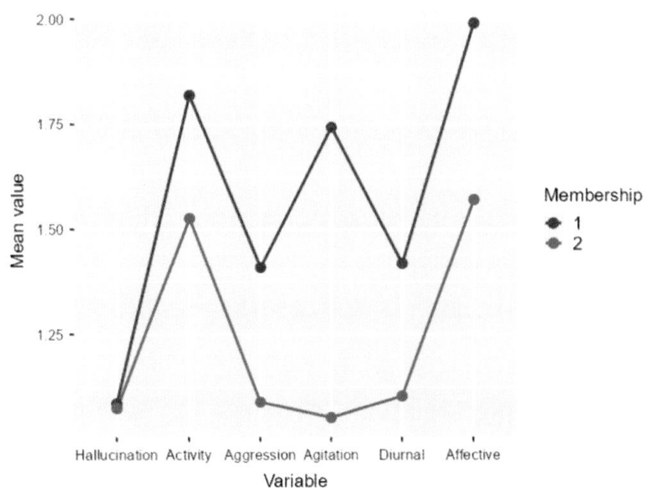

마지막으로 jamovi library에서 제공하고 있는 surveymv 모듈을 사용해서 각각의 변수에 대해서 잠재계층과 그에 따른 응답 범주 프로파일을 유추해 볼 수 있다.

부록

1. 추정평균(Estimated Marginal Means)
2. 'Flexplot' 패키지를 이용한 분석자료의 시각화
3. 'seolmatrix' 모듈을 이용한 상관 및 평정자 신뢰도 분석

부록 1

추정평균(Estimated Marginal Means)

기술통계에서 구하는 평균값은 모든 값을 더한 다음에 사례수로 나눈 값이다. 만약에 집단별로 사례수가 다를 경우에는 각 집단 사례수로 가중을 한 다음에 전체 평균값을 산출한다. 그러나 추정평균은 일반적으로 분석모형에 의해서 추정된 값으로 모형식에 의해서 계산된다. 따라서 추정평균은 설정된 분석모형에 따라서 다른 값을 산출한다. 추정평균은 분석 모형에 기초해서 계산되기 때문에 최소자승 평균(least square means), 예언 평균(predicted means), 또는 기대평균(expected means)과 같은 용어로 사용되기도 한다.

범주형 자료를 독립변수로 가지고 있는 회귀분석 모형에서 범주변수에 따른 모수 추정값을 설명할 때 추정평균값을 사용한다. 추정평균값을 산출하는 과정을 'emm.omv' 자료를 가지고 설명한다.

1 기술통계 평균

기술통계 분석을 수행하기 위해서 'emm.omv' 자료 파일을 불러온다.

Analyses ▷ Exploration ▷ Descriptives

범주형 변수인 '성별(gender)'과 '직업유형(jobcat)' 변수의 수준에 따른 '월급

(salary)'과 '나이(age)' 변수의 사례수와 평균값을 제시하면 다음과 같다.

Descriptives

Descriptives

	gender	jobcat	salary	age
N	0	1	110	110
		2	77	77
		3	31	31
		4	40	40
	1	1	117	117
		2	91	91
		3	1	1
		4	7	7
Mean	0	1	6450.76	44.66
		2	8945.30	33.55
		3	7091.23	49.79
		4	11922.60	33.63
	1	1	5060.02	45.14
		2	5281.71	29.19
		3	7200.00	27.50
		4	7326.86	30.08

2 중다회귀분석 수행

'GAMLj' 모듈을 이용해서 '성별', '나이'와 '직업유형'이 '월급'에 미치는 영향을 알아보기 위해서 중다회귀분석을 수행한다.

Analyses ▷ Linear Models ▷ General Linear Model

분석 대화상자에 다음과 같이 변수를 이동한다.

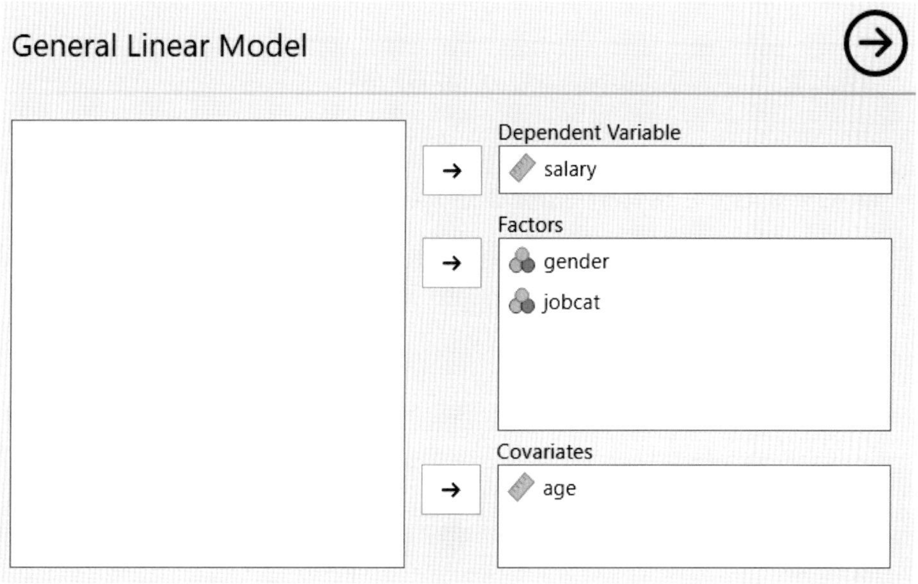

'모형(Model)' 상자는 다음과 같이 설정한다. 여기서 독립변수 간의 상호작용 항은 설정하지 않는다.

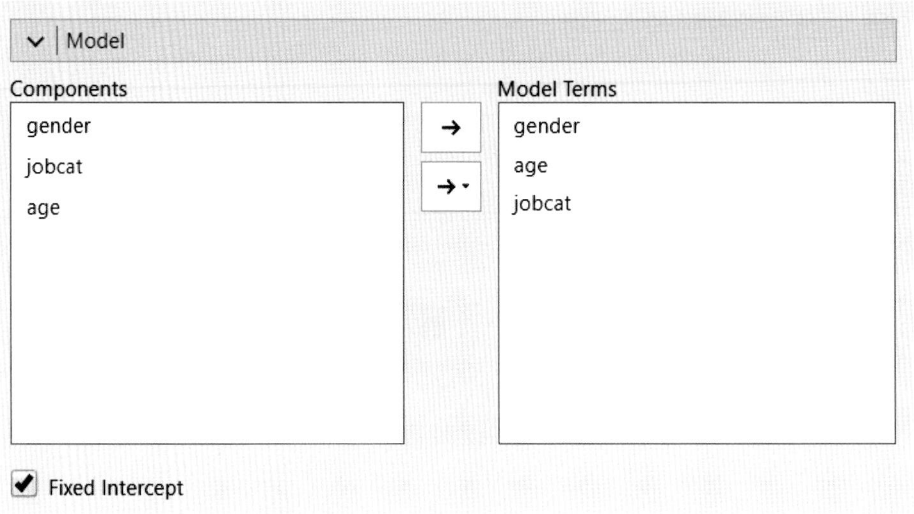

다음으로 '요인 코딩(Factors Coding)' 상자를 연다.

① 범주형 변수인 성별과 직업유형 변수의 코딩을 더미(dummy)코딩으로 설정한다. 더미 코딩은 일반적으로 범주형 독립변수의 값을 산출하고 해석하는 데 있어서 가장 많이 사용되는 코딩 방법이다.

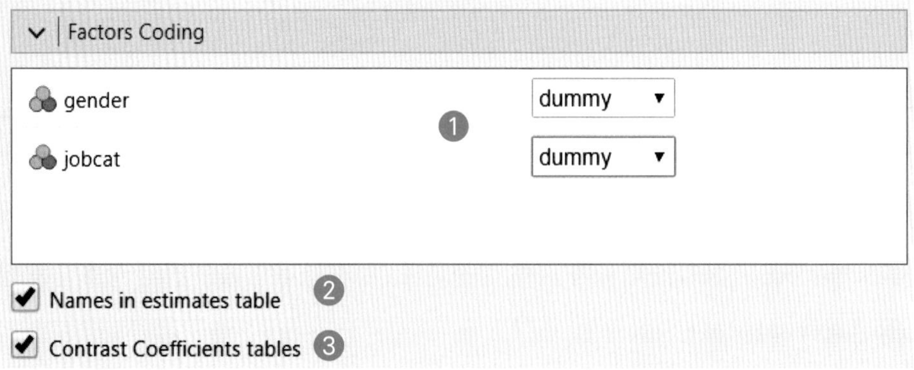

② 'Names in estimate table' 항을 체크하면 오른쪽 회귀계수 분석 결과 창에 다음과 같이 부가적으로 대비코딩 항을 설명해 주는 옵션을 제공한다.

Fixed Effects Parameter Estimates

Names	Effect	Estimate	SE	df	t	p
(Intercept)	(Intercept)	6963.73	235.94	468	29.51	< .001
gender1	1 - 0	-2456.70	240.92	468	-10.20	< .001
age	age	0.81	2.52	468	0.32	0.747
jobcat1	2 - 1	1302.53	254.02	468	5.13	< .001
jobcat2	3 - 1	167.83	481.22	468	0.35	0.727
jobcat3	4 - 1	4613.43	407.11	468	11.33	< .001

❸ 'Contrast Coefficients tables' 항을 체크하면 오른쪽 분석 결과 창에 다음과 같이 더미코딩 항을 설명해 준다. '직업유형' 변수의 경우 '회사원'(1로 코딩)을 기준집단(reference level)으로 설정했다.

Contrast Coefficients

gender

Name	Contrast	level=0	level=1
gender1	1 - 0	0	1

Note. Intercept computed for gender=0

jobcat

Name	Contrast	level=1	level=2	level=3	level=4
jobcat1	2 - 1	0	1	0	0
jobcat2	3 - 1	0	0	1	0
jobcat3	4 - 1	0	0	0	1

Note. Intercept computed for jobcat=1

jamovi에서는 독립변수가 연속형(continuous) 변수의 경우 '평균중심화(centering)' 척도로 변환해서 계수값을 보고한다. 만약에 원자료를 변환하지 않고 계수값을 추정하려면 '연속변수 척도(Covariates Scaling)' 대화상자를 클릭해서 'none'을 선택하면 된다. 이 예시 자료에서는 'none'을 선택해서 추정평균을 설명한다.

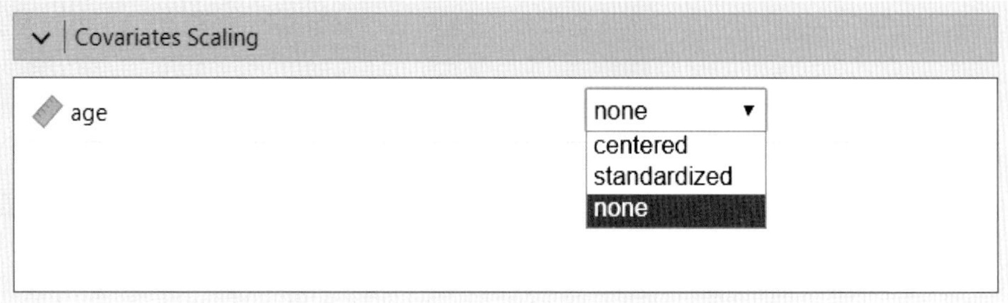

3 중다회귀분석 결과

월급(salary) 변수에 대한 성별(gender), 나이(age) 및 직업유형(jobcat) 변수의 효과를 알아보기 위한 중다회귀분석 결과표와 회귀식을 제시하면 다음과 같다.

Fixed Effects Parameter Estimates

Names	Effect	Estimate	SE	df	t	p
(Intercept)	(Intercept)	6963.73	235.94	468	29.51	< .001
gender1	1 - 0	-2456.70	240.92	468	-10.20	< .001
age	age	0.81	2.52	468	0.32	0.747
jobcat1	2 - 1	1302.53	254.02	468	5.13	< .001
jobcat2	3 - 1	167.83	481.22	468	0.35	0.727
jobcat3	4 - 1	4613.43	407.11	468	11.33	< .001

범주형 독립변수의 각 수준에 대한 추정평균값은 위의 회귀계수 공식을 사용해서 추정한다.

$$월급 = 6963.73 - 2456.70(성별) + 0.81(나이) + 1302.53(교사) + 167.83(자영업) + 4613.43(기타)$$

먼저 성별 변수의 경우, 남자=0, 여자=1로 대체해서 계산한다. 연속형 변수인 나이 변수의 경우 전체 평균값(overall means)으로 대체하며, 나이변수 평균값은 39.15인 것으로 나타났다.

3개 이상의 범주로 구성된 범주형 독립변수의 추정평균 값은 각 범주에 대한 모집단 비율에 대한 가정을 기초로 해서 추정한다. 예를 들면, 이 예시에서 4개의 범주로 구성된 직업유형 변수의 경우, 만약 모집단하에서 비율이 동일하다고 가정(balanced population)한다면 각 범주의 비율은 25%일 것이라고 가정할 수 있다. 따라서 범주형 독립변수인 직업 유형 변수에 대한 종속변수 월급의 예언 평균값을 각 성별에 대해서 추정평균을 계산할 때 동일하게 가중되어서(즉, 1/4) 계산한다.

그러나 4개의 범주에 대한 모집단 비율이 동일하다고 가정하지 않을 경우(unbalanced population)에는 종속변수 월급의 예언 평균은 표본 자료에서 계산된 비율을 가지고 가중해서 값을 계산하게 된다.

범주에 대한 모집단 비율의 가정은 통계 패키지에 따라 서로 다른 표준(default) 옵션을 채택하고 있다. R, SAS, SPSS, jamovi 통계 프로그램은 모집단의 동일 비율 가정을 표준옵션으로 설정하고 있는 데 반해서 STATA 통계 프로그램은 표본자료의 비율에 기초한 추정값을 표준옵션으로 제공하고 있다.

jamovi에 기본으로 제공하고 있는 'regression' 분석에서는 다음과 같이 'Equal cell weights'에 모집단의 동일 비율 가정을 표준옵션(✔)으로 제공하고 있다.

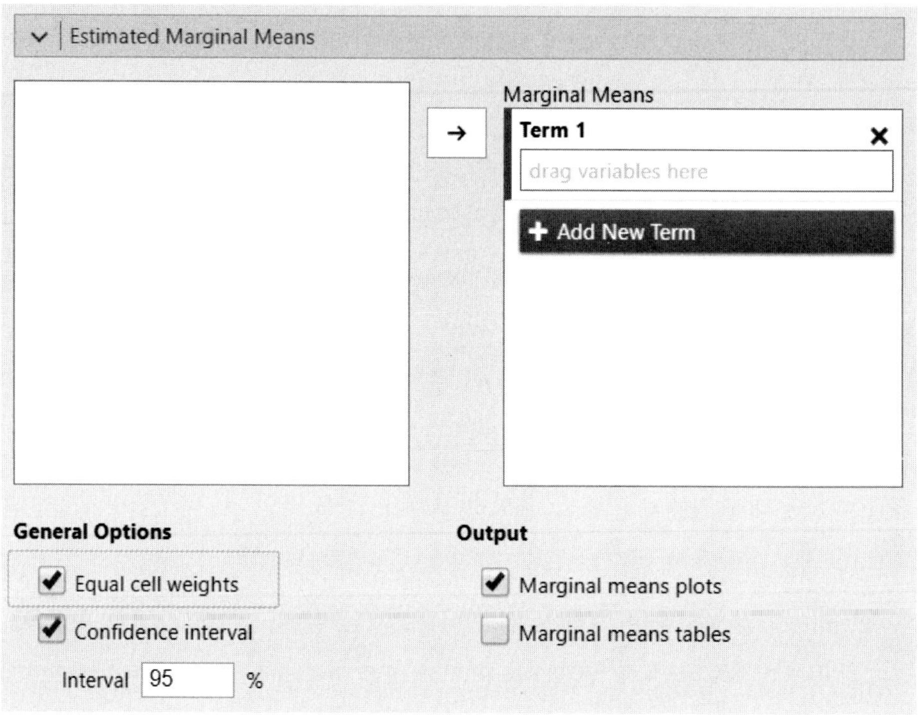

4 모집단의 동일 비율 가정에 기초한 추정평균 계산

모집단의 동일 비율 가정을 가지고 성별 및 직업유형 각 범주에 대한 추정평균을 계산해 보기로 한다. 이 예시에서 성별은 남=0, 여=1로 코딩했으며, 직업유형 변수의 경우 회사원=1을 준거기준으로 설정해서 더미코딩 분석을 했다.

예를 들면, '여성이면서 교사'인 경우의 예언(추정) 월급은 다음과 같이 계산할 수 있다.

$$6963.73+1\times(-2456.70)+39.15\times(0.81)+(1302.53\times1)+(167.83\times0)+(4613.43\times0)$$
$$=5841.34$$

이 값은 다음의 단순 기술통계값인 5281.71과 차이가 있음을 알 수 있다.

Descriptives

Descriptives

	gender	jobcat	salary	age
N	0	1	110	110
		2	77	77
		3	31	31
		4	40	40
	1	1	117	117
		2	91	91
		3	1	1
		4	7	7
Mean	0	1	6450.76	44.66
		2	8945.30	33.55
		3	7091.23	49.79
		4	11922.60	33.63
	1	1	5060.02	45.14
		2	5281.71	29.19
		3	7200.00	27.50
		4	7326.86	30.08

성별과 직업유형에 따른 각 범주의 월급 추정평균 값을 회귀모형에 근거하여 산출한 값을 정리하면 다음과 같다.

성별	직업유형			
	회사원(1)	교사(2)	자영업(3)	기타(4)
남(0)	6995.51	8298.03	7163.34	11608.94
여(1)	4538.81	5841.34	4706.64	9152.24

* 괄호숫자는 해당 범주에 대한 코딩 번호를 의미함.

직업유형에 대한 각 범주의 값을 더해 평균함으로써 성별에 대한 추정평균 값을 계산할 수 있다. 즉, 각 범주에 대해서 가중치를 부여하지 않고 성별에 대한 단순 평균값(모집단의 동일 비율 가정)을 산출하면 다음과 같다.

$$남=\frac{69951.51+8298.03+7163.34+11608.94}{4}=8516.5$$

$$여=\frac{4538.81+5841.34+4706.64+9152.24}{4}=6059.8$$

jamovi 대화상자에서 'Estimated Marginal Means'를 선택하면 성별과 직업유형 범주에 대한 추정평균 결과가 오른쪽 결과 창에 제시된다.

Estimated Marginal Means

gender

gender	Mean ❶	SE	df	95% Confidence Interval Lower	95% Confidence Interval Upper
0	8516.45	171.98	468.00	8178.50	8854.40
1	6059.76	227.38	468.00	5612.94	6506.58

jobcat

jobcat	Mean	SE	df	95% Confidence Interval Lower	95% Confidence Interval Upper
1	5767.16	164.77	468.00	5443.38	6090.93
❷ 2	7069.69	192.02	468.00	6692.35	7447.02
3	5934.99	451.94	468.00	5046.90	6823.08
4	10380.59	370.77	468.00	9652.01	11109.16

❶ jamovi 분석 결과표에서 제시된 성별에 대한 평균값이 손으로 직접 계산한 결과와 동일함을 알 수 있다. 성별에 대한 추정평균 값은 선형회귀모형의 직업유

형 범주에 동일한 값(0.25 또는 1/4)을 가중해서 계산할 수도 있다.

남자의 월급에 대한 예언 평균(남=0);

$$6963.7 + 0 \times (-2456.7) + 39.15 \times (0.81) + (1302.5) \times \frac{1}{4} + (167.8) \times \frac{1}{4} + (4613.4) \times \frac{1}{4} = 8516.5$$

여자의 월급에 대한 예언 평균(여=1);

$$6963.7 + 1 \times (-2456.7) + 39.15 \times (0.81) + (1302.5) \times \frac{1}{4} + (167.8) \times \frac{1}{4} + (4613.4) \times \frac{1}{4} = 6059.8$$

❷ 교사(2로 코딩) 범주에 대한 평균을 계산해 보면 $\frac{8298.03 + 5841.34}{2} =$ 7069.69로 계산할 수 있으며, 이 값은 jamovi 분석 결과표에서 제시된 값과 같음을 볼 수 있다.

부록 2
'Flexplot' 패키지를 이용한 분석자료의 시각화

분석자료를 효과적으로 시각화해서 표현하는 것은 수치로 제공되는 통계분석 결과표에서 확인하기 어려운 정보를 파악할 수 있는 효과적인 분석방법 중에 하나이다. 그러나 주어진 자료를 학술적인 용도에 맞게 다양하면서도 효과적으로 표현할 수 있는 통계 그래프만을 모아놓은 패키지는 발견하기가 쉽지 않다.

예를 들면, R 통계 프로그램에서 제공되는 'ggplot' 패키지는 거의 모든 유형의 그래프를 표현할 수 있지만, 주어진 자료에 가장 적합한 그래프를 선택하고 구현하는 작업은 통계분석 초보자들에게 많은 고민을 안겨준다.

jamovi 통계프로그램에서 모듈 형태로 제공되는 'Flexplot'은 바로 이러한 고민을 해결하기에 적합하다. 주어진 자료를 가장 효과적으로 시각화하여 표현할 수 있도록 그래프 옵션을 대화상자 방식으로 제공함으로써 분석 초보자들도 손쉽게 다양한 통계관련 그래프를 구현할 수 있다.

보다 자세한 정보는 'Flexplot' 개발자가 2019년 미국심리학회(APA)에서 발표한 동영상을 참고하기 바란다.

> Google 검색 창에 "Flexplot apa 2019 presentation"을 검색하면 YouTube 동영상을 시청할 수 있다.

1 Flexplot 모듈 설치 및 실행

'jamovi library'에서 'Flexplot' 모듈을 컴퓨터에 설치한다.

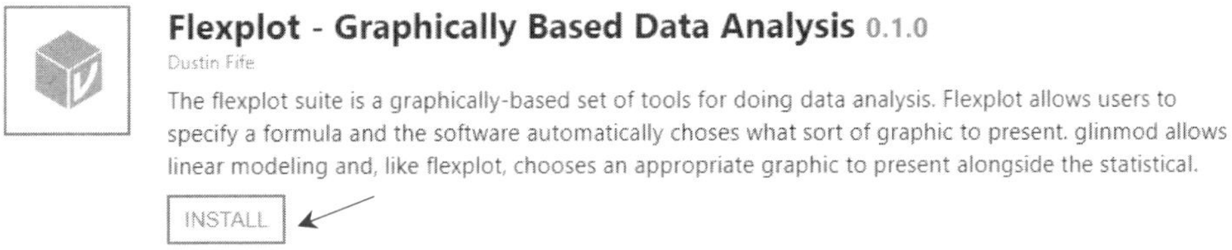

'Flexplot' 모듈에 사용할 예시 자료는 'flexplot.omv' 파일이다. 예시 파일을 클릭하면 jamovi 프로그램에 분석자료가 나타난다. 'Flexplot' 분석을 실행한다.

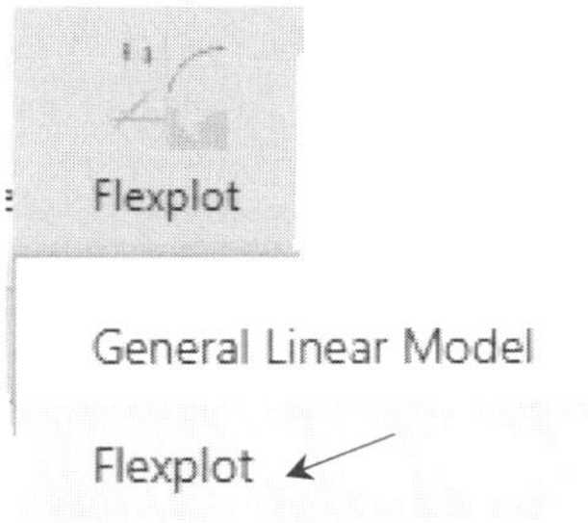

2 단변량 분포(Univariate Distribution)

연속변수 'conscientious' 변수를 선택해서 종속변수(outcome variable) 창으로 이동하면 오른쪽 결과 창에 'conscientious' 변수자료의 분포를 히스토그램(histogram) 분포로 나타내 준다.

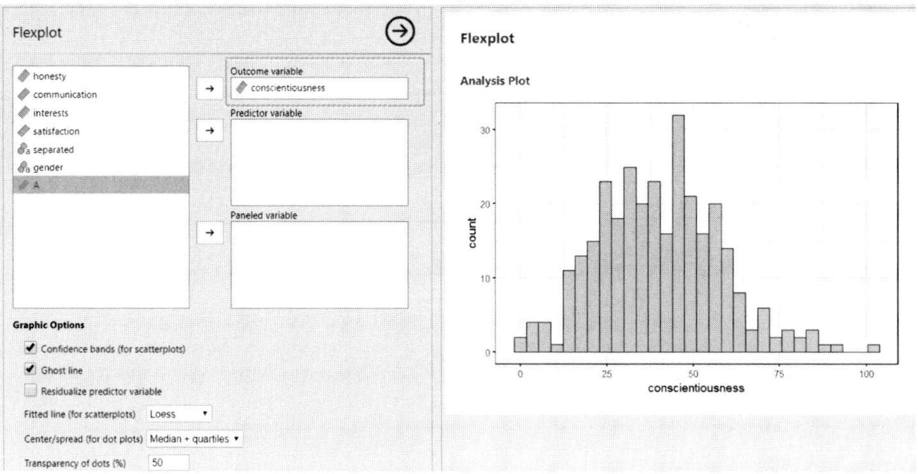

대화상자 종속변수 창에 비연속 변수(예를 들면, 'gender' 변수)를 선택하면 빈도 그래프(bar plot)가 결과 창에 제시된다.

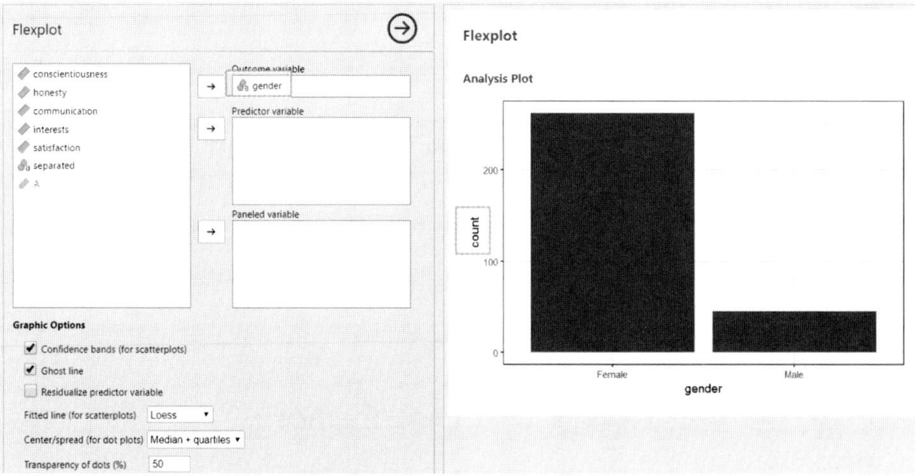

3 이변량 분포(Bivariate Distribution)

2개의 연속변수 간의 산점도(scatter plot) 그래프를 만들어 본다.

❶ 종속변수(Outcome variable)에 'satisfaction' 변수를 선택한다.

❷ 독립변수(Predictor variable)에 'communication' 변수를 선택한다.

오른쪽 결과 창에 사전에 설정된 그래프 옵션에 근거해서 산점도 그래프가 제시된다.

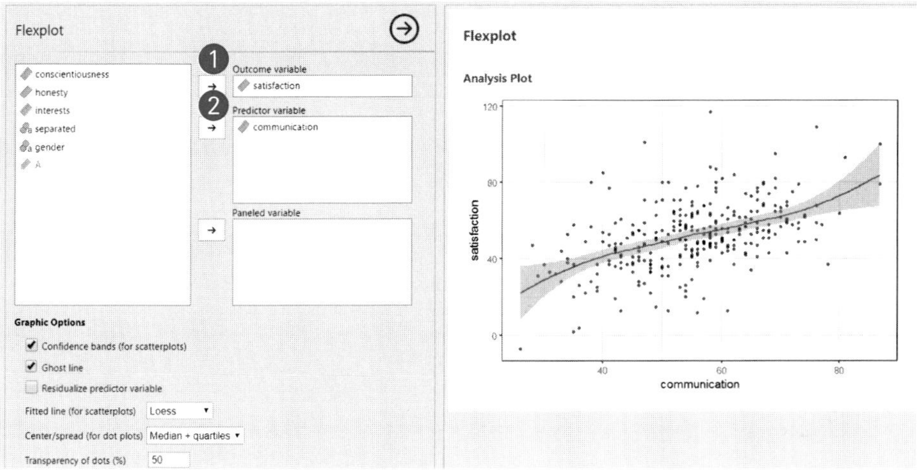

다음으로 분석상자에서 제공하고 있는 'Graphic Options'에 대해서 살펴보기로 한다.

❶ 산점도 그래프에 대한 신뢰구간을 보여 준다(표준옵션). 만약 신뢰구간을 나타내지 않으려면 왼쪽에 ✔를 클릭해서 해제한다.

❷ 'Loess' 라인은 변수들 간의 산점도의 경향성을 잘 파악할 수 있도록 곡선(smooth line) 형태로 보여준다(표준옵션).

만약에 직선 형태의 경향성을 보기를 원하면 ▼를 클릭해서 'Regression'을 선택한다. 로지스틱 회귀자료를 가지고 산점도의 경향성을 파악하기를 원할 경우

'Logistic'을 선택한다.

❸ 산점도의 농도를 선택할 수 있다. 만약 산점도를 그래프상에서 보기를 원하지 않을 경우 '0'의 값을 입력하면 된다. 최대로 진하게 산점도를 그래프에 표시할 경우에는 '100'을 입력하면 된다. 현재 '50'이 표준옵션으로 설정되어 있다.

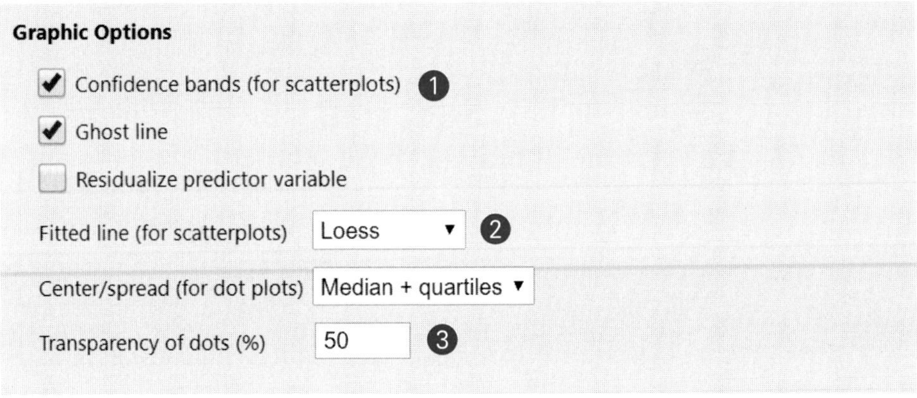

다음으로 독립변수가 비연속 변수(범주형 변수)일 경우의 그래프를 그려보기로 한다.

❶ 대화상자 독립변수(Predictor variable) 칸에 비연속 변수인 'gender' 변수를 선택한다.

❷ 독립변수가 범주형 변수일 경우 Flexplot은 표준옵션으로 설정된 'Median + quartiles'에 의해서 중앙값을 '●'를 중심으로 25%와 75%의 구간을 'Boxplot'의 변형된 형태로 범주별로 보여 준다. 또한 종속변수의 점수분포도 범주별로 동시에 보여 준다.

만약에 그래프를 단순하게 표현하기 위한 목적으로 종속변수의 점수분포를 삭제하려면, 그래프 옵션에서 'Transparency of dots(%)'를 '0'으로 설정하면 된다.

만약에 중앙값 대신에 평균과 표준편차의 조합된 형태로 그래프를 표시하려면 'Center/spread(for dot plots)' 옵션에서 'Mean + stdev' 옵션을 선택한다. 평균과 표준오차의 분포로 표시하려면 'Mean + sterr'을 선택하면 된다.

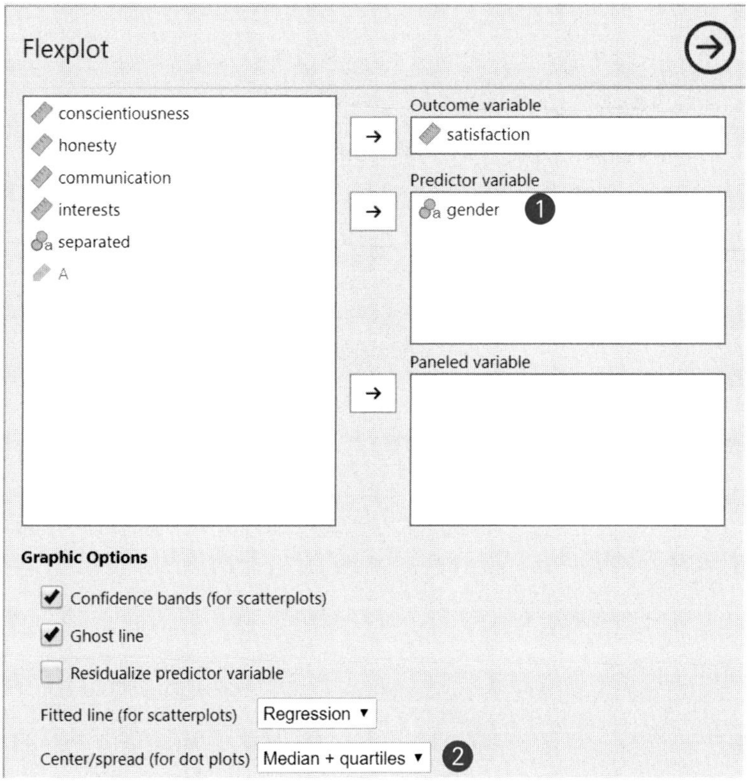

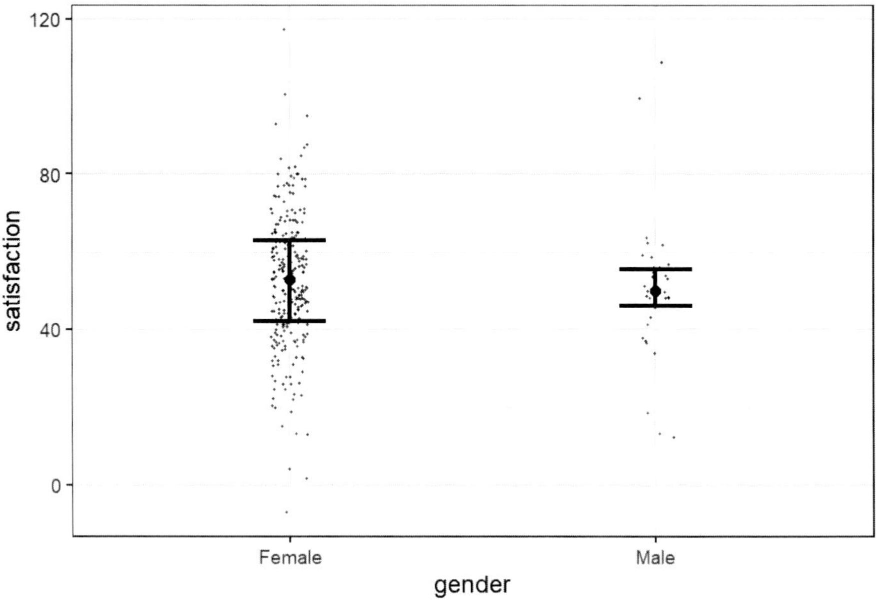

4 다변량 분포(Multivariate Distribution)

대화상자에서 연속형 종속변수와 독립변수 간의 관계에 범주형 변수 'separated' 변수를 독립변수(predictor variable) 칸에 추가하면 다음과 같은 그래프가 결과 창에 나타난다.

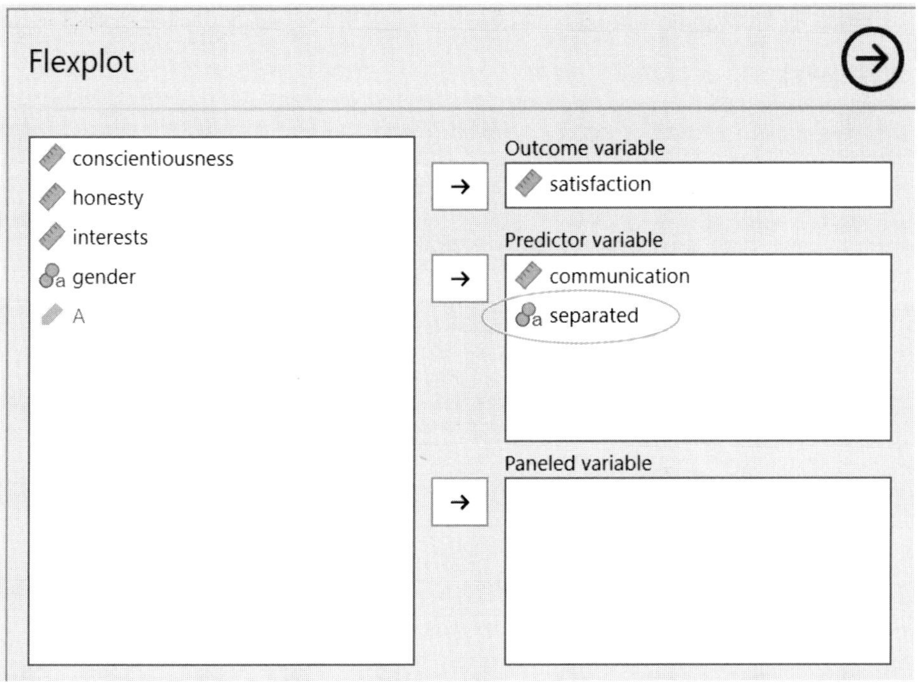

Analysis Plot

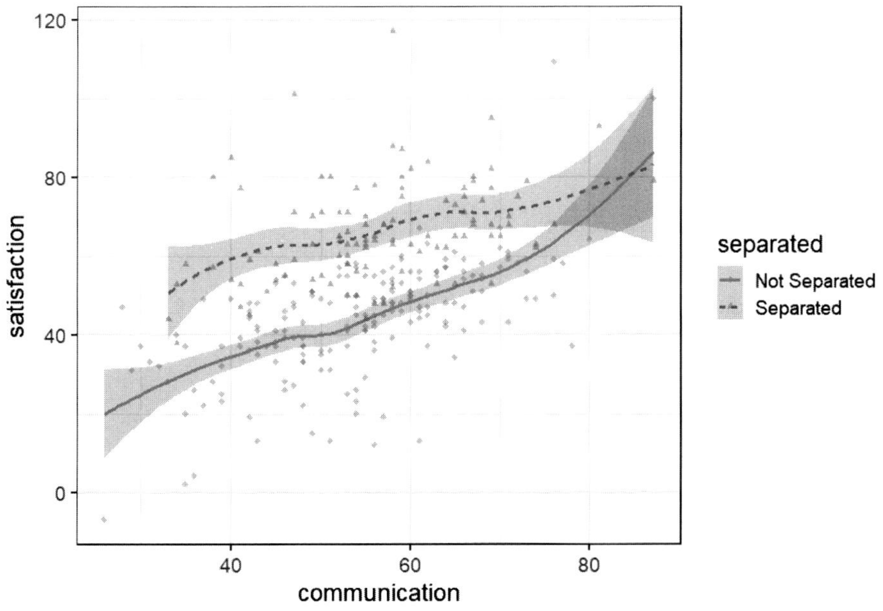

그래프 옵션(Graphic options)을 다음과 같이 설정하면 결과 그래프가 다음과 같이 나타난다.

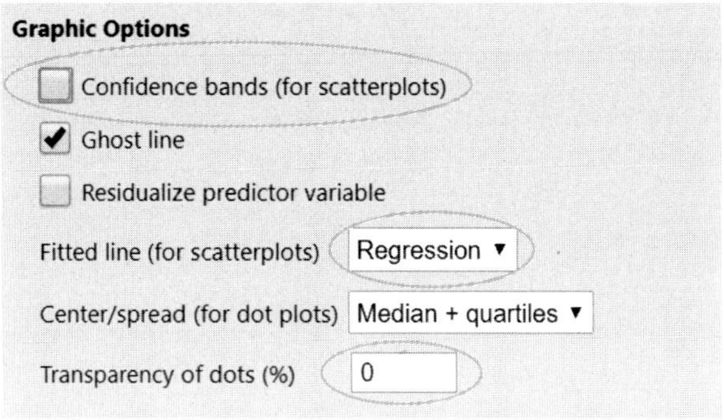

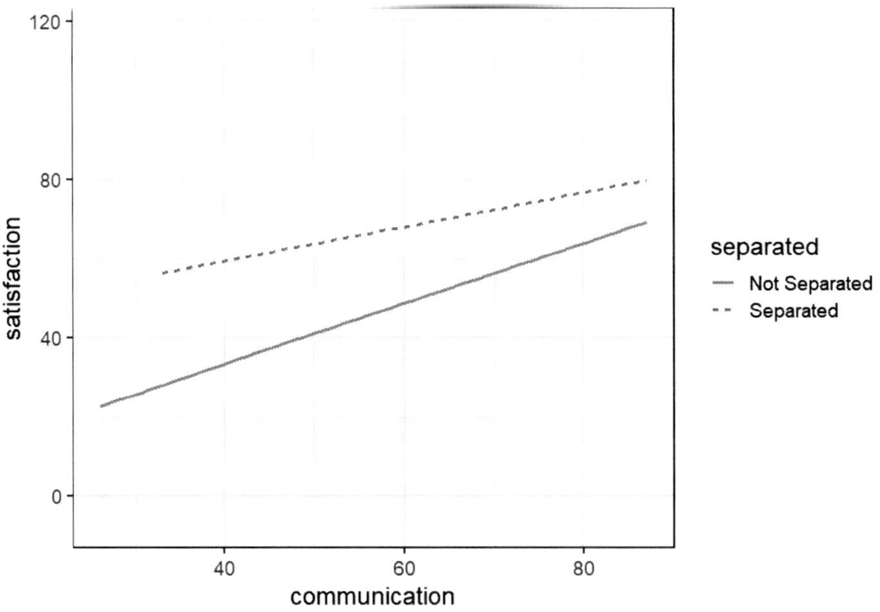

대화상자에서 범주형 독립변수 'separated'를 'Paneled variable' 창으로 이동시키면 다음과 같은 결과 그래프가 나타난다.

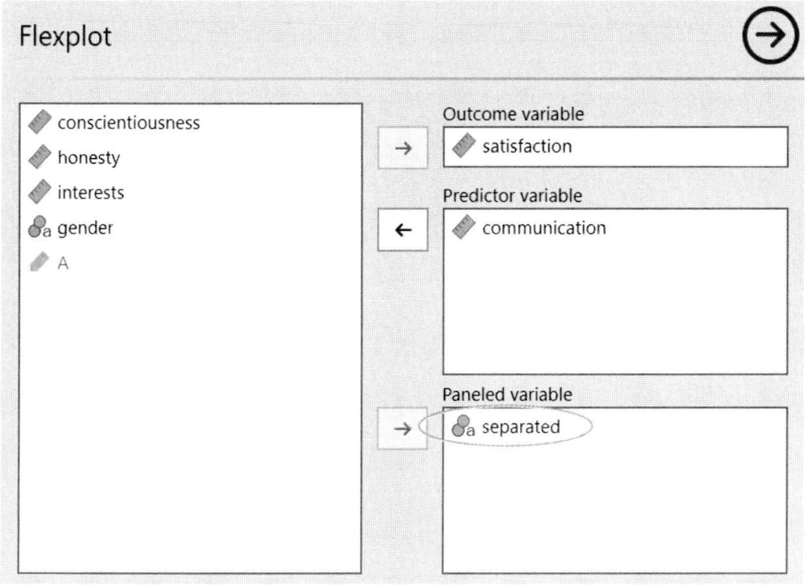

'communication' 변수와 'satisfaction' 변수 간의 관계가 범주형 변수인 'separated' 변수의 2개 집단별로 2개의 패널 창으로 제시되고 있음을 볼 수 있다.

오른쪽 패널 창에 빨간 화살표를 살펴보면 흐린 곡선을 볼 수 있다. 이 흐린 곡선은 바로 왼쪽 패널 창의 곡선을 의미한다. 따라서 오른쪽 패널 창에서 두 곡선의 경향성을 비교할 수 있다.

이 옵션은 분석상자 'Graphic Options'에서 'Ghost line' 옵션박스를 ✔하면 실행이 되고, ✔를 해제하면 흐린 곡선이 보이지 않게 된다.

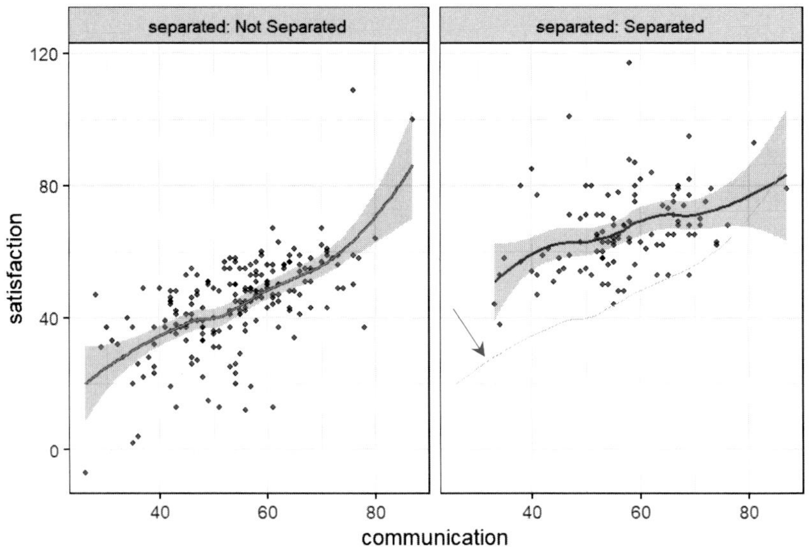

여러 개의 독립변수를 패널별로 경향성을 비교하기 원할 경우, 해당 독립변수들을 '패널 변수(Paneled variable)'로 이동시킨다.

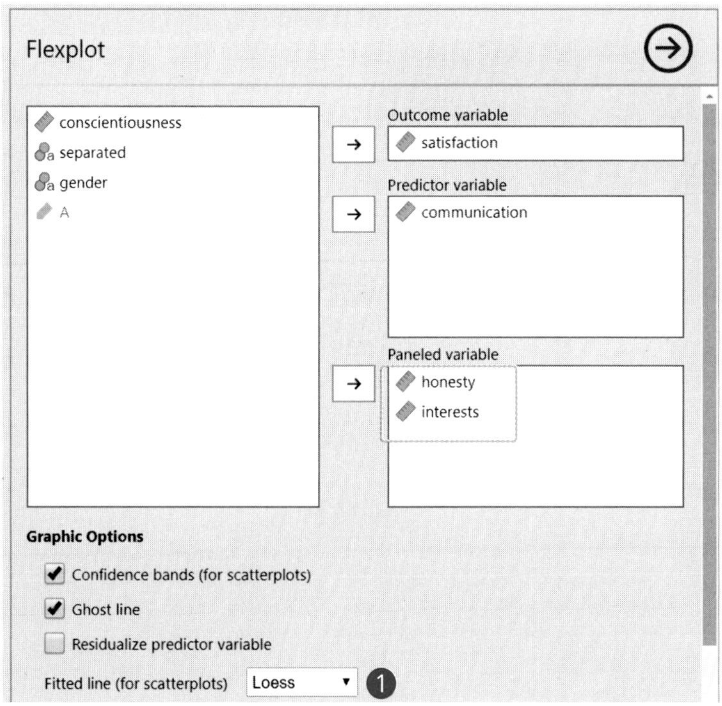

결과 그래프를 살펴보면, 대화상자 'Paneled variable'에 제시되어 있는 'honesty'와 'interests' 변수의 원점수를 4개의 집단으로 분할한 다음에 'satisfaction'과 'communication' 변수 간의 산점도와 적합도 곡선을 제시하고 있음을 볼 수 있다.

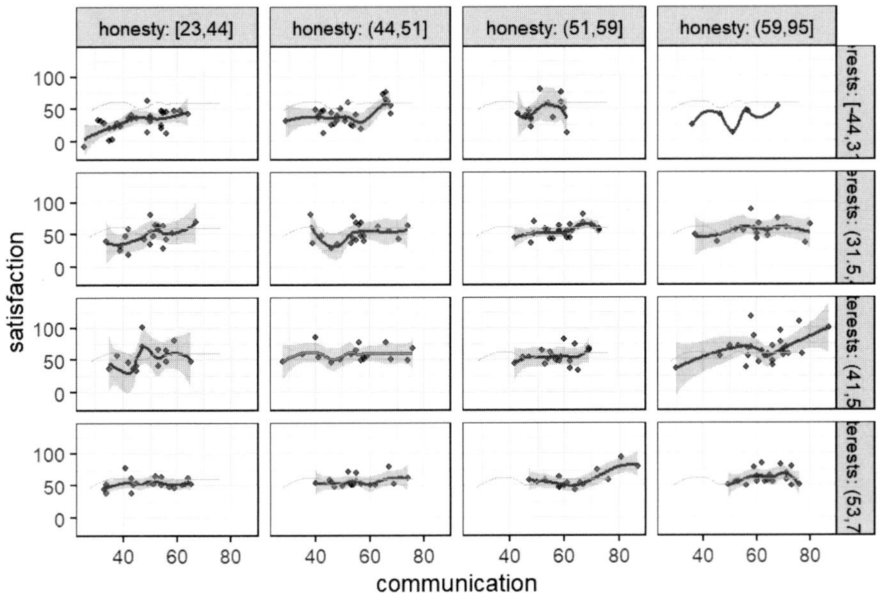

① 'Fitted line(for scatterplots)'에서 'Regression'을 선택하면 다음과 같은 직선형 그래프가 제시된다.

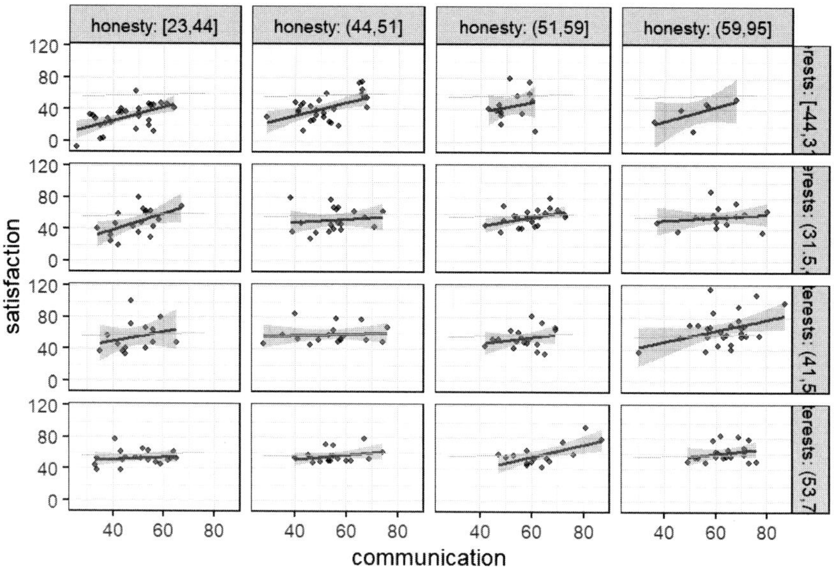

5 ANCOVA 형태의 그래프

Flexplot은 다른 독립변수의 효과를 통제한 상황에서 종속변수와 독립변수 간의 관계를 그래프로 보여 준다.

❶ 'Graphic Options'에서 'Residualize predictor variable' 체크박스에 ✔를 한다.

❷ Flexplot에서는 종속변수와 '마지막으로 설정된 변수' 간의 관계를 그래프로 보여 주며, 다른 변수들은 통제변수로 간주한다.

다음 예시에서는 'communication' 변수의 효과를 통제(또는 제거)한 상황에서 'interests' 변수와 'satisfaction' 변수 간의 산점도와 경향성 그래프를 결과 창에 보여 준다.

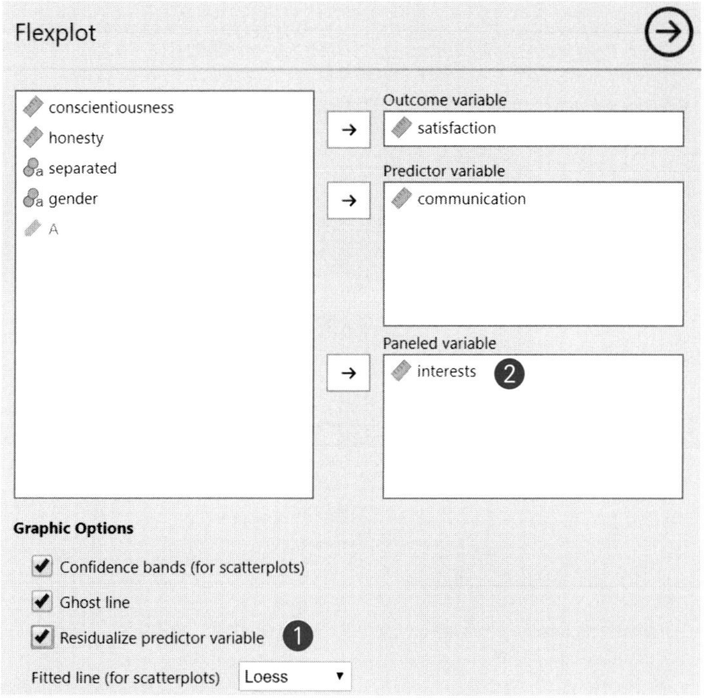

결과 그래프를 살펴보면, 종속변수 세로축에 'satisfaction | communication' 라벨을 볼 수 있다. 이것은 'communication' 변수의 효과를 제거(또는 통제)한 종속변수 'satisfaction'을 의미한다.

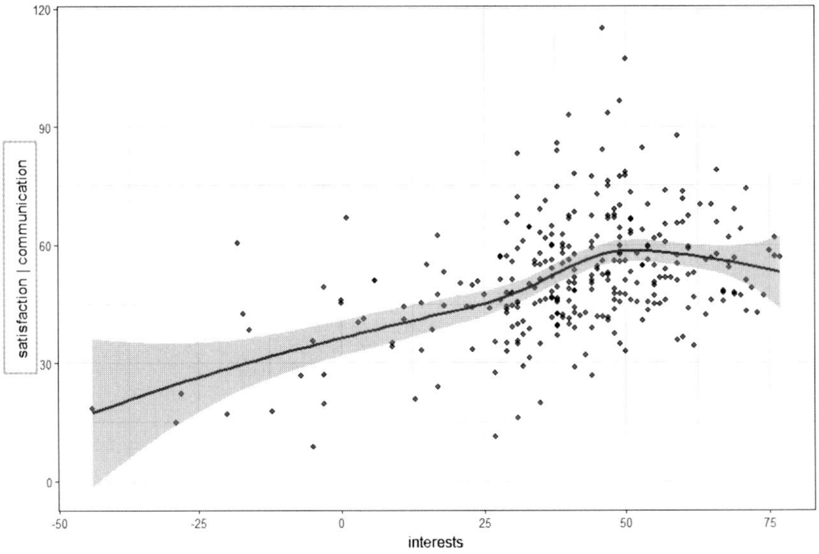

만약에 'communication'과 'honesty' 변수의 효과를 통제(또는 제거)한 상황에서 종속변수 'satisfaction'과 'interest' 변수 간의 그래프를 그리려면, 다음과 같이 변수를 이동하면 된다.

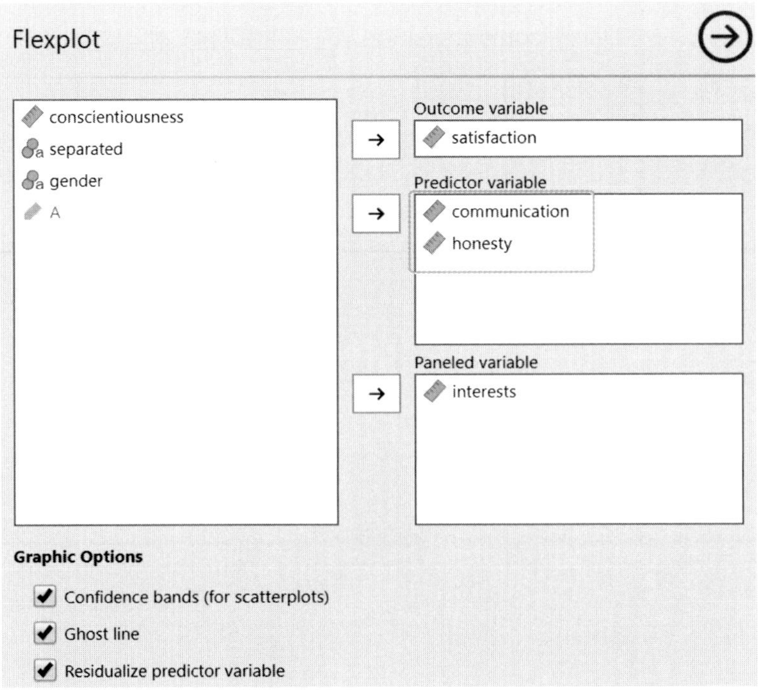

결과 그래프에서 종속변수 세로축에 'satisfaction | communication, honesty' 라벨을 볼 수 있다.

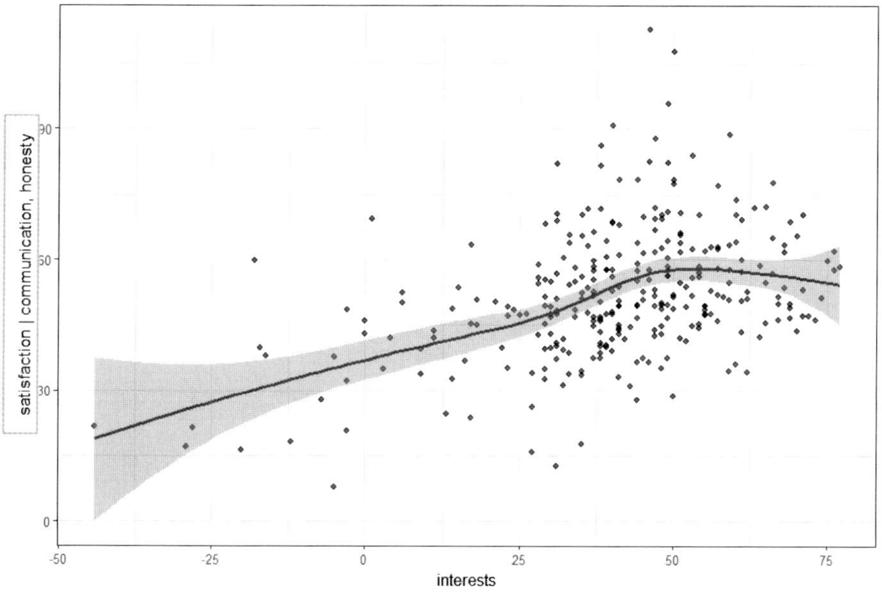

'communication' 'honesty' 'interest' 변수의 효과를 통제(또는 제거)한 상황에서 종속변수 'satisfaction'과 범주형 변수 'gender' 간의 그래프를 그리려면, 다음과 같이 변수를 이동하면 된다.

유의할 것은 오른쪽 변수 이동상자 제일 밑에 위치한 변수를 제외한 나머지 독립변수는 모두 통제변수로 취급한다는 것이다.

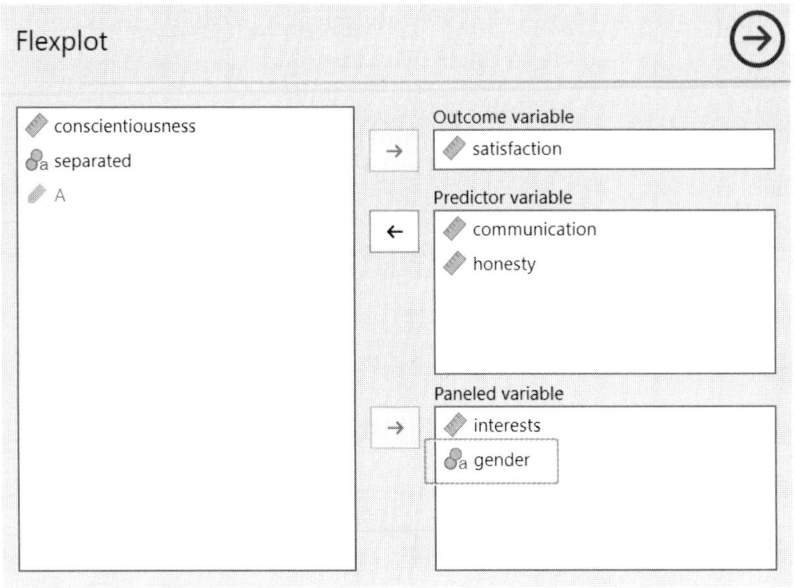

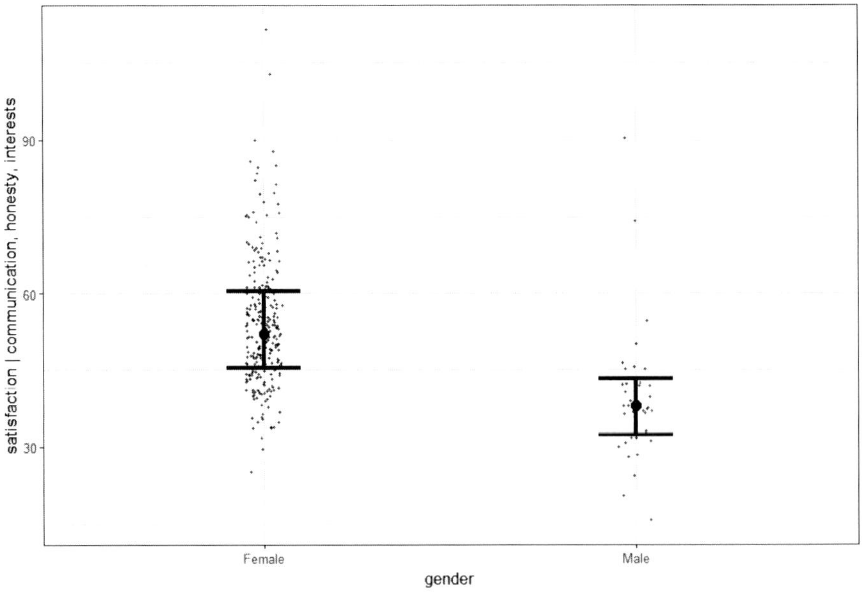

'flexplot' 프로그램을 R 환경에서 실행시키려면 다음과 같은 방법으로 설치한다.

```
install.packages("remotes")

remotes::install_github("dustinfife/flexplot")
#error: invalid multibyte string, element 1

Sys.setlocale(category = "LC_ALL", locale = "us")

remotes::install_github("dustinfife/flexplot")
# and then select "1"

library(flexplot)

citation("flexplot")
```

최근에 'Flexplot' 모듈이 업데이트(ver. 0.7.2)되면서 분석상자 옵션의 구조를 다음과 같이 대폭 수정하였다. 읽는 독자도 약간 당황스럽겠지만, 개정판 발간 직전에 'Flexplot' 분석옵션의 구조를 대폭 수정한 업데이트 모듈을 접한 필자 역시 같은 느낌을 받았다. 그러나 이것 역시 사용자와 개발자의 요구를 즉각적으로 반영해 주는 오픈소스 프로그램이 가지는 또 다른 매력이라 생각한다.

수정된 분석옵션의 경우 앞에 설명된 부분을 정독한 다음에 각각의 분석옵션을 클릭하면 쉽게 따라할 수 있다. 결과 창에서 변화된 그래프의 모양을 살펴보면서 쉽게 각 옵션의 기능을 파악하기 바란다.

참고로 jamovi 홈페이지에 접속하여 화면 우측 상단의 'blog'를 클릭하면 개발자가 'Flexplot in jamovi'(2019년 10월 6일)로 게시한 블로그 내용을 살펴볼 수 있으니 참조 바란다.

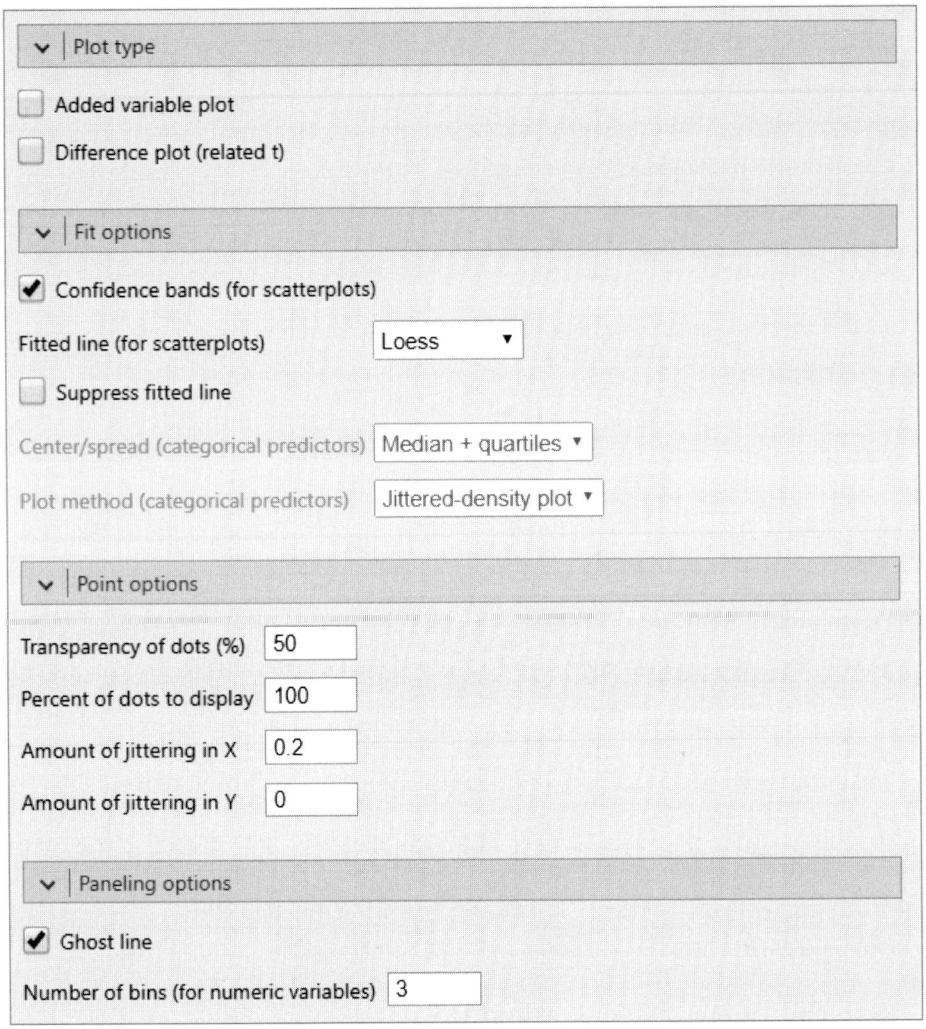

6 다이아몬드 그래프

여러 연속변수들에 대한 평균 위치와 95% 신뢰구간 및 분포를 시각적으로 동시에 표시할 수 있다.

① jamovi library에서 'ufs' 모듈을 설치한다.

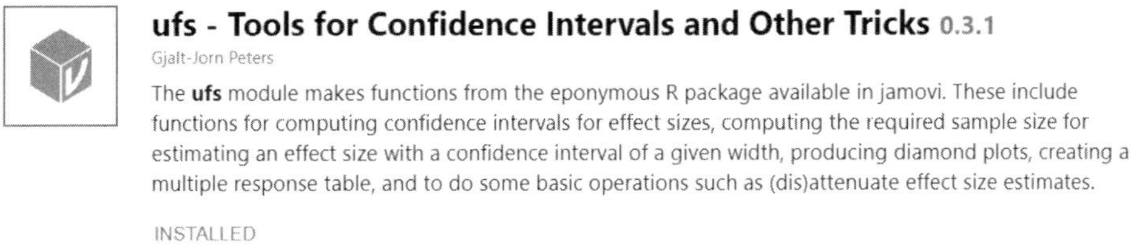

② 예시 자료로 jamovi에 내장되어 있는 'Big5' 자료를 불러온다.

③ 'ufs'모듈에서 'diamond plot: means' 옵션을 선택한다.

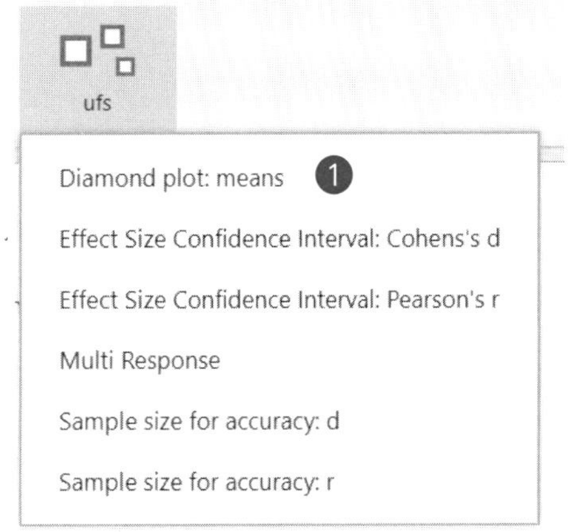

④ 왼쪽에 제시되어 있는 연속변수를 오른쪽으로 이동한다.

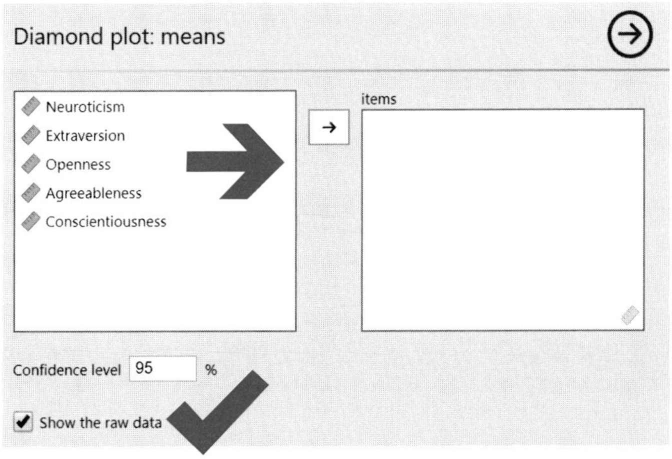

⑤ 오른쪽 결과 창에 각 변수의 평균위치와 95% 신뢰구간을 다이아몬드 형태로 보여 준다. 흐리게 나타나는 점들은 선택된 연속변수의 원자료들을 의미한다. 도표에서 가로축은 점수범위를 의미하고 세로축은 선택된 연속변수 이름을 의미한다.

Diamond plot: means

Diamond plot for the 95% confidence intervals for the means of 'Neuroticism', 'Extraversion', 'Openness', 'Agreeableness' & 'Conscientiousness' based on a dataset with 500 rows, 500 of which have complete data.

Plot

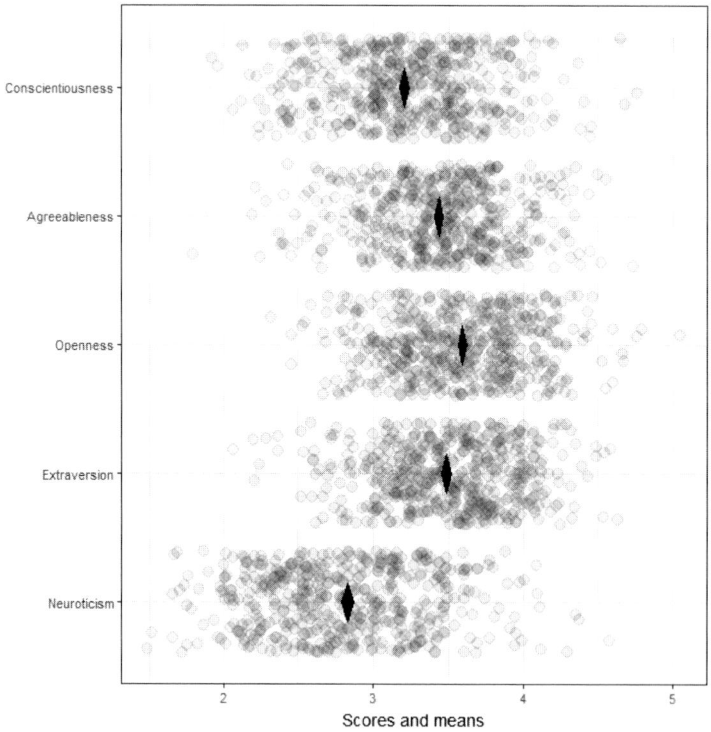

⑥ 만약에 원자료들을 숨기기를 원하면 옵션에서 'Show the raw data'의 체크박스를 해제하면 된다. 앞의 자료와 비교할 때 다이아몬드 위치가 변한 것처럼 보이

는 것은 가로축에 척도 점수가 재조정되었을 뿐이며 평균값은 동일 위치임을 알 수 있다.

Plot

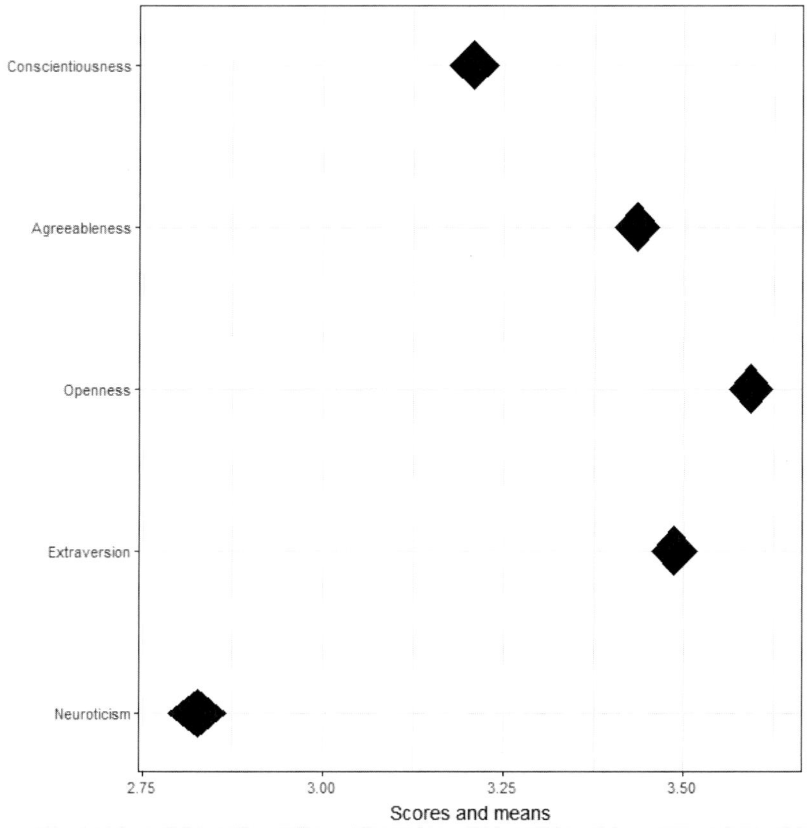

부록 3
'seolmatrix' 모듈을 이용한 상관 및 평정자 신뢰도 분석

jamovi 통계 프로그램은 통계 분석기능과 함께 통계 모듈(패키지) 개발 환경을 제공하고 있다. jamovi는 R 프로그래밍 언어로 작성되어 있기 때문에 R 패키지 개발 경험이 있는 사용자는 jamovi 프로그램 환경에서 제공하고 있는 'jmvtools'를 사용해서 직접 통계 모듈을 개발하여 jamovi 통계 프로그램에 설치하고 실행할 수 있다. 통계모듈 개발에 관심 있는 독자는 jamovi 홈페이지에 있는 개발 매뉴얼(https://dev.jamovi.org)을 참조하기 바란다.

'seolmatrix' 모듈(Seol, 2020)은 국내 처음으로 'jmvtools'를 사용해서 Pearson, Partial, Point-biserial, Tetrachoric 상관계수 및 평정자(채점자) 신뢰도와 함께 변수들의 간의 구조적인 관계를 시각적으로 표현해 주는 가우시안 그래프 모형(Gaussian graphical model)을 제공하고 있다. 가우시안 그래프 모형과 관련해서 Bhushan 등(2019)의 논문을 참고하기 바란다.

1 'seolmatrix' 모듈 설치 및 실행

'seolmatrix' 통계 모듈을 설치하기 위해서 jamovi 통계분석 프로그램을 실행한다. 프로그램 우측 상단의 십자 형태의 'Modules'를 클릭한 다음에 'jamovi library'에서 'seolmatrix' 모듈을 찾아서 'install'을 실행한다. 모듈이 개인 컴퓨터에 자동으로 설치가 되고 분석 창에 모듈이 설치되어 있음을 확인할 수 있다.

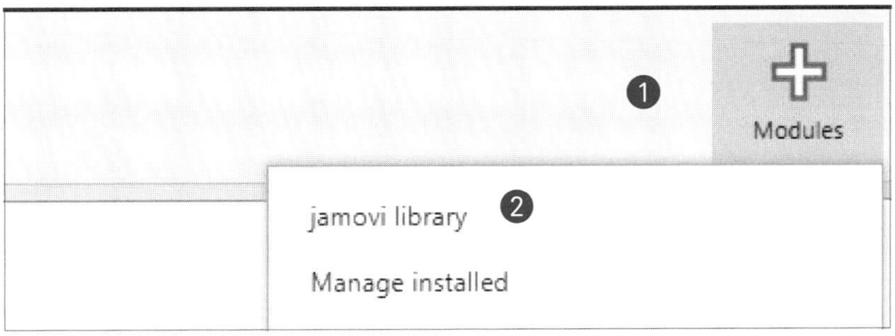

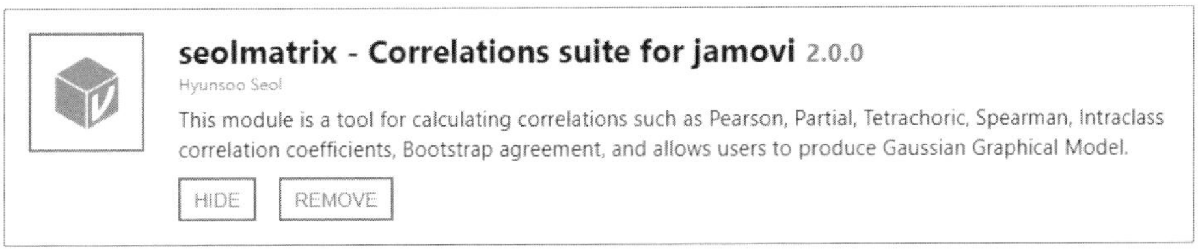

2 상관분석 실행 및 해석

통계모듈을 다운로드하면 예시자료도 함께 컴퓨터에 자동으로 설치된다. 예시자료를 가지고 상관분석을 수행하기 위해서 Open 〉 Data Library 〉 Correlations suite for jamovi 폴더를 선택한다. ❸번 폴더를 클릭하면 seolmatrix에서 제공하는 4개의 예시 파일을 확인할 수 있다.

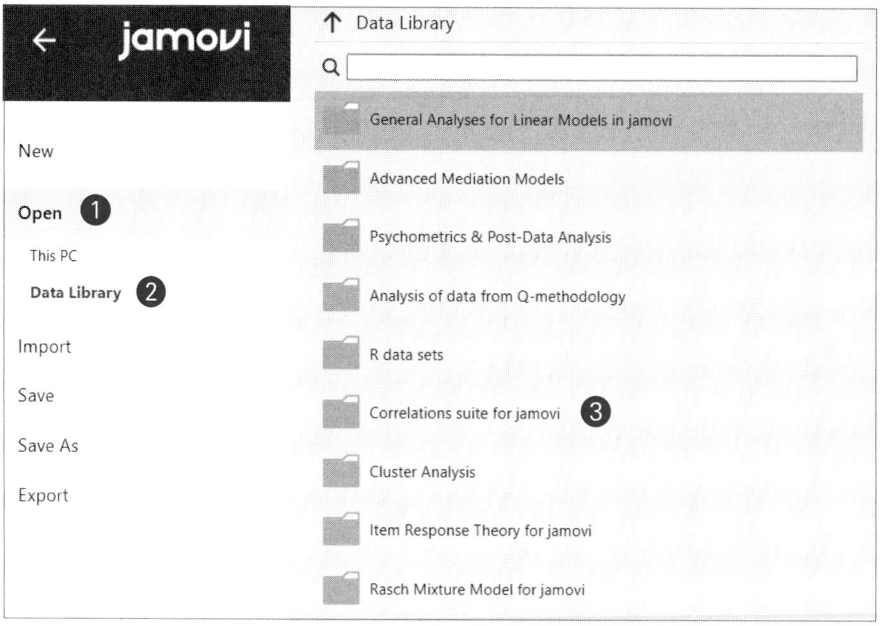

예시 파일을 열면 분석자료와 함께 저장된 분석 결과도 제공되고 있음을 볼 수 있는데, 이것은 jamovi 통계프로그램만이 가지고 있는 아주 유용한 특징 중에 하나이다. 즉, jamovi는 분석자료와 함께 분석 결과도 함께 파일로 저장할 수 있다.

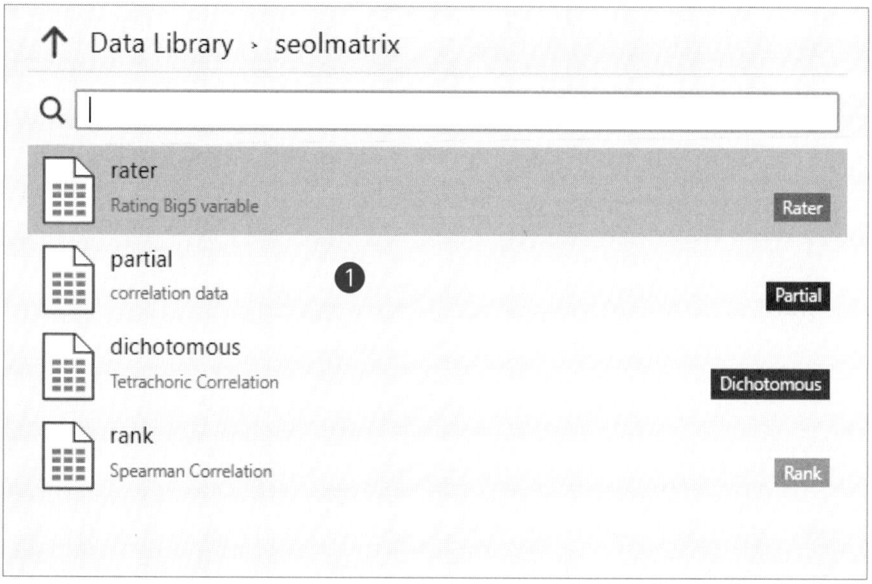

만약에 새로운 자료를 가지고 분석하려면 모듈 메뉴에서 클릭하면 된다. 예를 들면, 모듈에서 'Partial Correlation'을 선택하면 된다.

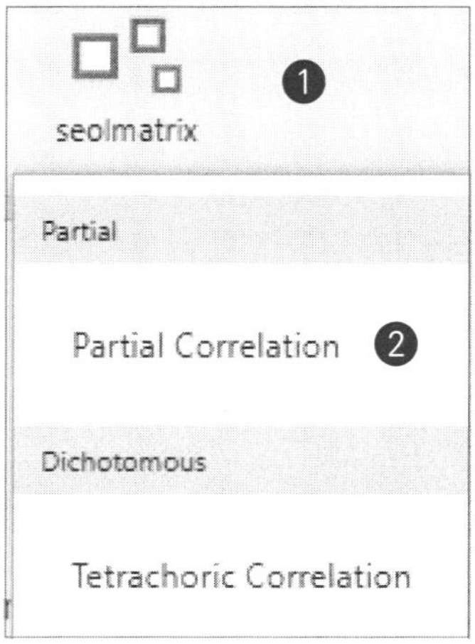

jamovi 프로그램에서 제공하고 있는 Big 5 자료를 가지고 실습해보기로 한다. Open 〉 Data Library를 클릭한 다음에 하단에 있는 Big 5(Dolan, Oort, Stoel & Wicherts, 2009) 예시자료를 클릭한다.

분석상자에서 ①번에 제시된 변수들을 ②번 'Variables'로 이동하면 오른쪽 결과 분석 창에 Pearson 상관분석 결과표가 제시된다.

편상관(partial correlation) 분석을 원하면 ①번에 제시된 변수 목록에서 통제 변수를 ③번 'Controlling for' 박스로 이동하면, 해당변수를 통제한 상황에서 편상관 분석 결과표가 오른쪽에 제시된다.

참고적으로 seolmatrix 모듈에서 편상관 분석을 개발 및 설치한 이후에 jamovi 프로그램(Regression 〉 Partial Correlation)에서 partial correlation을 기본 분석 옵션으로도 제공하고 있다.

다음으로 분석 옵션을 살펴보기로 한다. ④번 'Display significance levels'를 클릭하면 오른쪽 분석 결과표에 상관계수에 대한 확률값이 자동으로 제시된다.

만약에 학술논문에 보고되는 '*'값을 상관계수 값에 추가하기를 원하면, ⑤번 항목을 클릭하면 된다.

⑥번 항목을 클릭해서 '양방검증(Two-tailed)' 또는 '일방검증(One-tailed)' 옵션을 선택할 수 있다.

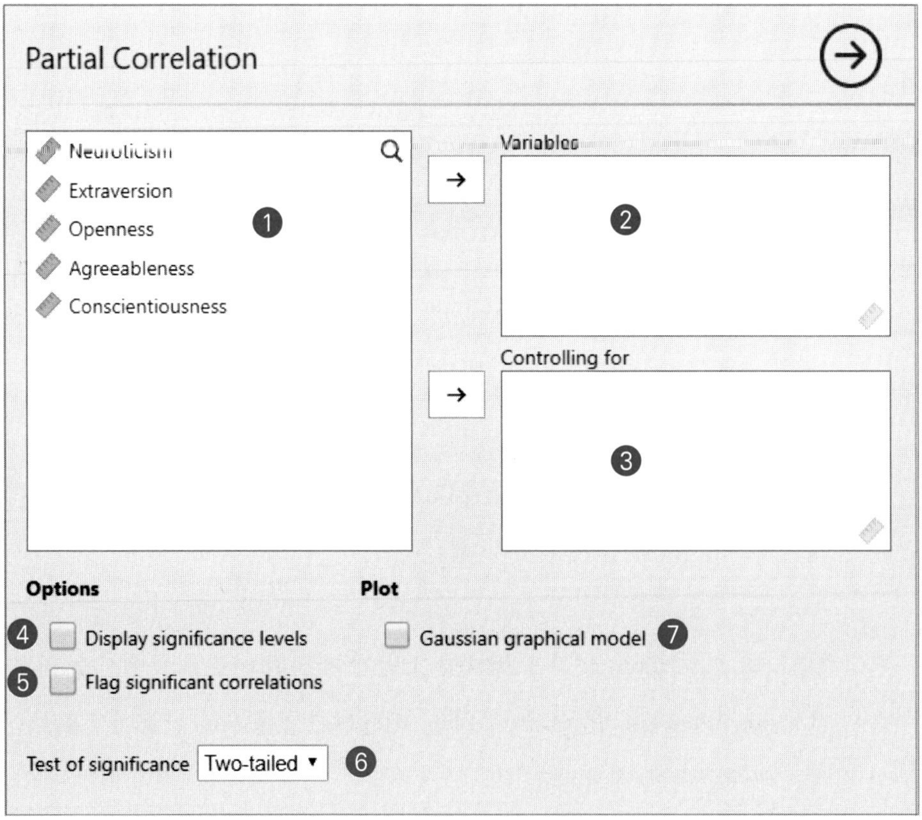

④, ⑤, ⑥번 옵션 모두를 클릭해서 5개 변수에 대해서 양방검증을 실시한 pearson 상관분석 결과표를 제시하면 다음과 같다.

Correlation Matrix

		Neuroticism	Extraversion	Openness	Agreeableness	Conscientiousness
Neuroticism	r	—				
	p-value	—				
Extraversion	r	-0.35 ***	—			
	p-value	< .001	—			
Openness	r	-0.01	0.27 ***	—		
	p-value	0.817	< .001	—		
Agreeableness	r	-0.13 **	0.05	0.16 ***	—	
	p-value	0.003	0.223	< .001	—	
Conscientiousness	r	-0.37 ***	0.06	-0.01	0.16 ***	—
	p-value	< .001	0.149	0.764	< .001	—

Note. Not controlling for any variables, the result table shows Pearson correlation matrix

Note. Two-tailed significance: * p < .05, ** p < .01, *** p < .001

이번에는 신경성(Neuroticism)과 외향성(Extraversion) 변수를 통제하고 분석한 결과를 제시하면 다음과 같다.

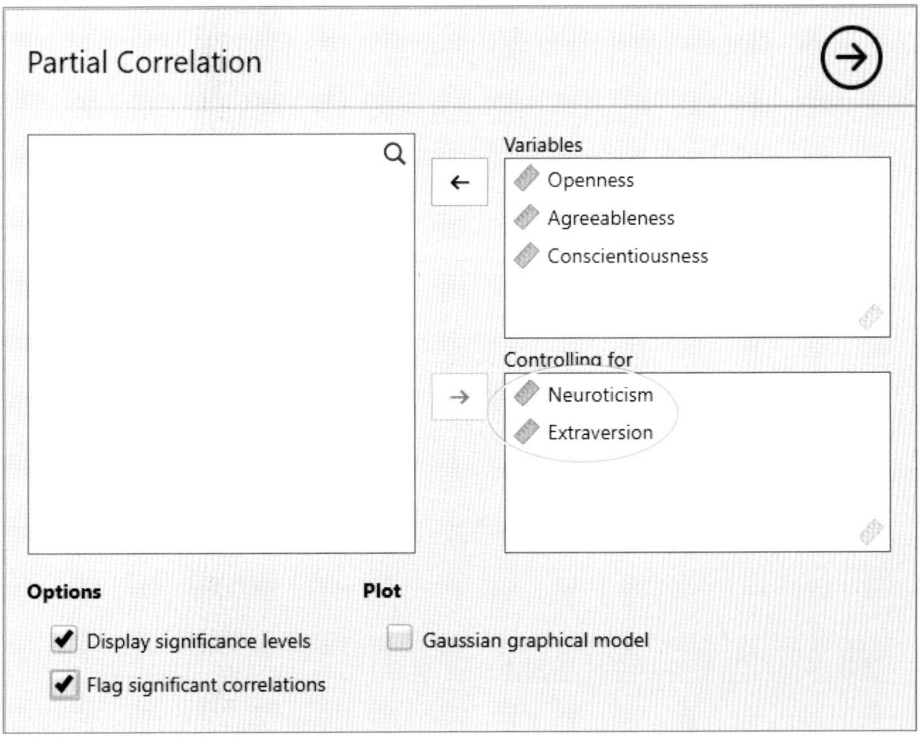

결과표 밑에 주석을 보면, 신경성 변수와 외향성 변수를 통제한 상관분석표임을 알려주고 있으며, 양방검증에 대한 정보도 제공해 주고 있다.

Partial Correlation Matrix

		Openness	Agreeableness	Conscientiousness
Openness	r	—		
	p-value	—		
Agreeableness	r	0.16 ***	—	
	p-value	< .001	—	
Conscientiousness	r	0.00	0.12 **	—
	p-value	0.960	0.008	—

Note. Controlling for Neuroticism, Extraversion
Note. Two-tailed significance: * p < .05, ** p < .01, *** p < .001

'seolmatrix'를 사용할 때 사용자가 유의해야할 사항과 함께 오류 또는 개선사항 요청을 저자의 프로그램 작업공간인 Github에 연결해놓은 것을 볼 수 있다. 만약에 모듈을 사용하다가 발견된 오류, 의문점 및 개선사항을 Github의 'Issues' 또는 'Discussions' 게시판을 사용해서 질의응답을 할 수 있다.

Partial Correlation

If you move the variables into **Controlling for** box, the result table shows Partial correlation.

When One variable is dichotomous, the other is continuous, the result table is equivalent to a Point-biserial correlation.

Feature requests and bug reports can be made on my GitHub

결과 분석에 투입될 변수는 원칙적으로 연속(Continuous)변수로 설정되어 있어야 한다. 더 나아가서 예/아니요 혹은 0 또는 1로 코딩된 자료도 가급적 에러 메시지를 피하기 위해서 아래 제시된 이미지처럼 연속변수로 설정한 다음에 상관분석을 수행할 것을 권한다.

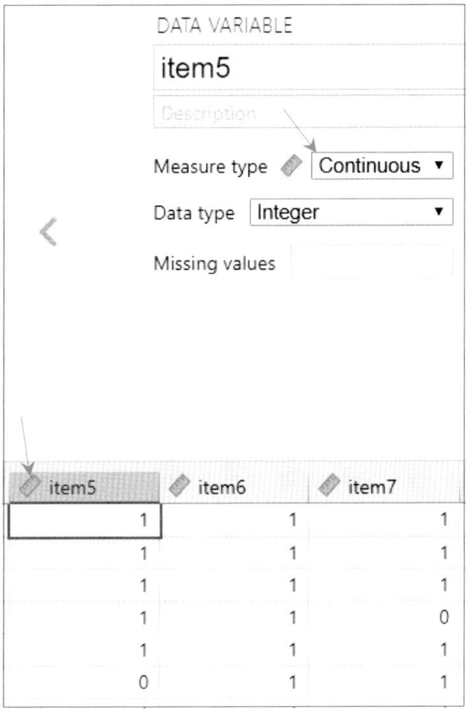

점이연(Point-biserial)상관계수는 이분변수와 연속변수간의 상관계수 값을 의미한다. 아래 간단한 예시에서 오른쪽 결과표를 보면 총점(Total)과 개별 문항(Item1, Item2)간의 상관계수 값이 점이연 상관계수이다.

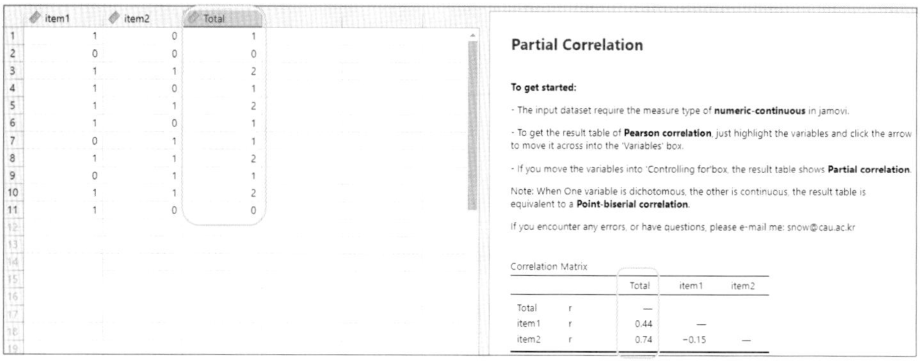

3 가우시안 그래프 모형(Gaussian Graphical Model)

가우시안 그래프 모형은 변수 또는 문항들 간의 관계를 선으로 연결해서 시각화한 모형으로 볼 수 있다. 'Big 5' 예시자료에 있는 5개 변수를 가지고 Plot 옵션에서 'Gaussian graphical model'을 체크하면 다음과 같은 그래프를 보여준다.

그래프에서 각 변수들 간의 경로도는 원자료를 가지고 'psych' R 패키지를 사용해서 편상관 계수 행렬(partial correlation matrix)을 계산한 다음에 편상관 행렬 값을 입력자료로 투입해서 R 패키지인 'qgraph'(Epskamp et al., 2012)를 사용해서 도표를 산출했다.

seolmatrix 2.0 버전에서는 2가지의 그래프(가우시안 그래프와 편상관 그래프)를 제공하고 있다. 가우시안 그래프는 R 패키지인 'qgraph'의 EBICglasso 함수를 사용해서 구현했으며, 편상관 도표는 편상관 행렬을 'qgraph' 패키지로 시각화한 도표이다.

그래프를 해석하면 빨강 선은 두 변수 간에 부('−')적인 상관을 의미하며, 부적인 상관이 높을수록 진하고 굵게 표시된다. 녹색 선은 두 변수 간에 정('+')적인 상관을 의미하며, 정적인 상관이 높을수록 녹색 선이 진하고 굵게 표시된다.

가우시안 그래프는 특히 문항들 간의 상관관계와 정도를 시각적인 형태로 나타내주기 때문에 문항들 간의 유사군집(clustering) 등을 효과적으로 파악할 수 있다는 장점이 있다.

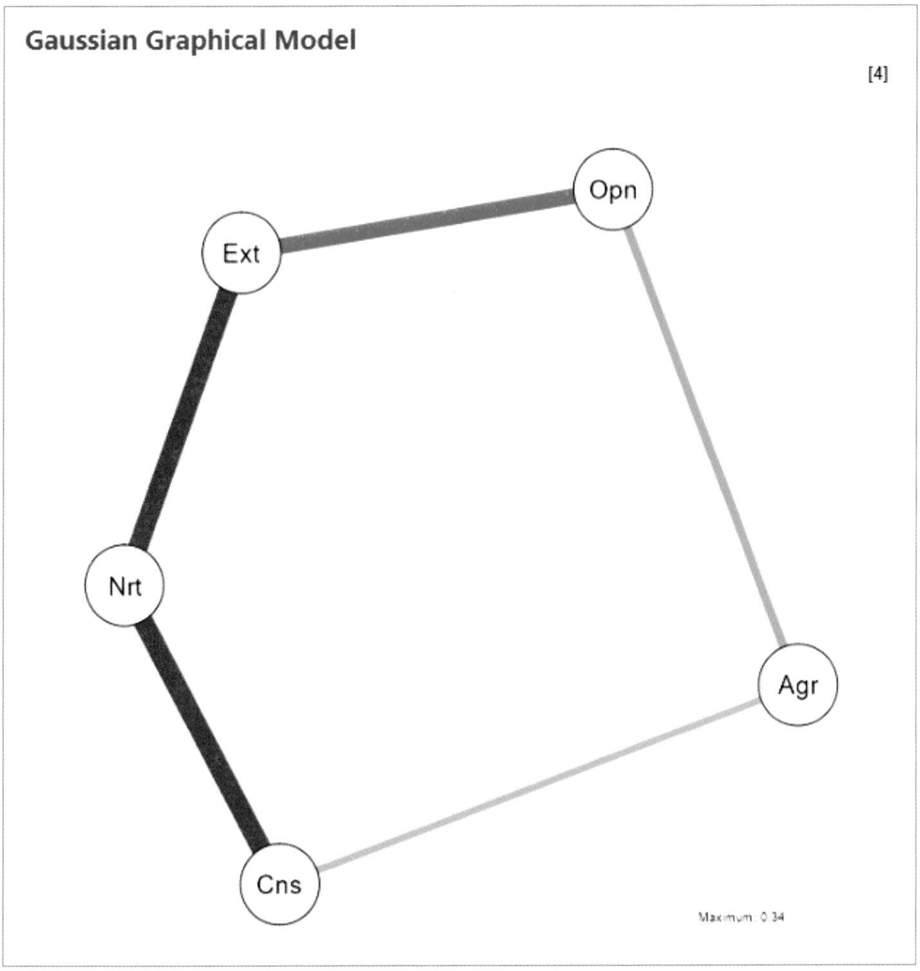

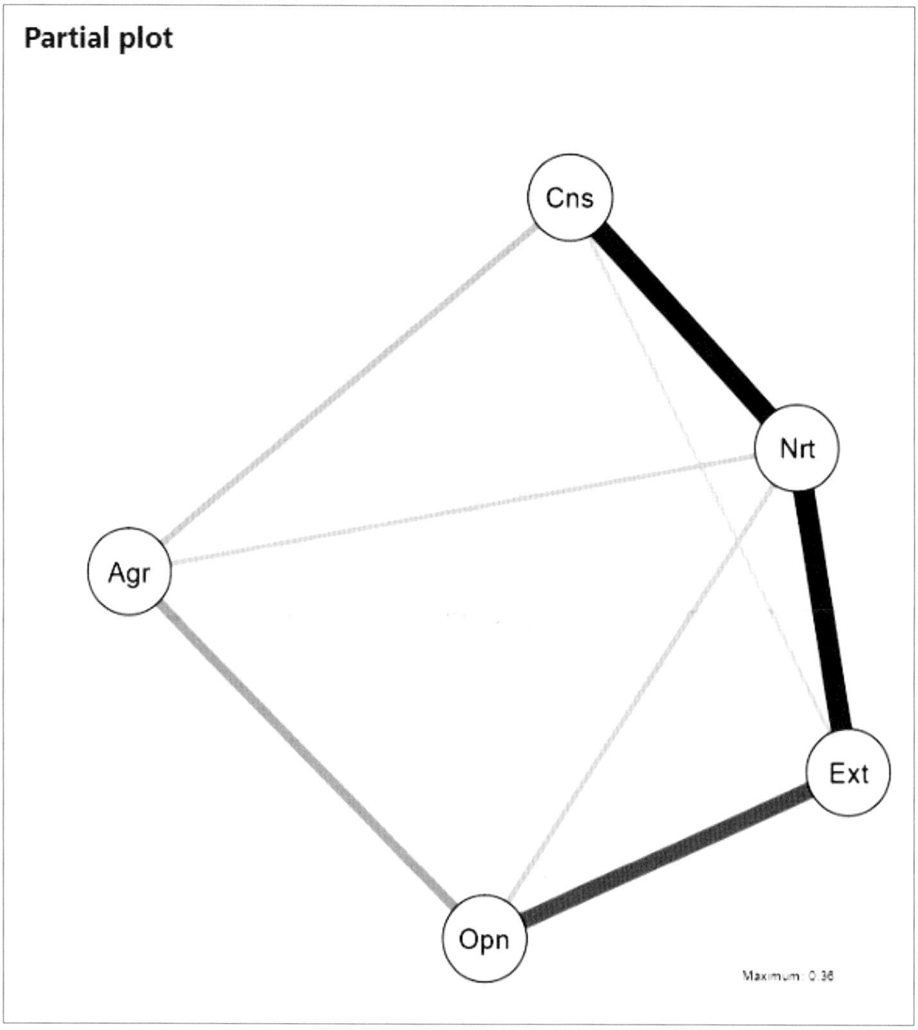

4 테트라코릭 상관계수(Tetrachoric correlation)

테트라코릭 상관계수는 분석 변수 모두 이분문항(예/아니요 또는 0/1)으로 코딩된 자료의 상관계수 행렬 값을 산출하는 데 사용된다.

jamovi 요인분석에서 원자료 또는 상관계수 행렬을 요인분석의 입력 자료로 사용할 수 있다. 요인분석은 정규분포에 근거하고 있는데, 이분변수의 경우 각 변수는 정규분포를 따르지 않기 때문에 정규분포에 기반한 최대우도법을 적용할 수 없다. 또한 이분문항을 Pearson 상관계수로 계산해서 요인분석을 할 경우 잘못된 요인분석 결과가 나타날 가능성이 크다. 따라서 이분문항의 상관을 계산하는 데 사용하는 테트라코릭 상관계수 값을 요인분석의 투입 행렬로 사용해야 한다.

이분문항으로 이루어진 자료를 가지고 테트라코릭 상관계수 행렬을 산출하기 위해서 예시 자료에서 'dichotomous.omv' 파일을 클릭한다.

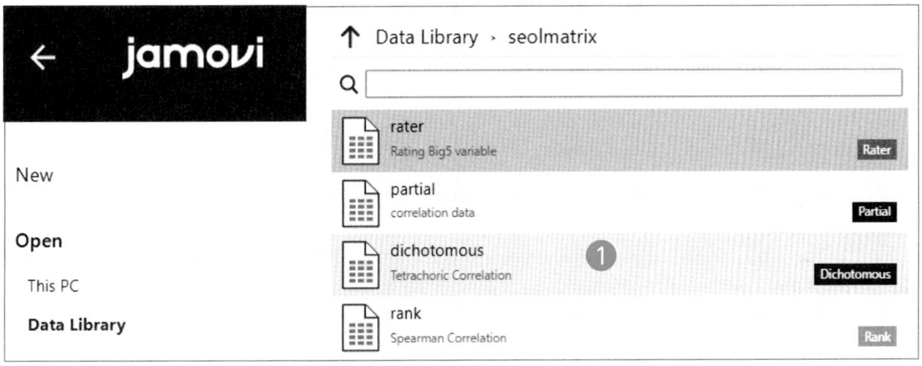

실습을 위해서 분석 결과표를 제거한다. 제거하는 방법은 분석 결과표의 Results에 아이콘을 올려놓고 마우스 오른쪽 버튼을 클릭해서 ❶ All 〉 ❷ Remove를 선택해서 클릭하면 전체 분석 결과가 사라지게 된다.

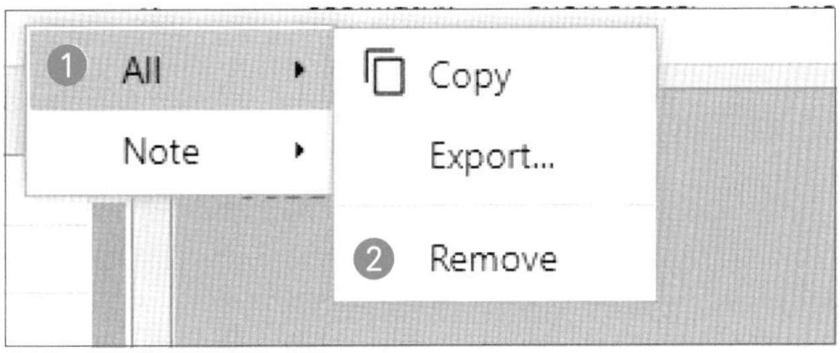

예시자료를 열면 0과 1로 코딩된 15개의 문항을 볼 수 있다. 15개 문항의 상관계수 행렬을 산출하기 위해서 'seolmatrix'에서 'Tetrachoric correlation'을 클릭하면 다음과 같은 분석상자가 나타난다.

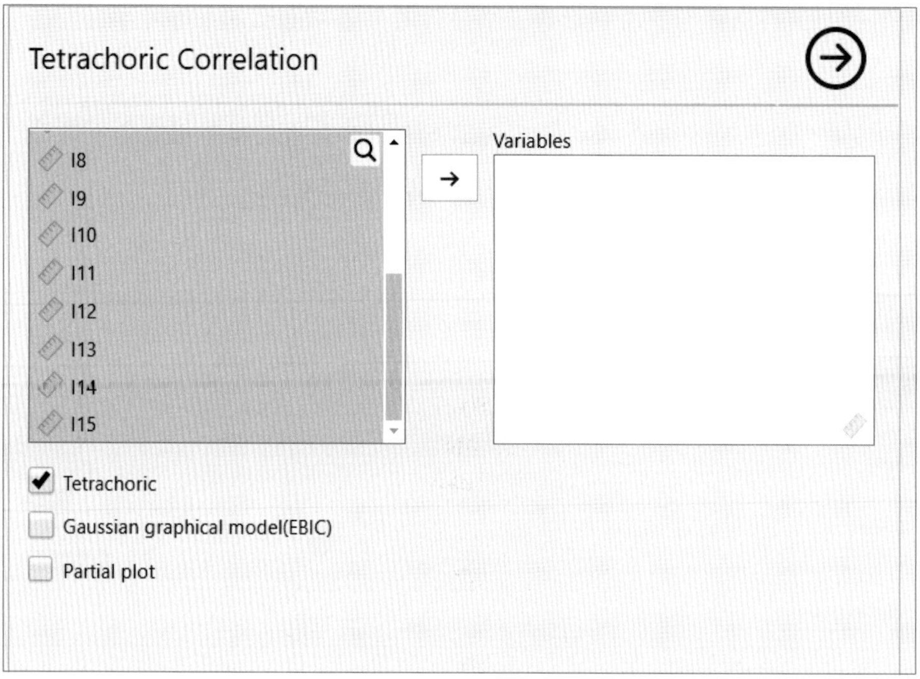

15개의 문항을 오른쪽 'Variables' 상자로 이동하면, 오른쪽 결과표에 테트라코릭 상관계수 행렬표가 나타난다. 또한 아래쪽에 'Gaussian graphical model'을 클릭하면 문항들 간의 구조를 시각화해서 보여 주는 도표가 나타난다.

분석 결과표는 마우스 오른쪽 버튼을 눌러서 'Copy'하여 'Word'에서 편집하거나 또는 'Export'를 클릭해서 *.pdf 또는 *.html 형식으로 저장해서 사용할 수 있다. 15개 문항에 대한 가우시안 그래프 모형을 제시하면 다음과 같다. 해석은 앞에 설명한 내용과 동일하다.

Gaussian Graphical Model

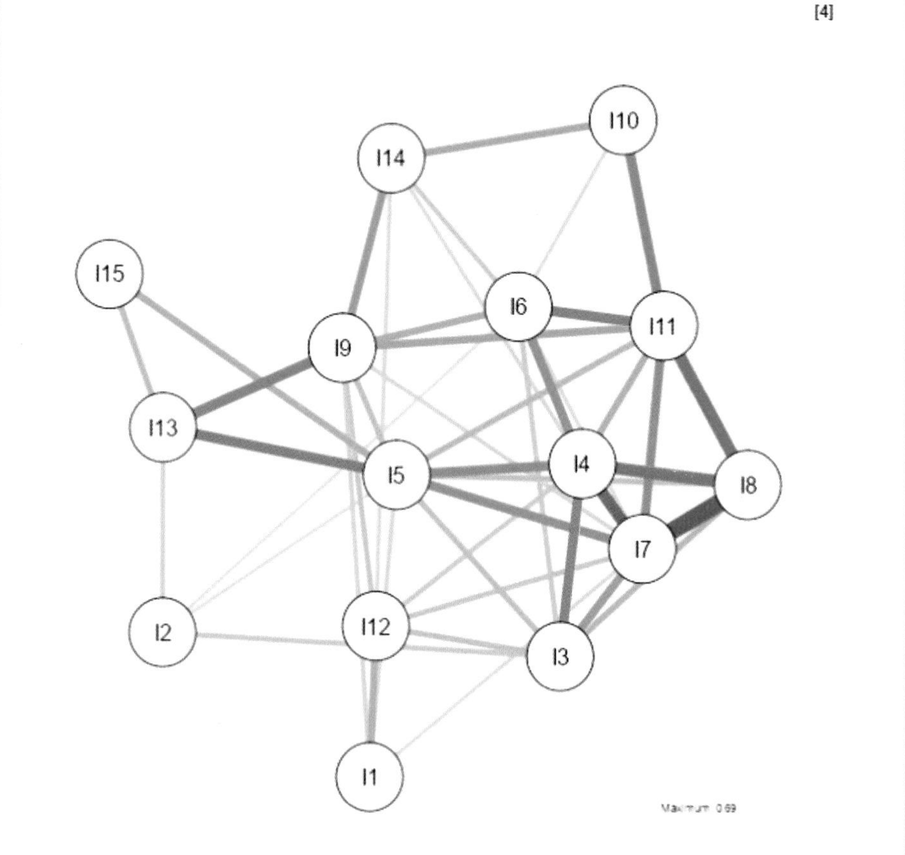

Polychoric 상관계수는 두 변수가 모두 서열변수일 때 적용하는 상관계수 분석이다. Tetrachoric 상관계수는 일종의 두 변수가 이분변수일 때 적용하는 Polychoric 상관계수의 한 형태로 볼 수 있다.

현재 jamovi에서는 상관계수 행렬을 input data로 해서 요인분석을 할 수 없다고 한다.

Spearman 상관계수는 입력자료가 등위(rank) 형태로 된 자료의 상관계수 값을 구하는 데 사용한다. 분석방법은 앞에 제시된 분석방법과 동일하게 수행하면 된다.

연속형 변수의 자료를 가지고 등위상관계수 행렬값을 구할 수 있다. 연속형 변수 자료가지고 Spearman 상관계수 분석 옵션을 클릭하면, 결과표가 바로 등위상관계수 행렬 값들이다.

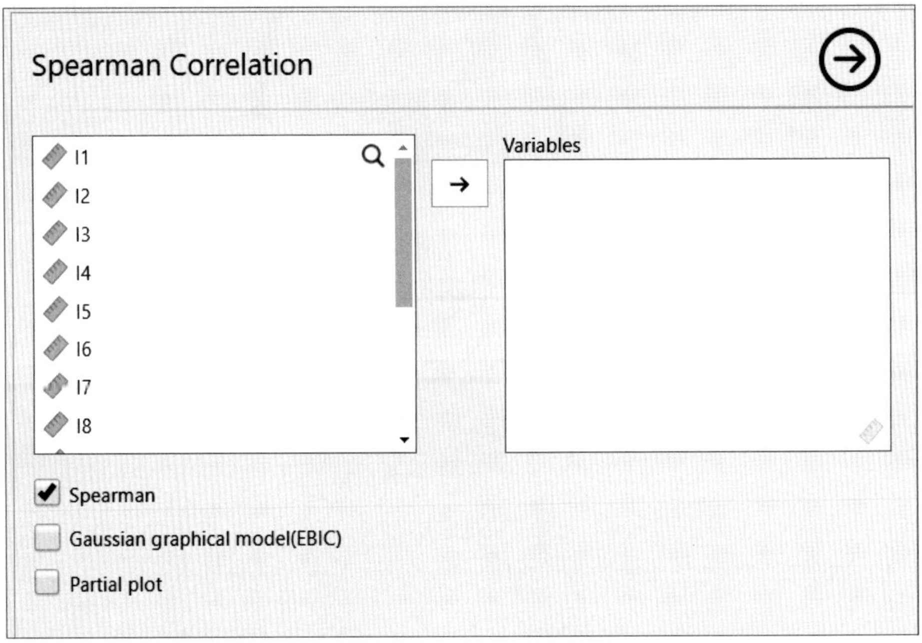

5 평정자 신뢰도(Rater reliability)

'seolmatrix'에서는 범주형 자료에 대한 평정자(또는 채점자)들 간의 평정(또는 채점)의 일관성 정도를 측정하기 위한 통계 값으로 Light(1971)의 Kappa 통계 값을 제공하고 있다. 통계 값과 관련한 자세한 내용은 Conger(1980) 또는 Light(1971)의 논문을 참고하기 바란다.

분석과정을 보여 주기 위해서 예시자료에서 'rater.omv' 파일을 불러온다. 분석자료는 6명의 평정자가 30명의 피험자를 대상으로 성격 5요인 중에서 어떤 요인에 해당하는지를 숫자로 부여한 자료이다(1=신경성, 2=외향성, 3=개방성, 4=우호성, 5=성실성).

「seolmatrix → Rater Reliability」를 선택한다. 다음으로 왼쪽에 있는 평정자 변수들을 오른쪽 'Variables' 상자로 이동하면 오른쪽에 분석 결과가 제시된다.

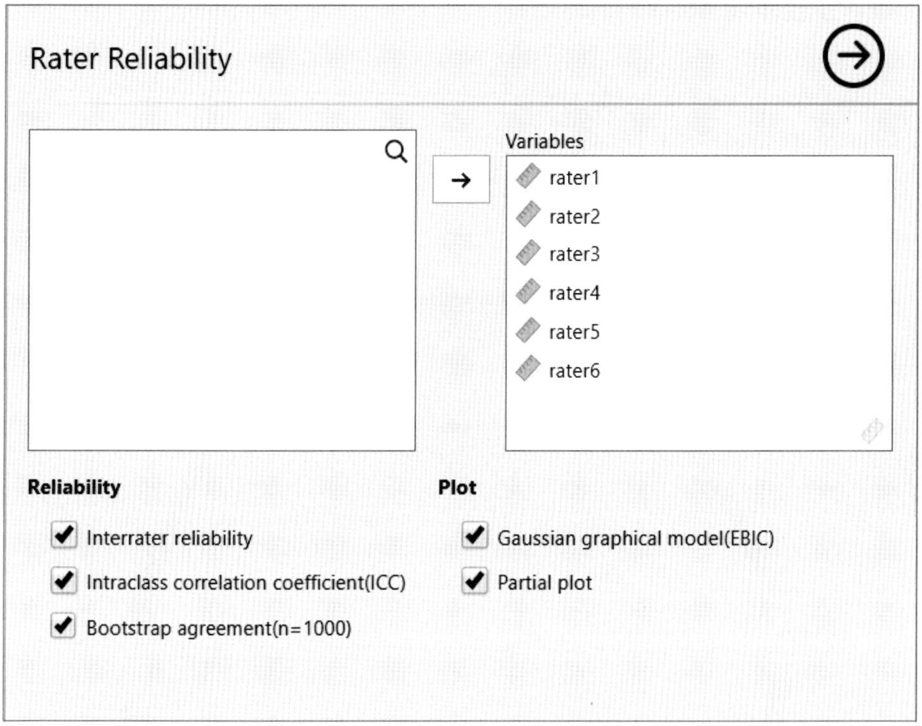

분석 결과를 해석하면 다음과 같다. 6명의 평정자들이 30명의 피험자를 대상으로 성격 5요인 중에서 어디에 해당하는지를 분류한 자료를 가지고, 평정자들 간의 평정 일관성 정도를 알아보기 위해서 Light(1971)의 Kappa값을 산출하였다.

분석 결과 $\alpha=.05$수준에서 평정자들 간에 통계적으로 유의미한 차이를 보이고 있는 것으로 나타났다(Kappa statistic=0.46, Z=2.31, p=0.02).

Interrater Reliability

	n	rater	statistic	z	p
Light's Kappa	30	6	0.46	2.31	0.02

다음으로 평정자들 간의 상관정도를 시각적으로 표현하기 위해서 가우시안과 편상관 도표를 제시하면 다음과 같다.

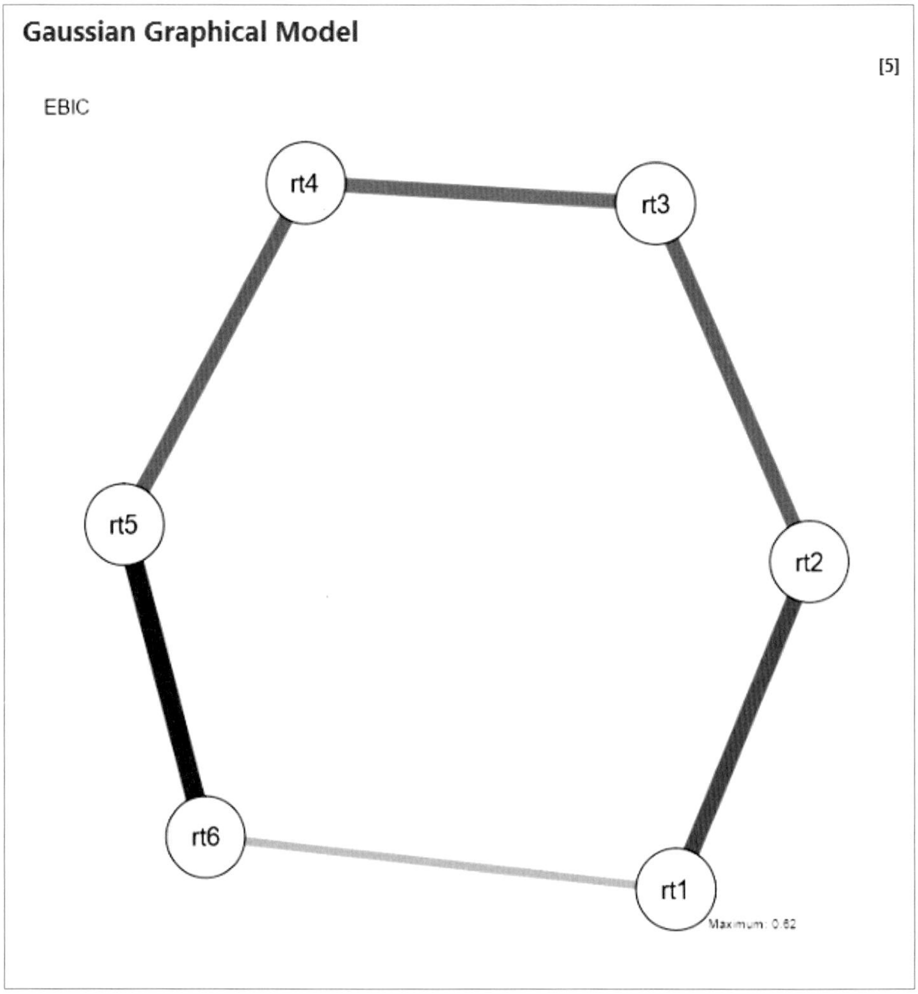

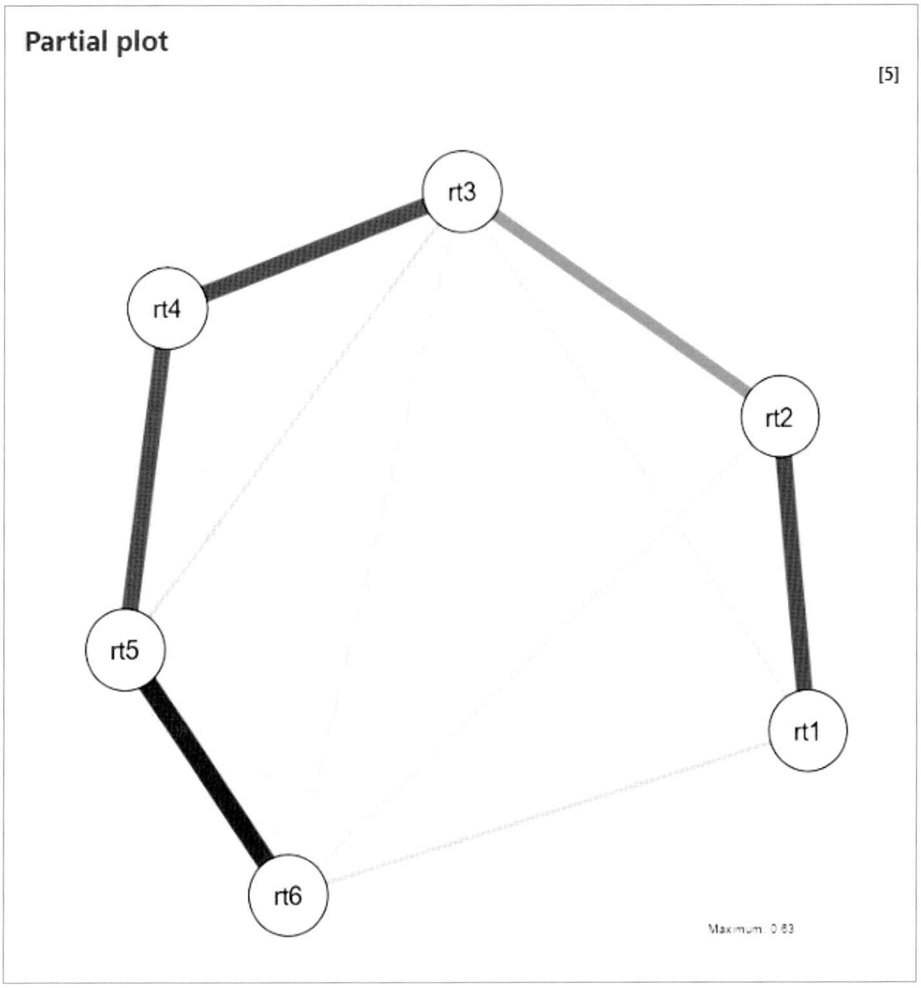

seolmatrix 모듈에서는 평정자 신뢰도와 관련해서 급내 상관계수(Intra Class Correlation: ICC)와 부트스트랩 일치도(bootstrap agreement) 분석 옵션을 제공하고 있다.

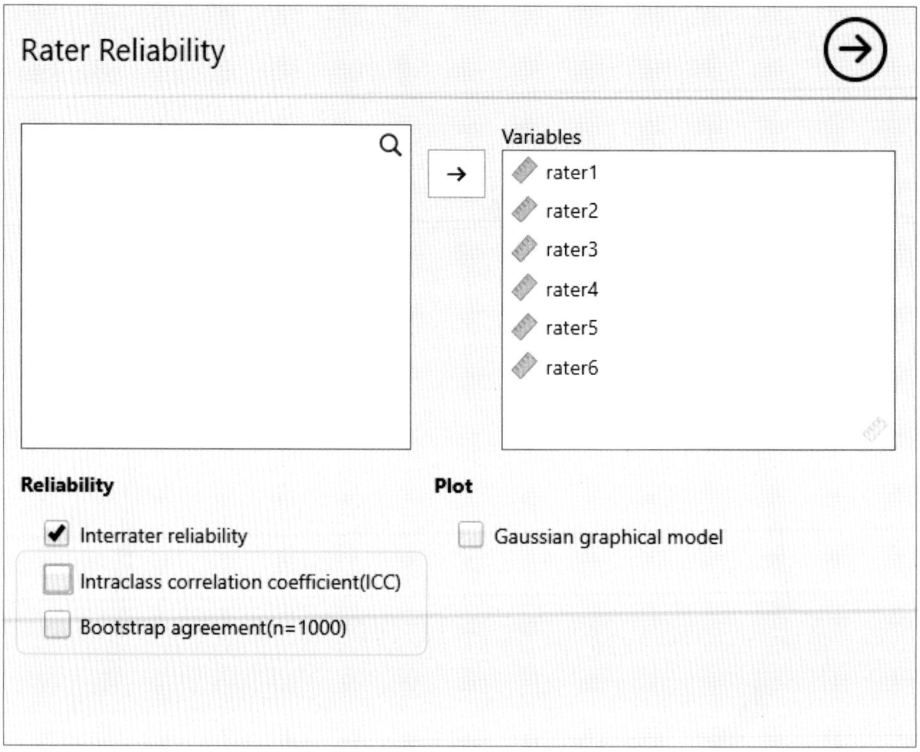

연속변수를 오른쪽으로 이동하고 'Intraclass correlation coefficient(ICC)' 박스를 체크하면 오른쪽에 다음과 같은 분석 결과표가 제공된다.

30명의 피험자(Subjects)를 대상으로 6명의 평정자(Raters)가 5점척도로 평정한 결과, 피험자의 분산(Subject's variance)과 평정자의 분산(Rater variance)이 각각 0.67로 나타났으며, 오차분산(Residual variance)은 0.66으로 나타났다.

일치도 지수(Agreement)는 일반적으로 ICC값으로 많이 보고된다. 계산 값은 피험자 분산을 피험자 분산+평정자 분산+오차분산의 합으로 나눈 값을 의미한다. 값을 구해보면 0.67/(0.67+0.67+0.66)=0.33이 된다.

일관성 지수(Consistency)는 측정에 있어서 사전/사후 분산의 신뢰도 값을 추정하는데 유용한 지수라고 볼 수 있는데, 피험자 분산의 값을 피험자 분산+오차분산의 합으로 나눈 값을 의미한다. 값을 구해보면, 0.67/0.67+0.66=0.50이 된다.

지수 통계값과 관련한 보다 자세한 내용은 Shrout와 Fleiss(1979)의 논문을 참고하기 바란다.

Intracalss correlation coefficient

	Subjects	Raters	Subject variance	Rater variance	Residual variance	Consistency	Agreement
Value	30	6	0.67	0.67	0.66	0.50	0.33

seolmatrix 모듈은 1000번을 반복추정에서 계산한 Bootstrap 일치도(Agreement) 통계 값의 95% 신뢰구간을 분석 옵션으로 제공하고 있다.

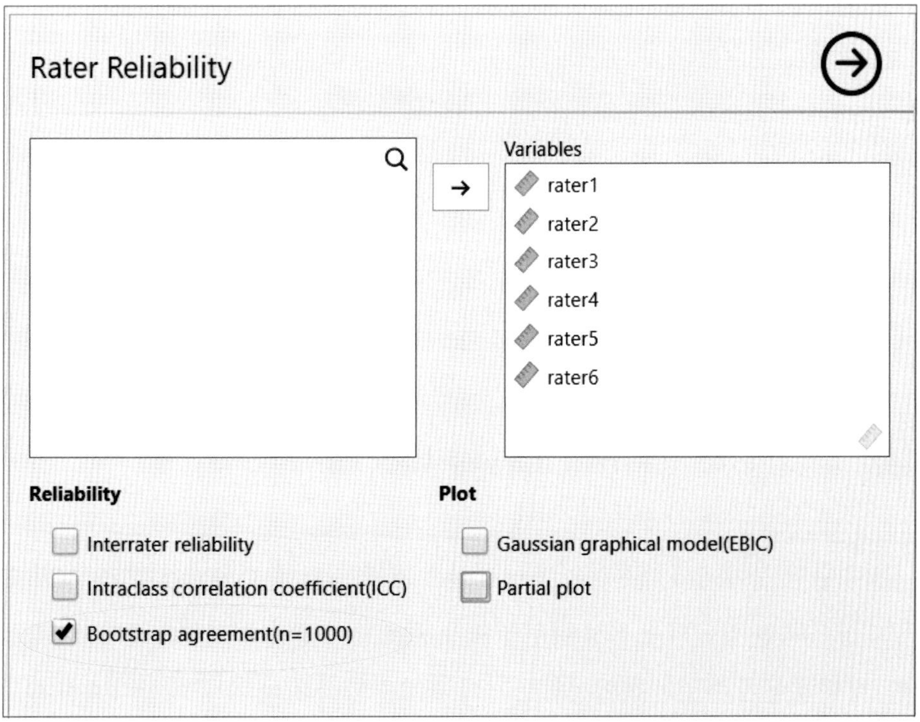

본 예시 자료에서 분석 결과는 다음과 같다.

Bootstrap Agreement

	95% CI	
	Lower	Upper
Agreement	0.16	0.51

마지막으로 seolmatrix 모듈을 사용해서 논문에 출판할 경우 ❶ References 제목에 마우스를 위치한 다음 오른쪽 버튼을 클릭해서 ❷ Copy를 선택한 다음에 문서편집 파일에 붙이기를 하면 된다.

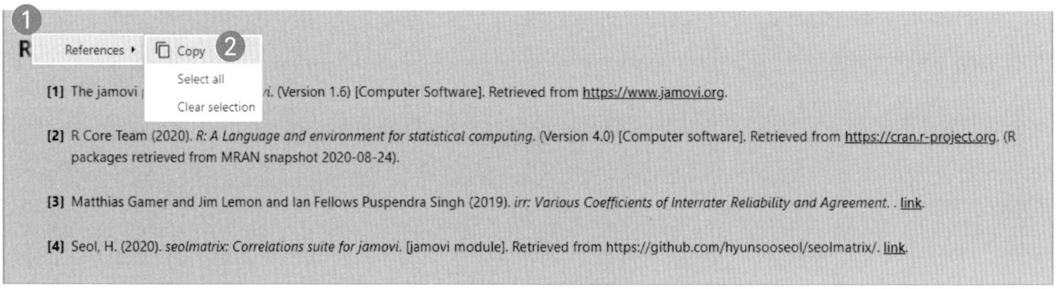

6 다층 상관계수(Multilevel Correlation)

사회과학 분야에서 대부분의 연구대상은 개별 집단에 소속되어 있고, 개별 연구대상이 속한 집단의 동질성 여부 정도가 통계 분석 결과에 영향을 준다. 예를 들면, 학생의 동기 수준과 학업성취도 간의 관계를 알아볼 때, 연구대상이 속한 학교의 유형(일반고/특목고), 지역(대도시/읍면지역) 등에 따라서 동기 수준과 학업성취도 간의 관계가 정적으로 높게 나타날 수 있거나 또는 반대의 연구결과가 나타날 수 있다.

단순무선배치 실험 연구상황을 제외하고 대부분의 상관연구는 개별 연구대상이 속한 집단 간의 차이를 고려하지 않고 분석을 수행한다. 연구대상이 속한 집단의 속성을 무시할 때 Simpson의 역설(Simpson's paradox) 상황이 발생한다. Simpson의 역설이라는 용어는 Blyth(1972)의 논문에서 소개되었는데, 서로 다른 경향성을 보이는 집단을 합쳐서 분석하면 본래의 의미와 다른 경향성을 보이는 현상을 의미한다.

연구대상이 속한 집단의 속성을 고려해서 개발된 통계 모형이 다층자료(Multilevel) 분석모형, 위계적 선형모형(Hierarchical Linear Model), 또는 혼합모형(Mixed Model)이라는 이름으로 소개되고 있다. 모형에 관심 있는 독자는 이 책에 서술된 다층모형분석과 반복측정분석을 참고하기 바란다.

Simpson의 역설을 jamovi 환경에서 개발된 seolmatrix(2020) 모듈의 예시 자료를 가지고 설명해보기로 한다. jamovi library에서 seolmatrix 3.0 버전을 설치한다.

Open 〉 Data Library 〉 Correlation suite for jamovi 폴더를 선택한다. 폴더에서 "iris.omv" 파일을 클릭한다.

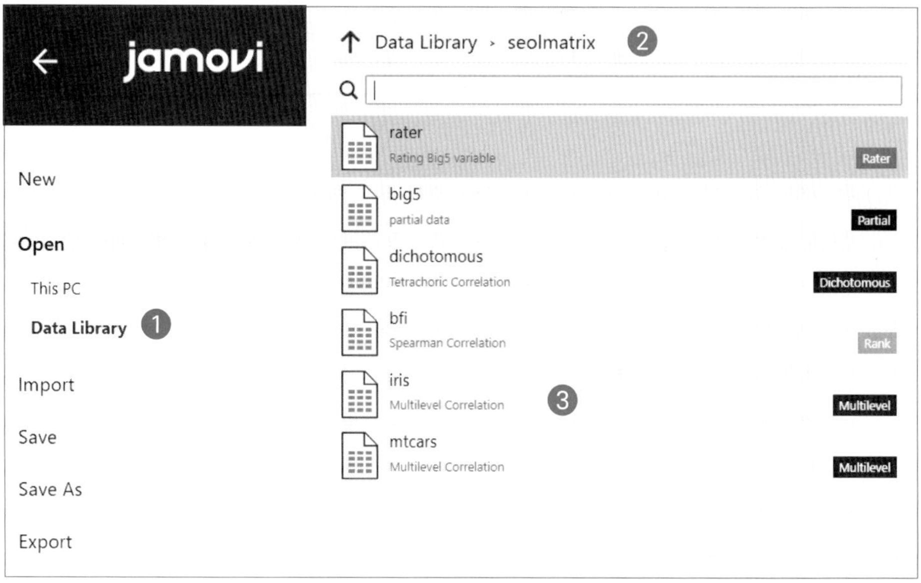

iris 데이터는 R에서 많이 사용되는 예시 자료이며 붓꽃을 의미한다. 붓꽃 자료는 꽃잎의 각 부분의 너비와 길이 등을 측정하고 있으며, 150개의 사례수로 구성되어 있다. iris 파일에 있는 5개의 변수를 소개하면 다음과 같다.

Sepal Length	꽃받침 길이
Sepal Width	꽃받침 너비
Petal Length	꽃잎 길이
Petal Width	꽃잎 너비
Species	꽃 종류 (setosa / versicolor / virginica)

iris.omv 파일을 열고 오른쪽에 자동으로 제시되고 있는 분석 결과를 지운다. Results 제목에 마우스를 위치하고 오른쪽 버튼을 누른 다음에 All 〉 Remove를 선택하면 된다.

Simpson의 역설을 시각적으로 설명하기 위해서 jamovi library에서 scatr 모듈을 설치한다.

다음으로 jamovi 메뉴에서 Exploration 〉 Scatterplot 옵션을 선택한다. 분석 대화 상자 왼쪽에 제시된 변수들을 다음과 같이 오른쪽 분석 변수창으로 이동한다.

❶ X축에 꽃받침 너비(Sepal. Width) 변수를 이동한다.

❷ Y축에 꽃잎 길이(Petal. Length) 변수를 이동한다.

❸ 변수 간의 경향성을 시각적으로 파악하기 위해서 Regression Line 〉 Linear 회귀선을 선택한다.

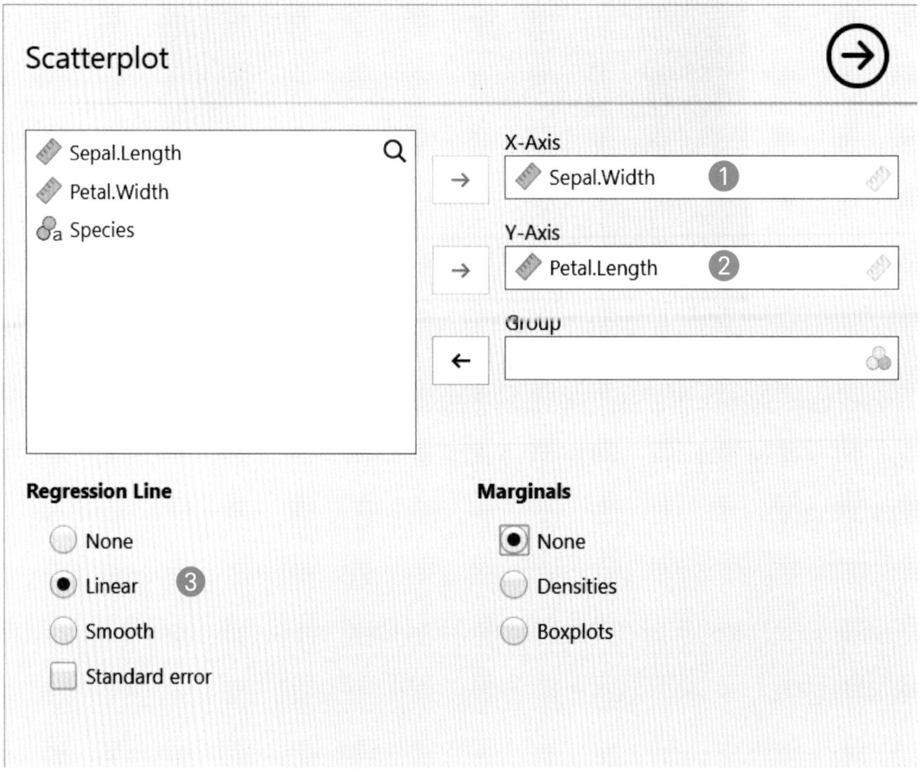

분석 결과, 꽃받침 너비(Sepal. Width)와 꽃잎 길이(Petal. Length) 변수 간의 회귀선이 부적인 관계임을 보여 주고 있다. seolmatrix 〉 Partial Correlation에서 Pearson 상관계수 값 역시 −0.43으로 통계적으로 유의한 부적인 관계인 것으로 나타났다.

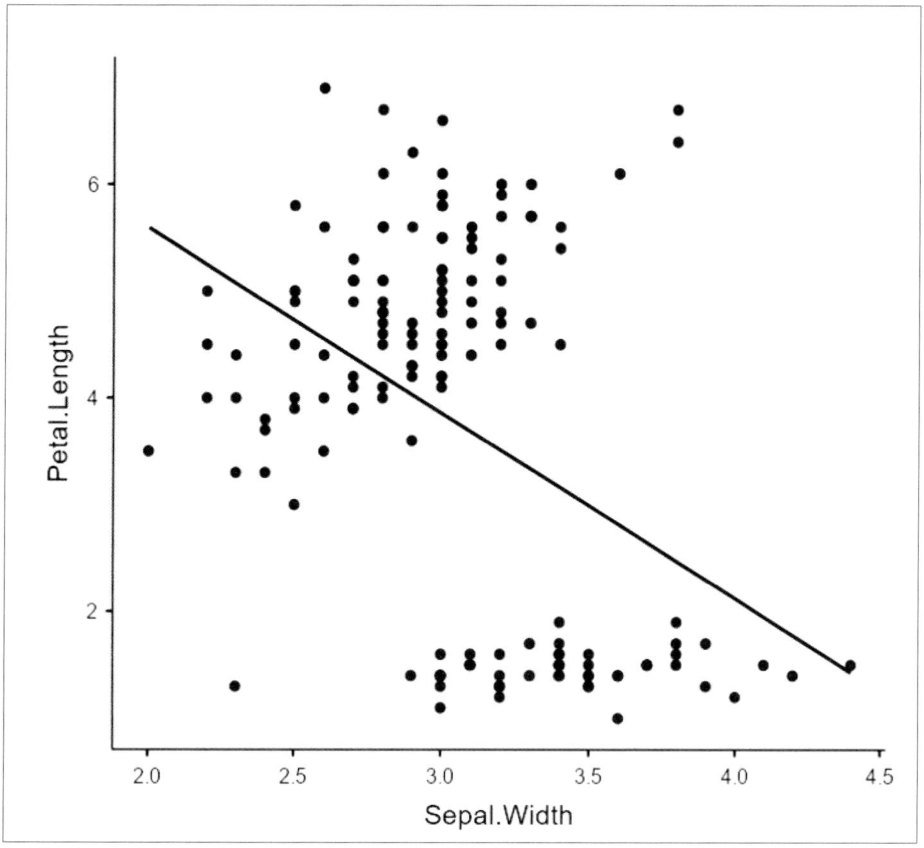

Correlation Matrix

		Sepal.Width	Petal.Length
Sepal.Width	r	—	
	p-value	—	
Petal.Length	r	−0.428	—
	p-value	< .001	—

Note. Not controlling for any variables, the result table shows Pearson correlation matrix

Note. Two-tailed significance

여기서 꽃받침 너비(Sepal. Width)와 꽃잎 길이(Petal. Length) 변수는 통계적으로 유의한 부적인 상관관계로 결론 내리는 것이 타당할까? 앞에 언급한 Simpson의 역설을 생각해 보며, 꽃받침 너비(Sepal. Width)와 꽃잎 길이(Petal. Length) 간의 관계가 꽃 종류(Species)별로 다른지 파악해보기로 한다.

① X축에 꽃받침 너비(Sepal. Width) 변수를 이동한다.
② Y축에 꽃잎 길이(Petal. Length) 변수를 이동한다.
③ Group에 집단 변수인 꽃 종류(Species) 변수를 이동한다.
④ 집단별 변수 간의 경향성을 파악하기 위해서 Regression Line 〉 Linear 회귀선을 선택한다.
⑤ 변수들의 분포를 파악하기 위해서 Marginals 〉 Densities를 선택한다.

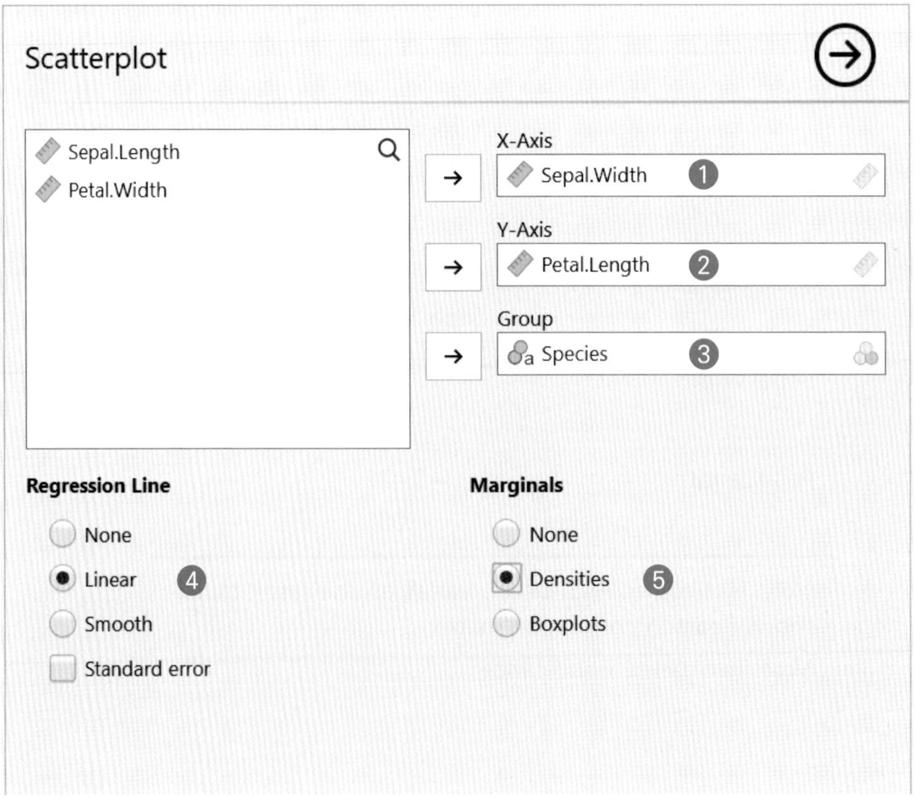

분석 결과, virginica와 versicolor 꽃에서는 두 변수 간의 상관이 오히려 정적인 형태를 보여 주고 있으며, setosa 꽃에서는 상관이 거의 없는 것으로 나타나고 있다. 이러한 경향성은 꽃 종류를 고려하지 않고 분석한 이전 결과와 상반되는 결론이다. 즉, 집단별로 서로 다른 경향이 집단을 고려하지 않은 분석에서 상쇄되고 있음을 알 수 있으며, 이러한 현상을 Simpson의 역설이라고 한다. 또한 아래 도표에서 각 변수의 집단별 분포도가 서로 다름을 시각적으로 확인할 수 있다.

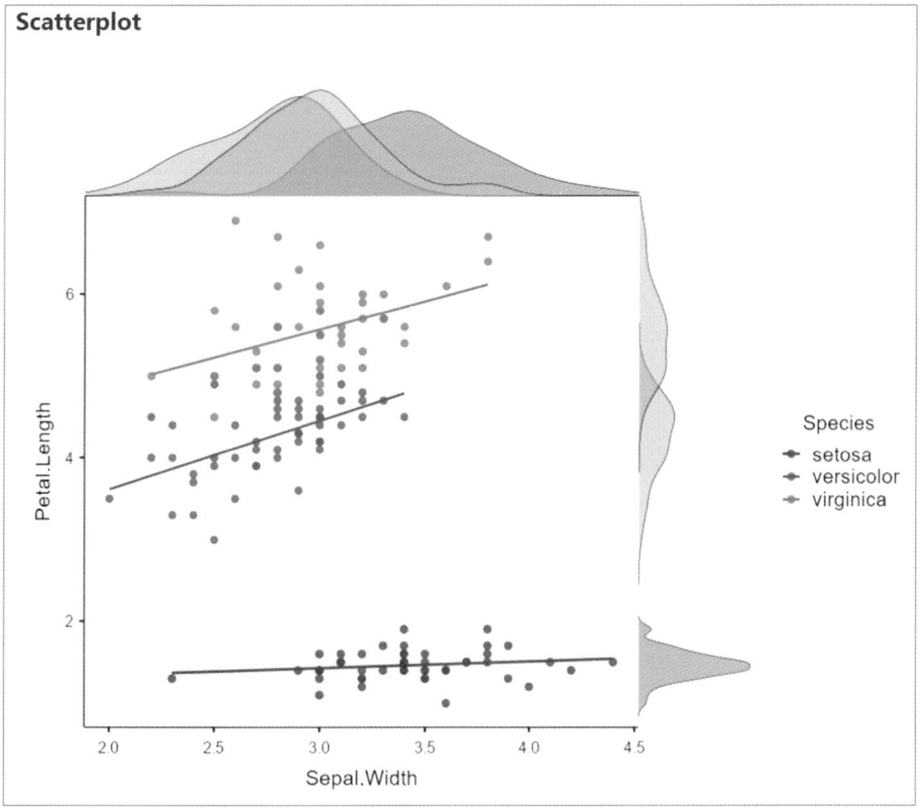

다층 상관계수는 이러한 집단 간의 차이를 설명하기 위한 목적으로 집단을 무선효과(random effect)로 간주해서 상관계수 값을 산출한다. seolmatrix 모듈은 R 패키지 correlation(Makowski et al., 2020)을 가지고 다층 상관계수 값을 산출한다.

seolmatrix 모듈에서 다층 상관계수 값을 산출하기 위해서 seolmatrix 〉 Multilevel Correlation을 선택한다.

❶ 왼쪽 변수 상자에서 Sepal.Width와 Petal.Length 변수를 선택해서 오른쪽 Variables 박스로 이동한다.

❷ 집단변수인 Species 변수를 선택해서 오른쪽 Grouping Variable 박스로 이동한다. 참고로 다층 상관분석을 하기 위해서는 반드시 집단 변수가 있어야 한다.

❸ 좌측 하단에 Multilevel Correlation을 선택하면, 분석 결과가 오른쪽 결과 창에 제시된다.

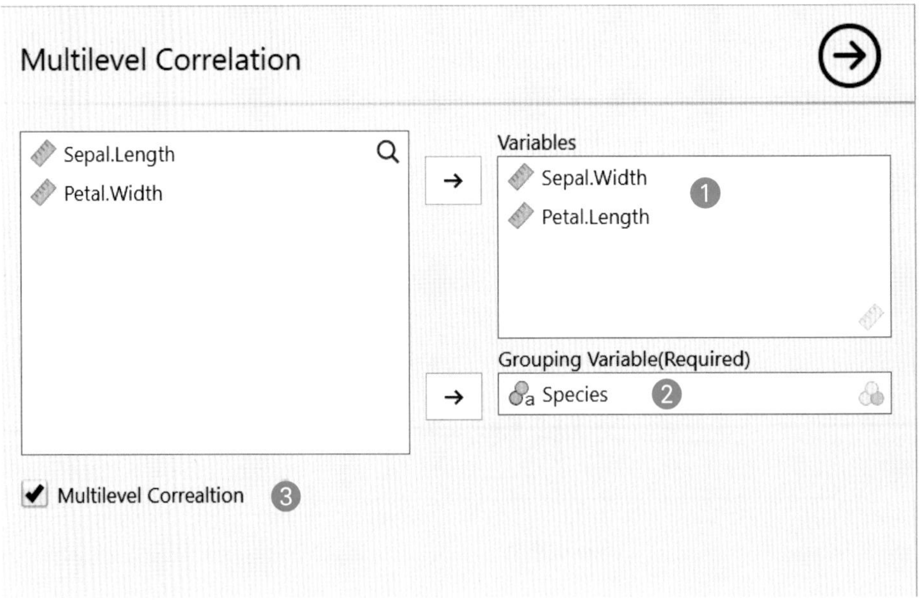

분석 결과표에서 page를 클릭하면 correlation 패키지의 다층상관 분석을 설명하는 사이트로 연결된다. GitHub을 클릭하면 seolmatrix의 소스코드가 저장되어 있는 협업 공간인 github 사이트로 연결된다.

분석 결과, 꽃받침 너비(Sepal. Width)와 꽃잎 길이(Petal. Length) 변수 간의 다층 상관계수 값은 0.38이며, 통계적으로 유의한 정적인 상관이 있는 것으로 나타났다 ($t=4.95$, $df=148$, $p<.01$). 다음으로 집단 사례수($n=150$)와 상관계수 r의 95% 신뢰구간 값을 제시하고 있다.

Multilevel Correlation

The rationale of Multilevel Correlation is described in the page.

Feature requests and bug reports can be made on the GitHub.

[4]

Multilevel Correlation

							95% CI	
Variable1	Variable2	r	t	df	p	n	Lower	Upper
Sepal.Width	Petal.Length	0.378	4.947	148	< .001	150	0.232	0.507

마지막으로 seolmatrix에서는 동시에 여러 변수의 다층상관 계수 값을 분석할 수 있으며, 해석은 위와 동일한 형태로 해석하면 된다.

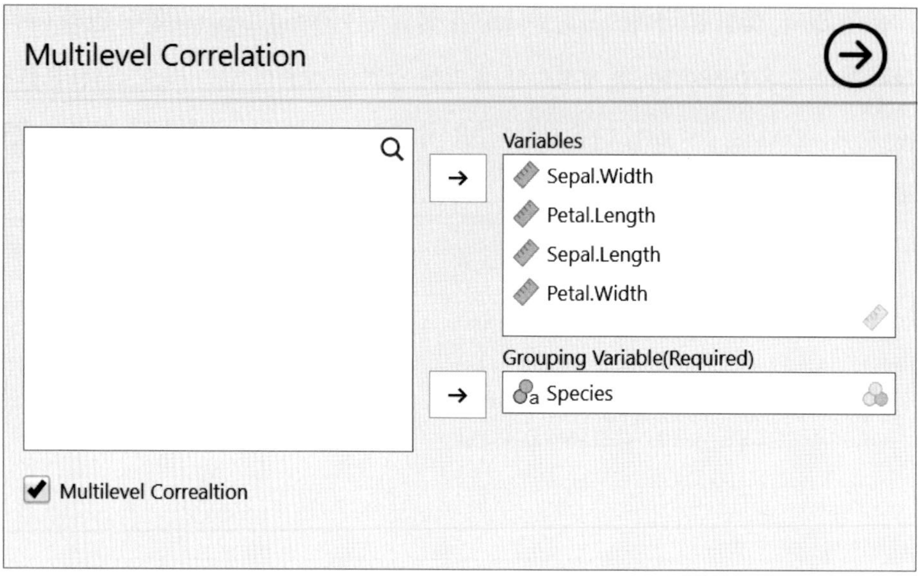

Multilevel Correlation

Variable1	Variable2	r	t	df	p	n	95% CI Lower	95% CI Upper
Sepal.Length	Sepal.Width	0.529	7.556	148	< .001	150	0.403	0.635
Sepal.Length	Petal.Length	0.755	13.974	148	< .001	150	0.677	0.817
Sepal.Length	Petal.Width	0.362	4.701	148	< .001	150	0.214	0.493
Sepal.Width	Petal.Length	0.376	4.915	148	< .001	150	0.229	0.506
Sepal.Width	Petal.Width	0.467	6.403	148	< .001	150	0.332	0.584
Petal.Length	Petal.Width	0.483	6.679	148	< .001	150	0.349	0.597

7 일치 상관계수(Concordance Correlation)

일치 상관계수는 재현성(reproducibility) 평가를 위한 특수 상관계수로 볼 수 있다. 일치 상관계수는 표준화된 준거변수(gold standard)가 존재하는 상황에서 준거변수를 기준으로 다른 변수 값과의 일치성(agreement) 정도를 측정하는 상관계수로 정의할 수 있다. 예를 들면, 가장 광범위하게 사용되고 있는 표준화된 도구가 존재하는 상황에서 새로 개발한 도구가 기존의 표준화된 도구를 얼마나 재현하고 있는가에 관심을 가질 때 일치 상관분석 방법을 적용할 수 있다. 이러한 두 변수 간의 재현성을 검증할 때 주로 Pearson 상관계수, 두 종속표본 t검증을 사용해서 분석을 시도한다. 그러나 이러한 전통적인 방법은 재현성의 관점에서 문제점을 가지고 있는데, 이것을 seolmatrix:: Concordance correlation에 내장되어 있는 예시 자료를 가지고 설명하기로 한다.

Open 〉 Data Library 〉 seolmatrix에서 'device' 자료를 선택한다. 다음으로 예시 자료에 기본으로 저장된 분석결과를 삭제한다. 삭제 방법은 분석 결과 창에서 마우스 오른쪽 버튼을 클릭한 다음에 All 〉 Remove를 선택하면 된다.

예시 자료는 16명의 피험자를 대상으로 표준화된 혈압 측정기(device_A)와 새롭게 개발한 혈압 측정기(device_B)로 측정한 혈압 수치이다. 연구자는 새로 개발한 혈압 측정기의 혈압이 기존의 혈압 측정기의 혈압을 얼마나 재현하고 있는가에 관심을 가지고 있다.

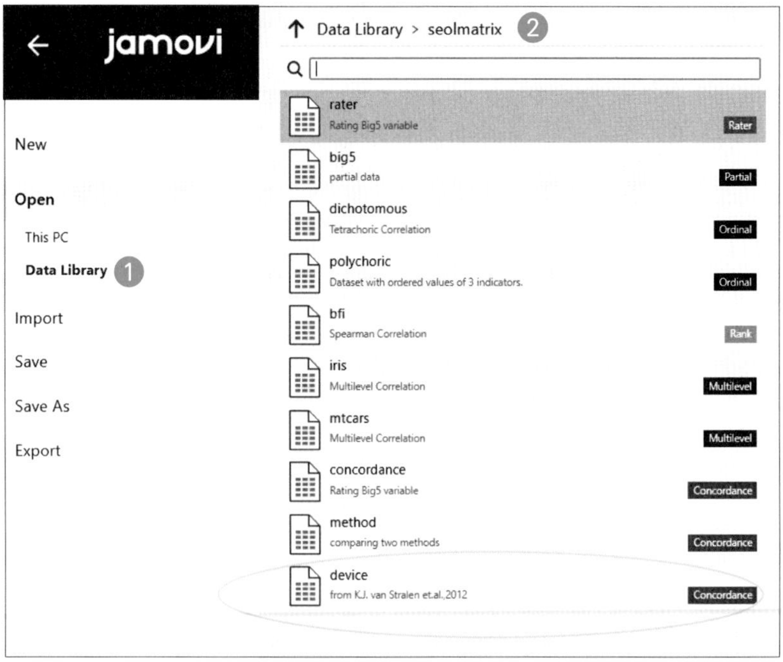

두 변수 간의 관계성을 시각적으로 파악하기 위해서 산포도를 그려보기로 한다. jamovi에서 Exploration 〉 Scatterplot을 클릭한다. 분석상자에서 X와 Y축에 분석 변수를 이동한 다음에 Regression Line에서 'Linear'을 선택하면 오른쪽에 산포도 결과가 제시된다. 상관계수 값을 계산하면 .872(p< .01)로 두 개의 측정도구가 통계적으로 유의한 정적인 관계인 것으로 나타났지만, 산포도를 살펴보면 회귀선을 중심으로 피험자들의 관찰 값들이 흩어져 있음을 볼 수 있다.

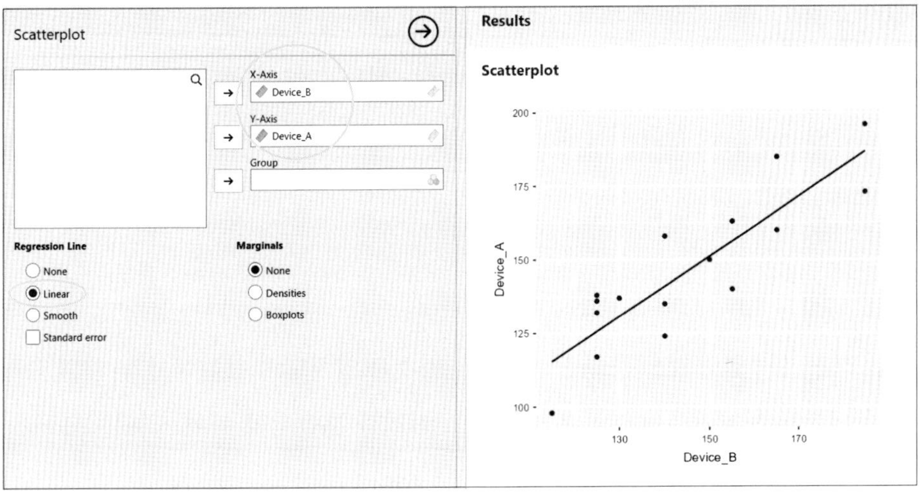

이것은 새로 개발된 혈압 측정기가 재현성의 관점에서 기존의 전통적인 혈압 측정기를 완벽하게 재현하고 있지 않음을 의미한다. 만약 완벽하게 재현하고 있다면, 절편이 0이고 기울기가 1인 회귀선(45도 대각선 라인)에 모든 관찰 값들이 위치해 있을 것이다. 상관계수는 기본적으로 변수들 간의 선형 관계를 가정하지만 원자료에 극단치가 포함되었는지 여부, 자료 범위의 제한성 등에 따라서 편파된 값을 산출할 가능성이 높다.

구체적으로 설명하기 위해서 Stralen 등(Stralen et al., 2012)의 논문에 제시된 도표를 가지고 설명해 보기로 한다. 다음 도표는 두 개의 혈압측정기의 혈압 값을 가상적으로 제시한 것이다. 도표에서 가는 점선은 절편이 0, 기울기가 1인 45도 대각선(Equality line)을 의미하며, 굵은 점선은 관찰 값들에 대한 회귀선(Regression line)을 의미한다. 각각의 가상적인 예시들은 두 변수 간의 일치도(agreement)를 측정하는 데 있어서 상관계수 분석이 적절한 통계분석이 아니라는 것을 보여 주고 있다.

(a)사례의 경우 관찰 값들은 U자 곡선의 형태를 보여 주고 있다. 회귀선으로 판단

할 경우 중간 사례들은 회귀선이 일치도를 잘 설명해 주고 있지만, 일부 극단적으로 낮은 값과 높은 값들은 회귀선에서 이탈한 형태를 보여 주고 있다. 즉, 극단적인 값들이 존재하는 상황에서 회귀선은 일치도를 설명하는 데 적절한 도구가 아님을 볼 수 있다.

(b)사례의 경우 전체 관찰 값들이 회귀선에는 잘 적합하게 나타났지만, 45도 대각선 라인과는 떨어져 있음을 볼 수 있다. 이것은 일치도의 관점에서 두 개의 측정치가 정확하게 일치하지 않음을 의미하고 이러한 불일치의 차이 정도를 Pearson 상관계수 값은 고려하지 않고 있음을 알 수 있다.

(c)사례의 경우 상관계수 값이 관찰 값들의 분포 범위에 영향을 받고 있음을 보여 주고 있다. 일반적으로 상관계수는 자료들의 분포 범위가 작을수록 낮은 계수 값을 보여 준다. 결론적으로, 두 연속변수의 일치도를 측정하는 데 있어서 Pearson 상관분석은 적합한 방법으로 볼 수 없다.

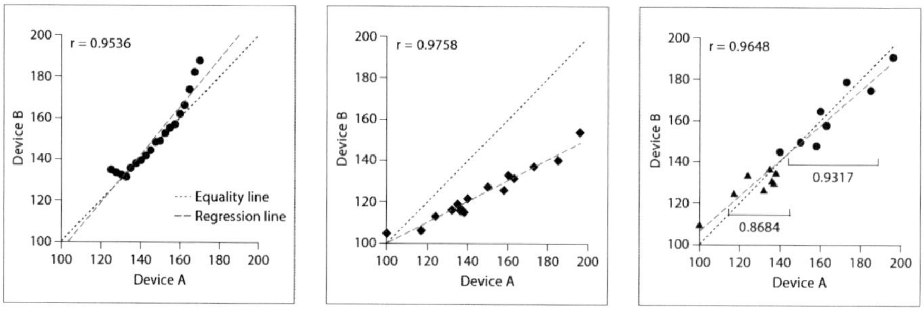

(a) (b) (c)

유사하게 종속표본 t검증의 경우 자료의 선형성과 관련한 정보 및 개별 측정치 간의 차이에 대한 정보를 제공해 주지 않기 때문에 일치도 및 재현성의 관점에서 적합한 통계방법으로 볼 수 없다.

일치 상관계수

일치 상관계수(Lin, 1989)의 공식을 제시하면 다음과 같다.

$$\rho_c = \frac{2\rho\sigma_x\sigma_y}{\sigma_x^2 + \sigma_y^2 + (\mu_x - \mu_y)^2}$$

여기서 ρ는 Pearson 상관계수, σ_x^2, σ_y^2는 두 변수의 분산, μ_x, μ_y는 두 변수의 평균을 의미한다.

일치 상관계수(ρ_c)는 Pearson 상관계수와 동일하게 $-1 \sim +1$의 범위를 가지며, 만약 모든 자료가 기울기가 1인 대각선 라인에 정확하게 위치하면 Pearson 상관계수와 동일한 $+1$의 값을 산출한다. 관찰 값이 대각선 라인에서 멀어질수록 두 통계 값은 차이를 나타낸다.

Pearson 상관계수와 일치 상관계수 값의 관계를 시각적 도표로 제시하면 다음과 같다(Gossmann, 2020). 아래 도표를 보면 관찰 값들이 45도 대각선 라인을 기준에서 벗어날수록 일치 상관계수 값이 Person 상관계수보다 낮게 나타나고 있음을 볼 수 있다.

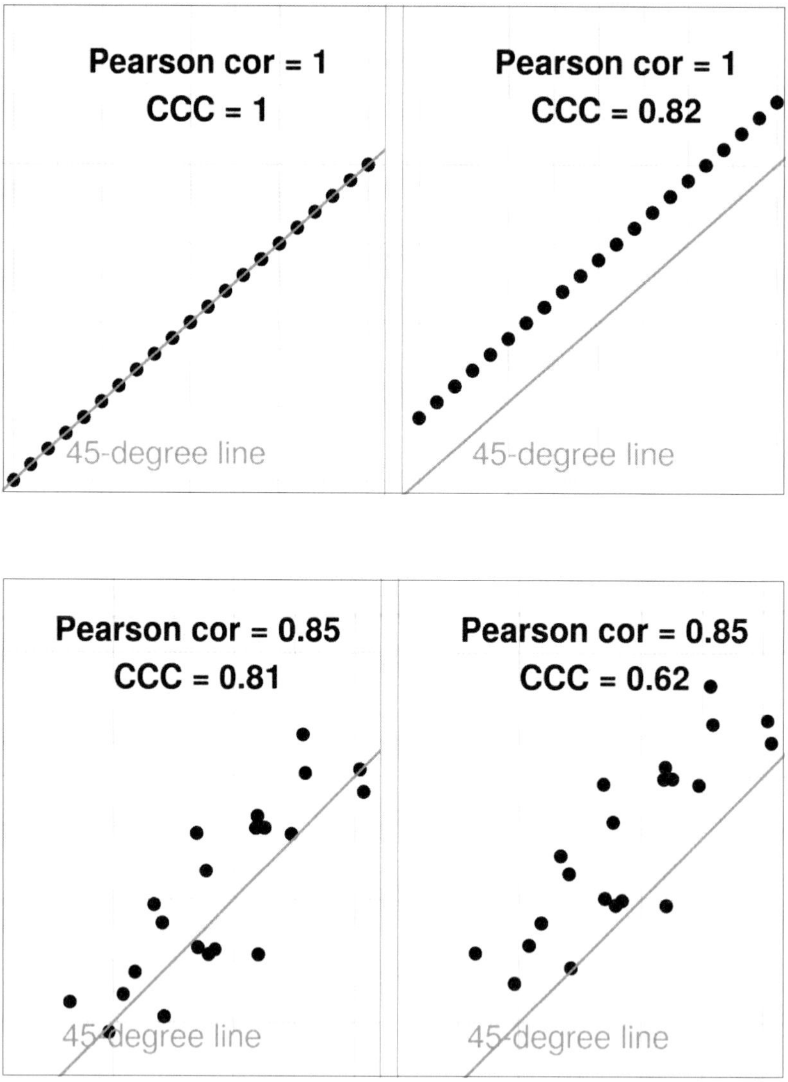

일치 상관계수 분석 및 해석

앞에 언급한 Open 〉 Data Library 〉 seolmatrix에서 'device' 자료를 가지고 분석 및 결과를 해석해 보기로 한다. 참고로 jamovi의 일치 상관분석은 epiR(Stevenson, 2021) R 패키지를 사용해서 분석결과를 제시하고 있다.

두 개의 혈압측정기 간의 일치 상관계수 분석을 위해서 왼쪽에 있는 변수들을 각각 오른쪽으로 이동하면 분석결과가 오른쪽 창에 제시된다. 일치 상관계수 값은 .86으로 높은 정적 상관 값을 나타냈으며, 일치 상관계수 값의 95% 신뢰구간은 .66~.95인 것으로 나타났다.

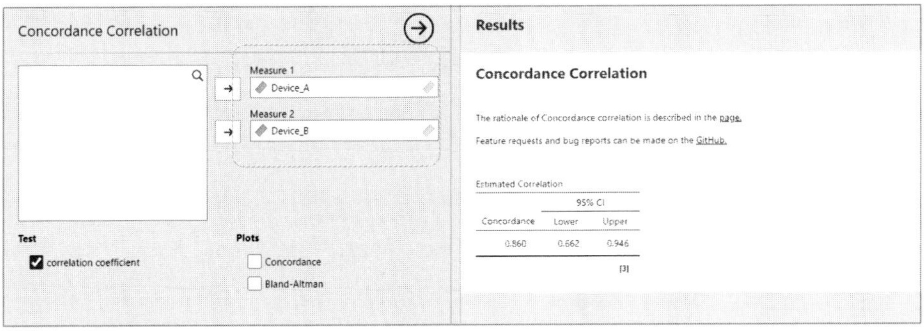

측정값의 일치성 정도를 시각적으로 확인하기 위해서 Concordance Plot을 클릭하면 다음과 같은 결과 그래프가 제시된다. 다음 그래프에서 점선은 관찰 값에 대한 회귀선을 의미하며, 굵은 선은 기울기가 1인 대각선 라인을 의미한다.

일치 상관계수 값은 기울기가 1인 대각선 라인과 회귀선 라인이 겹칠수록, 관찰 값이 회귀선 라인에 타이트하게 위치하면 할수록 높은 상관계수 값을 나타낸다.

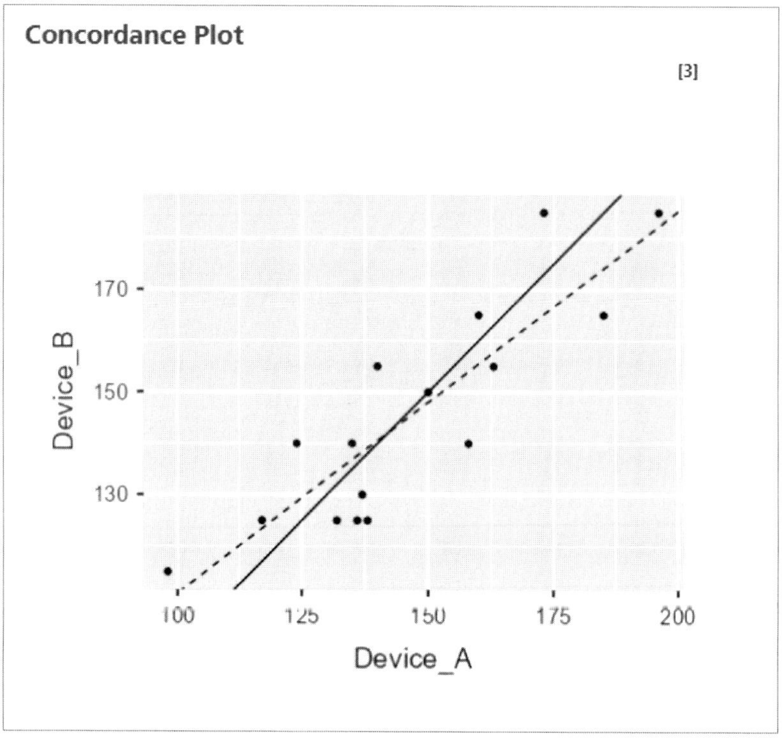

두 개의 관찰 값들 간의 일치도를 효과적으로 파악할 수 있는 방법으로 Bland와 Altman(1986)이 제안한 Bland-Altman 그래프가 있다. Bland-Altman 그래프에서 가로축(X축)은 각 피험자의 두 개의 관찰 값들 간의 평균값([A+B/2])을 표시하고 세로축(Y축)은 두 개의 관찰 값 간의 차이 값([A−B])을 산점도로 제시한 그래프이다. 또한 세로축 아래위로 95% 신뢰구간을 실선으로 제시하고 있다.

예시로 돌아가서 분석 대화상자에서 Bland-Altman Plot을 클릭하면 다음과 같은 결과 그래프가 제시된다. Y축을 기준으로 두 개의 측정치가 차이가 없으면 0의 값을 중심으로 관찰 값들이 몰려 있을 것으로 예상할 수 있다. 분석 결과, 모든 관찰 값들이 95% 신뢰구간 안에 위치하고 있음을 볼 수 있다.

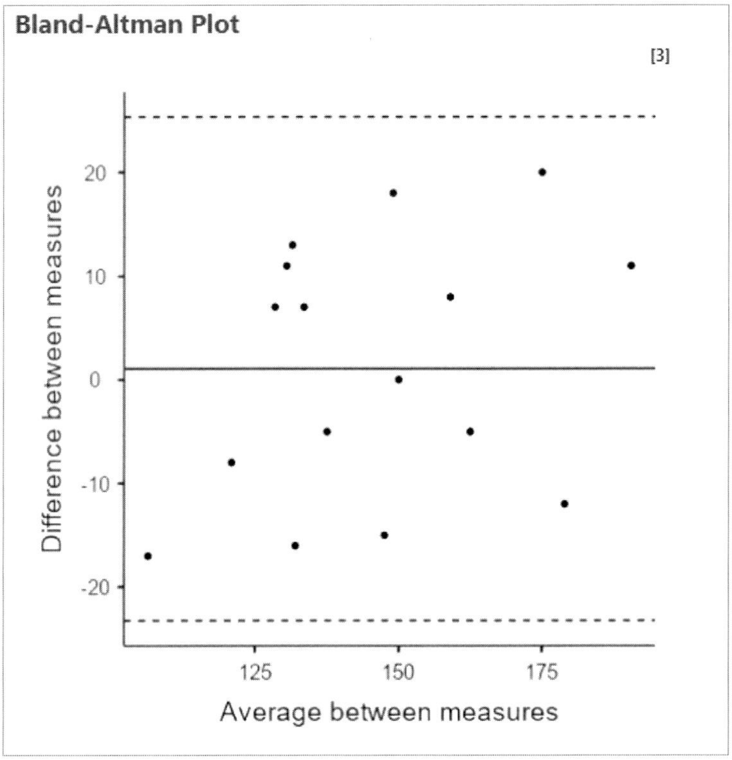
Bland-Altman Plot
[3]
Difference between measures
20
10
0
-10
-20
125
150
175
Average between measures

참고문헌

박광배(2006). 범주변인 분석. 서울: 학지사.

박지원(1985). 사회적 지지척도 개발을 위한 일 연구. 연세대학교 박사학위논문.

설현수(1993). 다층자료 분석모형과 그 적용에 관한 일 연구. 중앙대학교 석사학위논문.

설현수(2012). Rasch 측정모형을 이용한 Raven Advanced Progressive Matrices 지능검사의 타당화. 교육평가연구, 25(4), 745-766.

유은경, 설현수(2015). 사회적 지지척도의 요인구조 탐색. 조사연구, 16, 155-184.

정선호, 서동기(2016). 회귀분석을 이용한 매개된 조절효과와 조절된 매개효과 검증 방법. 한국심리학회지: 일반, 35, 257-182.

홍세희(2005). 이항 및 다항로지스틱 분석. 서울: 교육과학사.

Agresti, A. (2002). *Categorical Data Analysis.* John Wiley & Sons, Hoboken.

Bhushan, N., Mohnert, F,, Sloot, D., Jans, L., Albers, C., & Steg, L. (2019). Using a Gaussian Graphical Model to Explore Relationships Between Items and Variables in Environmental Psychology Research. Frontiers Psychology, 10:1050. doi: 10.3389/fpsyg.2019.01050.

Bland, J. M., & Altman, D. G. (1986). Statistical method for assessing agreement between two methods of clinical measurement. The Lancet, 307-310.

Blyth, C. (1972). On Simpson's Paradox and the Sure-Thing Principle. *Journal of the American Statistical Association, 67*, 364-366.

Conger, A. J. (1980). Integration and generalisation of Kappas for multiple raters. *Psychological Bulletin, 88*, 322-328.

Epskamp, S., Cramer, A. O. J., Waldorp, L. J., Schmittmann, V. D., & Borsboom, D. (2012). qgraph: Network visualizations of relationships in psychometric data. *J. Stat. Softw. 48*, 1-18. doi: 10.18637/jss.v048.i04

Fife, D. (2019). flexplot: Graphically Based Data Analysis Using Flexplot. R package version 0.6.7.

Friesen, L., Kroc, E., & Zumbo, B. D. (2019). Psychometrics & Post-Data Analysis: Binary Differential Item Functioning. [jamovi module]. Retrieved from https://github.com/lucasjfriesen/jamoviPsychoPDA.

Gallucci, M. (2019). GAMLj: General Analyses for the Linear Model. (Version 1.0.5) [jamovi module]. Retrieved from https://www.jamovi.org

Gelman, A., & Carlin, J. (2014). Beyond Power Calculations: Assessing Type S (Sign) and Type M (Magnitude) Errors. *Perspectives on Psychological Science, 9*(6), 641-651.

Goodman J., A. (1972). A general model for the analysis of surveys. *American Journal of Sociology, 77*, 1035-1086.

Gossmann, A. (2020, January, 5). Concordance correlation coefficient. R-bloggers. https://www.r-bloggers.com/2020/01/concordance-correlation-coefficient.

Holland, P. W., & Thayer, D. T. (1988). Differential item performance and the Mantel-Haenszel procedure. In H. Wainer & H. I. Braun (Eds.), *Test validity* (pp. 129-145). Hillsdale, NJ, US: Lawrence Erlbaum Associates, Inc.

jamovi project (2019). jamovi (Version 0.9.6.1) [Computer Software]. Retrieved from https://www.jamovi.org

Larzarsfeld, P., F. (1950). The logical and mathematical foundation of latent structure analysis. *Measurement and prediction, 4*, 362-412.

Lenth, R. (2019). emmeans: Estimated Marginal Means, aka Least-Squares Means. R package version 1.4.2.https://CRAN.R-project.org/package=emmeans.

Light, R. J. (1971). Measures of response agreement for qualitative data: Some generalizations and alternatives. *Psychological Bulletin, 76*, 365-377.

Lin, L. I. (1989). A concordance correlation coefficient to evaluate reproducibility. *Biometrics, 45*(1), 255-268.

Linzer, D., & Lewis, J. (2021). poLCA: An R Package for Polytomous Variable Latent Class Analysis. [R package]. Retrieved from https://CRAN.R-project.org/package =poLCA.

Makowski, D., Ben-Shachar, M., Patil, I., & Ludecke, D. (2020). Methods and Algorithms for Correlation Analysis in R. [R package]. Retrieved from https://CRAN.R-project.org/package=correlation.

R Core Team (2018). R: A Language and envionment for statistical computing. [Computer software]. Retrieved from https://cran.r-project.org/.

R Core Team (2021). R: A Language and environment for statistical computing. (Version 4.0) [Computer software]. Retrieved from https://cran.r-project.org. (R packages retrieved from MRAN snapshot 2021−04−01).

Radelet, M. (1981). Racial characteristics and the imposition of the death penalty. *American Sociological Review, 46*, 918−927.

Raju, N. S. (1988). The area between two item characteristic curves. *Psychometrika, 53*, 495−502. doi: 10.1007/BF02294403

Raudenbush, S. W., & Bryk, A. S. (2002). *Hierarchical linear models: pplications and data analysis* (2nd ed.). Newbury Park, CA: Sage.

Raven, J. C., Court, J. H. P., & Raven, J. (1998). *Manual for Raven's Progressive matrices and vocabulary scales: Section 4– The Standard Progressive Matrices.* San Antonio, TX: Psychological Corporation.

Selker, R. (2019). MEDMOD (Version 1.0.0) [jamovi module]. Retrieved from https://www.jamovi.org

Seol, H. (2020). seolmatrix: Correlations suite for jamovi [jamovi module]. Retrieved from https://github.com/hyunsooseol/seolmatrix.

Seol, H. (2020). snowCluster: Cluster Analysis [jamovi module]. Retrieved from https://github.com/hyunsooseol/snowCluster.

Seol, H. (2020). snowIRT: Item Response Theory for jamovi [jamovi module]. Retrieved from https://github.com/hyunsooseol/snowIRT .

Seol, H. (2020). snowRMM: Rasch Mixture Model for jamovi [jamovi module]. Retrieved from https://github.com/hyunsooseol/snowRMM.

Shrout, P. E., & Fleiss, J. L. (1979). Intraclass correlation: uses in assessing rater reliability. *Psychological Bulletin, 86*, 420−428.

Stevenson, M., et al. (2021). epiR: Tools for the Analysis of Epidemiological Data. [R package]. Retrieved from https://CRAN.R-project.org/package=epiR.

Swaminathan, H., & Rogers, H. J. (1990). Detecting differential item functioning using logistic regression procedures. *Journal of Educational Measurement, 27*(4), 361–370.

The jamovi project (2019). jamovi. (Version 1.0) [Computer Software]. Retrieved from https://www.jamovi.org.

The jamovi project (2021). jamovi. (Version 2.2) [Computer Software]. Retrieved from https://www.jamovi.org.

Thomas, D. R., & Zumbo, B. D. (1998). *Variable importance in logistic regression based on partitioning an R-squared measure*. Presented at the Psychometric Society Meetings, Urbana, IL.

Zumbo, B. D. (1999). A Handbook on the Theory and Methods of Differential Item Functioning (DIF): Logistic Regression Modeling as a Unitary Framework for Binary and Likert–Type (Ordinal) Item Scores. Ottawa, ON: Directorate of Human Resources Research and Evaluation, Department of National Defense.

Zumbo, B. D., & Thomas, D. R. (1997) A measure of effect size for a model-based approach for studying DIF. Working Paper of the Edgeworth Laboratory for Quantitative Behavioral Science, University of Northern British Columbia: Prince George, B.C.

찾아보기

저자 소개

설현수 (Hyunsoo Seol)

Homepage: http://jamovi.kr
E-mail: snow@cau.ac.kr

〈학력 및 주요경력〉
- The Ohio State University (Ph.D.)
- 심리측정, 통계, 연구방법론 전공
- 한국교육개발원 교육통계 연구본부(Post-Doc.)
- 한국교육과정평가원 교육평가 연구본부 연구위원
- 중앙대학교 교육학과 학과장
- LG 연암문화재단 지원 해외 연구교수 선정
- University of California Santa Barbara 연구교수
- 한국심리측정평가학회 선임이사
- 한국교육평가학회 이사
- 현 중앙대학교 사범대학 교육학과 교수

〈저서 및 역서〉
- 문항반응이론의 이론과 실제(공역, 서현사, 2002)
- 통계의 이해(공저, 서현사, 2005)
- 교육측정(공역, 학지사, 2015)

〈대표 논문〉
- Seol, H. (1999). Detecting Differential Item Functioning with Five Standardized Item-Fit Indices in the Rasch Model. *Journal of Outcome Measurement, 3*, 233-247.
- Seol, H. (2007). A Psychometric Investigation of the Marlowe-Crowne Social Desirability Scale Using Rasch Measurement. *Measurement and Evaluation in Counseling and Development, 40*, 155-168.
- Seol, H. (2016). Using the Bootstrap Method to Evaluate the Critical Range of Misfit for Polytomous Rasch Fit Statistics. *Psychological Reports, 118*, 937-956.
- Nam, S., Yang, E., Lee, S., Lee, S., & Seol, H. (2011). A Psychometric revision of the career decision self-efficacy scale with Korean students: A Rasch model approach. *Journal of Career Development, 38*, 147-166.

〈jamovi 통계 패키지〉
- Seol, H. (2020). seolmatrix: Correlations suite for jamovi [jamovi module]. Retrieved from https://github.com/hyunsooseol/seolmatrix
- Seol, H. (2020). snowIRT: Item Response Theory for jamovi [jamovi module]. Retrieved from https://github.com/hyunsooseol/snowIRT
- Seol, H. (2020). snowRMM:Rasch Mixture Model for jamovi [jamovi module]. Retrieved from https://github.com/hyunsooseol/snowRMM
- Seol, H. (2020). snowCluster: Cluster Analysis [jamovi module]. Retrieved from https://github.com/hyunsooseol/snowCluster

jamovi 통계프로그램의 이해와 활용(3판)
Statistical Analysis with jamovi (3rd ed.)

2019년 3월 30일 1판 1쇄 발행
2020년 3월 10일 2판 1쇄 발행
2021년 2월 25일 2판 2쇄 발행
2022년 3월 30일 3판 1쇄 발행

지은이 • 설현수
펴낸이 • 김진환
펴낸곳 • (주) 학지사
04031 서울특별시 마포구 양화로 15길 20 마인드월드빌딩
대표전화 • 02)330-5114 팩스 • 02)324-2345
등록번호 • 제313-2006-000265호

홈페이지 • http://www.hakjisa.co.kr
페이스북 • https://www.facebook.com/hakjisabook

ISBN 978-89-997-2657-6 93310

정가 27,000원